嵌入式系统译丛

模 拟 电 路

Analog Circuits:World Class Designs

[美] Robert A. Pease 著

刘波文 译

北京航空航天大学出版社

内 容 简 介

本书是"世界级设计"丛书之模拟电路,全书的每章均系精挑细选的应用精粹,内容全面覆盖:反馈系统、运算放大器、模拟低通滤波器、模拟高通滤波器、噪声类型与消除技术、模拟带通滤波器、陷波器、电流反馈运算放大器、A/D 转换器以及模拟/数字接口等,并精选了几位原作者的经验总结,理论结合实际,突出实践应用,一切均从实例出发引导读者深入了解模拟电路设计。

本书的实用性强,可供从事模拟电路设计、自动化控制技术和计量测量等涉及模拟电路设计领域的科技人员参考,也可作为高校通信、电子、电气、仪器仪表和其他信息应用等相关专业高年级学生或研究生的教学参考用书。

图书在版编目(CIP)数据

模拟电路 /(美)Robert A. Pease 著. 刘波文译. -- 北京 : 北京航空航天大学出版社,2014.7
ISBN 978 - 7 - 5124 - 1359 - 7

Ⅰ.①模… Ⅱ.①罗… ②刘… Ⅲ.①模拟电路 Ⅳ.①TN710

中国版本图书馆 CIP 数据核字(2014)第 007830 号

模拟电路
Analog Circuits:World Class Designs
〔美〕Robert A. Pease 著
刘波文 译
责任编辑 苗长江 王 彤

*

北京航空航天大学出版社出版发行
北京市海淀区学院路 37 号(邮编 100191) http://www.buaapress.com.cn
发行部电话:(010)82317024 传真:(010)82328026
读者信箱:emsbook@gmail.com 邮购电话:(010)82316524
涿州市新华印刷有限公司印装 各地书店经销

*

开本:710×1 000 1/16 印张:23 字数:490 千字
2014 年 7 月第 1 版 2014 年 7 月第 1 次印刷 印数:4 000 册
ISBN 978 - 7 - 5124 - 1359 - 7 定价:59.00 元

若本书有倒页、脱页、缺页等印装质量问题,请与本社发行部联系调换。联系电话:(010)82317024

版 权 声 明

北京市版权局著作权登记号：图字：01-2012-3397

Analog Circuits：World Class Designs
Robert A. Pease
ISBN-13：978-0-7506-8627-3
Copyright © 2008 by Elsevier. All rights reserved.

Authorized Simplified Chinese translation edition published by the Proprietor.
ISBN：978-981-272-176-1

Copyright © 2014 by Elsevier (Singapore) Pte Ltd.　All rights reserved.

Elsevier (Singapore) Pte Ltd.
3 Killiney Road
#08-01 Winsland House I
Singapore 239519
Tel：(65) 6349-0200
Fax：(65) 6733-1817

First Published 2013
2014 年初版

译者序

　　初次接触本书原著应该是在 2012 年 3 月中旬，当时我正忙于 Cortex - M4/F 内核微控制器 LM4F232H5QD 的数据手册和驱动库函数，以及 STM32F4 系列的 RM0090 参考手册等三千多页的翻译，并着手准备针对这两大处理器编写几本从入门到进阶的阶梯段书籍。北京航空航天大学出版社的胡晓柏主任邀请我翻译《Analog Circuits：World Class Designs》，稍微犹豫了一会，但也没有多想就答应下来。

　　这一点自信心主要来自于人生经历和工作经历。大致在 20 年前，少年时代的我就开始摆弄家里的老式分立元件黑白电视机，几乎是反复地拆下和重焊每个元件，小到每一个调谐电感都未曾逃脱过我的蹂躏，这些事情占据了少年时代大部分记忆。老家的壁柜里至今还摆放着那些家电维修合订本、黑白电视机原理、彩色电视机线路图之类布满密密麻麻电子元件的书籍。即使是在嵌入式领域工作了十多年后的今天，个人最大的业余爱好仍然是电子电器维修，小到遥控器、充电器、手机、笔记本电脑，大到冰箱、液晶电视、洗衣机、电脑主板等，涵盖凡是能在家庭中看得见的电子电器。一到周末，免费帮忙维修朋友家的或者邻居家的坏电器，几乎成了我最主要的消遣和娱乐。最初的工作主要从事硬件设计、后面涉及 CE、FCC、EMI 等，得益于当时在硅谷的工作及和来自不同国家的研发团队合作，让我逐步深入到软件设计、Firmware 设计、Driver 设计等领域，慢慢较好地适应于各种软硬件一体化的工程实践，让我的工程师生涯能够逐步延伸。

　　好了，言归正传。本书是关于模拟电路设计的专著，由模拟电路设计界的传奇人物 Bob Pease 统稿，各章节的作者均来自模拟领域顶级专家和资深工程师。细心的读者兴许还可以由作者名字搜索出他们各自已出版的模拟电路领域相关的专著。书的内容涵盖了反馈系统、运算放大器、电流反馈放大器、模拟滤波器、A/D 转换器、模拟/数字电路接口等。除此之外的电路板布局与元器件选择、噪声类型及消除技巧、A/D 转换器应用选择、晶体管 V_{BE} 状态分析、电压/频率转换器设计等部分章节系各位作者多年工作经验、技术及方法的总结。

　　本书理论结合实际、实际推导理论，内容精炼、信息量大、行文风格简练平实，从实例出发引导读者深入了解模拟设计。总的来说，本书的实际应用心得多于系统的理论，无论是初学者还是资深的模拟电路设计师和工程师，都可以从本书中挑选章节阅读而获得重要的参考信息，解决实际工作中的疑难问题。

由于书中少数章节略过了最基本的理论,建议部分读者阅读前参阅一些其他的模拟电路、数字电路、电子滤波器、电子测量、电子元器件实用技术等相关技术书籍以及微积分、概率论等基础课程,稍微了解一些晶体管特性、集成电路、低通滤波器、高通滤波器、带通滤波器、带阻滤波器的基础知识,以加深理解和消化。

因为模拟电路设计的实践性很强,在这一方面,希望读者不要只被动地看书上怎么说的,而要主动针对例子,进行分析,找出规律,从感性认知提升到理性认识,这样才能够深刻体会,更好地用来指导自己的电路实践!

我首先要感谢原书的作者们,精选了这么多理论结合实践的应用精粹;再次感谢北京航空航天大学出版社的胡晓柏主任第一时间给我提供了原著,并为我提供了大量帮助;感谢我的家人能为我腾出足够的时间;感谢我的实验室团队在最初的翻译和资料搜集过程中提供的帮助;这里还要特别感谢熊尉、陈章星等人参与附录的翻译工作。

翻译过程中,译者对原书中一些笔误和明显错误做了纠正;对于原著中个别不易理解处加了译者注,以方便国内读者学习、阅读。由于中英文习俗差异,或多或少受原文的影响,部分专业术语、词汇及其译法尚无统一标准,加之水平有限,翻译若有不妥乃至错漏之处,敬请读者通过 E-mail 不吝指正。我的联系邮箱是 powenliu@yeah.net。

衷心希望每一位想在模拟电路深入发展的读者喜欢这本书。

刘波文

于深圳

2014 年 5 月 25 日

前　言

"世界级"模拟设计的评论

要取得优秀的模拟电路设计始终是一项挑战,现今仍旧不是那么容易,所以我们为大家概述了一些基础性的设计理念。在这些章节中,作者们所提供的针对各种各样优秀模拟电路的设计理念,一定会让你最终设计出优秀的电路。

现在,大量的模拟电路设计采用运算放大器以及少量离散的电阻和电容,通常很容易直接运用电阻使电路正常工作。然而,这仍不是最为关键的,你可能必须增设相应的匹配电阻或微调电位器。甚至到现在,一些年轻的工程师还是要问"因此,我应该做一个 $1\,\Omega/1\,\Omega$ 单位增益反相器?"一些人真的不知道如何去计算适合的电阻值,他们没有任何实际工作或实验室工作的经验。所以,我们必须要讲授实际的电路,还得讲授误差预估。有时候,1% 精度的电阻非常适合,某些时候 5%、10%、0.1%、0.01% 精度可能更恰当。理查德·伯温在电阻方面有一些很好的建议,有关于误差预算的更多内容请阅读本书对应章节。

前段时间,有人拿着用 8 个精密运算放大器和 16 个精密电阻的设计给我看。后来我做了些精减,减少到 2 个精密电阻和 1 个精密运算放大器,这大大地提高了误差预算。

追溯到 19 世纪 50 年代,那时你根本没有运算放大器可买。布里克研究中心的工程师们针对八插件运算放大器编写了足足 28 页应用指南(如 K2 - W,见图 P - 1)。从这个小册子上你可以得到一些模拟运算电路设计及一些简单仪器仪表设计的小建议。大约是 1960 年,我来到布里克研究中心工作,在电子管的基础上我研究了运算放大器,接着又研究了高性能固态放大器。

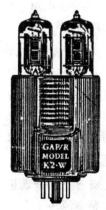

图 P - 1　布里克产品 K2 - W（1952—1992 年）

应用笔记

1965 年,那时新的工艺和应用有采用晶体管运算放大器的趋势,这需要针对运算放大器建模、测量、操作以及很多其他的特征做一个全面的应用指南。丹·谢恩戈尔德、乔治·布里克、布鲁斯·塞登及其他几位作者针对这些方面编写了很多内容,而我只贡献了一点点。这本书非常的实用。我的想法就是，当鲍勃·维德拉推出 μA709 而不可能再将它从市场上撤回的时候，此时布里克也已经恰到好处地销售及推出数千本这样的书籍，并能为这类集成电路型运算放大器的运用提供有效帮助，使它们的运用更合理、简单。该书以仅 3 美元的售价维持了好些年。最近，一份较好的复印本在 E-bay 上已卖到了 300 美元以上，它值这个价。离开网络你能得到基本的资讯么？我不得不去模拟器件的网站查找一些信息。

其他的一些公司，如伯尔布朗公司（Burr Brown）、亚德诺半导体（ADI）和德州仪器编写了很多运算放大器相关的应用笔记和书籍，但我对这些都没什么印象，他们讲解得不好。国家半导体也发行了很多应用笔记，虽然并非所有的都算得上好的著作，但它们确实是很不错的电路。

如何选择运算放大器？

即使是经验丰富的工程师，也认为这是个让人困惑的问题。运算放大器种类繁多，有各种低压和高压类运算放大器、低压噪声和高压噪声类运算放大器、低功率和高速放大器，还有价格低廉和昂贵的放大器。让我们一起看下邦妮·贝克的一些建议。

精密电容？

有多少年轻工程师知道 1％ 精度电容的价格呢？精密电容很少有符合实际的，然而并不是所有的 1％ 电容都非常昂贵，有时候 10 美分你就可以买到；某些时候可能就要花一两美元，而且有时候电路上确实就需要这种 1％ 的电容。日前我得到一本厚厚的 Digikey 目录。其中 2％ 和 1％ 误差的聚丙烯电容有着令人惊讶的合理价格，即使是很少的量。

电感？

电感是特殊元件，在滤波器和开关模式稳压器中可能有这种元件需求。通常由开关电源设计师提供详尽的购买建议。否则的话，就得设计电感、调整电感类型（或电感值）重新设计电路。这算是一个特定的专业知识领域，大多数的院校都不讲授这方面的知识。开关电源设计可以说是高科技专长，也可以说是依葫芦画瓢、有样学样地应用。后者可能不便宜，但通常可应付。

二极管

二极管是一个真正令人眼花缭乱的领域。有些二极管通过很小的 mA 级电流，有的泄漏电流小于 1 pA，有的整流器能通过安培级电流而不会过热。但大点的二极管（如 1N4005）常常不能用于高频。2N5819 肖特基整流器能通过几安培电流，但它会有一点漏电流。即使如此，它能够在 1 MHz 时整流而无不良状况。谁来教各位如何选择二极管？

尤其棘手的是，事实上有些好的快速小信号二极管（1N4148/1N914）可以迅速开/关，有时甚至比 1 ns 还短，但开关的重复速率很低。其中的一些类型忘记了如何开启，并且有一个很差的过冲。这点很烦人！

晶体管及其设计

目前,你接触到晶体管时会觉得复杂,采用晶体管设计又是个全新的挑战。即使是经验丰富的模拟设计师都尝试尽量地少使用它们,但有时又必须用到晶体管。有时晶体管固有的记录特性非常重要。你会买一个记录仪吗?那好,很多公司生产、销售记录仪,但记录仪可以设计用于特殊情况,在商店购买的记录仪不能运行在类似的情况下,比如低电压环境。在去年,我设计过不少模拟电路。我仍采用低噪声、高速运算放大器设计,偶尔还会选择晶体管,如 2N3904 和 LM394。我经常应用"V_{BE} 状态分析"章节提及的曲线,或者你只不过是需要将一个晶体管作为一个开关——一个简单的开关或一个精密的开关。

滤波器

当你需要用到一个滤波器时,计算出你所需要的参数可能并不难,某些时候需要更多的研究。你能避免用电感么?可以避免昂贵的运算放大器?可避免高阻抗或大电容?在所有的模拟设计领域中,这些问题覆盖了一个很宽的动态范围,而且通常一点也不简单。但是,这是能做到的。

SPICE

我经常试着去避免运用 SPICE。我用笔和纸,我称之为"不精确的 SPICE"。我大多进行手工计算,尽量近似,运用计算尺或在脑海中计算。你可能会说,我与伯温所编章节中所提的观念一致。"如何在没有计算机的情况下设计模拟电路?"其他人会认为 SPICE 可以承受一个大范围的应用,这让我紧张。我认为,你可以在一个月中运用 SPICE 为你每天节省 1 小时的运算时间,接下来发现 SPICE 所带来的严重错误,再花掉你节省的这些时间来纠正。相信有些人会同意我的说法。

同样,当人们运用单极性晶体管模型(如同单极性阵列模型中的一种,LM3046)时,它与采用分立式晶体管的设计方式有区别。我的意思是,谁会给你一个 2N3904 免费模型,它值得你付出么?在什么情况下,你会相信它?我只相信简单的、非关键的应用。

有些人说他们愿意相信 SPICE,如果他们有好的模型,以及他们知道做什么,那得祝他们好运。

我将提到几个特定的地方,SPICE 模型通常不能工作:

- V_{ce}(或 V_{ds})为低值,晶体管刚开始饱和。
- V_{ce}(或 V_{ds})处高频段的低值,晶体管的频率响应不那么稳定。
- 一旦衬底电流大后,单极性晶体管在饱和状态(或开始进入饱和时)往往被严重模型化。
- 有时,当一个运算放大器的输入反相时,运算放大器呈现的状态仍然像是不饱和状态。某些类型的 SPICE 在这种情形下可以正常工作,但不是所有的都能正常运行。

● 如果有人给了你一个错误的模型，你可能会碰到许多问题。即使是自己建模型也一样，也会碰到问题。

● 有时，SPICE 收敛（汇集）失败，会浪费你大量的时间。

● 有时，SPICE 会得到荒谬的答案，如一个 10^{-25} A 电流阶跃有一个真正的上升时间。一个由 1 电子/天构成的"电流"如何显示一个"上升时间"？

● 通常在一个带隙基准中，你会发现一个温度特性不朝正确方向发展的详尽细节。SPICE 不能给你指引一个更好的答案。从 1977 年，我的旧 LM131 具有一个不错的温度系数（现在仍是），因为它基于很棒的电路试验板。许多年后，当我尝试将它在 SPICE 中运行时，SPICE 的反馈是不工作，也无法工作。这么好的东西，在 1977 年，我却无法尝试把它运用到 SPICE 中，SPICE 出错了。

● 许多电路中的晶体管被加热或自热，这些晶体管的温升很难建立模型，特别是在一个分布式布局中。

● 有时，SPICE 仅是假象，有时它仅给出不正确的答案。

我与许多"SPICE 专家"辩论过，他们试图证明我是错的。但我经历过的许多例子证明我才是对的，而 SPICE 是错的。我说这些是因为很多人的电路不工作时向我请教一些问题，我能够发现 SPICE 的错误。我采用特殊的测试技巧（大多在时域或思维实验）来展示为什么一个电路运行失常。SPICE 不仅没有帮助，它还导致了"计算机阻碍设计"。

多少？

你要去构建多少呢？若你以大量的或小量的来构建模块，这在你以最小总体成本和最大输出来考虑如何设计时是有差异的。

低噪声？

许多通用型运算放大器是十分安静的，但有些在低阻抗时安静，在高阻抗时嘈杂。其他一些则正好相反。让我们来看看邦妮•贝克在此论题上的建议。

故障诊断？

一旦你的电路完成构建，输入电源，它可能正确地工作或者不工作。你要如何进行故障诊断？最好的主意是，你如何提前计划一个方案让你很容易地进行所需的故障诊断？

调查发现鲍伯•皮兹的书《模拟电路故障诊断》以 6 种语言发行了 39 000 本。根本原因是模拟电路的问题不会如你所愿地消失，甚至不会随工程设计而消失。有时问题只能通过实际的故障诊断才能解决，但预先的计划可以帮助你分析和预计这些问题。请参阅 www.national.com/rap/book/0,1565,0,00.html。

未来？

人们常问我："你会鼓励你的儿女成为工程师么？"我的回答："是的，如果是模拟电路设计。"他们要我说明原由。

我说:"我的朋友和我掌握了许多模拟设计技术、技巧以及诀窍。他们可以不用从 SPICE 学起。每年有 200 000 中国工程师毕业,而且他们不知道我们所掌握的知识,我们可以解决他们所解决不了的问题。"我无需多说,相信大家能明白!

罗伯特·皮兹(Robert A. Pease)

美国国家半导体公司首席科学家

加利福尼亚州,圣克拉拉市

2007 年 8 月

rap@galaxy.nsc.com

备　注

有位作者在本书的某章节中说到,他将一个"精心设计"的系统和一个好的模型运用到 SPICE 中,当他操作时,非常惊讶地发现了一个暗藏的抽样误差。所以,并不是说 SPICE 没有作用,我们只是要在使用 SPICE 时尽量谨慎,凡事都有正反两面。

编者简介

Robert A. Pease(第 16 章、17 章及附录 B)

罗伯特·皮兹(1940—2011),经常被称为鲍伯·皮兹(Bob Pease),曾就读于野山中学,1961 年毕业于麻省理工学院,获电子工程学士学位。一直到 1975 年均就职于菲尔布里克研究中心(Philbrick Researches),设计过很多运算放大器及模拟运算模块。

于 1976 年加入美国国家半导体(目前已被德州仪器收购),他设计过近 24 款涵盖电源稳压器、基准电压源以及温度传感器在内的模拟集成电路,发表过 65 篇以上的杂志文章,持有约 21 项美国专利。自 1986 年以来,皮兹自称带隙专家。他喜欢远足和在尼泊尔徒步旅行,在美国国家半导体任职首席科学家,同时也是 IEEE 资深会员。

皮兹编著的《模拟电路故障诊断》目前已再版 18 次,并经翻译为法语、德语、荷兰语、俄语以及波兰语等版本。他也是电子设计杂志的一位专栏作家,发表超过 240 期专栏,专栏"Pease Porridge"涵盖了很广的技术主题。

皮兹还在其个人网站(http://www.national.com/rap)发表过很多技术性和半技术性的文章,很多文章均可以在那里浏览。

皮兹入选 2002 年电子工程名人榜,还自称是校对专家,近 20 年已校对过很多著作和技术文章。如果没有他的慧眼,本书可能很难提供完全准确的资料,因为这种规格的技术著作出现纰漏的机率也相对较高。

作者简介

邦妮·贝克(Bonnie Baker)编写本书第 4 章、8 章、13 章、14 章、15 章以及附录 A,她为 EDN 杂志的月刊供稿,从事模拟/数字及系统设计超过 20 年。最初在 Burr - Brown 公司(已被德州仪器收购),她是一名负责模拟产品的产品制造工程师。从那之后,邦妮职业生涯转入集成电路设计、模拟产品战略营销以及企业应用工程部经理等。1998 年,她加入 Microchip Technology,担任模拟事业部模拟混合信号应用工程部经理以及 PICMicro 产品部资深架构工程师,她的个人履历不仅包括模拟应用,而且包括微控制器。现在她已经回到 Burr - Brown,在德州仪器的精密模拟产品部工作。

邦妮基于她在模拟设计方面的专业知识分享知识和经验,并且编写了 250 篇以上的文章、设计笔记以及应用笔记。此外,她也是 EDN 的一位专栏作家,还经常出席技术会议和展览。

理查德·伯温(Richard S. Burwen)编写本书第 9 章他于 1949 年获得物理学专业的理学学士学位,1950 年获得哈佛工程科学与应用物理专业硕士学位。他是 Analog Devices 公司三位创始人之一,担任该公司的顾问,为公司最初的产品线设计一些电路。其他公司的创办阶段与他有关的还包括 Mark Levinson 音响系统/大提琴公司、Novametrix 医疗系统公司以及 KLH 伯温研究公司等。1984 年成为 Copley Controls 公司的一位创始人,设计过很多的公司产品。在理查德帮助下启动的这些公司中,他均保持独立性,仅作为自己实验室的一名顾问。1965 年他在马萨诸塞州的列克星敦建造了他的家庭实验室——一个20 000 W、169 个扬声器、5 通道记录和重现工作室。在 2002 年从电路设计咨询/顾问退休以来,他一直积极地为持续了 63 年的音频开发提升音频数字信号处理软件能力(详见 www.burwenaudio.com 和 www.burwenbobcat.com 介绍)。

塞尔吉奥·佛朗哥(Sergio Franco)编写本书第 12 章。他是旧金山州立大学的一位电气工程教授,讲授微电子学课程,也是一位行业顾问。在做教授之前,他在意大利东北部的乌迪内市 Zeltron 的一家 Zanussi 电子研究所工作。他分别获得罗马大学物理专业的理学学士学位、克拉克大学物理专业硕士学位、伊利诺伊大学的计算机科学博士学位,也是 IEEE 会员,业余爱好包括古典音乐、园艺和登山。

菲尔·帕金斯(Phil Perkins)编写本书第 2 章。他是马萨诸塞州诺伍德 LTX 公司的一位元老,1976 年共同创办了 LTX 公司。在此之前,他是马萨诸塞州波士顿的泰瑞达公司的一名工程师。他的主要工作是为 LTX 公司的半导体测试系统设计模拟仪器仪表。他的设计包括 V/I 源、测试探头及数字信号处理器测量仪器,持有一个"混合信号测试设备接口板,Mixed signal device under test board interface"设计专利。他先后获得麻省理工学院的学士、硕士、电气电子工程师学位。

菲尔的爱好主要包括野外踏青、教会活动、为朋友做家庭电脑处理和咨询。目前和他心爱的妻子 Laurie 生活在马萨诸塞州的 Needham,可以通过电子邮件 phil_perkins@ltx.com 联系。

马克·汤普森(Marc Thompson)博士编写本书第 1 章、3 章、5 章。他出生在缅因州韦纳尔黑文岛,在马萨诸塞州哈佛他的工程设计顾问公司——汤普森咨询公司,专门从事客户研发、分析以及电气、电磁、电子系统的多学科故障调查。他也是伍斯特理工学院电气与计算机工程系的一名副教授,负责讲授高级模拟电路设计、电源电子、电动机、配电等研究生课程。

汤普森博士是一本教材《直观模拟电路设计》的作者,于 2006 年由爱思唯尔科学/纽恩斯出版。另一本教材《电子系统的电能质量》则与 Alexander Kusko 博士合编,于 2007 年由 McGraw-Hill 出版。

汤普森博士持有 7 项美国专利,并是马萨诸塞州消防局在哈佛的一名消防员,获得麻省理工学院电气工程学士、硕士、博士学位。业余时间他喜欢骑自行车、旅游以及修缮在缅因州的老房子。

吉姆·威廉姆斯(Jim Williams,1948—2011)编写本书第 18 章。他从 1968 年至 1979 年在麻省理工学院,专注于模拟电路设计。他的教学和研究涉及模拟电路技术应用、生物化学及生物医学问题。

同时,威廉姆斯是美国、涉外以及政府的模拟电路领域顾问。1979 年,他进入美国国家半导体公司,继续从事模拟领域线性集成电路的研究工作。1982 年,他加入凌力尔特公司担任首席科学家,一直工作到现在。工作重心主要包括产品的定义、研发、支持。他发表了 350 篇以上的模拟电路设计相关出版作品,荣获 EDN 杂志 1992 年度创新奖,2002 年入选电子设计名人榜。

威廉姆斯的业余爱好主要包括赛车、收集科学仪器古董、演出以及修复与使用老式泰克示波器。他与他的妻子、儿子以及 84 台泰克示波器生活在加利福尼亚州的帕罗奥图。

史蒂夫·温德尔(Steve Winder)编写本书第 6 章、7 章、10 章、11 章,现为 Supertex 公司(一家总部设在美国的高压 MOSFET 和 CMOS 集成电路制造商)的一名欧洲现场应用工程师,史蒂夫和遍及欧洲的设计工程师的主要工作是采用 Supertex 公司的元件器设计电路。

温德尔在 2002 年加入 Supertex 公司之前,在英国电信研究实验室领导一个团队多年,他曾为宽带传输系统、甚高频设计模拟电路,还设计过很多有源滤波器、无源滤波器。

目　录

模拟电路

4

模
拟
电
路

6

模
拟
电
路

8

第 **1** 章

反馈系统回顾

马克・汤普森(Marc Thompson)

马克・汤普森博士指引我们如何去了解负反馈已有多年,因此,我们能够领会在系统中如何做更好的反馈设计。

1.1 反馈控制的介绍和早期历史

反馈系统是一个比较其输出而取得期望的输入,并且采取纠正措施以强制输出跟随输入变化的装置。可以说自动反馈控制①的起源可追溯到 18 世纪初詹姆斯・瓦特(James Watt)的发明。瓦特在蒸汽机方面做了许多贡献,他改装②了一个离心式调速器自动控制蒸汽机的运转速度。调速器由两个轮转的金属球组成并随离心力而飞出。它根据飞出的次数调整一个节流阀门进而调节蒸汽机速度,这是一个比例控制的例子。

在瓦特的蒸汽机时代调控装置工作很有成效,但随着蒸汽机变得更大、设计更好,发现蒸汽机的引擎转速可能存在着稳定性的问题。其中一个问题是爆振或者说是引擎速度飙升和减少。显然爆振是决定稳定工作的一个要点。这种现象一直没有得到很好的解释,直到 19 世纪后半叶詹姆斯・麦斯威尔③(对的,所有的这些方程和麦斯威尔本人一样著名)采用微分方程对瓦特调速器稳定性进行了数学研究。

1.2 负反馈放大器的发明

现在我们向前跳跃到 20 世纪,早期的电话时代所遇到的实际困难是建立一条横贯大陆的电话线路。第一条贯穿大陆的电话系统始建于 1914 年,用每英里重约 1 000磅的♯8 铜线。由于铜线电阻的损耗约为 60 dB④,所以采用几个电子管(也称

---

① 其他人可能会争辩反馈控制的起源可追溯到古代的水钟(滴漏)和浮球调节器,也可参阅:比如,奥托・迈尔(Otto Mayr)的《反馈控制起源》,麻省理工学院出版社,1970.

② 离心式调速器由托马斯・米德(Thomas Mead c.)1787 年发明,收录于英国专利♯1628.

③ 詹姆斯・麦斯威尔(James C. Maxwell).《在调节器上》.英国皇家学会学报,1867,页 270-283.

④ 威廉・西伯特(William McC. Siebert).《电路,信号与系统》.麻省理工学院出版社,1986.

真空管)放大器提高信号幅度。这些放大器具有带宽限制和显著的非线性失真。级联(串联)放大器(如图 1-1)导致了大量无法忍受的信号失真。

哈洛德·布莱克 1921 年毕业于伍斯特理工学院,并加入贝尔实验室。此时,AT&T 公司面临的一项首要任务是电话系统的改善和级联放大器的失真问题。1927 年,布莱克[⑤]考虑到放大器失真的问题,提出了负反馈放大器的想法(见图 1-2)。

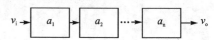

图 1-1　放大器的级联(串联)模型

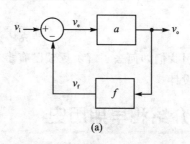

(a)

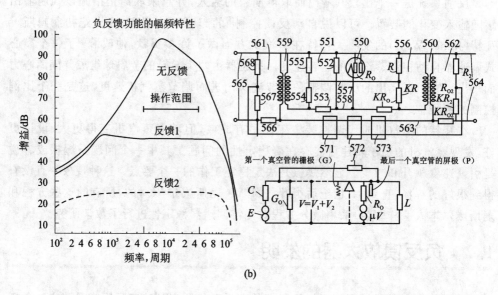

(b)

图 1-2　一个典型的单端输入、单端输出的控制环路,正如布莱克的设想一样

"当时是 1927 年 8 月 2 日,星期二上午,当我在拉卡瓦纳渡口穿越哈德逊河去上班途中,我的脑海中突然一晃而过负反馈放大器的概念。尽管 50 多年过去了,到现在我也一直在思考为何那个早上会浮现出这个概念。对于那个早晨的经历,今天也

⑤　哈洛德·布莱克(Harold Black). 发明负反馈放大器. IEEE Spectrum,1977 年 8 月,页 55-60.另可参阅哈洛德·布莱克的美国专利#2102671,"Wave Translation System"1932 年 4 月 22 日备案,1937 年 12 月 21 日颁发以及布莱克早期规格书"稳定负反馈放大器 Stabilized Feed-Back Amplifiers",贝尔系统技术期刊,1934.

许我再无更多言语表达,仅记得的是我在这个问题上持续了多年的辛苦工作。我突然间意识到如果我把放大器的输出反馈到输入端,采用相位反相,并阻止器件的振荡(后面我们把它称为啸叫),正好得到了我想要的:意味着在输出端消除了失真。我打开了晨报,随手在《纽约时报》的一页上,针对带反馈的放大功能实现,草拟了一张负反馈放大器的简图,并列出了方程式。我在草图上做了签署,20 min 后我到达西街463 号的实验室,后来很幸运地由我的同事 Earl 进行了见证、采纳、签署。

我设想这个电路像线性极高的放大器(40~50 dB 的负反馈),但存在一个重要的问题:当时很多人都怀疑这种电路的稳定性,我怎样知道在很宽的频带上能避免放大器的自激振荡呢?我的信心来源于工作,因为 2 年前我就做了某些新型振荡器电路,3 年前就已经从事终端电路设计,包括滤波器、载波电话系统的短途收费电路数学运算模型研发。"

一个典型的闭环负反馈系统,普遍采用的模型如图 1-3 所示。这个图中的每个"功能装置"(或称之为"设备")可表示为一些功能性元件,例如在一个音频放大器中的功率级之类。正确设计控制系统能将输出维持在较理想的水平,即使面对外部干扰和模型的不确定因素。反馈系统的目的是强制输出跟随输入,也许有一定的增益和频率响应特性。

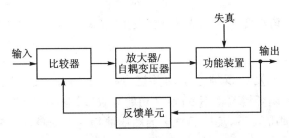

图 1-3　典型反馈系统的功能块组成展示

在该配置中,输出信号被回馈到输入端,并和期望的输入做比较。在两个信号之间的差被放大,并施加到"功能装置"的输入端。

为了设计一个成功的反馈系统,这里有几个问题必须解决:

● 首先,确定功能装置的模型怎样生成,给定的许多系统要不要定义完善的传递函数?

● 一旦你建立好"功能装置"的模型,怎样闭合回路,产生一个期望的增益和带宽的稳定系统?

1.3　控制系统基础

图 1-4 所示的是布莱克设想的一个典型的反馈环路。请注意,在此系统中施加了一个外部干扰,即电压 v_d。

模
拟
电
路

在这个系统中，a 是正向路径增益，f 是反馈增益。正向增益 a 和反馈因子 f 可能存在频率依赖关系（因此，该"功能装置"应定义为 $a(s)$），但为了符号的简单化，我们省去了拉普拉斯变量 s。

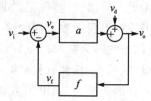

首先，我们将干扰电压 v_d 设为零，误差项 v_e 是输入和输出反馈部分之间的差。我们可以得出传递函数，结果如下：

图 1-4 典型的单输入、单输出的控制回路，输入电压 v_i、输出电压 v_o，外界干扰源 v_d

4

$$v_o = a v_e$$
$$v_e = v_i - v_f \quad\quad\quad (1-1)$$
$$v_f = f v_o.$$

闭环增益是（$A \equiv$ 闭环增益）：

$$A = \frac{v_o}{v_i} = \frac{a}{1+af} \quad\quad\quad (1-2)$$

或者：

$$A = \frac{正向增益}{1-环路传输} \quad\quad\quad (1-3)$$

当 $af \gg 1$（请注意在什么情况下会发生 $af \gg 1$）时，推出结果如下：

$$A \approx \frac{1}{f} \quad\quad\quad (1-4)$$

这是设计一个成功的反馈系统的关键点；对于所关注的频率，如果你能保证 $af \gg 1$，那么你的闭环增益将不依赖于"功能装置"增益 $a(s)$ 的细节。这点是非常有用的，因为在某些情况下，反馈函数 f 的功能能用一个简单的电阻分压器实现，这既便宜又精确。

1.4 环路传输和干扰抑制

增益方程式的分母项称为 $1+af$，这里把 $-af$ 称为环路传输，或者简称 $L.T.$。该术语表示这个增益是整个反馈环路的整体增益；通过一个思考试验你可以找到 $L.T.$：在某个位置断开反馈回路，输入一个信号，在断开处找出返回了什么。环绕整个回路的增益就是环路传输。

现在让我们找出干扰源输入到输出的增益：

$$\frac{v_o}{v_d} = \frac{a}{1+af} = \frac{1}{1-LT} \quad\quad\quad (1-5)$$

请注意，如果在关注的频段有很大的环路传输，由于干扰会导致输出变得很小。（$1+af$）项被称为系统的倒灵敏度。让我们来算出由于正向路径增益 a 的变化而引起的闭环增益 A 分数变化。

$$A = \frac{a}{1 + af}$$

$$\frac{\mathrm{d}A}{\mathrm{d}a} = \frac{(1 + af) - af}{(1 + af)^2} =$$

$$\left(\frac{1}{1+af}\right)\left(\frac{1}{1+af}\right) = \frac{A}{a}\left(\frac{1}{1+af}\right)$$

(1-6)

$$\therefore \qquad \frac{\mathrm{d}A}{A} = \frac{\mathrm{d}a}{a}\left(\frac{1}{1+af}\right)$$

这个结果意味着假设 $af \gg 1$,那么闭环增益($\mathrm{d}A/A$)的分数变化远小于正向路径增益($\mathrm{d}a/a$)的分数变化。

我们可以做几个近似限制的大、小环路传输。对于大环路传输($af \gg 1$),如我们前面的讲述,其闭环增益 $A \approx 1/f$;对于小环路传输($af \ll 1$),闭环增益约等于 $a(s)$。如果把 $a(s)$ 和 $1/f$ 绘制在同一坐标系,我们可以在两条曲线的较低处找出一条近似的闭环增益,绘制的图形如图 1-5 所示。

曲线 $a(s)$ 描绘频率与正向路径增益的依赖关系横线 $1/f$ 是反馈增益的倒数,这里为电阻反馈;粗线表示闭环传递函数的估算。对于 $a(s)f \gg 1$,闭环增益近似等于 $1/f$;对于 $a(s)f \ll 1$,闭环增益近似等于 $a(s)$。

1.5　稳定性

目前为止,我们还没有讨论闭环系统的稳定性问题。许多文献中都有稳定性的定义,但我们则考虑 BIBO(译者注:有界输入有界输出)稳定性。换句话说,我们会考虑那些仅能激发我们系统有界输入的稳定性问题。如果有界输入产生有界输出,若所有的极点都在左半平面(如图 1-6 所示),则满足条件,该系统就是 BIBO 稳定。

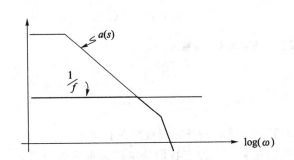

图 1-5　估算闭环传递函数的图形绘制

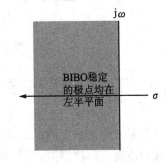

图 1-6　有界输入有界输出(BIBO)稳定,闭环极点的位置在左半平面

考虑到本反馈系统带一个一阶响应的"功能装置"和全反馈(如图 1-7 所示),其输入/输出的传递函数是:

模
拟
电
路

$$\frac{v_\text{o}}{v_\text{i}} = \frac{A/s}{A/s+1} = \frac{A}{s+A} = \frac{1}{s/A+1} \tag{1-7}$$

请注意当正向路径增益 A 递增时,闭环带宽也随之增加,且闭环极点落在实轴 $s = -A$ 处。只要 A 为正,对于 A 的任意取值,该系统均为 BIBO 稳定。

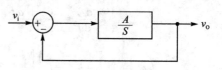

图 1-7 一阶响应系统由一个内置一个积分器的负反馈回路组成

二阶系统(如图 1-8(a)所示)也很容易推算出传递函数:

$$\frac{v_\text{o}}{v_\text{i}} = \frac{\dfrac{K}{(\tau_\text{a}s+1)(\tau_\text{b}s+1)}}{1+\dfrac{K}{(\tau_\text{a}s+1)(\tau_\text{b}s+1)}} = \frac{K}{K+(\tau_\text{a}s+1)(\tau_\text{b}s+1)} \tag{1-8}$$

$$= \left(\frac{K}{K+1}\right) \frac{1}{\left(\dfrac{\tau_\text{a}\tau_\text{b}}{1+K}\right)s^2 + \left(\dfrac{\tau_\text{a}+\tau_\text{b}}{1+K}\right)s+1}$$

极点位置绘制如图 1-8(b),闭环极点轨迹随 K 递增。请注意在高直流开环增益(它意味着很小的闭环直流误差)与环路稳定性之间作权衡的基本原则。对于 K 接近无穷大,闭环极点会完全欠阻尼。

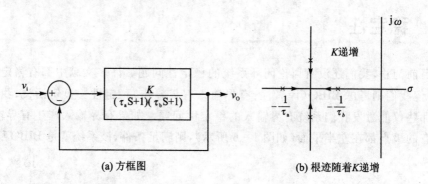

(a) 方框图　　　　　　　(b) 根迹随着 K 递增

图 1-8 带负反馈环路的二阶系统

1.6 劳斯稳定判据[⑥]

劳斯法则是一个数学上的检验法则,用于确定特征方程根落在右半平面的个数。当我们使用劳斯法则时,我们不计算根的位置——即在我们确定任何根是否全部落在右半平面时,不需要明确测定它们的具体位置。

使用劳斯法则的步骤如下。

---

⑥ 部分文献也称鲁兹稳定准则——译者注。

1. 写出特征多项式：

$$1 - LT = a_0 s^n + a_1 s^{n-1} + \cdots + a_n \qquad (1-9)$$

需要注意的是，由于我们已经写出了特征多项式$(1-LT)$，现在我们感兴趣的是要找出在右半平面$(1-LT)$是否有零点。在右半平面上$(1-LT)$的零点对应闭环的极点。此外，我们假设$a_n \neq 0$继续进行分析。

2. 接下来，我们观察任意系数是否为零或具有与其他系数不相同的符号。一个必要的（但不是充分的）稳定条件是，在特征方程中没有非零系数及所有系数具有相同的符号。

3. 如果所有的系数具有相同的符号，我们接下来构成一个行和列矩阵的模型，这个矩阵模型维数为偶数n[⑦]。该表格从水平和垂直方向填充，直到碰上含有零的行。第三行及下面的行由前两行计算得出。

$$\begin{bmatrix} a_0 & a_2 & a_4 & \cdots & \cdots & \cdots \\ a_1 & a_3 & a_5 & \cdots & \cdots & \cdots \\ b_1 & b_2 & b_3 & \cdots & \cdots & \cdots \\ c_1 & c_2 & c_3 & \cdots & \cdots & \cdots \\ \cdots & \cdots & \cdots & \cdots & \cdots & \cdots \\ 0 & 0 & 0 & 0 & 0 & 0 \end{bmatrix}$$

$$\left. \begin{aligned} b_1 &= \frac{-\begin{vmatrix} a_0 & a_2 \\ a_1 & a_3 \end{vmatrix}}{a_1} = \frac{a_1 a_2 - a_0 a_3}{a_1} \\[2em] b_2 &= \frac{-\begin{vmatrix} a_0 & a_4 \\ a_1 & a_5 \end{vmatrix}}{a_1} = \frac{a_1 a_4 - a_0 a_5}{a_1} \\[2em] b_3 &= \frac{-\begin{vmatrix} a_0 & a_6 \\ a_1 & a_7 \end{vmatrix}}{a_1} = \frac{a_1 a_6 - a_0 a_7}{a_1} \\[2em] c_1 &= \frac{-\begin{vmatrix} a_1 & a_3 \\ b_1 & b_2 \end{vmatrix}}{b_1} = \frac{a_3 b_1 - a_1 b_2}{b_1} \\[2em] c_2 &= \frac{-\begin{vmatrix} a_1 & a_5 \\ b_1 & b_3 \end{vmatrix}}{b_1} = \frac{a_5 b_1 - a_1 b_3}{b_1} \end{aligned} \right\} \qquad (1-10)$$

4. 右半平面上极点的数量等于劳斯矩阵的第一列中符号改变的个数。现在，让我们将劳斯法则应用于传递函数：

---

⑦ 对于奇数n维，a_n终止第二行。

第1章　反馈系统回顾

模拟电路

$$H(s) = \frac{1}{(s+1)(s+2)(s+3)(s-2)} = \frac{1}{s^4 + 4s^3 - s^2 - 16s - 12} \quad (1-11)$$

本例,我们已经知道有一个右半平面极点在 $s = \pm 2$ rad/s 处,但我们将使用劳斯法则来验证这一点。该劳斯矩阵如下:

$$\begin{bmatrix} 1 & -1 & -12 & 0 \\ 4 & -16 & 0 & 0 \\ \left(-\frac{\begin{vmatrix} 1 & -1 \\ 4 & -16 \end{vmatrix}}{-1} = -12\right) & \left(-\frac{\begin{vmatrix} 1 & -12 \\ 4 & 0 \end{vmatrix}}{-1} = 48\right) & \left(-\frac{\begin{vmatrix} 1 & 0 \\ 4 & 0 \end{vmatrix}}{-1} = 0\right) & 0 \\ \left(-\frac{\begin{vmatrix} 4 & -16 \\ -12 & 48 \end{vmatrix}}{-12} = 0\right) & \left(-\frac{\begin{vmatrix} 4 & 0 \\ -12 & 0 \end{vmatrix}}{-12} = 0\right) & 0 & 0 \end{bmatrix}$$

$$(1-12)$$

我们看到,在第一列中有一个符号变化,矩阵的元素从 $+4$ 变化到 -12。因此,不出所料,这里一定有一个右半平面极点。

我们再次把劳斯法则应用于一个单位反馈环路内有 3 个极点的系统(图 1-9)。我们将采用劳斯法则来确定 K 值,以确保该反馈回路的稳定运行。此系统的闭环传递函数是:

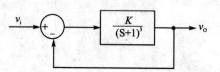

图 1-9　单位反馈环路内置三个极点

$$\frac{v_o(s)}{v_i(s)} = \frac{\dfrac{K}{(s+1)^3}}{1 + \dfrac{K}{(s+1)^3}} = \left(\frac{K}{1+K}\right)\left(\frac{1}{\dfrac{s^3}{K+1} + \dfrac{3s^2}{K+1} + \dfrac{3s}{1+K} + 1}\right) \quad (1-13)$$

该分母多项式:

$$D(s) = a_0 s^3 + a_1 s^2 + a_2 s + a_3 = \left(\frac{1}{K+1}\right)s^3 + \left(\frac{3}{K+1}\right)s^2 + \left(\frac{3}{K+1}\right)s + 1$$

$$(1-14)$$

该劳斯矩阵是:

$$\begin{bmatrix} \left(\dfrac{1}{1+K}\right) & \left(\dfrac{3}{1+K}\right) \\ \left(\dfrac{3}{1+K}\right) & 1 \\ \dfrac{\left(\dfrac{3}{1+K}\right)^2 - \left(\dfrac{1}{1+K}\right)}{1+K} = \dfrac{8-K}{(1+K)^2} & 0 \\ 1 & 0 \\ 0 & 0 \end{bmatrix} \quad (1-15)$$

请注意这里若 $K > 8$,第一列中有两个符号变化。因此若 $K = 8$,预期在 $j\omega$ 轴

8

上有两个极点;若 $K > 8$,具有两个极点在右半平面,该系统是不稳定的;若 $K < 8$,该系统是稳定的,所带的全部的 3 个极点均在左半平面。

1.7　相位容限(裕度)和增益容限测试

前面的分析告诉我们什么是一个闭环系统的带宽和直流增益,但不考虑系统是否会产生振荡或大量的过冲问题。使用一个简单的波特图[⑧]技术和一种称为相位容限法的方法,我们可以据此判断一个反馈系统的相对稳定性。相位容限是一个非常有用的针对反馈系统稳定性的测试措施。找出一个负反馈系统的相位容限的方法主要如下(如图 1-10 所示):

1. 绘制负环路传输的增益和角度,或 $-a(s)f(s)$。
2. 找出 $a(s)f(s)$ 的增益下降到 $+1$ 时的频率,这就是交叉频率 ω_c[⑨]。
3. 交越频率的角度与 $-180°$ 之间的差即相位容限 ϕ_m。
4. 增益容限(简称 G.M.)被定义为导致系统不稳定所需的开环增益的变量。具有更大的增益容限的系统可在闭环产生不稳定之前承受更大的系统参数变化。
5. 相位容限定义为导致闭环系统不稳定所需的开环相移的负变量。
6. 一般情况下,一个精心设计的反馈回路的相位容限至少为 45° 且增益容限 G.M. > 3(或者以上)。

1.8　阻尼比和相位容限之间的关系

阻尼比和相位容限有直接关系。对于一个二阶系统,一般低的相位容限通常意味着一个低的阻尼比。对于一个阻尼比小于 0.6 的标准二阶系统,其关系近似于:

$$\xi \approx \frac{\Phi_m}{100} \qquad (1-16)$$

因此,一个 0.6 的阻尼比对应于一个 60° 的相位容限。在 $0 < \xi < 2$ 阻尼比范围的实际关系如图 1-11 所示。

1.9　环路补偿技术——超前和滞后网络

有一些网络可用于补偿反馈网络。这些网络可以添加到功能装置中,以便修改

---

⑧　波特图是线性非时变系统的传递函数对频率的半对数坐标图,其横轴频率以对数尺度表示,利用波特图可以看出系统的频率响应。波特图一般是由二张图组合而成,一张幅频图表示频率响应增益的分贝值对频率的变化,另一张相频图则是频率响应的相位对频率的变化。波特图可以用计算机软件(如 MATLAB)或仪器绘制,也可以自行绘制。利用波特图可以看出在不同频率下,系统增益的大小及相位,也可以看出大小及相位随频率变化的趋势——译者注。

⑨　一般 ω 对应的单位是 rad/s,代表的是角频率,本书系统称为频率——译者注。

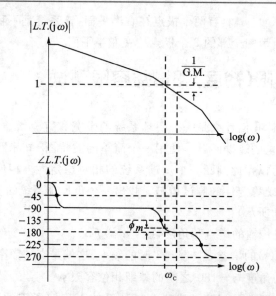

图 1-10　增益容限和相位容限绘制

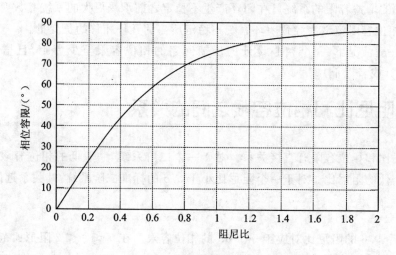

图 1-11　相位容限和阻尼比之间的关系

闭环传递函数或者放置在反馈系统的其他位置。下面讲述的是"超前"和"滞后"网络的概要。

　　滞后网络(图 1-12(a))常用于减少环路传输增益,有利于交叉点出现在一个良性的频率上。滞后网络的传递函数是:

$$H(s) = \frac{v_o(s)}{v_i(s)} = \frac{R_2Cs + 1}{(R_1 + R_2)Cs + 1} = \frac{\tau s + 1}{\alpha\tau s + 1}$$

$$\alpha = \frac{R_1 + R_2}{R_2} \tag{1-17}$$

$$\tau = R_2C$$

　　滞后网络的波特图(图 1 - 12(b))显示该网络在极点和零点之间的频率段会引起幅度缩减。当使用一个滞后网络时,通常零滞后的放置应适当地低于环路的交叉频率,这可确保滞后网络在交叉点不提供过多负相移。

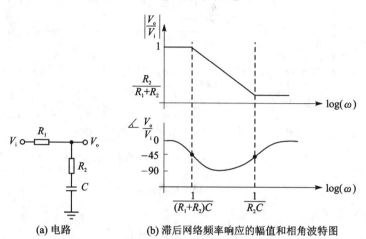

(a) 电路　　　　　(b) 滞后网络频率响应的幅值和相角波特图

图 1 - 12 滞后网络

　　超前网络(图 1 - 13(a))用于在交叉频率附近提供正相移。超前网络的传递函数是:

$$\left.\begin{aligned} H(s) &= \frac{v_{o}(s)}{v_{i}(s)} = \frac{R_2}{(R_1 + R_2)}\left(\frac{R_1 Cs + 1}{\dfrac{R_1 R_2}{R_1 + R_2}Cs + 1}\right) = \frac{1}{\alpha}\frac{\alpha\tau s + 1}{\tau s + 1} \\ \alpha &= \frac{R_1 + R_2}{R_2} \\ \tau &= (R_1 \parallel R_2)C \end{aligned}\right\} \quad (1-18)$$

　　超前网络的波特图(图 1 - 13(b))显示该超前网络在零点的频率可提供 45°的正相移,而在零点仅增加 3 dB 的增益。当使用的超前网络时,一般将超前的零点靠近环路的交叉频率,以便利用超前网络提供的正相移。由此超前的极点被包含在交叉点内。

1.10　一些令人关注的反馈回路的附加评论

　　好奇的学生可能想知道,一个带有环路传输的系统增益大于 1,在环路传输相角为 -180°处能否稳定呢? 在采用增益容限/相位容限测试中,我们着眼于在增益下降到 1 处的那个频率,不关心自身与其他频率的关系。

　　例如,我们将展示另外一个在环路传输角度为 -180°时,环路传输增益大于 1 的稳定的系统。这未必是一个直观的结果,但不管怎样我们都可实现。考虑图 1 - 14 (a)所示的系统,它是一个正向路径上有 2 个零点和 3 个极点的单位反馈系统。这个

模
拟
电
路

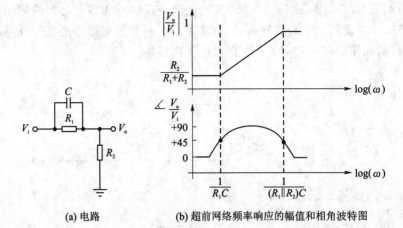

(a) 电路　　　　　　(b) 超前网络频率响应的幅值和相角波特图

图 1 - 13　超前网络

系统的负环路传输是：

$$-L.T. = \frac{100(s+1)^2}{s^3} \tag{1-19}$$

图 1-14(b)所示的是该负环路传输图。请注意，在负环路传输的角度为 $-180°$ 时的频率点，该环路传输增益大于 1。在本例中，角度小于 $-180°$ 频率达到 1 rad/s。

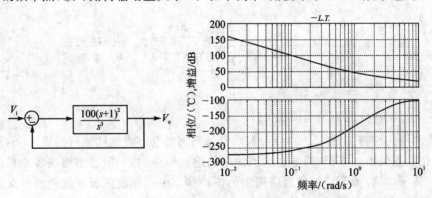

(a) 系统　　　　(b) 当角度比 $-180°$ 负得更多时，增益大于1个单位的 $-L.T.$ 的波特图

图 1 - 14　一个环路传输增益大于 1，环路传输角度为 $-180°$ 时的单位反馈系统

接下来，我们将使用劳斯法则检测该系统的稳定性。此系统的闭环传递函数是：

$$\frac{v_o(s)}{v_i(s)} = \frac{\dfrac{100(s+1)^2}{s^3}}{1 + \dfrac{100(s+1)^2}{s^3}} = \frac{100(s^2+2s+1)}{s^3+100s^2+200s+100} \tag{1-20}$$

我们可以使用劳斯判据或者可以把这个传递函数的分母分解以确定稳定性。该分母多项式是：

$$D(s) = s^3 + 100s^2 + 200s + 100 \tag{1-21}$$

该劳斯矩阵如下：

$$\begin{bmatrix} 1 & 200 \\ 100 & 100 \\ \dfrac{(100)(200)-(1)(100)}{100}=199 & 0 \\ \dfrac{(199)(100)-(100)(0)}{199}=100 & 0 \\ 0 & 0 \end{bmatrix} \qquad (1-22)$$

劳斯法则表明该系统是 BIBO 稳定的，因为劳斯矩阵的首列值均没有符号变化。数值分析表明闭环的极点和零点对应的频率段在：

零点	2个零点在−1 rad/s
极点	3个极点在−97.97 rad/s，−1.12 rad/s 和−0.92 rad/s

可见，所有的极点均在左半平面，系统是 BIBO 稳定的。闭环阶跃响应（图 1−15）证实了该系统是稳定的。

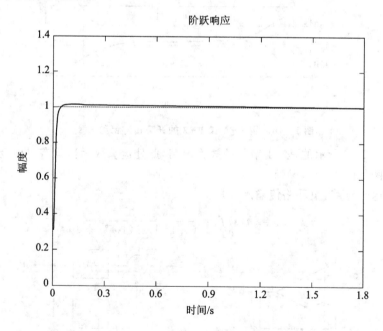

图 1−15　一个环路传输增益大于 1、环路传输角度为−180°的反馈系统的阶跃响应

注意：当单位增益稳定时，阶跃响应有长长的衰减"拖尾"。这条长长的拖尾是系

统带有距离很近的极点和零点的特点[⑩]。

例 1-1　+1 增益放大器

设想一个直流增益为 10^5 的运算放大器,低频极点 10 rad/s,高频极点是 10^6 rad/s。传输函数 $a(s)$ 可代表许多市售的运算放大器,该表达式为:

$$a(s) = \frac{10^5}{(0.1s+1)(10^{-6}s+1)} \tag{1-23}$$

那么,当运算放大器配置为+1增益放大时它的带宽和上升时间是什么样的呢?

图 1-16 所示的是正向路径增益 $a(s)$ 的波特图。请注意直流增益为 10^5(100 dB),且相位在 0°开始渐近地下降到-180°后其频率远高于 10^6 rad/s(在第二个极点上)。

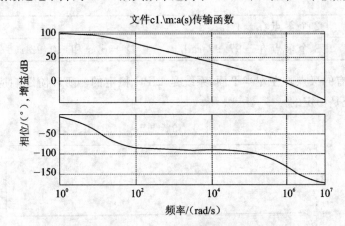

文件c1.\m:a(s)传输函数

图 1-16　例 1-1 和 1-2 的开环传递函数 a(s)

图 1-17(a)所示的是+1增益的放大电路,此处运算放大器具有单位反馈,该电路的方框图如图 1-17(b)所示。

对于这个电路,负环路传输函数是:

$$-L.T. = a(s)f = \frac{10^5}{(0.1s+1)(10^{-6}s+1)} \tag{1-24}$$

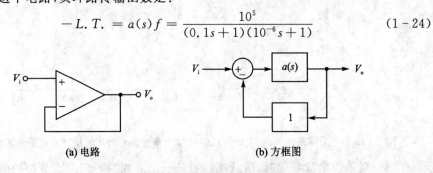

(a) 电路　　　　　　　　　　　　　　(b) 方框图

图 1-17　+1 增益的运算放大器电路

---

⑩　也可从知识点 pole/zero "doublet." 获知。("doublet"就是一对离的很近的零点和极点,在 AC 特性中看不到,但对瞬态相应可能影响很大——译者注。)

因此,它与运算放大器的开环传递函数 $a(s)$ 相同。运用 MATLAB 对带宽和相位容限进行计算,其结果如图 1 - 18 所示。结果分别是 52° 的相位容限和 786 150rad/s(125 kHz)的交叉频率。从这个分析得出,阶跃响应超出了我们的预期(由于相位容限导致约 0.5 的阻尼比),频率响应和大约 0.35/125 000 = 2.8 μs 的 10%~90%上升时间[11]也有一些超出,如图 1 - 19 所示。

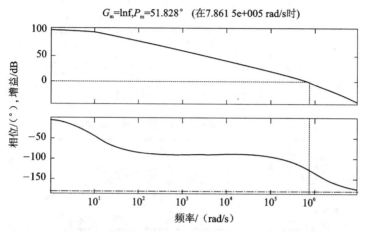

图 1 - 18 +1 运算放大器电路的增益相位容限和带宽的计算

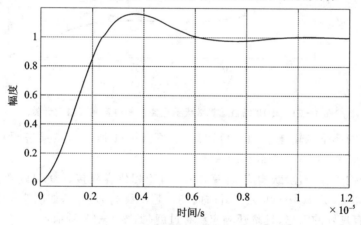

图 1 - 19 +1 增益放大器的阶跃响应

例 1 - 2 +10 的增益放大器

当相同的运算放大器(例 1 - 1 的放大器)配置成 +10 增益放大器时,它的带宽和上升时间又是什么样的呢? 图 1 - 20(a)给出了 +10 增益运算放大器电路,图 1 - 20(b)给出了方框图。注意 9 R/R 电阻分压器给定了一个反馈系数 $f = 0.1$。

---

⑪ 通常,10%~90%上升时间估计公式为 $0.35/f_c$,这里 f_c 为交叉频率(单位 Hz)。

对于这个电路中,负的环路传输函数是:

$$-L.T. = a(s)f = \frac{10^4}{(0.1s+1)(10^{-6}s+1)} \qquad (1-25)$$

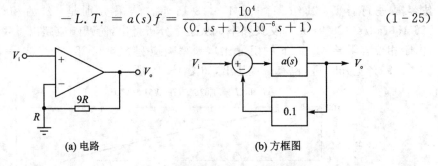

(a) 电路　　　　　　　　(b) 方框图

图 1-20　+10 增益运算放大器电路

$G_m=\text{lnf}, P_m=84.323°$　(在 99 509 rad/s时)

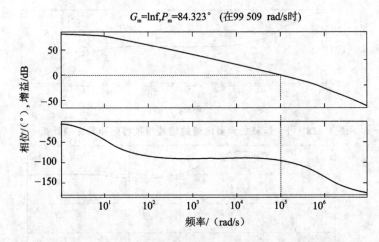

图 1-21　+10 增益运算放大器电路的相位容限和带宽计算

当绘制的环路传输增益和相位图后(如图 1-21 所示),结果表明相位容限为 84°,交叉频率为 99 509rad/s(15.8 kHz)。

从这个例子分析,阶跃响应、频率响应(由于相位容限接近 90°)以及大约 0.35/15 800 = 22 μs 的 10%~90%上升时间均未超出我们的预期,如图 1-22 所示。因此,该系统有良好的阻尼,且阶跃响应没有过度(如图 1-23 所示)。

例 1-3　无功负载的积分控制

图 1-24 设想一个运算放大器驱动一个无功负载(电抗性负载)。假设是一个理想的运算放大器,具有无限的带宽和无穷大的出入电流。鉴于此,该传递函数是:

$$H(s) = \frac{v_o(s)}{v_i(s)} = \frac{1}{LCs^2 + \frac{L}{R}s + 1} = \frac{1}{10^{-10}s^2 + 10^{-6}s + 1} \qquad (1-26)$$

该二阶的无功负载的 $H(s)$ 具有以下几个特征:

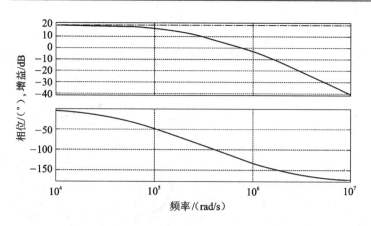

图 1-22　+10 增益放大器的闭环传递函数波特图

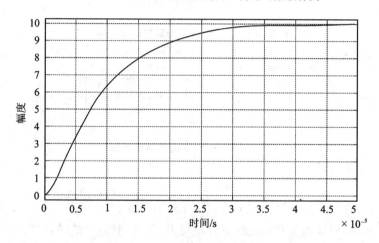

图 1-23　+10 增益放大器的阶跃响应

- 极点：$-5 \times 10^3 \pm 9.99 \times 10^4 j$
- 阻尼比：0.05
- $Z_o = 1\ \Omega$
- Q 值：10

在绘制传递函数 $H(s)$ 过程中，我们可以看到图 1-25 所示的欠阻尼响应。在

图 1-24　理想运算放大器驱动一个无功负载

这个例子中，我们将设计一个闭环控制器来调节输出电压（如图 1-26 所示）。我们假设正向路径的补偿 $G_C(s)$ 包含一个积分器，因而此处的 V_o 端为零直流误差[12]。

作为第一种尝试，让我们首先尝试设定一个补偿器的传递函数：

---

[12]　在 $G_C(s)$ 中带有一个积分器确保本回路的直流误差为零，如果存在一个误差，积分器可以不断地无穷大积分，因此，必须是零直流误差。

模
拟
电
路

18

$$G_C(s) = \frac{4 \times 10^3}{s} \tag{1-27}$$

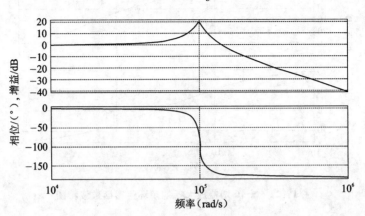

图 1-25　无功负载范例装置的波特图

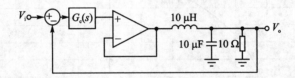

图 1-26　例 1-3 的闭环控制器

推导出的环路传输是:

$$-L.T. = \left(\frac{1}{10^{-10}s^2 + 10^{-6}s + 1}\right)\left(\frac{4 \times 10^3}{s}\right) \tag{1-28}$$

绘制本环路传输增益和相位的波特图得出了一些有趣的结果,如图 1-27 所示。

G_m=7.958 8 dB(在1e+005 rad/s),P_m=89.77° (在4006.4 rad/s)

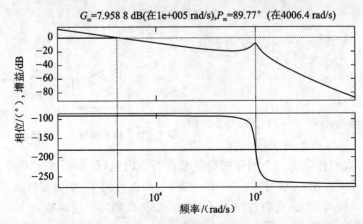

图 1-27　第一种尝试,环路传输的增益和相位波特图,4 006 rad/s 的交叉频率和 89.8°的相位容限

结果如下:

● 交叉频率：4 006 rad/s(637 Hz)

● 相位容限：90°

● 鉴于此,我们认为一个良好受控的阶跃响应,其上升时间约为 0.5 ms。

图 1－28 展示了这个闭环系统所获得的阶跃响应。

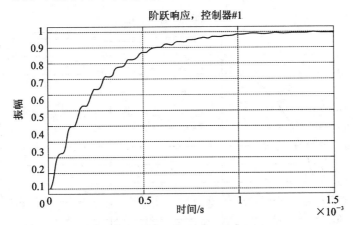

图 1－28　第一种尝试的阶跃响应

除了在上升沿的振荡行为,其他都已经满足要求。这到底是怎么回事呢？环路传输的相位和增益的波特图可说明整个细节和过程。虽然相位容限良好,增益容限也不会过于偏大,那么这个现象的成因应归结于欠阻尼的极点对。为了解决这个振荡问题,我们可以尝试在交叉点上添加一个极点来消除欠阻尼的极点对。让我们尝试在 5×10^4 rad/s 添加一个极点来抑制 10^5 rad/s 的这些极点。得到的结果是：

$$G_C(s) = \left(\frac{4 \times 10^3}{s}\right)\left(\frac{1}{2 \times 10^{-5}s + 1}\right) \tag{1－29}$$

图 1－29 所示的是一个采用 MATLAB 的交叉频率和相位容限的测试结果。这里通

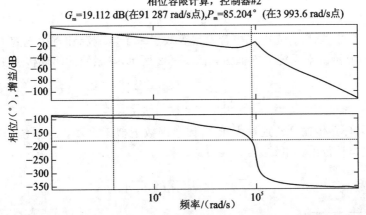

图 1－29　第二种尝试,环路传输的增益和相位图(3 993 rad/s 的交叉频率和 85°的相位容限)

过添加低通滤波器,我们已经显著地改善了本电路的增益容限。结果如下:

- 交叉频率:3 993 rad/s(635 Hz)
- 相位容限:85°
- 阶跃响应的表现更好,如图1-30所示。

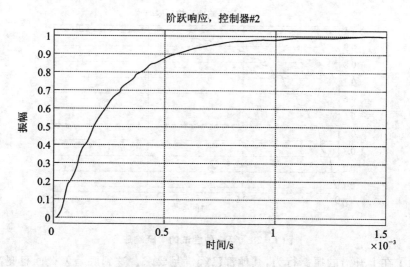

图1-30 第二种尝试的阶跃响应

例1-4 光电二极管放大器

图1-31(a)所示的是一种光电二极管放大器。光电二极管输出的电流与接收的光照强度成比例,并由运算放大器的互阻连接把光电二极管的电流转换成一个输出电压[13]。理想的输入/输出传递函数为:

$$\frac{v_o}{i_p} = -R_f \qquad (1-30)$$

在该电路建模时,将光电二极管模型等效于一个电流源和寄生电容 C_p 并联,如图1-31(b)所示。本系统的方框图如图1-32所示,本系统的闭环传递函数如下:

$$\frac{v_o}{i_p} = -\frac{R_f}{R_f C_p s + 1}\left(\frac{a(s)}{1 + \dfrac{a(s)}{R_f C_p s + 1}}\right) \qquad (1-31)$$

请注意,如果环路传输增益远远大于1,传递函数近似于 $-R_f$。本系统的环路传输,通过检验很容易得出如下结果:

$$-L.T. = \frac{a(s)}{R_f C_p s + 1} \qquad (1-32)$$

---

[13] 指的是 Transimpedance Amplifiers(互导倒数放大器),将电流转换为电压的放大器,是光纤通信模块的常见器件。同义词为互阻放大器——译者注。

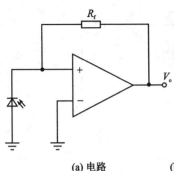

(a) 电路

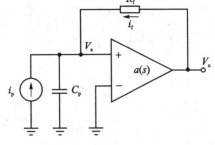

(b) 模型，光电二极管包含一个电流源i_p和寄生电容C_p的等效模型

图 1 - 31　光电二极管放大器

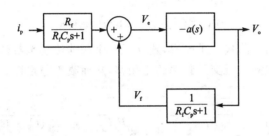

图 1 - 32　光电二极管放大器的方框图，a(s)方框表示运算放大器的增益

通常，一个运算放大器将有一个主导极点，且第二个极点靠近交叉频率，结果如下：

$$-L.T. = \frac{a_o}{s(\tau s + 1)(R_f C_p s + 1)} \tag{1-33}$$

这意味环路传输至少有 3 个极点。如果我们试图关闭一个带宽大于 $1/R_f C_p$ 的反馈回路，那就会有潜在的稳定性问题。

图 1 - 33 所示的是一个实际系统的模型，它采用 CLC426 运算放大器建模，并包括主导极点、第二极点和输出阻抗。

本电路的寄生效应列出如下：

- L_{cable}：光电二极管连接到电路板的线路电感。

电感大约 10 nH/cm，仿真时取值为 50 nH。

- L_{pr}：反馈电阻串联的电感，约 10 nH。

- L_{pc}：反馈电容串联的电感，约 5 nH。

- C_p：光电二极管的寄生电容，约 60 pF。

- C_{in}：运算放大器的输入电容，约 5 pF。

$R_f C_p$ 综合导致在反馈环路内的一个极点成为引发潜在的不稳定因素。图 1 - 34 绘制的是反馈电阻 R_f 等于 15 kΩ 的原始电路（即图 1 - 31 所示电路）所对应的 v_o/i_p 的频率响应，该响应处于非常欠阻尼状态，且其他未建模的极点均可引起振荡。

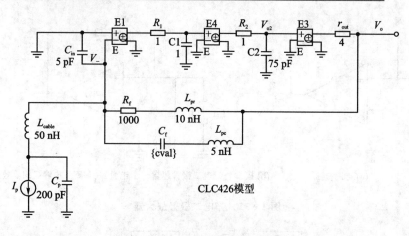

CLC426模型

图 1-33 光电二极管放大器模型

通过在反馈电阻上跨接一个电容,建立了一个超前传递函数(如图 1-35 所示)。添加的零超前可以建立接近交叉频率的正相移,从而改善稳定性。该反馈系数变为:

$$f(s) = \frac{\dfrac{1}{C_p s}}{\dfrac{1}{C_p s} + \dfrac{R_f}{R_f C_f s + 1}} = \frac{1}{1 + \dfrac{R_f C_p s}{R_f C_f s + 1}} = \frac{R_f C_f s + 1}{R_f (C_f + C_p) s + 1} \quad (1-34)$$

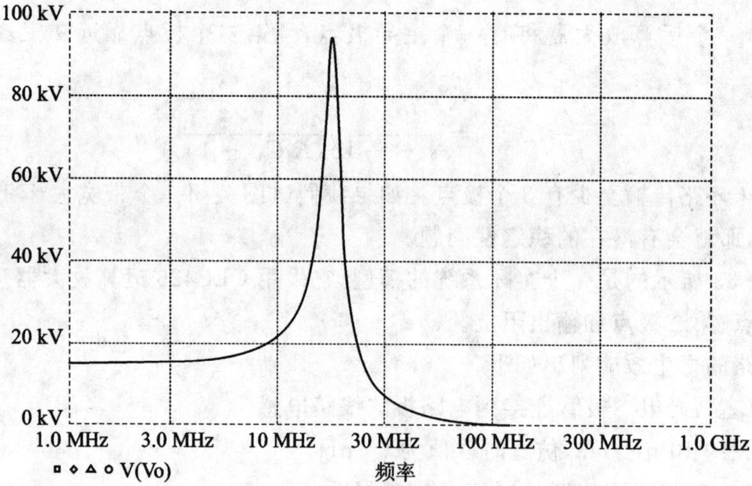

图 1-34 光电二极管放大器频率响应的 PSPICE 仿真结果,结果表明潜在的不稳定靠近 15 MHz

仿真过程时,对参数进行了修改:电阻 $R_f = 1\text{k}\Omega$,电容 C_f 在 2~10 pF 的范围内调整,得到的结果(如图 1-36 所示)表明通过适当的调整 C_f 电容值可以达到约 50 MHz 的带宽。当然这也取决于这些仿真的准确性。总之,测量应该是基于原型的验证或这些模型的驳斥。

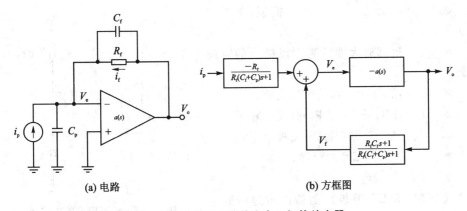

(a) 电路　　　　　　　　　　(b) 方框图

图 1-35　带超前补偿的光电二极管放大器

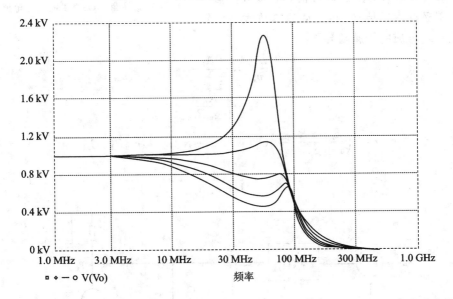

图 1-36　光电二极管放大器的 C_f 等于 2、4、6、8、10 pF，$R_f=1$ kΩ，$C_p=60$ pF 的频率响应结果

例 1-5　MOSFET 电流源

图 1-37 所示的是一个带运算放大器的 MOSFET（Metal-Oxide Semiconductor Field-Effect Transistors，金属氧化物半导体场效应管，简称场效应管）电流源，它用于负反馈电路，对 MOSFET 漏极电流进行维持和控制等配置。假设是理想运算放大器，且 MOSFET 工作于线性区域，则输入输出的传递函数是：

$$\frac{I_L}{V_{in}} \approx \frac{1}{R_{sense}} \tag{1-35}$$

该结果必须以反馈控制系统已稳定（即不振荡）作为先决条件。

模
拟
电
路

图 1 - 38 所示是一个小信号模型，主要参数如下：

- τ_h : 运算放大器的高频段极点的时间常数；
- r_{out} : 运算放大器的输出电阻；
- C_{gs} : MOSFET 的栅-源极电容；
- C_{gd} : MOSFET 的栅-漏极电容；
- g_m : MOSFET 的跨导；
- R_L : 负载电阻。

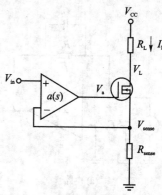

图 1 - 37　MOSFET 的电流源，电压 V_{sense} 检测 MOSFET 的漏极电流

24

这个 MOSFET 源极跟随器的传递函数采用开路时间常数的方法进行估算。该方法假定一个单极点主导传递函数；从运算放大器的输出到 v_{sense} 合成的传递函数是：

$$\frac{v_{sense}}{v_a} \approx \frac{A_O}{\tau s + 1}$$

$$A_O = \frac{g_m R_{sense}}{1 + g_m R_{sense}}$$

$$\tau = \left(\frac{r_{out} + R_{sense}}{1 + g_m R_{sense}}\right) C_{gs} + (r_{out} + R_L + G_M r_{out} R_L) C_{gd}$$

$$G_M = \frac{g_m}{1 + g_m R_{sense}} \tag{1-36}$$

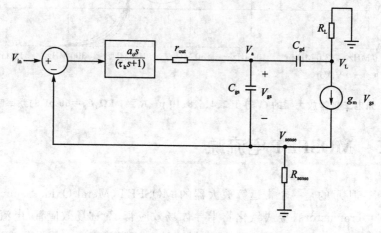

图 1 - 38　MOSFET 电流源的小信号模型

系统建模假设的是一个 TL084 运算放大器（具有 4 MHz 的增益带宽积[14]）和一个 IRF7403 型号的 MOSFET，该场效应管参数如下：

- $g_m = 10$ A/V
- $C_{gs} = 1040$ pF
- $C_{gd} = 160$ pF
- $R_L = 1$ Ω

图 1-39 所示的是交叉频率为 6.7 Mrad/s、相位容限为 28° 的频率响应。由于相位容限低，明显超过预期的阶跃响应，如图 1-40 所示。

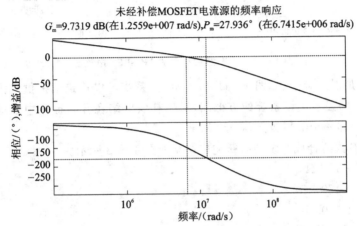

图 1-39　MOSFET 电流源—6.7 Mrad/s 交叉频率和 28° 相位容限的环路传输的波特图

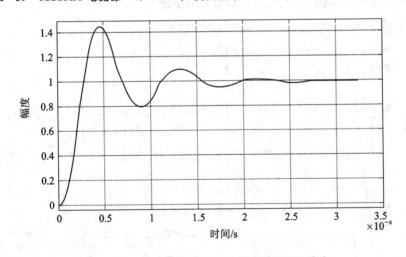

图 1-40　未经补偿 MOSFET 电流源的阶跃响应

---

[14]　gain-bandwidth product，指的是增益带宽积，有源器件或电路的增益与规定带宽的乘积。它是评价放大器性能的一项指标——译者注。

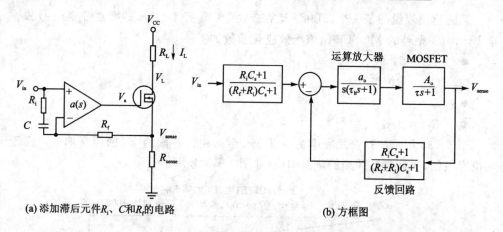

(a) 添加滞后元件R_i、C和R_f的电路 　　　　　　　　(b) 方框图

图 1-41　具有滞后补偿的 MOSFET 电流源

通过添加滞后补偿(如图 1-41(a)所示)该系统可以稳定地提供更大的相位容限;图 1-41(b)显示了该系统的方框图,滞后补偿网络在环路传输中添加一个零点(在$-R_iC$处)和一个滞后极点(在$-(R_f+R_i)C$处)。

带下述参数的合成系统的阶跃响应结果如图 1-42 所示。

● 　$R_i=47\ \text{k}\Omega$

● 　$R_f=470\ \text{k}\Omega$

● 　$C=1\ 000\ \text{pF}$

需要注意的是该系统的阶跃响应具有更好的表现,且没有超出,但 $10\%\sim90\%$ 的上升时间与未补偿的情况下相比,却有着显著增加。

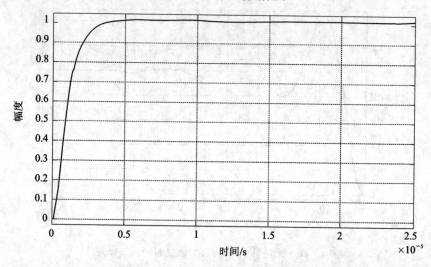

图 1-42　具有滞后补偿的 MOSFET 电流源的阶跃响应

例 1-6　磁悬浮列车实例

　　磁悬浮列车[15]系统使用悬磁性中低阻尼的超导磁体。此外,已经论证这些电动悬浮(EDS)在一定的操作条件下(在右半平面的极点)可能有轻微的负阻尼。因此,一个控制系统需要避免欠阻尼或不稳定的垂直振荡。

　　为了静态地悬浮磁体,向下的牵引力被一个向上的磁力抵消。磁体稳定地浮起,这就表示平衡位置的一个偏离就会产生一个回复力,类似于一个质量和一根弹簧的关系。对于直流励磁的磁体来说,电动悬浮(就如一个钢球悬浮在一个磁场中)不存在稳定的平衡。

　　磁悬浮力作用于磁体的计算公式如下:

$$f_z = -k_m z = -Ci_M^2 z \tag{1-37}$$

　　其中 k_m 为等效弹性系数; z 是到参考磁场零位置的垂直距离; i_M 是磁铁体电流(励磁电流); C 是一个常数,它考虑磁铁体、线圈的几何体、磁铁和悬浮线圈之间的相对速度。

　　假设力、磁铁垂直位置和磁铁电流存在着增量变化,可以生成一个磁铁垂直位置的增量变化关联增量磁铁电流变化的线性化模型。垂直力、垂直位置和磁铁电流作为一个直流分量和一个增量分量的总和:

$$\left.\begin{array}{l} f_z = F_Z + \tilde{f}_z \\ z = Z_0 + \tilde{z} \\ i_M = I_M + \tilde{i}_M \end{array}\right\} \tag{1-38}$$

把上式代入力方程(1-37),结果是:

$$f_z \approx -CI_M^2 Z_0 - CI_M^2 \tilde{z} - 2CI_M Z_0 \tilde{i}_M \tag{1-39}$$

此处二阶和更高次阶式已经忽略。在平衡状态,存在着一个合成的磁力来平衡重力:

$$F_Z = Mg = -CI_M^2 Z_0 \tag{1-40}$$

牛顿定律应用到磁场的结果是:

$$M\frac{\mathrm{d}^2\tilde{z}}{\mathrm{d}t^2} = f_z - Mg = -CI_M^2 \tilde{z} - 2CI_M Z_0 \tilde{i}_M \tag{1-41}$$

推导出:

$$\frac{M}{CI_M^2}\frac{\mathrm{d}^2\tilde{z}}{\mathrm{d}t^2} + \tilde{z} = \frac{2Mg}{k_m I_M}\tilde{i}_M \tag{1-42}$$

使用弹性系数 k,并把这个方程式转换成频域,结果如下:

$$\left(\frac{M}{k_m}s^2 + 1\right)z(s) = \frac{2Mg}{k_m I_M}i_m(s) \tag{1-43}$$

---

[15]　"Maglev"磁悬浮列车是一个术语,一般用于称呼那些使用磁悬浮设计成的地面运输系统。自2004年起一个运营盈利的磁悬浮列车系统在中国投入运行,该概念便由一些人提出。

磁铁位置和磁铁控制电流之间的传递函数是：

$$\frac{z(s)}{i_{\mathrm m}(s)} = \frac{2Mg}{k_{\mathrm m}I_{\mathrm M}\left(\dfrac{M}{k_{\mathrm m}}s^2 + 1\right)} \tag{1-44}$$

这个结果表明,该悬浮有两个 $j\omega$ 轴的极点,作为一个简单的无损耗质量弹簧系统：

$$s_{\mathrm{p1,2}} = \pm \mathrm{j}\sqrt{\frac{k_{\mathrm m}}{M}} \tag{1-45}$$

这样的一种系统可以带有闭环极点,能采用位置速度进行任意调整。通过调整参数 $K_{\mathrm f}$、$K_{\mathrm v}$ 和 $K_{\mathrm p}$,这些极点可以放置在左半平面,以便有足够的阻尼实现良好的行驶或乘坐质量(如图 1-43 所示)。

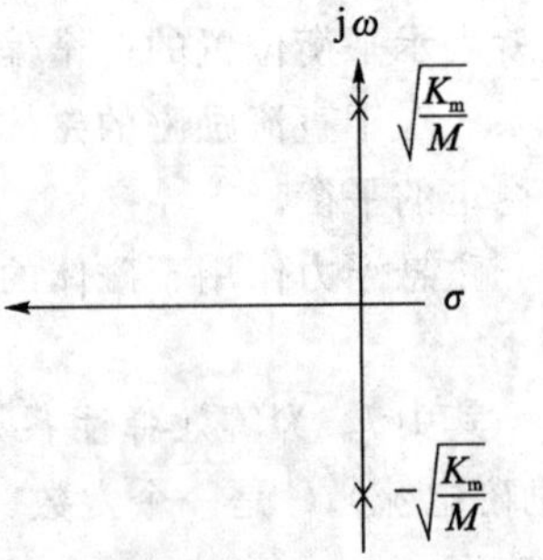

下面列出的是磁悬浮列车的悬浮磁体部分的代表性参数：

- $M = 10\,000$ kg
- $k_{\mathrm m} = 10^5\,(\mathrm{N/cm}) = 10^7\,(\mathrm{N/m})$
- $I_{\mathrm M} = 10^4$ A

图 1-43 设备的极点坐标——磁悬浮例 jω 虚轴上的极点演示

由此产生一个 $\omega_{\mathrm o} = 31.6$ rad/s(频率 $f_{\mathrm o} = 5$ Hz)的谐振频率,以及一个设备的传递函数：

$$a(s) = \frac{z(s)}{i_{\mathrm m}(s)} = \frac{1.96 \times 10^{-6}}{(10^{-3}s^2 + 1)} = \frac{A}{\dfrac{s^2}{\omega_{\mathrm o}^2} + 1} \tag{1-46}$$

这些极点在 jω 轴上,对应于欠阻尼的悬浮(如图 1-44 所示)。为了改善乘客的乘坐质量,通过适当的补偿选择,悬浮的极点必须移进左半平面。

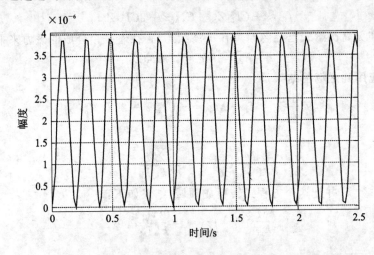

图 1-44 未补偿的磁悬浮列车悬浮体的阶跃响应

当系统采用速度反馈补偿时,如图 1-45 所示。速度反馈等效于增加系统的阻尼。

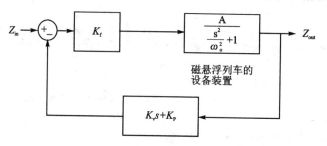

图 1-45　磁悬浮例的控制系统方框图

一个参数为 $K_v = 10^5$、$K_p = 10^4$ 的控制系统,可推算出这个闭环系统的传递函数是:

$$H(s) = \frac{1.64 \times 10^{-6}}{8.36 \times 10^{-4} s^2 + 1.64 \times 10^{-2} s + 1}$$ (1-47)

这些闭环极点的阻尼比 $\zeta = 0.28$,极点位置在 $-9.8 \pm j(33.2) \text{rad/s}$ 处。因此我们预计一些振荡靠近 33 rad/s(频率 5.2 Hz)。这个合成控制系统的阶跃响应可获得非常棒的表现(如图 1-46 所示)。

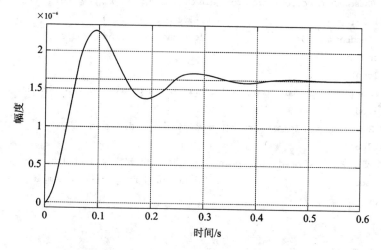

图 1-46　已补偿的磁悬浮列车示例的阶跃响应

附录　MATLAB 程序

+1 增益放大器和 +10 增益放大器的 MATLAB 程序

```
function c1
% Control system example #1
```

```
% Calculates parameters for gain of +1 and gain of +10 amplifiers
% Marc Thompson, 10/22/99

% Open loop transfer function a(s)
ao = 1e5;                          % DC gain
 = conv([0.1 1],[1e-6 1]);        % Poles
a = tf(ao,d);                      % Create transfer function a(s)
bode(a)                            % Plot Bode plot of a(s)
title('file: c1.m: Transfer function of a(s)')
figure;
pzmap(a);                          % Plot pole/zero map of a(s)
title('file: c1.m: Pole map of a(s)');
damp(a)                            % Find natural frequency and damping
ratio of
a(s)
% gain of +1
f = 1;                             % Feedback gain of +1
margin(a*f)                        % Find phase and gain margin
title('Phase margin calculation for gain of +1 amplifier');figure;
f = tf(f,1);                       % Create feedback f(s)
cloop = feedback(a,f)              % Close the loop, find transfer
function H(s)
bode(cloop)
title('Bode plot of closed-loop transfer function for gain of +1 amplifier');figure
Step(cloop)
title('Step response for gain of +1 amplifier');grid;figure
pzmap(cloop)
title('Pole map of closed-loop gain of +1 amplifier');grid;figure;
damp(cloop)                        % Find natural frequency and damping
ratio of
H(s)

% gain of +10
f = 0.1;
margin(ao*f,d);title('Phase margin calculation for gain of +10 amplifier');figure;
f = tf(f,1);
cloop = feedback(a,f);cloopgainof10 = cloop
bode(cloop);title('Bode plot of closed-loop transfer function for gain of +10
amplifier');figure
step(cloop);grid;title('Step response for gain of +10 amplifier');
pzmap(cloop);title('Pole map of closed-loop gain of +10
amplifier');grid;
```

Damp(cloop)

积分控制案例的 MATLAB 程序

```
function c3
% Control example 3
% driving reactive load

L = 10e - 6;
C = 10e - 6;
R = 10;
Zo = sqrt(L/C);              % Characteristic Impedance
Q = R/Zo

% Calculate PLANT
num = 1;
denom = [L * C L/R 1];
plant = tf(num,denom)
damp(plant)                  % Find poles and damping ratio
bode(plant); title('file: c3.m; REACTIVE LOAD EXAMPLE ')

% Integral control, attempt #1
Gain = 4e3;                  % Integrator gain
denom = [1 0];
Gc = tf(Gain,denom);         % Form Gc(s)
Forw = series(plant,Gc);     % Cascade with plant
margin(Forw);                % Find gain and phase margin
F = tf(1,1);
Cloop = feedback(Forw,F, - 1)
figure; step(Cloop);title('STEP RESPONSE, CONTROLLER #1 ');grid

% Integral control, attempt #2
figure
d = [1/5e4 1];
LPF = tf(1,d);               % Add lowpass filter to damp complex pole pair
Gc = series(LPF,Gc);
Forw = series(plant,Gc);
margin(Forw); title('PHASE MARGIN CALC. CONTROLLER #2 ');
F = tf(1,1);
Cloop = feedback(Forw,F, - 1)
figure; step(Cloop);title('STEP RESPONSE, CONTROLLER #2 ');grid
```

MOSFET 电流源案例的 MATLAB 程序

```
function moscursource
% Analysis of MOSFET current source
% Marc Thompson, 3/28/00
% LOAD
RL = 1;

% MOSFET model
gm = 8.6;                              % transconductance
Cgs = 1040e - 12;
Cgd = 160e - 12;

% OPAMP model
rout = 100;                            % output resistance of opamp
ao = 2 * pi * 4 * 1e6;                 % GBP = 4 MHz
denom = [1/ao 0];
highpole = [1/ao 1];
d = conv(denom,highpole);
opamp = tf(1,d)

% MOSFET follower model
Rsense = 0.08;                         % current sense resistor
Ao = gm * Rsense/(1 + gm * Rsense);    % gain of follower

% MOSFET OCTC calculation
Rgs = (rout + Rsense)/(1 + gm * Rsense);
Tgs = Rgs * Cgs;
GM = gm/(1 + gm * Rsense);
Rgd = rout + RL + (GM * rout * RL);
Tgd = Rgd * Cgd;
T = Tgs + Tgd                          % sum of OCTCs
mosfetpole = 1/T
mosfet = tf(Ao,[T 1])

% Find loop transmission
LT = series(opamp,mosfet)
margin(LT);
title('moscursource. FREQUENCY RESPONSE OF UNCOMPENSATED MOSFET
CURRENT SOURCE ') figure;

% close the loop
```

```
f = tf(1,1)
uncomp = feedback(LT,f, - 1);
step(uncomp); grid;
title('moscursource. STEP RESPONSE OF UNCOMPENSATED MOSFET CURRENT
SOURCE')figure

% add lag compensation
Rf = 470000; C = 1e - 9;
Ri = 47000;
numlag = [Ri * C 1];
denomlag = [(Ri + Rf) * C 1];
f = tf(numlag,denomlag)
comp = feedback(LT,f, - 1);
comp = series(f,comp);
step(comp); grid;
title('moscursource. STEP RESPONSE OF LAG COMPENSATED MOSFET
CURRENT SOURCE ')
```

磁悬浮案例的 MATLAB 程序

```
function maglev
% Maglev example
% Marc Thompson 4/3/00
% Maglev plant
wn = sqrt(1e3);
num = 1.96e - 6;
denom = [1/wn^2 0 1];
plant = tf(num,denom);
step(plant);
title('Step response of uncompensated Maglev system ');grid;
figure

% feedback compensation
Kp = 1e5;
Kv = 1e4;
num = [Kv Kp];
f = tf(num,1);

% Closed - loop
sys = feedback(plant,f, - 1)
damp(sys)
step(sys);
```

```
grid;
title('Step response of compensated Maglev system ')
```

参考文献

[1] Abramovich D. Phase – locked loops: a control centric tutorial. Proceedings of the 2002American Control Conference , May 8 – 10, 2002:1 – 15.

[2] Proceedings of the 42nd IEEE Conference on Decision and Control. The outrigger: a prehistoric feedback mechanism. December 9 – 12, 2003:2000 – 2009.

[3] Abramovitch D, and Franklin G. A brief history of disk drive control. IEEE Control Systems Magazine, June 2002,22(3): 28 – 42 .

[4] Bennett S. Development of the PID controller. IEEE Control Systems Magazine, December 1993,13(6) :58 – 62 , 64 – 65.

[5] Bernstein D. S. Feedback control: An invisible thread in the history of technology. IEEE Control Systems Magazine, April 2002,22(2) : 53 – 68 .

[6] Black Harold S. Stabilized feed – back amplifi ers. Electrical Engineering, vol. 53,no. 1,1934,pp. 114 – 120, reprinted in Proceedings of the IEEE , February1999,87(2): 379 – 385.

[7] IEEE Spectrum. Inventing the negative feedback amplifi er. December 1977: 55 – 60 .

[8] United States Patent ♯ 2,102,671. Wave Translation System. December21, 1937. htttp://www. uspto. gov .

[9] Calleja H. An approach to amplifi er frequency compensation. IEEE Transactions on Education, February 2003,46(1) :43 – 49 .

[10] Denny M. Watt steam governor stability. European Journal of Physics, 2002, 23: 339 – 351 .

[11] Desoer C. In Memoriam: Harold Stephen Black (1898 – 1983). IEEE Transactions on Automatic Control , August 1984 29(8): 673 – 674 .

[12] Fasol K H. A short history of hydropower control. IEEE Control Systems Magazine , August 2002, 22(4): 68 – 76 .

[13] Headrick M V. Origin and evolution of the anchor clock escapement. IEEE Control Systems Magazine , April 2002, 22(2): 41 – 52 .

[14] Herwald S. Recollections of the early development of servomechanisms and control systems. IEEE Control Systems Magazine , November 1984 4(4): 29 – 32 .

[15] Jury E. On the history and progress of sampled – data systems. IEEE Control

Systems Magazine , February 1987 7(1): 16 – 21 .

[16] Kline R. Harold Black and the negative – feedback amplifi er. IEEE Control Systems Magazine , August 1993, 13(4): 82 – 85 .

[17] Lepschy A M, Mian G A, Viaro U. Feedback control in ancient water and mechanical clocks. IEEE Transactions on Education , February 1992 35(1): 3 – 10.

[18] Lewis F L. Applied Optimal Control and Estimation. Prentice Hall , 1992 .

[19] Lundberg K. Internal and external op – amp compensation: A control – centric tutorial. ACC, 2004.

[20] Lundberg K H, J K. Classical dual – inverted – pendulum control. Proceeding of the IEEE CDC 2003, December 9 – 12, 2003, Maui, Hawaii: 4399 – 4404.

[21] Mancini R. The saga of Harry Black. EDN Magazine , March 15, 2001: 34.

[22] Maxwell J C. On governors. Proceedings of the Royal Society , 1867: 270 – 283.

[23] Mayr O. The Origins of Feedback Control. The MIT Press , 1970 .

[24] Michel A N. Stability: The common thread in the evolution of feedback control. IEEE Control Systems Magazine , June 1996, 16(3) : 50 – 60 .

[25] Pidhayny D. The origins of feedback control. IEEE Transactions on Automatic Control , April 1972, 17(2) : 283 – 284 .

[26] Roberge J K. Operational Amplifi ers: Theory and Practice. John Wiley , 1975 .

[27] Siebert W. McC. Circuits, Signals and Systems. The MIT Press, 1986 .

[28] Thompson Marc T. Intuitive Analog Circuit Design. Amsterdam, Elsevier – Newnes , 2006 .

[29] Tilbury D, Luntz J, Messner W. Controls education on the WWW: Tutorials for MATLAB and Simulink. Proceedings of the American Control Conference, Philadelphia PA, June 1998: 1304 – 1308.

第 **2** 章

我对于反馈电路的设计方法

菲尔·帕金斯(Phil Perkins)

菲尔从事诸如 V－I(电压–电流)卡的测试电路的工作,V－I卡可以将 V 或 I 变成测试负载,并可以同时从负载中读取 I 或 V 信号。我一直从事这一类型的 V－I 电路研究和设计,这是一项很好的挑战。菲尔引导我们对测试器通用化制作和每种类型负载的耐受性等问题进行评价。显然,这并不容易,也并非不可能,但它确实指明了电路工程师、客户和客户的系统之间的交互,你怎样知道客户的需求?

我喜欢设计反馈回路。我从高中时起一直为音响和低频控制设计和构建反馈控制系统。我对于高保真音响的兴趣始于上世纪五十年代初。那时晶体管稀缺,而且不是很好,所以我曾使用真空管(也称电子管)电路。我了解到负反馈会使音频放大器的每一个特性得以提升。我构建 Heath 套件①并修改它们使其符合我的偏好,我遇到过在反馈信号过多时出现振荡的情况。

在麻省理工学院的一个新生项目中,我学会了如何使用负反馈将一个不稳定的设备转化成稳定设备。我建造了一个装置把一个铁球悬于一个真空管放大器驱动的电磁铁下面零点几英寸的地方。球的位置通过一束照射于光电管的光束测定,铁球被推高时将部分遮挡光线,光电管的输出反馈到放大器的输入用于控制磁铁。在连接妥当后,第一件事情就是发现电路产生了振荡。我尝试完新得到的电容器置换盒内的元件,发现了一个可以抑制振荡的网络。后来我才得知这个网络被称为超前–滞后网络,对于如何使反馈稳定我有了一个直观的认识。

在麻省理工的学习期间,我对电路原理、电路分析和反馈电路分析有了深入学习。麻省理工学院教我们通过检验方法分析一个电路与常用回路、节点方程和数学分析一样好。我学习了电路分析和时域与频域转换的理论。而后我便能够将我之前的经验和这些理论结合起来。随着理论的学习,我真的非常庆幸自己学习了通过检验进行电路分析得到近似结果的这种方法。

在粗略近似的性能设计阶段,我做的大部分反馈电路设计是令人满意的。实际

---

① Heathkits,指的是 Health 套件,在 1900 年由美国人 HEATH 创办。KIT 的意思就是套件,供发烧友 DIY——译者注。

上,有太多的变数和影响,你无法在电路设计时考虑它们,通常非常精确地去分析是没有用处的。(就好比:对于一双新鞋,你不需要用一把千分尺去测量你的脚。)

从麻省理工学院毕业以来,我一直在半导体自动测试设备(ATE)行业工作,从事仪器和 ATE 系统其他部分的设计工作。最初我为 Teradyne(泰瑞达)[②]工作,现在为 LTX 公司[③]工作。在 Teradyne 和 LTX 期间,我设计了多种可编程电源,这些可编程电源大量使用反馈电路。我开发了一种方法用于设计和分析,正是我在这里将要给大家介绍的。当我使用一个具体的例子来阐明我的设计或介绍时,我可以更充分地表达。我在这里要用的例子是我为 LTX 设计的可编程电压/电流源,图纸是基于该产品设计期间我在笔记本上绘制的草图。

2.1　我的设计方法

首先,我需要一份将要设计的仪器的规格书;然后,我做一个电路的方框图;同时,我也绘制一个仪器的前面板展示它功能和控制方法,这个面板有旋钮、开关和刻度盘,即便最终成品可能使用软件控制,我都会这样做。面板可以帮助我们评估指定的功能和调查各个功能之间的相互影响。换句话说,它是否能做到你想要的,是否能按你想要采取的方法去做?

当我有了一个方框图以后,我用数个包含理想特征的基本构建块组成一个大的简化原理图来开始电路设计。这些块是我必须处理的实体电路元素的简化模型。我偏好于使用与这些基本块作用类似的模块来设计最终电路。我喜欢使用的基本电路块包括以下几种:

- 平坦频率响应的放大器;
- 理想运算放大器;
- 理想二极管;
- 理想稳压管(电压钳位);
- 电压输出的数/模转换器。

分析一个设计的特定方面,我绘制一个消除任何元素使之不会显著地影响结果的新原理图。我希望能够通过检验和绘制草图进行分析。得出一个结论以后,我可能会在一个更完整的原理图上检验我的设想,或者我会构建一个原型进行测量。

我用一个笔记本来记录、开发和分析我的设计。绘制方框图、原理图(从简单到详尽)、以及波形与频率响应的草图。当有显著的变化需要考虑时,我按时间顺序来书写笔记和绘制新的图纸或草图。在一个项目的初步设计阶段,当我拓展自己的想法和设计时,我可能绘制许多相类似的草图。我使用铅笔绘制,这样便能在不重新绘

②　Teradyne,泰瑞达是全球最大的自动测试设备供应商,是连接系统和用于汽车行业的测试设备的领先供应商——译者注。

③　LTX 公司是提供半导体测试方案的集成电路制造商——译者注。

制整个图纸的情况下做小的修改和校正。我会在笔记本的大多数页上注明日期,如果后面的日子里想出了一种新的改动,通常会重新绘制方框图。我也会在笔记本上记录试验和其他一些测量的结果。

我把笔记本翻回到我刚刚去 LTX 公司开始工作的时候,这些经历和想法是一种很有价值的资源。有时候出现一个问题,就可以从我的笔记本中找到答案,而不必去做新的计算或实验,这就是把方框图、草图、注解和试验结果都记录在一个地方的实际意义。尽管目前我一直使用各种 CAD 和 CAE 系统来记录我的设计研发。有些时候,计算机具有的精密度确实是有帮助的,而某些时候,它却是一个障碍。由于 CAE 系统的原因,我设计过程的各个部分被存档在两个或三个位置,我就需要开发一个新的系统将所有历史数据保存在一个位置。即使有了 CAE 系统,我从没打算放弃依靠手写的方式去记录设计开发过程中相当一部分内容。

2.2　什么是 V/I 电源?

集成电路需要在生产环节的几个阶段进行测试,电气测试由自动测试设备(ATE)完成。ATE 系统中有一种仪器是可编程电压源,它将电源或偏置电压施加在被测器件(DUT)的引脚上或被测器件测试电路的某个点上。可编程电压源通常可以测试输出的电流消耗,有时候具有施加电流而不是电压的能力。在这种情况下,仪器被称为 V/I 电源(电压/电流源)。

我在 LTX 公司时设计过一种称为设备电源(或 DPS)的 V/I 电源,它是同步主设备线的线性和混合信号测试系统的一部分。这个设备电源可以施加电压或电流并能够测试电压或电流。它的电压输出范围是从 ±16 V@1A 到 ±64 V@0.25 A,电流测试范围是 62 μA/满量程到 1 A/满量程。从设计 V/I 电源中模拟设计的复杂性和技巧来说,这是绝好的磨练机会。一些典型的性能需求包括:

- 0.1% 的输出和测量精确度(在 20 英尺电缆的末端);
- 数值编程或负载变化后稳定时间(注:也称建立时间)100 μs;
- 过冲(即峰突)和振铃最小化(有时 1 V 的过冲是可以接受的,但其他时候过冲必须为零)。

在设计一个 V/I 电源时有很多有趣的方面。也许设计一个 V/I 电源最大的挑战就是把合格性能的电压输出给一个宽范围的容性负载。为什么是容性负载呢?在许多(乃至绝大多数)情况下,电压源与被测器件或其测试电路相连,这就需要一个旁路电容接地。实际上把被测器件用到现实中的最终用途电路上时,你同样需要一个旁路电容。个别情况中,旁路电容需要很大的,例如在音频功率放大器集成电路中,它需要 1000 μF 的电容。

在 V/I 电源输送电压的同时,可能会要求通过被测器件测量电流损耗。电流测量功能通常要求选择一个电阻与输出端串联。电流通过测量电阻上的电压推算出来。

2.3 一个理想的 V/I 电源

理想情形是指 V/I 电源输出端的容性负载不会影响输出电压对编程改变的响应。不过,我们应该接受由于电源提供电流总量的限制导致输出电压转换速率(即斜率)随着电容负载的增加而减小的这种响应效果。由于 V/I 电源即使在没有负载时,也一定会有些转换速率限制,理想的电压波形应该如图 2-1 所示。

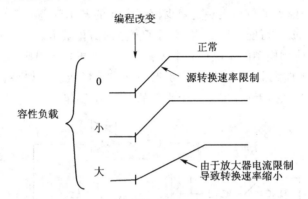

图 2-1 理想电压波形

在这种理想的情况下,电压会在完成转换时立即稳定到编程数值。在实践中,有可能无法达到理想的状态,一个 V/I 电源的设计牵涉到很多的妥协。

2.4 设计一个 V/I 电源

为了说明我的反馈电路设计方法,将阐述一个我为 LTX 开发的称作 DPS 的 V/I 电源电路。DPS 的一个特性是对电容性负载进行补偿,采用容性负载补偿,DPS 可以稳定、无过冲地驱动任意合理的电容负载。

这一节的图非常接近那些我在笔记本上画的草图。第一个模型,展示如图 2-2 所示,对于要考虑的电路,我已将它做了简化,只关注输出电压模式和驱动电容性负

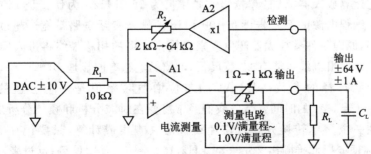

图 2-2 可编程电压源的第一个模型

载时的响应。该模型符合前面的小节所列出的性能需求。

　　我将 R_1 定为 10 kΩ，主要考虑该阻值在真实电路中工作良好且便于计算。我喜欢用实际的数值帮助自己简化分析。R_2 设定输出电压 2 V～64 V 的满量程范围，R_3 的阻值从 1 Ω 调节至 1 kΩ 时相应的电流从 1 A/满量程变化到 100 μA/满量程，A2 为×1 放大器削除了 R_2 在电流测量时对负载的影响。C_L 电容值尽量和 1 000 μF 一样大，我预计由 R_3 和 C_L 造成的衰减是造成稳定性问题的主要因素。

　　为了研究电容性负载对这一模型影响，我将对电路进行进一步简化（如图 2 - 3 所示）。建立一个模型的目标之一是减少模型存在的基本问题和方便性能的近似估算（或者至少使其成为可能），图 2 - 3 展示了模型的简化版本。

　　我已经给出简化模型的单电压和电流范围。不考虑负载电阻 R_L，只保留了电容负载。保留了×1 放大器以提醒我 R_2 没有对输出造成改变。如果补偿能够在简化模型中实现，我期望它能够扩展到一个完整的 DPS 中工作。

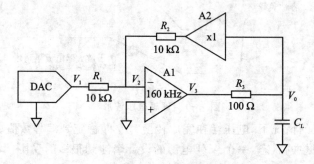

图 2 - 3　研究电容性负载影响的简化模型

　　我想设计一个仅带一个积分器或主导极点的反馈电路，电路的其他级最好是平坦的频率响应。在模型中使用这种方法，分析是很容易的，我想用同样的方法设计实际电路。由于稳定时间是与电路中的最低频率极点相关的。因此，低于环路单位增益频率的另外的极点将使稳定时间延长。不过，快速的稳定时间是非常重要的，这样的情况在 ATE 应用中是很糟糕的。低于环路单位增益频率的极点可能也是需要的，但得再三考虑。

　　我设定运算放大器 A1 的单位增益频率值为 160 kHz。为什么是 160 kHz? 我过去对于可编程电源的经验告诉我 100 kHz 是最高实际电路带宽。超过 100 kHz 会导致振荡，原因是许多放大器产生或来自输出电缆的相移最终将进入回路。什么是输出电缆? 输出电缆可能有 20 英尺长，电缆的电感有明显地影响。

　　与其他我选择的参数一样，A1 的单位增益频率值是一个合适的近似值，160 kHz 对应于 1 μs 的时间常数。我们经常需要在时域分析和频域分析之间转换。我喜欢记住一个简单转换方式以避免设计时去查表或计算，只要记住 1 μs 对应 160 kHz; 你便能以此推断出 2 μs→80 kHz，100 μs→1.6 kHz 等; 反过来，1 MHz 对应于 160 ns。

模
拟
电
路

41

现在我们需要分析这个模型。从各个分级及完整回路的波特图,我们能得出环路的稳定性和带宽情况。从 $C_L = 0$ 开始,如图 2-4 所示。

环路的增益等于 1 时,频率为 80 kHz,相移为 90°,此时对应于稳定的理想状态。当 C_L 增大时会发生什么情况? 首先绘制如图 2-5 所示的新波特图。

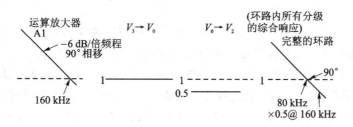

图 2-4　各分级及完整环路的波特图

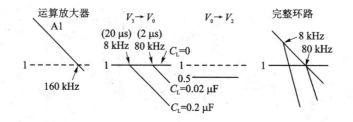

图 2-5　改良的波特图

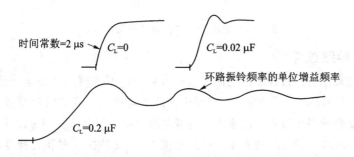

图 2-6　简化的阶跃响应

当 $C_L = 0.02\ \mu F$ 时,$R_3 C_L$ 衰减从 80 kHz 处开始,在环路的单位增益频率上增加了 45°相移;对于 $C_L = 0.2\ \mu F$,在 80 kHz 时增加的相移接近 90°。依据经验和观察,我估算了这个电路的阶跃响应,如图 2-6 所示。

对于 $C_L = 0$ 时,电路中的唯一时间常数来自于运算放大器 A1,阶跃响应是一个简单的时间常数 2 μs,以指数形式衰减(基于 80 kHz 的环路单位增益频率值)。当 $C_L = 0.02\ \mu F$ 时,环路的单位增益频率上增加 45°的相移,我估计有一个轻微的振铃,大概 1 个周期。当 $C_L = 0.2\ \mu F$ 时,增加的相移将更大(接近 90°),并预计有更大的振铃。

　　我不需要估算能接近±30％的误差范围,因为该电路是一个极大简化模型。我们评估工作最主要的目的是希望获取一半左右的真实性能。

2.5　容性负载补偿

　　在之前的电容负载补偿的尝试中,我添加了一个 R_C 网络,如图 2-7 所示。这种技术类似于在输出端到电源输出处的检测端之间添加一个电阻和电容。当一根很长的电缆连接一个容性负载时,这就算一种抑制振荡的方法。这个 V/I 电源可编程选择 4 种 R_C 网络用于补偿。R_C 网络可以选择用于消除一定范围的容性负载引起的振铃,其代价是无负载时延长了稳定时间。不过,过冲没有减少,在少数情况下,过冲已经成为一个严重的问题,所以当我设计 DPS 时,我想要一种更好的补偿技术以减少振铃和过冲。

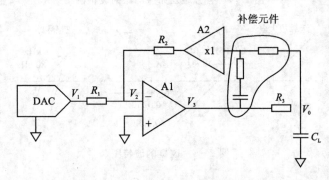

图 2-7　之前关于容性负载补偿的尝试

是什么导致过冲[④]?

　　一个好的模型会使过冲成因的研究变得容易。前面的模型是完全线性的,对于小型或者大型信号其作用是相同的,模型中的放大器是一个理想的运算放大器。一个实际的放大器会受限于最大转换速率及自身电流输出的限制。我们可以在这里做一个假想实验。假定瞬时稳定时间和稳定性是完美的,对受转换速率和自身电流限制的放大器设计一个反馈回路。那么阶跃响应看起来会比较理想,如图 2-8 所示。

　　这些波形展示了一个电压源上的容性负载的理想效果:直到电容电流将超出放大器电流限制,容性负载都没有影响,然后转换速率会根据电流限制递减。

　　让我们思考一下如何才可以接近或达到这种理想状态。

模型改进

　　为给电路添加转换速率限制,我们可以通过简单地重新定义运算放大器 A1 的特性使其包括转换速率限制。不过,这又在分析电路时新增加了几个需要记住的参

---

　　④　过冲(overshoot)就是第一个峰值或谷值超过设定电压,对于上升沿是指最高电压,对于下降沿是指最低电压,很多时候也称之为峰突。

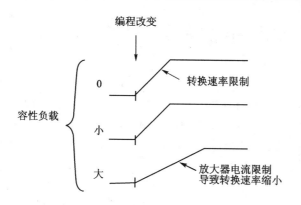

图 2-8　理想阶跃响应

数。我更愿意在电路中增加几个理想元件,这同样可以在电路中添加转换速率限制并能更容易带来立竿见影的效果。

为了建立一个转换速率受限的运算放大器模型,我用了一个非常高带宽的理想运算放大器,并在其周围放置元件。这些元件显示了转换速率与带宽之间的影响和相互作用,如图 2-9 所示。

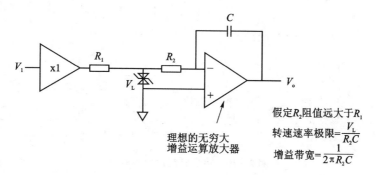

假定R_2阻值远大于R_1

转速速率极限 $= \dfrac{V_L}{R_2 C}$

增益带宽 $= \dfrac{1}{2\pi R_2 C}$

图 2-9　转换速率与带宽之间的相互作用

这个双阳极齐纳二极管代表了一个理想的双向箝位,将电压限制在V_L。我把这一模型简化成一个满足我们需要的反相放大器。一个"更好的"带差分输入的模型会使通过检验来分析的过程更困难。

请注意,转换速率和增益带宽可以相互独立地通过改变V_L来设置。实际的运算放大器显示了这些参数的相互作用。比较类似增益带宽的双极型运算放大器和单极型运算放大器[5],单极型运算放大器有更高的转换速率,但与双极运算放大器相比需要更高的输入电压来达到最大转换速率。以此模型建立的一个反馈回路,当$V_1 < V_L$时是线性的;当$V_1 > V_L$时,受转换速率限制。

---

⑤　场效应管运算放大器,一般称之为单极型运算放大器。

2.6　用于研究过冲的模型

我建立了一个新电路模型把一个实际放大器的转换速率包含进去。我对放大器模型做了轻微简化使电路更容易分析,如图 2-10 所示。在这种情况下,简化应该不影响分析的准确性。这个运算放大器模型很好用,因为通过它很容易观察到电路上的哪个点变成非线性。当 $V_2 < V_L$ 时,电路是线性的;当 V_2 箝位于电平 V_L,运算放大器受转换速率限制(见图 2-10)。

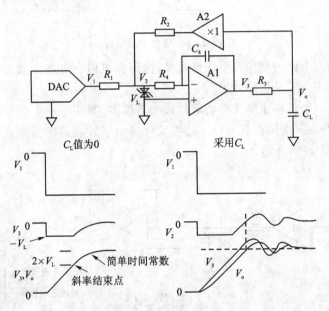

图 2-10　用于研究过冲的模型

采用这个模型,我可以估算时间响应。当 $C_L = 0$ 时,输出受到转换速率限制直到 V_2 小于 V_L,从此刻起,电路是线性的且输出是一个简单的时间常数响应。

这个电路带容性负载一定过冲。那是因为 C_L 引起了 V_3 和 V_O 之间的延时,同时从 V_O 反馈至放大器输出端 V_3 的过程中也存在延时。当把输出从零值编程调整到正值时,V_2 开始为负值并保持负值一直持续到 V_O 达到编程设定值。在这时,V_3 高于编程值且正向电流仍流进 C_L。为了降低 V_3,V_2 必须为正值,V_O 须高于编程值以促使 V_2 成为正值,这就是过冲。有点类似于你到达码头时试图让划艇立即停下,但是没有刹车,你只能向后划,这需要一些时间才产生效果。同样的,如果你不把 C_L 电流反向,等到 V_O 达到你期望的停止状态值后,那时你再想停止 V_O,因其已经过冲而显得为时过晚。

你怎样把船停在码头前呢? 在你到达之前便开始减速。这一模型中,我们需要一个预测器在 V_O 到达编程值以前就开始减少 V_3 的转换速率。图 2-11 介绍了一种实现方式,即在反馈电阻 R_2 两端并联一个电容 C_2。输出的反转很快,C_2 更多的电流添加到零点(V_2 处)并降低 V_O 达到编程值的预测时的放大器输入(参见图 2 - 11)。

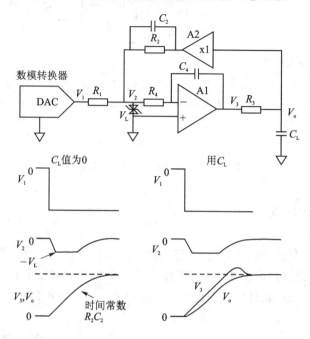

图 2 - 11 添加预测器以减少过冲

在 V_O 以恒定速率回转的时间里,C_2 的电流是恒定的,它向电路的零点 V_2 提供一个固定的偏置电流。没有 C_2 的话,V_O 仅在远离终值的 $2V_L$ 时开始降低。在 C_2 作用下,V_O 在远离终值的一个另外的点(转换速率×R2C_2)便开始降低,这就是预测器。C_2 取不同的值会发生什么情况?如果 C_2 太小,V_O 将过冲。如果 C_2 太大,V_O 的稳定时间会过慢。由于 ATE 应用需要最小的稳定时间,所以 C_2 需要设置正确。因此,C_2 取值必须根据负载电容来编程。

C_2 除影响瞬态响应之外,还改变环路增益。在高频段时 C_2 具低阻抗,环路增益以一个 2 的因数增加。展望真正的 DPS 设备,从数模转换器输出到源输出的闭环增益将是可编程的。R_1 取其他值时,C_2 使环路增益以不同数量增长,即使预测器是相同的。我想使频率响应不受范围限制,因此我把 C_2 放入一个反相放大器电路。通过这种方法,补偿效果将会更加理想。我的目标是创建简单、独立的能够单独在最终电路实现的电路块(如图 2 - 12 所示)。

我添加了 $R_6 C_2$ 的串联网络,因为实际的 A3 电路在高频段存在一个增益限制。在模型中,R_6 容许我们将无穷大增益的理想运算放大器用于 A3,并仍然为本级设定一个逼真的最大增益。对高于环路单位增益频率几倍的频率,我要求每级的增益通过被动元件设置,并且不受放大器增益限制。这样,频率响应可以得到充分预测,且放大器可以被更改为另一种类型而不产生严重影响。

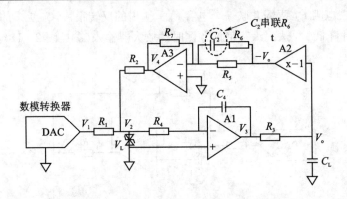

图 2-12　移动 C_2，并与 R_6 串联

2.7　回到频域

现在，我们已有办法改善电路的时间响应，但我们却忽视了电路稳定性。为获得一种提高小信号稳定性的办法，我们需要绘制一个新模型的波特图，如图 2-13 所示。通过这个波特图，我可以依据图 2-14 所示的草图估算相移。

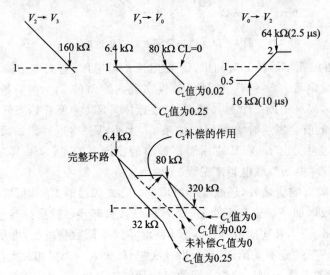

图 2-13　补偿过的波特图

我对这个电路稳定性的标准：

1. 环路单位增益频率应小于等于 80 kHz。

尽管这个波特图上没有显示这一点，实际电路会有许多极点在 100 kHz 频率以上。如果环路单位增益频率高于 80 kHz，这些极点将会增加大量的相移，引发严重的不稳定性。

2. 单位增益频率的相移不得超出 $135° \sim 150°$ 的范围。

在 $135°$ 时阶跃响应会有少量的振铃，更大的相移将导致振铃增加到不可接受的程度。

将这些稳定性准则应用到补偿波特图绘制上，我的推断如下：

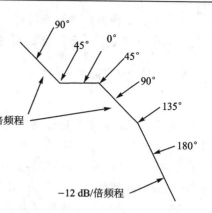

- 当 C_L 值为 0 时，单位增益频率过高。
- 当 C_L 值很小时，相移和单位增益频率均过高。
- 当 C_L 值恰好合适时，环路变稳定。

图 2 - 14 波特图相移估算

47

- 当 C_L 值过大时，相移过大（这种情况没有在图给出示，但它和未经补偿的情况类似）。

这是一个问题吗？过高的 C_L 值会造成不稳定这一点我并不奇怪。这种补偿方案有其限制范围。最大的问题在于 C_L 值很小时过大的单位增益频率。过补偿将造成低于最佳时间响应的现象，但不会产生振荡。

为减小环路补偿后 C_L 较小或为 0 时的单位增益频率，我们需要降低环路增益。降低这个增益必须在环路 A1 处的前部进行。闭环增益决定满量程范围，改变反馈路径的增益会使闭环增益发生改变。

增加 R_4 阻值是最好的减少环路增益的方法。改变 C_4 也会改变环路增益，但使用固态开关去切换电容有可能产生副作用（或意外后果）。以一个因数 4 增加 R_4 的阻值来减少环路增益降低波特图曲线，使单位增益频率降低至可接受的 $80\ \text{kHz}$。

通过减少补偿环路的增益，当 C_L 值为 0 时我们达到了稳定状态。然而，稳定时间仍然是受到补偿作用的严重影响，因为现在存在着一个远低于环路单位增益频率的极点。应该根据负载电容，对补偿进行编程或切换到一个适当的值。图 2 - 15 中，我绘制了一个电路用于展示补偿值的切换。

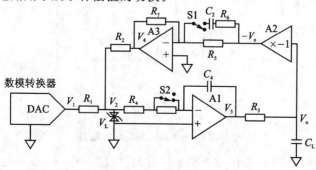

图 2 - 15 可切换的补偿

模拟电路

S1 添加了预测器或频率补偿,S2 降低环路增益。为同时实现稳定性和过冲的消除,这些功能必须位于环路的不同部分(如图 2-15 所示)。

2.8　补偿范围要求

容性负载的基本稳定性问题是由 R_3 和 C_L 的时间常数引起的,R_3 期望的范围是 $1\Omega \sim 1\ k\Omega$,C_L 可以适度地在 $1\ nF \sim 1\ 000\ \mu F$ 范围调节,这个时间常数范围在$1\ ns \sim 1\ s$ 之间。时间常数达到约 $1\ \mu s$ 时收效甚微,因为环路的时间常数为 $2\ \mu s$。大于 $100\ ms$ 的时间常数对于一个 ATE 系统来说太长了,基本没有什么用处。因此,我们用 $100\ 000:1$ 的时间常数范围去做补偿。之前的电路仅有很窄范围的良好补偿,那就需要太多可编程选择的补偿网络来覆盖这个很宽的范围。如果有一种方法可以用一个补偿网路涵盖更广泛的范围,那样不就整齐了吗?

2.9　环路补偿的相位容限方法

我们已经考虑完频域,现在让我们从相位容限的角度来考虑容性负载问题。如果环路频率响应是一个单极点的,则在单位增益频率处环路相移 $90°$。一个电容负载的添加,其相移取决于频率,它可导致环路从 $0° \sim 90°$ 范围的额外相移,相移接近 $180°$ 便会产生问题。假设空载环路的频率响应是 $-3\ dB/DEC$ 而不是 $-6\ dB/DEC$ 会发生什么情况? 这将给环路空载时施加一个 $45°$ 相移,添加一个容性负载将使相移从 $45°$ 增大到一个最大值 $135°$,在该相位范围内的任何位置,稳定性均可接受,这种想法听起来似乎是不经任何切换,它就可以工作于任何数值的电容负载。

那我们如何得到一个 $-3\ dB/DEC$ 的环路增益? 一种方法是设定 A1 级为 $-3\ dB/DEC$ 的频率响应,反馈路径则为平坦频率响应,如图 2-16 所示。

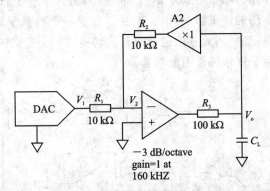

图 2-16　$-3\ dB/DEC$ 环路增益

用一组串-并联 R_C 网络代替反相运算放大器模型中的 C,在一定范围的频率段获得接近于−3 dB/DEC 和 45°相移的效果,如图 2−17 所示。

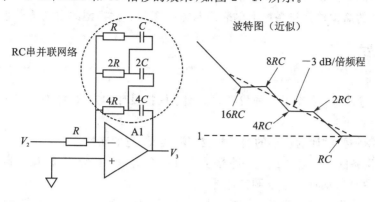

图 2−17　−3 dB/DEC 放大器

这种针对−3 dB/DEC 环路的方法不解决过冲问题,因为它不考虑我们在反馈路径中需要的预测器网络。对于−3 dB/DEC 环路响应一个更好的处理方法是将正向增益(A1)避开−6 dB/DEC,设置+3 dB/DEC 的预测器电路,添加更多的 RC 网路串联到 $R_6 C_2$,能使预测器在一定范围的频率得到期望的+3 dB/DEC。添加的 RC 网络越多,频率范围就越宽。不过,每添加一个 RC 网路便增加了一个低于环路单位增益频率的极点,而这些极点延长了稳定时间。该补偿网络确实覆盖很宽的范围,但它仍需要切换,以便最小化稳定时间(稳定时间)。

现在,对于我来说基于检验的分析已不那么可靠了,因此我用 SPICE 来仿真多个 RC 补偿网络。我运行过一个三重 RC 网络的 SPICE 分析程序,采用仿真进行相位分析比较容易,但想通过检测或工作台上实现则很难。我发现很难用一小部分元件实现接近 45°的相位超前。我决定争取达到 30°的相位超前。通过 SPICE 仿真显示我可以通过一个双重 RC 元件的网络在一个 50:1的频率范围内上得到 30°的相位超前。这样就可以覆盖足够宽范围的电容性负载,而不会导致太差的稳定时间。

2.10　LTX 的设备电源(DPS)性能

LTX 的设备电源被证明是非常成功的。LTX 公司的 Candence 编程语言包括:一条设备电源的声明语句,用于指定预期的负载电容和模式选择(含最小的上升时间、最小稳定时间或最小过冲等)。操作系统考虑电压范围和电流测量范围,然后从4 个补偿(或没有补偿的)网络选择一个网路,并选择相应的环路增益设置。这 3 种模式是简单的不同角度的补偿。最小化过冲需要最大的补偿并导致最长的稳定时间。这个补偿器在所有实际的负载电容值情况下均能良好工作。过度补偿(指一个比实际上更大的电容)使稳定时间更长但不会导致稳定性问题。

设备电源还包含其他的功能,更多的分级结构和大量的细节不在这里一一列出。

我采用相同的方法设计每一个模拟功能,所有的分级可以组合成块,这些块非常匹配我基于设计的简化块。设备电源的表现与方框图和简化模型的预测结果非常相似。

方法总结

通过一个例子,介绍了一种我喜欢的用于模拟设计的方法,特别适用于反馈回路设计。概要如下:

1. 绘制将要设计的仪器的前面板,模拟"尝试"它的功能。

2. 为设备的一个功能或是一个部分设计一个简单的电路模型,模型需要有所侧重,只强调一个方面而不予强调其他部分。

3. 设立简化的假设并通过检验分析电路可行性。来回进行时域和频域的分析,检验你的假设。

4. 更改模型并再次分析直至得到可以接受的结果。

5. 重复步骤 1 至 3 进行设备其他方面的设计。

6. 采用与模型中理想方块作用类似的电路模块进行完整电路设计。

7. 测试仪器的一个原型,检验其表现是否与模型相似。

很简单,不是吗?

第3章

基本运算放大器的拓扑结构及案例研究

马克·汤普森(Marc Thompson)

在这一章中，马克向我们展示了一个实际的运算放大器(英文简称 op – amp，中文简称运放)以及如何分析和运用的示例。这并不是一个完美的运算放大器，但是该运放怎么样呢？对于这个问题我是没有答案的。但可以确定这个运放是能用的。(我见过更糟的)重点是：在实际应用中有容性负载的不完善的场合，我们怎样去运用这种并不完美的运放？

3.1 本章内容

从拓扑学的角度来讨论基本运算放大器。通过一个循序渐进的案例分析讲述一个单片运算放大器的基本构建模块。在本章的最后，我们将讨论运算放大器在现实世界中的一些限制。

3.2 器件操作基础

理想的运算放大器(图 3 – 1)具有以下特点：

● 差分输入。输出是正负极之间差的放大。

● 无穷大增益。即增益是无限的。

● 无限的带宽。即没有带宽的限制。

● 无限的转换速率。即输出变化时没有速率限制。换言之，没有限制 $\mathrm{d}V_{\mathrm{out}}/\mathrm{d}t$。

● 零输入电流。两个输入端的输入电流都是零。

● 零输出电阻。即输出电阻为零。

● 零功耗。理想的运算放大器并没有消耗或耗散任何功率。

● 无穷大的电源电压抑制。输出不依赖于电源电压的变化。

● 无限的共模信号抑制。输出不依赖于共模信号值。

当然，理想运算放大器是不存在的，但是多年以来，元件制造商对接近理想器件的设计工作做得越来越好。例如：寻找具有直流增益高于 10^6 或者是增益带宽积大于 100 MHz 的器件是很常见的[①]。

闭环运算放大电路的初步分析一般采用假设一个
"虚地"的方法。事实上这个术语是用词不当的,因为
一般而言输入端是不需要接地电位的。然而,在一个
具有负反馈的运算放大器中,两个输入之间的差是理
想的零伏。如果运算放大器的正极是接地的,那么它
的负极也是近似接地的。假设一个不同的配置,它的
正极为 6 V,则负极也会接近 6 V。

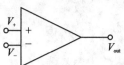

图 3-1　理想运算放大器
的差分输入端 V_+ 和 V_-。
理想运算放大器具有
零输入电流和无限增益,
放大 V_+ 和 V_- 之间的差

图 3-2 所示的是一个基本的两级运算放大器,之所以称之为两级运算放大器是
因为它是由两个增益级组成:差分输入增益级,紧随其后是一个共射极的第二增益
级。差动输入放大器级(Q_1 和 Q_2)具有高差模增益和低共模增益;第二增益级(Q_3)
提供附加增益以及直流电平转移功能。补偿电容 C_c 提供一个低频极点,并通过极点
分离的过程让下一个最高频的极点移动到一个更高的频率(通俗地说就是极点分离
过程让高频的极点更高)。极点分离在整个放大器稳定性中具有重要影响。

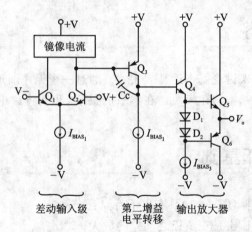

图 3-2　具有差动输入增益级、第二增益级、电平转移级和一个输出级的
基本二级运算放大器

射极跟随器[②] Q_4 缓冲高增益级的输出。输出级(Q_5 和 Q_6)是 AB 类推挽式功率
放大器。输出级可以拉或灌电流[③]。例如,Q_5 导通时是拉电流(从电源中拉出的电

---

①　与此相比,741 运算放大器(产于 1960 年且至今仍在销售)的基本规格,它有 200 000 的直流增益,1 MHz 的增益宽带
积。线性技术公司(Linear Technology)的 LT1226(20 世纪 90 年代的器件)具有 1 000 MHz 的增益宽带积。

②　射极跟随器指的是:信号从基极输入,从发射极输出的放大器。其特点为输入阻抗高,输出阻抗低,因而从信号源索取
的电流小而且带负载能力强,所以常用于多级放大电路的输入级和输出级;也可用它连接两电路,减少电路间直接相连所带来
的影响,起缓冲作用。童诗白.模拟电子技术.北京:清华大学出版社,2006.——译者注。

③　对一个输出的驱动器而言,从输出端向外电路流出的负载电流称为拉电流(Source current);从外电路流入输出端的
负载电流称为灌电流(Sink current);在没有负载的情况下,驱动器本身消耗的电流称为静态电流(Quiescent current)——译者
注。

流),Q_6 导通时是灌电流(流过负载的电流,即"灌入"电路的电流)。在 Q_5 和 Q_6 基极的二极管提供两种功能:首先,它们减少输出级的交越失真;其次,D_1 和 D_2[④] 涉及 Q_5 和 Q_6 偏置状态,通过适当调整可以合理设置输出级上晶体管的偏置电流,从而降低输出放大器提高了的输出电阻。

图 3-3 所示的是一个没有偏置二极管的推挽输出级的 PSPICE 电路。输出波形表明存在着显著的直流漂移和交越失真[⑤],或者说在 $V_o = 0$ 时有大约 ± 0.6 V 的死区。

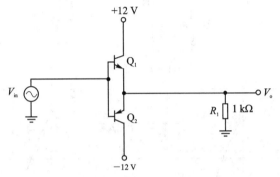

(a) 基本电路

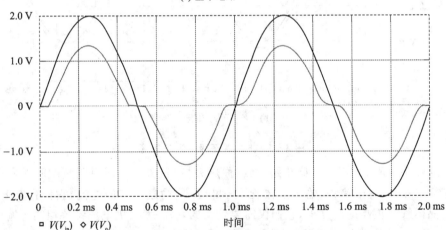

(b) 输入4 Vpp正弦波的输出响应,其输出表现为交越失真

图 3-3　推挽级

这个推挽电路可以被修改以改善电压偏置,如图 3-4 所示。两晶体管基极之间的二极管设置了一个约 1.2 V 的偏压电压,它在开始时让输出晶体管微导通。偏置

---

④　有一些实际的运算放大器,由两个二极管提供的电压降可由一个替代的电路拓扑提供。比如,741 运算放大器,它使用一个 V_{BE} 倍增器来实现该功能。

⑤　由于晶体管的输入特性和输出特性,在电流趋于零时,都有一个非线性失真特别严重的区域(俗称死区),导致输出波形与输入波形相差较大,这种 AB 类推挽放大器所特有的失真称为交越失真——译者注。

电阻 R_1、R_2 和二极管串在一起。

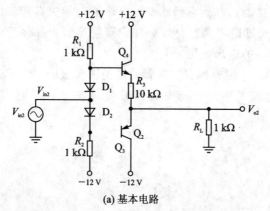

(a) 基本电路

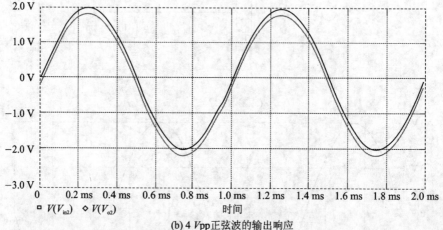

□ $V(V_{in2})$　◇ $V(V_{o2})$　　时间

(b) 4 Vpp正弦波的输出响应

图 3 - 4　推挽级基级偏置二极管

　　这颗小电阻 R_3 用于降低热跑脱(或称热失控)现象。下面说明热跑脱在电路中是怎样工作的：一般来说，输出晶体管 Q_3 和 Q_4 均输送一定的电流，它们也会升温。由于晶体管在更高的温度下，它们仅需要较少的基极-发射极电压维持相同的输出电流[6]。因此，输出级的电流增加，晶体管升温加剧，电路热失控。小电阻 R_3 的加入是为了确保减缓热跑脱的现象：若集电极电流开始显著增加，则 R_3 两端的压降显著上升，可直接调整晶体管的基极驱动电压，使电流稳定。

　　接下来我们来研究图 3 - 5(a)所示的基本推挽放大器的功耗问题。假设理想的元件(即无交越失真)和电源电压对称。NPN 晶体管导通，负载电流为 I_L。晶体管自身的功耗为：

$$P_D = V_{CE}I_L = (V_S - V_o)I_L = V_S I_L - I_L^2 R_L \qquad (3-1)$$

---

[6]　V_{BE} 的温度系数约为 $-2.2\ \text{mV/℃}$。

因此,比较功率消耗图形和负载电流曲线,它们形状都为一条抛物线(图 3-5(b))。最大功率消耗可通过功耗与负载电流的导数获得,求导后得出结果如下:

$$\frac{\mathrm{d}P_\mathrm{D}}{\mathrm{d}I_\mathrm{L}} = V_\mathrm{S} - 2I_\mathrm{L}R_\mathrm{L} \tag{3-2}$$

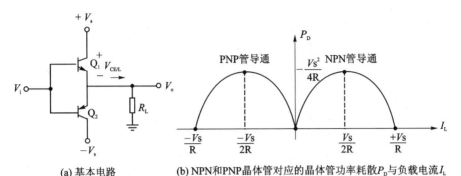

(a) 基本电路　　(b) NPN和PNP晶体管对应的晶体管功率耗散P_D与负载电流I_L

图 3-5　研究推挽放大器耗散功率的电路

最大功率消耗发生在负载电流 $I_\mathrm{L} = V_\mathrm{S}/(2R_\mathrm{L})$ 和输出电压为电源电压的一半时[⑦]。

例 3-1　案例研究离散运算放大器的设计、分析、仿真

首先运用离散元器件(指单个的分立元件,如二极管、三极管等)设计一个离散的运算放大器。这种设计不是最先进的,而是在设计过程中展示在大多数单片运算放大器集成电路中存在的各种构造块。这个练习中所提供的设计见解,将有助于我们认识现实世界中运算放大器的局限性。运算放大器的局限性在本章的后面部分将会详细的讨论。

差动输入级

在一个运算放大器中,需要某种形式的差动输入级。电流镜像负载的差分输入级是一种可能的实现形式(如图 3-6 所示)。这一级的元器件

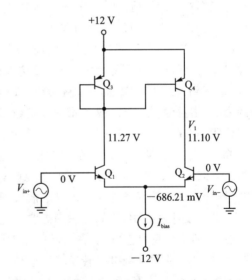

图 3-6　带有输入晶体管 Q_1、Q_2 以及电流镜像晶体管 Q_3、Q_4 的差动输入级。在 Q_2、Q_4 集电极的连接点,我们的输出电压是 v_1

---

⑦　也许会有人问为什么在集电极电流最大时功率耗散为零。在这个简化的模型中,我们假设晶体管的饱和压降为零;因此一个有限的集电极电流乘以零伏 V_CE 得出晶体管的零功耗。

件是：

- 差分输入三极管 Q_1、Q_2。
- 电流镜像三极管 Q_3、Q_4。
- 偏置电流源 I_{bias}，这里省略细节。

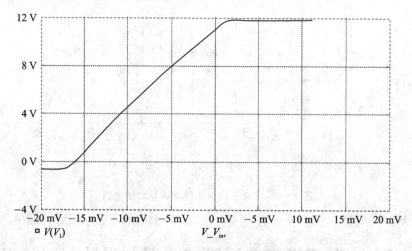

图 3 - 7　差分输入级的直流扫描

让我们在 v_{in-} 接地的时候做一个 v_{in+} 的直流扫描（如图 3 - 7 所示），这将为我们提供一个分析输入级电压失调的方法。在理想情况下，$v_{in+}=0$ V，将输出 v_1 放在线性（或接近线性）增益区域的中间。然而，实际上由于元器件不匹配和 Q_3/Q_4 的电流镜像误差，失调电压不可能为零，SPICE 仿真显示了这种影响：v_1 的输出从近似于地（0 V）跳变到大约 $+12$ V，而 v_{in+} 从大约 -15 mV 到接近 0 V 之间变化。注意到这一级的增益（增益为 v_{o1}/v_{in+}，这里指放大倍数）约为 1 000。

让我们在 v_{in+} 端施加一个 -10 mV 的直流偏置（如图 3 - 8(a) 所示），并在输入端置入峰-峰值 200 μV 的 1 kHz 的正弦信号（见图 3 - 8(a)）。注意 v_1 的直流偏置电平设为 $+4.656$ V（如图 3 - 8(b) 所示），这意味着 Q_2 和 Q_4 都导通，且均在正向放大区。因此，预计在这些偏置条件下晶体管的放大增益，从 v_{in+} 到 v_1 的增益大约是 575 。

在继续设计过程中，我们意识到需要更先进的晶体管以达到缓冲和电平转换功能。在 v_1 的输出只有正电压；在实际的放大器中，输出正电压和负电压两者间变化。因此，我们需要从差动级电平转换输出电压。一种可行的方式是利用折叠式共源共栅放大器，如图 3 - 9 所示。这种折叠式共源共栅放大器（Q_5 和偏置电流源 I_{bias2} 和 I_{bias3}）的工作原理如下：首先假定 I_{bias2} 和 I_{bias3} 的电流值相同，晶体管 Q_5 缓冲 Q_4 和 Q_5 的集电极电流差，在这种情况下的小信号 i_{c5} 变化如下：

$$i_{c5} \approx I_{C4} - I_{C2} = \left(\frac{I_{BIAS}}{2} + \Delta i\right) - \left(\frac{I_{BIAS}}{2} - \Delta i\right) = 2\Delta i \qquad (3-3)$$

此外，对于差动输入级：

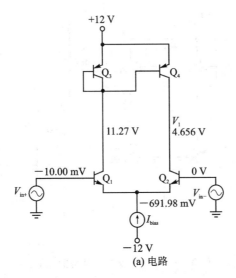

(a) 电路

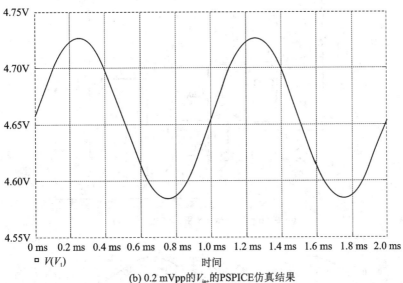

(b) 0.2 mVpp的$V_{\text{in+}}$的PSPICE仿真结果

图 3 - 8   AC 正弦波的扫描结果

$$\Delta i = g_{\text{m}} v_{\text{in}} \tag{3-4}$$

通过加载偏置电流源 I_{blas3}可以把电流 $2\Delta i$ 转化为电压 v_2。

射极跟随器缓冲和输出推挽级

在这个输入级,我们需要添加一个输出推挽级(如图 3 - 10(a)所示)。输出晶体管 Q_7、Q_8 可以拉或灌电流。射极跟随器 Q_6 的添加,是便于输出晶体管 Q_5 集电极的高增益节点负载不明显降低,主要起到的是缓冲和隔离作用。这种闭环增益为−1 的输入和输出配置详见图 3 - 10(b)所示。要注意,这里输入和输出间有−6 mV 的偏移量。

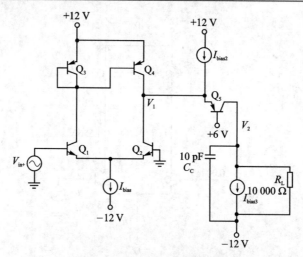

图 3-9 差分折叠共源共栅放大器

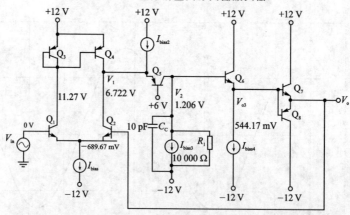

(a) 显示出一些PSPICE预测的节点电压的电路

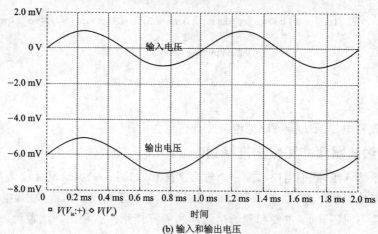

□ $V(V_{in}:+)$ ◇ $V(V_o)$ 时间

(b) 输入和输出电压

图 3-10 最终的带单位反馈放大器

接下来,配置运算放大器的增益为 20(见图 3 - 11(a))。要注意,输出摆幅为 ±4 V,无限幅(如图 3 - 11(b)所示)。由于我们提高驱动信号的振幅,输出在小于 5 V 时限幅(如图 3 - 11(c)所示),但是负半周的正弦波很好。

注意:本设计仅供参考。还有许多地方可以做设计改进,包括更好的偏置、更智能的拓扑结构选择等。所以请不要抨击这是一个多么糟糕的设计!

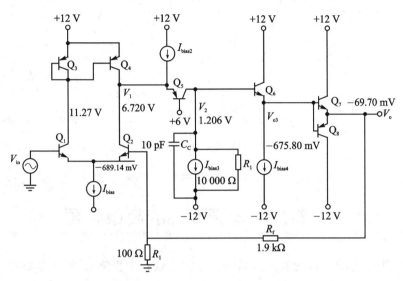

(a) 显示出一些 PSPICE 预测节点电压的电路

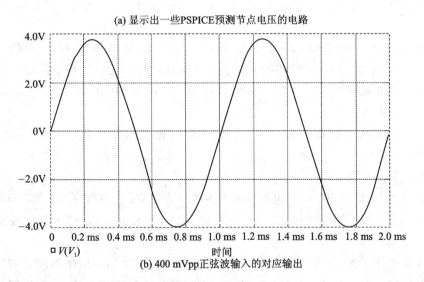

(b) 400 mVpp 正弦波输入的对应输出

图 3 - 11 最终的放大器增益配置为 20

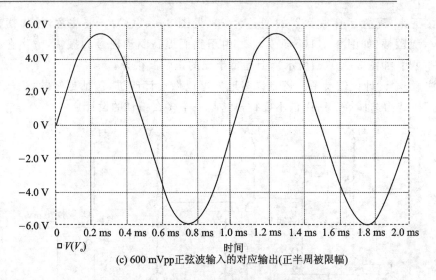

(c) 600 mVpp正弦波输入的对应输出(正半周被限幅)

图 3 - 11 最终的放大器增益配置为 20(续)

3.3　LM741 运算放大器原理图的简单回顾

现在我们对 LM741 运算放大器的拓扑结构做一个快速回顾,这个器件自 20 世纪 60 年代以来,被许多公司制造(如图 3 - 12 所示)。它是一个极点分离的两级运算放大器。

● 输入差动增益级:Q_1、Q_2、Q_3 和 Q_4;Q_5 和 Q_6 是差动级镜像电流的有源负载;Q_7 是一个辅助晶体管,用于提高镜像的增益比;Q_8 是下面将介绍的偏置电流源[8]。

● 偏置电流镜像:

Q_8 和 Q_9;Q_{10} 和 Q_{11};Q_{12} 和 Q_{13}。这些电流镜像配置整个运算放大器的偏置电流。

● 第二增益级:

由一个 50 Ω 射极负反馈电阻组成共射极放大器 Q_{17}。晶体管 Q_{15} 在第一增益级的输出和第二增益级的输入之间提供缓冲。30 pF 的电容 C_1 提供一个极点分离功能。

译者注:Q_{15}、Q_{17} 晶体管组成一个达灵顿晶体管,Q_{13} 与 V_{BE} 倍增器的晶体管是达灵顿晶体管的有源负载;而电容 C_1 从本增益级的输出端连接至输入端,作用是稳定

---

⑧　Q_1 与 Q_2 组成差分输入端;接成共基极的 Q_3 与 Q_4 用途是电平移位器,此外,作为抑制输入级偏置电流漂移的控制电路;Q_7 利用本身的共射增益增加 Q_5 与 Q_6 电流镜像的精度;在 Q_5 和 Q_6 的发射极有两个用来消除输入端直流电压偏移(即失调电压)的调零端,可以借助外加直流电压将输入端失调电压消除。

输出信号,这种技巧在放大器电路设计中称为米勒补偿,米勒补偿会在放大器的信号路径上置入一个主极点,降低其他极点对于信号稳定度的影响。

● 推挽式输出放大器:

晶体管 Q_{14} 和 Q_{20} 组成推挽放大器的核心部分。由一个在 Q_{14} 和 Q_{20} 基极之间的 V_{BE} 倍增器[⑨]提供恒定偏置将推挽式放大器导通。晶体管 Q_{16} 对输出正电流提供电流限制[⑩]。

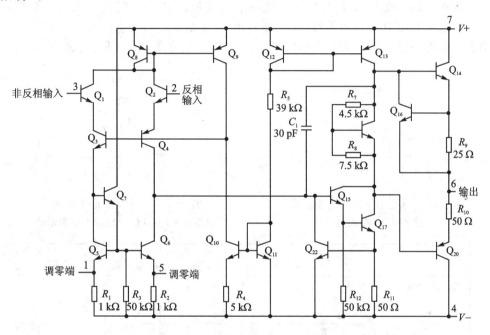

图 3 - 12   LM741 运算放大器的原理结构图,摘自美国国家半导体

(转载已获美国国家半导体公司授权)

3.4   运算放大器的一些实际限制

输入失调电压

我们假设差分放大器是理想(即完美匹配)的器件。然而,在实际应用中,器件之间会存在不匹配的现象,在运算放大器的前端,这种不匹配本身表现为一个失调电压(也称输入失调电压)。

---

⑨   这个"V_{BE}倍增器"电路提供大约 1.6 V_{BE} 的电压降。

⑩   推动输出级的晶体管是 Q_{13} 与 Q_{17},25Ω 电阻 R_9 限制通过 Q_{14} 的电流,对于 Q_{20} 而言,限流的功能则通过检测流过 Q_{17} 发射极电阻 R_{11} 的电流,再以此控制 Q_{15} 的基极偏置电流来实现。

失调电压是强制运算放大器的输出电压为零所必须施加的小差分电压[⑪]。市售的运算放大器,失调电压通常是一个毫伏的分数,可达数毫伏(mV)。

我们可以通过在理想运算放大器上添加一个电压值为 V_{os} 的电压源建立失调电压模型,如图 3-13 所示。失调电压在高增益配置时会特别麻烦,如图 3-14 所示。注意到失调电压源与输入信号 V_i 串联,该配置的输出电压为:

$$V_o = 1\,000\,V_i + 1\,000\,V_{os} \tag{3-5}$$

对于小信号输入,失调电压可以将输入信号淹没。摘自美国国家半导体的数据规格书显示了 LM741 运算放大器的输入失调电压(见图 3-15)。请注意,不同等级的运算放大器规格稍有不同,但典型的失调电压小于 1 mV,最大失调电压为数毫伏。

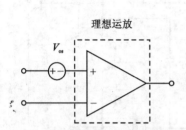

图 3-13　建立的运算放大器输入
失调电压 V_{os} 模型

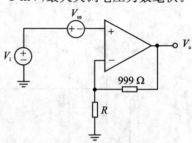

图 3-14　输入失调电压 V_{os} 对
增益为 +1 000 的运算放大器的影响

参　数	条　件	LM741A			LM741			LM741C			单位
		最小值	典型值	最大值	最小值	典型值	最大值	最小值	典型值	最大值	
输入失调电压	T_A=25℃										
	$R_S \leq 10\ \text{k}\Omega$					1.0	5.0		2.0	6.0	mV
	$R_S \leq 50\ \Omega$		0.8	3.0							mV
	$T_{AMIN} \leq T_A \leq T_{AMAX}$										
	$R_S \leq 50\ \Omega$			4.0							mV
	$R_S \leq 10\ \text{k}\Omega$						6.0			7.5	mV

图 3-15　LM741 运算放大器的输入失调电压参数,摘自美国国家半导体的数据规格书
(转载已获美国国家半导体公司授权)

输入失调电压温度漂移

另一个重要的设计问题是输入失调电压温度漂移。如图 3-16 所示,我们可以看到运算放大器一个典型的差分输入级。输入失调电压为:

$$V_{os} = V_{BE1} - V_{BE2} \tag{3-6}$$

当差分输出电压为零时,此电压为差分电压。晶体管在正向偏置下,集电极电流和基极发射极电压成指数关系,对应于晶体管 Q_1 的关系式如下:

---

⑪　理想状态下,如果运算放大器的两个输入端电压完全相同,输出应为 0 V。实际上,还必须在输入端施加小差分电压,强制输出达到 0。该电压称为输入失调电压。输入失调电压可以看成是电压源与运算放大器的反相输入端串联,详见图 3-13 所示的模型——译者注。

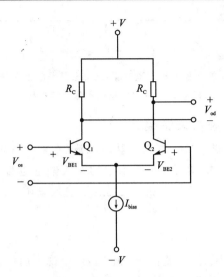

图 3 - 16　一个研究双极运算放大器失调电压温度漂移的电路

$$I_{C1} = I_S(e^{\frac{qV_{BE1}}{KT}} - 1) \approx I_S e^{\frac{qV_{BE1}}{KT}} \qquad (3-7)$$

其中 I_s 是晶体管的反向饱和电流。双极型晶体管 Q_1 的基极发射极电压的方程式为:

$$V_{BE1} = \frac{kT}{q} ln \left(\frac{I_{C1}}{I_S} \right) \qquad (3-8)$$

一个单 V_{BE} 结的温度系数由下式推出:

$$\frac{dV_{BE1}}{dT} = \frac{k}{q} In \left(\frac{I_{C1}}{I_S} \right) - \frac{kT}{qI_S}\frac{dI_S}{dT} = \frac{V_{BE1}}{T} - \frac{kT}{qI_S}\frac{dI_S}{dT} \qquad (3-9)$$

上述表达式中的第二项是漏电流的温度系数。现在我们可以推导出差分放大器的总失调电压:

$$\frac{dV_{os}}{dT} \approx \frac{dV_{BE1}}{dT} - \frac{dV_{BE1}}{dT} = \left(\frac{V_{BE1} - V_{BE2}}{T} \right) - \frac{kT}{qI_{S1}} + \frac{kT}{qI_{S2}} \qquad (3-10)$$

若晶体管参数相匹配,$I_{s1} = I_{s2}$,元件的失调电压漂移(不计漏电流漂移),则余下:

$$\frac{dV_{os}}{dT} \approx \frac{V_{BE1} - V_{BE2}}{T} \approx \frac{V_{os}}{T} \qquad (3-11)$$

利用下面的表达式,我们预测在室温条件下的失调电压漂移,741 放大器的最大漂移量约为 4 mV:

$$\frac{dV_{os}}{dT} \approx \frac{4 \text{ mV}}{300 \text{ K}} \approx 13 \frac{\mu V}{K} \qquad (3-12)$$

这个值与 741 数据规格书表述值是一致的(详见图 3 - 17)。

平均输入失调电压温漂			15			μV/℃

图 3 - 17　LM741 输入失调电压温度漂移，摘自美国国家半导体的数据规格书
（转载已获美国国家半导体公司授权）

输入偏置电流与输入失调电流

运算放大器的差分输入放大器需要基极电流（在输入双极型运算放大器的情况下）。此输入电流是由运算放大器规格书中的输入偏置电流规定的，如图 3 - 18 所示。偏置电流虽小，但有限定。规格书也规定了输入失调电流，确保 I_{B+} 和 I_{B-} 间的最大差。

差分输入电阻

差分模式的输入电阻，简称差模输入电阻，可以视为运算放大器差分输入端串联一个大值电阻的模型，如图 3 - 19 所示。

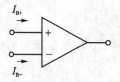

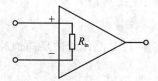

图 3 - 18　运算放大器的输入偏置电流 I_{B+} 和 I_{B-}　　图 3 - 19　运算放大器的差分输入电阻

转换速率（压摆率）

在此之前我们已经看到，需要一个小电容器去调整运算放大器开环特性的频率响应。通过极点分离，我们建立一个主低频极点，这个反馈电容的另一个作用是限制转换速率。有限数量的可用电流会从输入级提供给这个反馈电容，因此，输出电压的时间变化率由电容和该电容的充电可用电流限制：

$$\frac{\mathrm{d}v}{\mathrm{d}t} = \frac{I}{C} \tag{3-13}$$

当我们尝试切换到大幅度信号，就能够体现出压摆率限制。考虑图 3 - 20 的电压跟随器，我们把信号从 0～10 V 切换。请注意，输出的正向沿（即从低-高的上升沿）和负向沿（即从高-低的下降沿）的压摆率限制，并请注意，在这两个方向上的压摆率不一定相同。

输出电阻和容性负载

所有的运算放大器都有一个有限的输出电阻（如图 3 - 21 所示），正如我们所看到的，这个有限的输出电阻在驱动容性负载时对闭环稳定性有着显著的影响。

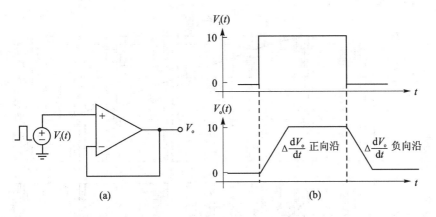

图 3 - 20　演示压摆率限制效果的电路

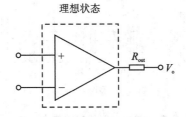

图 3 - 21　运算放大器的输出电阻展示

例 3 - 2　运算放大器驱动容性负载

考虑一个典型[12]的运算放大器的开环传递函数为：

$$a(s) \approx \frac{10^5}{(0.01s+1)(10^{-7}s+1)} \tag{3-14}$$

运算放大器的开环传递函数 a(s) 如图 3 - 22 所示，在图中我们可以看到，低频极点为 100 rad/s，高频极点为 10^7 rad/s，这种类型的传递函数在很多市售的运算放大器中是很典型的。

现在我们来看看，如果我们将这个运算放大器配置成电压跟随器来驱动容性负载（如图 3 - 22(a) 所示），会发生些什么。这个运算放大器的一个模型演示了该运算放大器的输出电阻，如图 3 - 23(b) 所示。在这个例子中我们假设该运算放大器的输

---

⑫　Bob Pease 指出，我们不能确切地得知直流开环增益如何以及哪里是低频极点。不过，在一个运算放大器中，我们知道相当准确的增益带宽积。忽略高频极点，运算放大器的开环传递函数可表示为：

$$a(s) \approx \frac{a_0}{\tau s + 1}$$

其中 a_0 是直流增益，τ 是与低频极点有关的时间常数。因此，尽管我们不知道 a_0 和 τ 确切值是多少，但我们知道 a_0/τ 的比值是多少，因为 a_0/τ 的比值近似于运算放大器的增益带宽积。

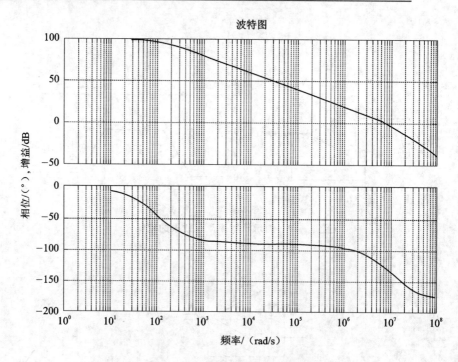

图 3 - 22　典型运算放大器的开环传递函数 $a(s)$ 示意图

出电阻为 100 Ω。这个容性负载放大器的方框图如图 3 - 24 所示。

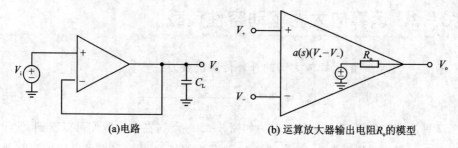

(a)电路　　　　　　　　　(b) 运算放大器输出电阻 R_o 的模型

图 3 - 23　运算放大器配置成电压跟随器驱动容性负载

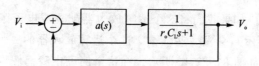

图 3 - 24　容性负载运算放大器(配置成电压跟随器)的方框图

当我们绘制了环路传输幅度和相位波特图时(如图 3 - 25 所示),我们注意到仅有 22°的相位容限,正如预期的一样,这么低的相位容限下,该闭环系统(见图 3 - 26)的阶跃响应结果显示它已经明显地过冲。这么低的相位容限是由反馈环路内的低通滤波器引起,归咎于运算放大器的输出电阻与负载电容的相互影响。

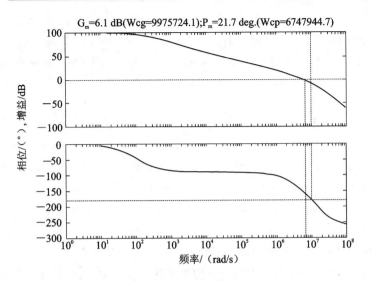

图 3 - 25　环路传输增益和相位波特图,当有 1 000 pF 的负载时,运算放大器的相位容限为 21.7°

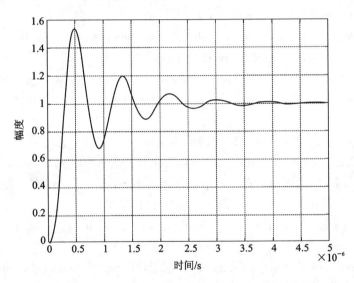

图 3 - 26　电压跟随器驱动容性负载的阶跃响应

参考文献

下面的参考文献提供了丰富的信息,一些作者偏爱引用鲍勃·维德拉(Bob Widlar)——运算放大器原始设计者之一,当然所罗门(Solomon)、格雷(Gray)、梅亚(Meyer)的文献也均是运算放大器技术的优秀概述。

[1] Allen P E. Slew – induced distortion in operational amplifi ers. IEEE Journal of Solid – State Circuits ，February 1977 ,12(1):39 – 44 .

[2] Bowers D F，Wurcer S. A. Recent developments in bipolar operational amplifi ers. Proceedings of the 1999 Bipolar/BiCMOS Circuits and Technology Meeting，September 26 – 28:38 – 45.

[3] Brown J L. Differential amplifi ers that reject common – mode currents. IEEE Journal of Solid – State Circuits ，December 1971 ,6(6):385 – 391 .

[4] Chuang C T. Analysis of the settling behavior of an operational amplifi er. IEEE Journal of Solid – State Circuits，February 1982,17(1):74 – 80 .

[5] Comer D T Comer D J A new amplifi er circuit with both practical and tutorial value. IEEE Transactions on Education，February 2000,43(1) ：25 .

[6] Erdi G. Common – mode rejection of monolithic operational amplifi ers. IEEE Journal of Solid – State Circuits，December 1970,5(6)：365 – 367 .

[7] Gray P，Meyer R. Recent advances in monolithic operational amplifi er design. IEEE Transactions on Circuits and Systems，May 1974,21(3)：317 – 327 .

[8] Hearn W E. Fast – slewing monolithic operational amplifi er. IEEE Journal of Solid – State Circuits，February 1971,6(1)：20 – 24 .

[9] Huijsing J H，Tol F. Monolithic operational amplifi er design with improved HFbehaviour. IEEE Journal of Solid – State Circuits ，April 1976 ,11(2)：323 – 328 .

[10] Ruediger V G，Hosticka B J. The response of 741 op amps to very short pulses. IEEE Journal of Solid – State Circuits，October 1980,15(5)：908 – 910 .

[11] Solomon J E. The monolithic op amp：a tutorial study. IEEE Journal of Solid – State Circuits，December 1974,9(6)：314 – 332 .

[12] Solomon J E. A tribute to Bob Widlar. IEEE Journal of Solid State Circuits，August 1991,26(8)：1087 – 1089 .

[13] Soundararajan K，Ramakrishna K. Characteristics of nonideal operational amplifi ers. IEEE Transactions on Circuits and Systems ，January 1974,21(1)：69 – 75 .

[14] Treleaven D, Trofi menkoff F. Modeling operational amplifi ers for computer – aided circuit analysis. IEEE Transactions on Circuits and Systems,1971,18(1)：205 – 207 .

[15] Widlar R J. A new breed of linear ICs runs at 1 – volt levels. Electronics ，March 29,1979：115 – 119 .

[16] 1980 IEEE Solid State Circuits Conference DC error reduction in bipolar op amps. February 1980,23：204 – 205 .

[17] IEEE Journal of Solid – State Circuits. Design techniques for monolithic opera-tional amplifi ers. August 1969,4(4)：184 – 191 .

[18] IEEE Journal of Solid – State Circuits Low – voltage techniques［for mi-cropower operational amplifi ers］. December 1978,13(6)：838 – 846 .

[19] IEEE Transactions on Circuit Theory Some circuit design techniques for linear integrated circuits. December 1965 ,CT – 12(4)：586 – 590 .

[20] Widlar R J，Dobkin R，Yamatake M. New op amp ideas. National Semicon-ductor Application Note 211 ，December 1978.

[21] Widlar R J，Yamatake M. A 150W op amp. 1985 IEEE Digest of Technical Papers，Solid State Circuits Conference，February 1985,27：140 – 141.

[22] Wooley B A，Pederson D O A computer – aided evaluation of the 741 amplifi er. IEEE Journal of Solid – State Circuits ,December 1971,6(6)：357 – 366 .

[23] Yang H C，Allstot D J Considerations for fast – settling operational amplifi ers. IEEE Transactions on Circuits and Systems，March 1990,37(3)：326 – 334 .

第 **4** 章

为完备的电路寻找完美的运算放大器

邦妮·贝克(Bonnie Baker)

完美的放大器？我认为只需要一个足够好的,而且成本不能太高。

运算放大器的操作和电路在你当地大学图书馆的书籍中很容易找到,而且在这些参考书籍中找到的放大器操作和电路的描述,能在你遇到模拟放大器设计困难时提供计算算法理论上的解决方案。如果这种完美的放大器已在市面上出现的话,从这些书中找到的设计方案就能真正地很容易地成功实现,但遗憾的是现在市面上仍然没有出现这种完美的运算放大器。环顾模拟系统设计的历史可以发现,为了保证设计的成功率,一般在关键技术方面都要多花点心思。幸运的是,在放大器设计过程中只要有点常识和实验意识的话就能避免重大设计缺陷的发生。

在理想条件下,完美放大器如图 4-1 所示。这个完美放大器的输入级设计会使用一种输入端(IN+和 IN-)一直延伸到电源电压的轨对轨①器件,一些单电源放大器可以做到,但会有一些失真,而完美放大器却不会。事实上,如果输入电压摆幅超出电源电压范围,效果则会很好,在这种情况下,共模范围也一样会超出电源电压的范围。

此外,输入端不会拉电流或灌电流,即零输入偏置电流。这就是说,它容许输入到放大器的阻抗可以无穷大,也就意味着不存在共模和差模输入电容。由于两个输入端之间的电压误差通常是由放大器周围的闭环电路组态所引起的,所以这里的任何直流电压误差(失调电压)和交流误差(噪声)将为零。不存在这些误差,也就免除了所有需要校准的顾虑。

理想放大器的电源消耗需求为零。众所周知,现在行业发展的趋势是一直要求在较低电源电压条件下工作,所以需要主动元件降低功耗。理想放大器不需要在 V_{DD} 和 V_{SS} 之间供应电源,并且在静态时为零功耗。

放大器的输出具有真正轨对轨的摆动能力(甚至超过),这样就能够消除后面要讲的模数转换的外沿"位丢失"的问题。在直流和频率超出时输出阻抗为零,以确保

---

① 轨对轨,指的是输入输出信号可以最大限度地(输入甚至可以超过)接近于电源电压,它的输入或输出电压幅度即使达到电源电压的上下限,此时放大器也不会像常规运放那样发生饱和与翻转,从而大大增加了放大器的动态范围。轨对轨运算放大器,从输入来说,其共模输入电压范围可以从负电源到正电源电压;从输出来看,其输出电压范围可以从负电源到正电源电压——译者注。

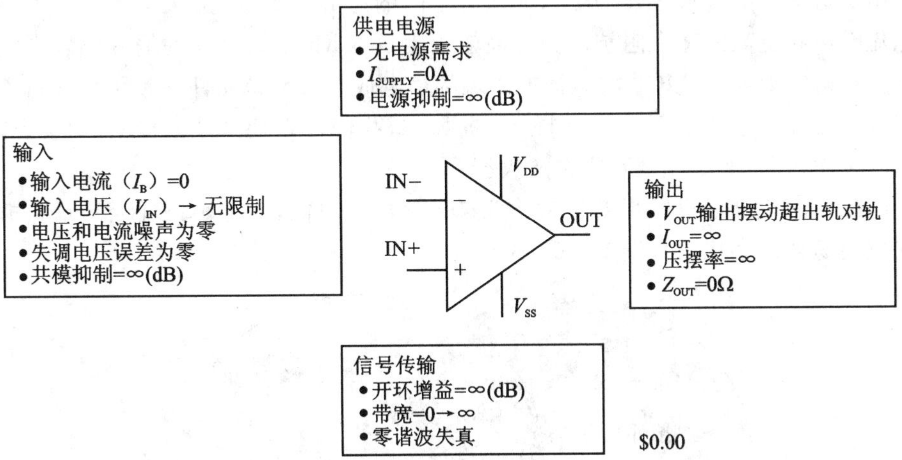

图 4-1　一个完美的放大器具有无限大的输入阻抗、开环增益、电源抑制比、共模抑制比、带宽、转换速率和输出电流。它还具有零失调电压、输入噪声、输出阻抗、功耗，以及最重要的——零功耗

连接放大器输入的器件与外部的输出器件完美隔离。运算放大器将瞬时响应输入信号，也就是说，当保持一个无穷大的开环增益和轨对轨输出摆幅的性能时，转换速率将是无限的，它可以驱动任意负载（电阻或电容性）。最后，在频域中，直流以及频率超出时开环增益无穷大，放大器的带宽也一样是无穷大。哦，我差点忘了价格？如果这个理想放大器是零成本就好了。

欢迎来到运算放大器 101 神话，下面将阐述这个可作范例的放大器。

如果我能找出如何设计这种放大器的方法，我敢保证，我将会成为亿万富翁。也许你会说，"你做梦的吧？"。也许不会是亿万富翁，最主要原因是这个利润是 $0.00，但可以肯定的是，我将会是一个很受欢迎的人（虽然仍然贫穷）。

有趣的是，许多的设计缺陷被大多数设计者当成了一个优点使用。例如，一个放大器电路的设计使用一个小于无穷大的带宽来限制电路的噪音和高速瞬态；一个无限的转换速率并没有听起来的那么好，因为放大器用户喜欢速率较慢的信号，这样可以减少毛刺，并在信号路径上进一步降低，还可简化电路布局。

如今，我们所知道的情况是还没有一个能应用于所有电路的理想放大器，因此我们能做的就是在可选择的范围内为我们的设计选择最好的放大器，并正确地使用它。

4.1　明智地选择技术

CMOS 工艺和双极型工艺是单电源运算放大器中最常使用的两种硅技术，图 4-2 显示了这两种运算放大器技术之间的差异。CMOS 工艺和双极型工艺两者之间最重要的不同之处就是输入级的晶体管，这些晶体管对放大器的运转起到非常巨大的作用。

由于这两种类型放大器的输入晶体管之间的差异,CMOS 放大器具有较低的输入电流噪声和更高的输入阻抗。由于高输入阻抗,CMOS 放大器的输入偏置电流要低得多。事实上,在 CMOS 放大器输入端的静电放电(ESD)元件导致了输入偏置电流误差。就像在本章后面的电路中介绍的那样,我们可以把这个当成一个优点应用于高阻抗输入源,例如光敏互阻抗放大器。

CMOS 放大器的开环增益通常比双极放大器的更高,这样可以在闭环增益非常高的应用场合最小化增益误差(60 dB 或以上)。

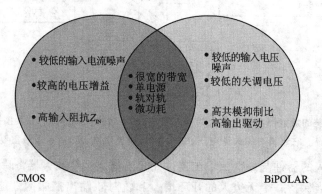

图 4-2 两种硅技术制造的单电源放大器,CMOS 和双极型工艺。通过使用 CMOS 工艺,可以制造双极型放大器。在这些设计中,输入晶体管是双极型的,而其余的晶体管是 CMOS

与 CMOS 放大器相比,双极型放大器通常具有较低的输入电压噪声、室温失调电压、失调漂移,双极型放大器更有可能提供较高的输出驱动能力,同时也具有较高的共模抑制性,如果放大器处于一个缓冲器组态那将是非常有用的。虽然这些规格参数通常比 CMOS 放大器更好,但是输入偏置电流和输入电流噪声是相当高的。

单电源运行条件能够完美地适用于 CMOS 和双极放大器;采用正确的 IC 设计,也能够用于输入和输出轨对轨操作。

4.2 运算放大器的基本电路

运算放大器的模拟构造块类似于数字门。通过在设计中使用运算放大器,电路可以被配置去改变信号,这种基本方式同数字电路中反相器、与门、或门的改变相同。在本章的这一节中将会介绍采用这个构造块的基本电路。我们讨论的电路包括电压跟随器、非反相和反相增益电路。接下来讨论的是更复杂的电路,包括差动放大器、加法放大器和电流电压转换器。

4.3 电压输出放大器(电压跟随器)

先从最基本的运算放大器电路开始,缓冲放大器用于驱动大负载(如图 4-3 所示），解决阻抗匹配问题，或者将灵敏、精确的电路和大功率电路隔离。一般来说，大负载需要一个另外专门提供更高的输出电流（大于 20 mA）的放大器。你会发现在放大器的规格书中已经规定了该放大器的输出电流幅度、驱动更高电流的能力。

　　用缓冲放大器来解决阻抗匹配问题也是个很好的选择，这种类型的问题出现于，当信号路径有高阻抗器件或电阻，电路会建立一个不希望出现的电压分压器时。由于放大器的高阻抗输入、低阻抗输出特性，一个缓冲放大器就拆解了这种类型的阻抗路径。

　　缓冲放大器的另一个用途是将敏感电路远离高热变化区，在这种情况下，灵敏电路之后的缓冲器就达到了驱动高输出电流的目的。

　　图 4-3 所示的缓冲放大器可以应用于所有的单电源、单位增益稳定的放大器，在这个电路中，和所有的放大器电路一样都必须用一个电容旁路运算放大器电源。对于一个单电源放大器，当工作于从直流到 1 MHz 的带宽时，一个 1 μF 的旁路电容通常是合适的。有时放大器的带宽高达数十到数百兆赫兹，这时需要一个很小的旁路电容，在这些情况下，一个 0.1 μF 的旁路电容是合适的。如果旁路电容值选择不合适或者放置点离电源引脚太远以及没有直接连接电路板的地，运算放大器的电路可能产生振荡。如果你不确定旁路电容值应该选取多少的话，可以参考产品数据手册上的具体要求。

　　图 4-3 所示电路的模拟增益是 +1 V/V，请注意，这个电路具有正的整体增益，但反馈电路是从放大器的输出端连接到反相输入端。一个常见的错误就是认为，一个具有正增益的运算放大器电路需要一个正的反馈电路。当然，如果你把非反相输入端和输出端连接在一起的话，你就可以把这个放大器配置为正反馈。这听起来难以置信，但在一些面试中我确实看到过申请人绘制了带正反馈的缓冲器。如果使用正反馈的话，放大器最有可能在输出端的驱动幅度超出。

　　这种放大器电路在其带宽范围内具有良好的线性性能，你读到该论点时，也许会对自己说"又是教科书式的说辞"，但是，这就是这种类型电路的雷区。

　　信号上的唯一限制出现在输入共模电压和输出摆幅限制相违背时的条件下，所以你必须仔细研究这些放大器数据手册提及的性能特点以及你对这种类型电路的实际应用需求。顺便说一下，必须要保证放大器的带宽比信号带宽至少高 100 倍，并且必须时刻注意放大器的输入和输出状况。

　　当使用此电路驱动大负载时，放大器的规格必须指明它有提供所需输出电流的能力，这个电路的另一个用途是驱动容性负载，不是每个放大器都能在不失稳定性的前提下驱动电容的。如果一个放大器能够驱动容性负载，那么它的数据手册肯定会突出这个特性；相反地，如果一个放大器不能驱动这个负载，它也不会明确地提出来。举一个实例，在广告或者促销活动中没有提到的功能也不会在产品真实性能中体现出来。

　　另外，可使用缓冲放大器来解决阻抗匹配问题，这将适用于一种模拟信号源与后

模拟电路

74

段电路阻抗相比具有相对高阻抗的电路。如果发生了这样一种情况：信号会由于信号源阻抗与后续电路阻抗之间的电压分压器作用而产生电压损耗，缓冲放大器就是这个问题的完美解决方案。对于 CMOS 放大器来说，一个放大器非反相输入端的输入阻抗可以高达 $10^{13}\ \Omega$，这种放大器组态的输出阻抗通常却小于 $100\ \Omega$。

此外，这个组态的另一个用途是将热源从灵敏精密电路隔离，如图 4-4 所示。试想一下，如果这个缓冲放大器的输入电路来放大一个 $100\mathrm{mV}$ 的信号，即使在最理想的条件和最高级别的精度下也是很难做到的。给器件分配输出驱动电流是很精密的工作，放大的工作过程中会很容易破坏这种测量。驱动电流的增加将会引起芯片的自热，这将诱发一个偏移的变化。在这个电路中，当模拟缓冲器执行驱动大负载的功能时，前置电路用于精密测量。

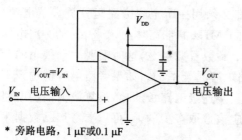
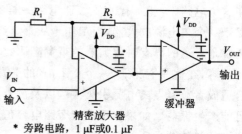

* 旁路电路，1 µF或0.1 µF

图 4-3　缓冲放大器或者叫电压跟随器，在你需要提供高电流输入驱动、阻抗匹配或者隔离电子信号时都是有用的

* 旁路电路，1 µF或0.1 µF

图 4-4　缓冲放大器有助于电路中的负载隔离，缓冲器将输入端的放大器与任意需要大电流输出的电路隔离

4.4　模拟信号放大

缓冲器能解决很多模拟信号问题，不过，有些实例的电路需要增加一个信号，有两种基本类型的放大器电路能提供信号增加。第一种类型，信号的增益是正的（或者说非反相的），如图 4-5 所示。这种类型的电路适用于单电源放大器的应用场合，这些场合通常不易或不可能产生或者直接就不存在负电压。

该电路的输入信号在运算放大器的非反相输入端呈现高阻抗，该放大器电路施加给该信号的增益等于下式：

$$V_{OUT} = (1 + R_2/R_1)V_{IN} \qquad (4-1)$$

该单电源电路中这些电阻的典型值，R_2 在 5 kΩ～25 kΩ 之间；输入端电阻 R_1 则依赖于运算放大器的数据手册中规定的噪声量、输入失调电压量以及期望增益值。

同样，该电路的输入和输出范围有一定的限制，该放大器的共模范围限制了非反相输入范围，该放大器的输出摆幅也受制于每个放大器的数据手册所列的参数。最通常的情况下，在放大器输出端的较大信号会比输入端的小信号产生更多的信号限幅误差。减少该电路的增益可以消除不必要的输出限幅误差。

图 4-6 演示一个反相放大器组态,该电路增益和反相信号体现在输入电阻 R_1 上,这个电路的增益表达式为:

$$V_{\text{OUT}} = -\left(\frac{R_2}{R_1}\right)V_{\text{IN}} + \left(1 + \frac{R_2}{R_1}\right)V_{\text{BIAS}} \qquad (4-2)$$

R_1 和 R_2 取值范围与图 4-5 所示的非反相电路是一样的。

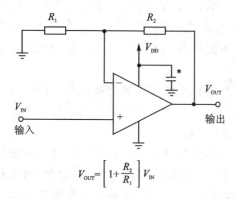

$$V_{\text{OUT}} = \left[1 + \frac{R_2}{R_1}\right]V_{\text{IN}}$$

* 旁路电路,1 μF或0.1 μF

图 4-5　运算放大器的非反相(同相)
增益电路组态,该电路对电路中的一个信号
施加一个正增益。因此,不需要电平位移电压去
保证放大器的输出端电压在允许的工作范围内

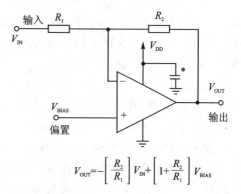

$$V_{\text{OUT}} = -\left[\frac{R_2}{R_1}\right]V_{\text{IN}} + \left[1 + \frac{R_2}{R_1}\right]V_{\text{BIAS}}$$

* 旁路电路,1 μF或0.1 μF

图 4-6　运算放大器 V_{IN} 组态
为一个反相增益的电路,
单电源环境通常需要一个 V_{BIAS},
以确保输出保持在地电位以上

该电路在单电源供电的电路中有一个小小的缺陷,在单电源的应用场合中,这个电路很容易被误用,这个问题的根源在于 V_{BIAS} 电压的选择。所以必须为 V_{BIAS} 选择合适的值使得放大器的输出始终保持在电源可供电压范围之间。

例如,设 $R_2 = 10\ \text{k}\Omega$, $R_1 = 1\ \text{k}\Omega$, $V_{\text{BIAS}} = 0\ \text{V}$,输入电阻 R_1 的电压取值为 100 mV,这里输出的电压将为 -1 V,这就与运算放大器的输出摆幅范围相违背,实际上,这种放大器的输出会尽可能地接近地电位(0V)。

在电路的 V_{BIAS} 处加入一个正值直流电压将解决这个问题,在前一个例子中,把一个 225 mV 的电压添加到 V_{BIAS} 之后,输出信号电平位移会升高到 2.475 V,这会使得放大器输出信号等于(2.475 V -1 V),或者说放大器的输出为 1.475 V。通常情况下,放大器的平均输出电压的目标值等于 $V_{\text{DD}}/2$。

差动放大器

差分放大器将图 4-5 所示的非反相放大器和图 4-6 所示的反相放大器组合成一个已减去两个信号的信号模块。图 4-7 展示了一个差分放大器电路的例子,它直截了当地演示了这个功能的实现过程。差动放大器或减法运算器中放大器的周围会使用一些电阻,这个电路的直流传递函数可表示为:

模
拟
电
路

$$V_{\text{OUT}} = V_{\text{IN+}} \frac{R_4(R_1 + R_2)}{R_1(R_3 + R_4)} - V_{\text{IN-}} \frac{R_2}{R_1} + V_{\text{SHIFT}} \frac{R_3(R_1 + R_2)}{R_1(R_3 + R_4)} \qquad (4-3)$$

如果 R_1/R_2 等于 R_3/R_4 的话,这个电路的闭环系统增益就等于:

$$V_{\text{OUT}} = \frac{R_2}{R_1}(V_{\text{IN+}} - V_{\text{IN-}}) + V_{\text{SHIFT}} \qquad (4-4)$$

只要信号源阻抗低,这种电路组态就能可靠区分两个信号之差。如果信号源阻抗高于 R_1,由于差动放大器的信号源和输入电阻之间的电压分压器作用,就会存在信号损失。此外,如果两个信号源的阻抗不匹配的话,可能产生误差。如果使用这个电路,获得的增益可能大于或等于1。

76

实际上,R_1/R_2 和 R_3/R_4 相等,相当于简化本系统的数学公式。由于两个信号的增益是相等的,差动放大器很便利地从系统中将这两个信号的共模电压减去。通过将两个电阻比率设置为大于或等于1,可很容易地实现增益。

该电路的一个限制是缺乏增益调整的灵活性,如果想在这种应用中动态改变增益,你必须调整两个电阻值。在单电源环境下,一个参考电压的中心输出信号(即从中间抽头输出的电压)位于电源与接地之间,图4-7显示了这种接入电压 V_{SHIFT},使用参考电压的目的是将输出信号移到放大器中的线性区域。一个精密的参考电压源或者电阻网络能够实现这种 V_{SHIFT} 的电路功能,如图4-8所示。

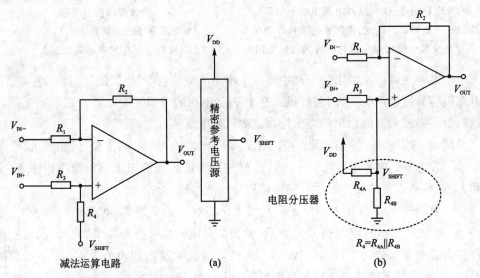

减法运算电路　　　　　　(a)　　　　　　　　　(b)

图4-7　一个运算放大器电路组态为
差动输入放大器,在差动放大器的同
一级实现减法和增益功能

图4-8　一个精密的参考电压

求和放大器(加法器)

你可以通过求和放大器把多路信号用加法或者减法组合起来,由于差动放大器只能处理两个信号,所以它也是求和放大器的一种。

图 4-9 所示电路的传递函数如下：

$$V_{\mathrm{OUT}} = \frac{R_2}{R_1}(V_1 + V_2 - V_3 - V_4) \qquad (4-5)$$

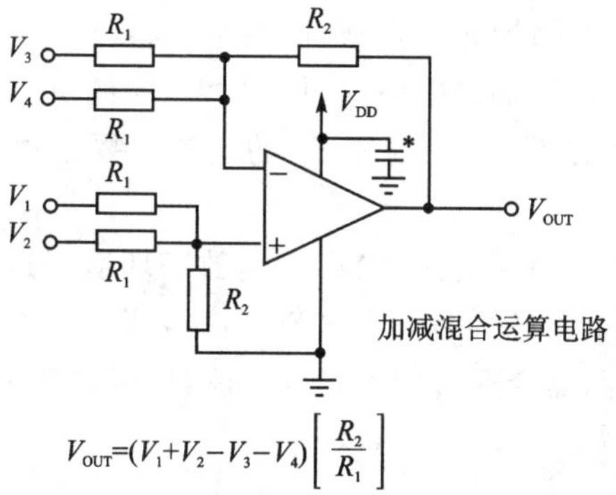

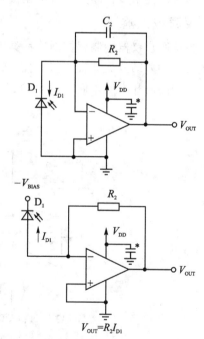

$$V_{\mathrm{OUT}} = (V_1 + V_2 - V_3 - V_4)\left[\frac{R_2}{R_1}\right]$$

加减混合运算电路

* 旁路电路，1 μF或0.1 μF。

图 4-9　运算放大器配置成一个求和放大器的电路

77

只要双端具有同等数量的等效电阻，你就可以在非反相输入或反相输入的任意一端使用任意数量的输入，这个电路中所有的输入都应该连接到信号源或者接地（如果不使用）。

电流到电压的转换

如果在你的电路中使用一个光电检测器、反馈电阻器和一个运算放大器，你就能感应到光，这种类型的电路把一个光电检测器的输出电流转换为一个电压，在放大器的反馈回路中含有一个单电阻和一个可选电容器，如图 4-10 所示。

在图 4-10 中所示的电路中，光线照射到光电检测器时会产生一个电流，电流流向为二极管的反向偏置方向。如果使用一个 CMOS 运算放大器（具有低输入偏置电流），检测器中的电流（I_{D1}）主要通过反馈电阻R_2。另外，该运算放大器的输入偏置电流误差是很低的，因为它是 CMOS 型（典型值<200 pA），将运算放大器的非反相

$V_{\mathrm{OUT}} = R_2 I_{\mathrm{D1}}$

* 旁路电路，1 μF或0.1 μF。

图 4-10　这些电路显示了如何使用一个放大器和一个电阻将电流转换为电压。顶部光检测电路适用于精密应用场合；底部的电路用于高速应用场合

模
拟
电
路

输入端接地的话,会使整个电路偏置到地。只有当放大器的共模范围包括 0 时,这两个电路才会工作,而你本人不用关注这种 0 水平的光。如果光源亮度为 0 的话,单电源放大器的输出是不可能一直接地的。

图 4-10 中的两个电路为光检测器,提供精密检测(图中的顶部部分)和高速检测(图中的底部部分)。在顶部的电路中,检测器两端的电压几乎为零且等于放大器的失调电压。在这种组态下,通过电阻 R_2 的电流主要是由于光电检测器受到光线激励而形成的。

在该图底部的那个光检测电路,它在高速数字环境下运行得更好。通过反向偏置光电检测器(这减少了二极管的寄生电容),该检测电路可以非常迅速地响应数字信号,底部电路的光检测器会通过较多的漏电流,所以将产生较高的直流误差。

4.5　应用基础

你可以使用多种放大器来构建仪表放大器和浮动电流源。

仪表放大器

在从医疗仪器到制程控制等种类繁多的应用场合,你都能发现仪表放大器。仪表放大器和差动放大器很相似,它们都是用另一个信号减去一个模拟信号,但它们在输入级的品质却有所不同。图 4-11 显示了一种经典的三运放仪表放大器。

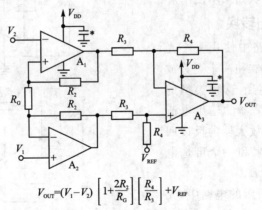

$$V_{OUT}=(V_1-V_2)\left[1+\frac{2R_2}{R_G}\right]\left[\frac{R_4}{R_3}\right]+V_{REF}$$

* 旁路电路,1 µF或0.1 µF。

图 4-11　可以用 3 个放大器设计一个仪表放大器,输入运算放大器(A_1,A_2)提供信号增益,输出运算放大器完成从两个输入放大器到一个差分放大器(A_3)的单端输出信号的转换

在这个电路中,输入放大器(A_1、A_2)的高阻抗和非反相输入需要两个输入信号。在信号源阻抗很高或者不匹配的场合,这是一个比差动放大器更明显的优势。在第一级也要添加两个输入信号,并用一个电阻 R_G 来调整增益。

这个电路的下一级就是一个差分放大器(A_3),该电路这个部分的功能是用来抑制两个输入信号的共模电压以及区分这两个输入信号的差异。两个输入到差分放大器的信号源阻抗是很低的、相等的,而且很好控制。

仪表放大器差分级的参考电压(V_{REF})的取值可以跨越很大的范围,通常情况下,在单电源应用中,参考电压可以取到电源电压的一半,这个电路的传递函数是:

$$V_{OUT} = (V_1 - V_2)\left(1 + \frac{2R_2}{R_G}\right)\left(\frac{R_4}{R_3}\right) + V_{REF} \qquad (4-6)$$

图 4-12 显示了第二种类型的仪表放大器,在这个电路中,这两个放大器起到了负载隔离和信号增益的功能,第二个放大器依然能够区分两个输入信号(V_1, V_2)之间的差异。

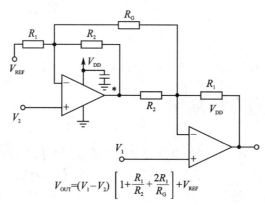

$$V_{OUT} = (V_1 - V_2)\left[1 + \frac{R_1}{R_2} + \frac{2R_1}{R_G}\right] + V_{REF}$$

* 旁路电路,1 μF或0.1 μF。

图 4-12　可以用两个放大器设计一个仪表放大器,
这种组态适用于提供更高的增益(增益≥3 V/V)

你可以将电路的参考电压连接到信号链中的第一个运算放大器,通常情况下,该电压值在单电源的环境下是电源电压的一半。这个电路的传递函数是:

$$V_{OUT} = (V_1 - V_2)\left(1 + \frac{R_1}{R_2} + \frac{2R_1}{R_G}\right) + V_{REF} \qquad (4-7)$$

浮动电流源

浮动电流源(图 4-13)可以得心应手地驱动一个可变电阻,例如一个电阻温度检测器(RTD),这种特定的组态可以为一个 RTD 型传感器提供 1 mA 的电流源。不过,你可以为它选取任意大小的参考电流。

在这种组态下,R_1 用电压 V_{R1} 来减少电压 V_{REF},因此施加到顶部运算放大器(A_1)的非反相输入端电压为 $V_{REF} - V_{R1}$,放大器输出端的电压增益是两倍,即 $2\times(V_{REF}-V_{R1})$,同时,底部的运算放大器(A_2)的输出电压为 $V_{REF} - 2V_{R1}$,顶部放大器输出端的电压与底部放大器非反相输入端的电压相减,即 $2\times(V_{REF}-V_{R1})-(V_{REF}-2V_{R1})$,这就等于 V_{REF}。该电路的传递函数为:

$$I_{OUT} = \frac{V_{REF}}{R_2} \qquad (4-8)$$

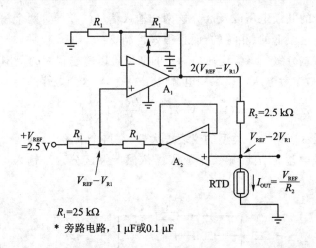

$R_1=25\ \mathrm{k}\Omega$

* 旁路电路，1 μF或0.1 μF

图 4-13   一个浮动电流源使用两个运算放大器和一个精密参考电压源

4.6 放大器的设计隐患

从理论上讲,在本章中提到的电路都可以工作。但是抛开理论的话,基本上没有什么技巧能够在第一时间帮助我们得到正确的电路,本节列出了在电路板上使用运算放大器的一些常见问题。下面的讨论分为两个方面:一般建议和单电源缺陷。

一般建议

- 要小心电源引脚,不要让它们过高或过低,请参考放大器的规格书。过高的供电电源将会损坏器件;太低的电源将无法偏置内部晶体管,放大器不能工作,或者不能正常工作。

- 确保负电源,务必连接到一个低阻抗的电位。此外,确保正电源电压相对于运算放大器的负电源引脚是你所期望的值,在正负电源引脚之间接上一个电压表将验证电源引脚之间的关系。

- 接地是不容忽视的,特别是在数字电路中,要仔细计划你的接地设计方案。如果电路中含有大量的数字电路,可以考虑划分模拟地、数字地和电源地。虽然很困难,但必须尽可能地移除一个模拟信号中的数字开关噪声。

- 用旁路电容来旁路放大器电源,并尽可能靠近放大器,放大器通常使用 1 个 1 μF 或 0.1 μF 的电容。此外,旁路电源的线路上使用 1 个 10 μF 的电容。

- 在放大器的输入端使用较短的引线。如果你有使用白色的穿孔板(俗称面包板)做原型机的倾向,注意电容和电感产生的噪音和振荡。如果用印制电路板实现电路的话这些都不是问题,除非发生意外情况。这些板上你不打算处理的杂散电容可形成回路。举个例子,如果运算放大器电路中在两个相邻线路之间没有设置反馈电容和反馈电阻的话,穿孔板杂散的电容就能够阻止振荡的发生;如果你把这个电路布局在真正的印制电路板上的话,就很容易产生振荡。

- 在印制电路板上为反馈电容并接反馈电阻设置 1 个测试点,把这个选项点保留直到觉得不再需要为止。
- 尽量避免在极低的电压噪声时使用运算放大器,除非你能确定信号源和反馈网络的阻抗非常低。否则,运算放大器的高电流噪声伴随着低电压噪声可能产生严重的噪声问题。
- 放大器对静电敏感,如果已经损坏,放大器就会立即失效或者出现软故障(如失调电压或输入偏置电流的变化)并会随着时间推移变得越来越糟。

单电源轨对轨放大器

- 运算放大器输出驱动器只能够驱动一定量电流的负载,所以一定要仔细检查这个产品的数据手册上的参数。
- 放大器驱动容性负载有风险,要确保运算放大器能够承受你的负载。
- 单电源放大器实现真正的轨对轨全摆幅是很罕见的。现实情况下,绝大部分放大器的输出端从每个轨点只能得到 50~300 mV 的电压,因此要仔细检查放大器的参数表。

再往前,从另一个层面上看,放大器故障诊断和排除的技巧集中在频域,可以找到类似于振铃或振荡等稳定性问题。

参考文献

[1] Baker B C. Operational amplifi ers:6 part. analogZone,2002~2003.

[2] Franco S. Design with Operational Amplifi ers and Analog Integrated Circuits. McGraw - Hill,New York,1998.

[3] Frederiksen T. Intuitive Operational Amplifi ers. McGraw - Hill,New York,1988.

[4] Williams J. Analog Circuit Design. Butterworth - Heinemann,Burlington, MA,1998.

第5章

无源元件的回顾和印制电路板个案研究

马克·汤普森(Marc Thompson)

这章，马克解释了为什么一个电阻和一个电容不是区区小事。实际的电阻器和电容器是有一些电抗性或者损耗的元件。难道这是我们电路设计的一个部分吗？是的。所以，尽管有这些不完美，我们也得设计让系统正常工作。有时明智的元件选择也是我们工作中很重要的一部分。

5.1 本章内容

这章我们要考虑一些无源元件(也称被动元件)的细微之处，包括这些元件的构造技术和寄生效应。我们会涉及到一些关于电阻器、电容器和电感器的具体细节。然后，我们会把学到的一些知识运用到印制电路板布局问题的案例讨论之中。

5.2 电 阻

乍一看，一个电阻就是一个电阻，再看还是一个电阻。但是，我们现在要深入这些元件的一些细微之处。一个理想电阻的阻抗并不依赖于工作频率[①]，且理想电阻的阻抗等于阻值，如下：

$$Z_{resistor, ideal} = R \qquad (5-1)$$

实际的电阻(如图 5-1 所示)包括一个几何形状的引线长度产生的寄生电感和一个跨接电阻的寄生电容。电阻的阻抗，包括这些寄生元件，推导公式如下[②]：

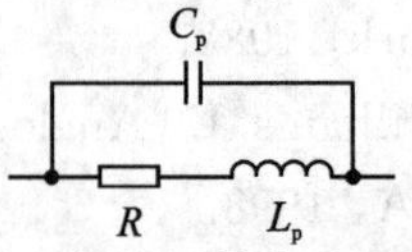

$$Z_{resistor, real}(s) = \frac{Ls + R}{LCs^2 + RCs + 1} = \frac{R\left(1 + \frac{L}{R}s\right)}{LCs^2 + RCs + 1}$$

$$(5-2)$$

图 5-1 电阻 R 的寄生元件包括
一个串联电感 L_p 和
一个并联电容器 C_p

---

① 另外一种看待方式，就是一个理想电阻的电流和一个理想电阻上的电压均是同相的。
② 进行全面检查的一种方式，该结果考虑 $L \to 0$、$C \to 0$ 的限制，我们希望阻抗正好是 R，这就是实际的情况。

通过将 $s = j\omega$ 代换,我们可以上述公式推导成"$j\omega$"的形式,结果是:

$$Z_{\text{resistor, real}}(j\omega) = \frac{j\omega L + R}{(1 - \omega^2 LC) + j\omega RC} \qquad (5-3)$$

对一个阻值很大[③]的电阻,RC 时间常数占主导地位。这是因为一个大值电阻把寄生电感的值掩盖了(忽略不计)。对一个小值电阻,L/R 的时间常数占主导地位,因为电阻有效地短接了寄生电容。实际电阻的阻抗模是:

$$|Z_{\text{resistor, real}}| = \sqrt{\frac{(\omega L)^2 + R^2}{(1 - \omega^2 LC)^2 + (\omega RC)^2}} \qquad (5-4)$$

在图 5-2 中,我们可看出在 $R = 1 \text{ M}\Omega$,$C = 0.2 \text{ pF}$,$L = 10 \text{ nH}$ 时一个电阻的阻抗。对这个值比较大的电阻($R \gg Z_\circ = 223 \text{ }\Omega$),寄生电容效应占主导地位。在大约 1 MHz 以上的频率时阻抗呈规律性衰减。

在图 5-3 中,我们可看出在 $R = 10 \text{ }\Omega$,$C = 0.2 \text{ pF}$,$L = 10 \text{ nH}$ 时的一个小值电阻的阻抗。寄生电感效应占主导地位,在大约 10 Mrad/s 以上的频率时阻抗递增。

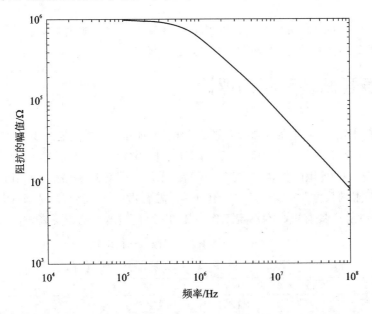

图 5-2　$R = 1 \text{ M}\Omega$,$C = 0.2 \text{ pF}$,$L = 10 \text{ nH}$ 非理想电阻的阻抗值

很难量化寄生元件的准确值,但是对于标准的通孔电阻(注:插件电阻)你可以预估到一个 pF 级寄生电容和一个数 nH 级寄生电感[④]的一部分值。在高频电路中你

---

③　我们可看出这个例子的"大值"是足够大,因此 $RC \gg L/R$,或等价于 $RC \gg \sqrt{L/C}$,该项 $\sqrt{L/C}$ 反复存在于 RLC 电路和长线传输中,称为该电路的特性阻抗 $Z_\circ$。

④　一个很粗略的经验法则,推算一个元件引脚在印制板表面上的电感可按照每厘米引线长度的电感量是 10 nH 计算。因此,如果你希望寄生电感最小化的话,应该尽量保持引脚的长度最短。当然,你可以用阻抗分析仪(比如安捷伦的 HP4192 仪器)测试电阻,得出设备的准确参数。

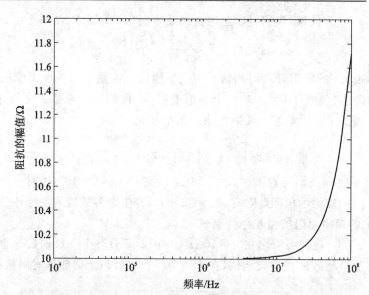

图 5 - 3　$R = 10\ \Omega, C = 0.2\ pF, L = 10\ nH$ 非理想电阻的阻抗值

需要把这些寄生效应考虑成串联电感和并联电阻。

5.3　表面贴装电阻的评论

通过使用表面贴装电阻你能把电路小型化并且减小一些寄生电感效应。表面贴装电阻有各种尺寸,范围从 0201~0402,一直到 2512。电阻外形尺寸编号表示电阻体长度和宽度。例如,一个 0805 电阻长 0.08"宽 0.05"(注:采用的是英制表示法,单位:inch)。

关于电阻的尺寸、功率和额定工作电压,需要做一个权衡,如表 5 - 1 所列。例如,更长的电阻应具有更高的额定工作电压,因为它的击穿电压更高。

表 5 - 1　表面贴装电阻额定规格比较

电阻型号	尺　　寸	典型的额定功率/mW[5]	典型的额度工作电压/V[6]
0201	0.02" × 0.01"	50	15
0402	0.04" × 0.02"	50~62.5	50
0603	0.06" × 0.03"	62.5~ 100	75
0805	0.08" × 0.05"	100~ 250	100
1206	0.12" × 0.06"	125~ 250	200
1210	0.12" × 0.10"	250~ 333	200
1812	0.18" × 0.12"	500	200
2010	0.20" × 0. 01"	500	200
2512	0.25" × 0.12"	1000	250

[5]　这里额定功率有一些变动,因不同制造商而异,请一定要参阅具体的元件规格书。

[6]　同样地,这些数据仅用于比较,必须参阅制造商的元件规格书。

5.4　电阻类型的评价

作为设计者,你也需要决定在电路采用的电阻类型。例如,你要选择碳合成、碳薄膜、金属薄膜、绕电阻丝的或是一些其他类型的电阻?

碳合成电阻是一种老式的电阻器,多少年来一直在电子产品中使用。碳合成电阻主要优势在于它们的大电流瞬态浪涌承受能力。它们也有电阻率温度系数高的缺点。记住,一个电阻的阻值随温度变化而变化,且电阻值可以这样表示:

$$R(T) = R_0[1 + \alpha(T - T_0)] \qquad (5-5)$$

- $R(T)$ 是在操作温度下的电阻;
- R_0 是在温度 T_0 时的参考电阻;
- α 是电阻率的温度系数[⑦]。

碳合成电阻有阻值随时间漂移的趋势,特别是在大电流应用时尤为突出。碳合成电阻在现代电子产品中已经被金属膜和碳膜电阻大量取代。薄膜电阻有较低的电阻率温度系数的优势,不过,它们在电参数过载的情况下更容易损坏。

线绕电阻器大部分应用在需要大功率的场合。不过,其中的一些会受影响,因为它们是绕线制造的,可能附带一个很大的串联电感。表 5-2 所列的是各种类型电阻的比较。

表 5-2　电阻类型比较

电阻类型	典型的额定功率	温度系数	备　注
碳合成	0.25 W~2 W	>1000 ppm/℃	老式电阻,在新设计中通常被碳膜、金属膜电阻取代。长期稳定性和温度系数指标差
碳膜	—	典型值 — 50 ppm/℃~ —1000 ppm/℃	—
金属膜	—	典型值 +50 ppm/℃~ +300 ppm/℃	低噪声
线绕	典型值 > 5 W	典型值 +100 ppm/℃	通常作为大功率电阻使用,高寄生电感

5.5　电　容

正如电阻会受寄生元件的影响一样,电容也会。图 5-4(a)中显示的是一个实

---

⑦　temperature coefficient of resistivity,电阻率温度系数。表征导体或半导体的电阻率随温度变化的物理量。

际电容的模型,它由一个填充了电介质的平行板构成[8]。电阻 R_s 是引线串联电阻。平行板填充的电介质具有有限的电导率[9]。电介质电阻 R_d 与集中电容 C 并联,如图 5-4(b) 所示。

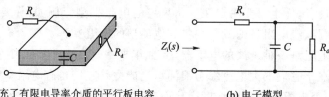

(a) 填充了有限电导率介质的平行板电容 (b) 电子模型

图 5-4 电容的寄生元件示意图。该电容器有一个串联电阻 R_s 和一个集中电容 C 并联的介质电阻 R_d

实际电容的输入阻抗是:

$$Z_i(s) = R_S + \frac{R_d}{R_d C_S + 1} \tag{5-6}$$

我们可以将结果推广并找到该输入阻抗的实部和虚部,如下式所示:

$$Z_i(j\omega) = R_s + \frac{R_d}{j\omega R_d C + 1}$$

$$= R_s + \frac{R_d(1 - j\omega R_d C)}{1 + \omega^2 R_d^2 C^2}$$

$$= \left(R_s + \frac{R_d}{1 + \omega^2 R_d^2 C^2}\right) - j\left(\frac{\omega R_d^2 C}{1 + \omega^2 R_d^2 C^2}\right) \tag{5-7}$$

第一项(实部)有时也被称作电容的等效串联电阻,或者:

$$R_{ESR} = \left(R_s + \frac{R_d}{1 + \omega^2 R_d^2 C^2}\right) \tag{5-8}$$

注意等效串联电阻 ESR 会随着频率的递增而递减。等效电容的公式则如下:

$$C_{eq} = C\left(1 + \frac{1}{\omega^2 R_d^2 C^2}\right) \tag{5-9}$$

图 5-5 所示的是一个电容的简化模式,并展示了它的等效电阻。我们在这个模型中增加了一个等效串联电感(L_{ESL}),这个串联电感值依赖电容内部构造的几何形状以及该元件连接

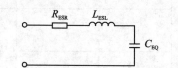

图 5-5 带等效串联电阻(R_{ESR})和等效串联电感(L_{ESL})的电容

---

⑧ 在本例中,为简单起见,我们已经省略了串联电感。忽略了电介质弛豫影响,参考电容时,被称之为浸润。这种影响已经在 Bob Pease 的文章"Understand capacitor soakage to optimize analog systems(了解电容浸润优化模拟系统)"中详细说明,该文章出自 www.national.com/rap/Application/0,1570,28,00.html。电介质吸收是高精度模拟电路(例如采样-保持和模拟滤波器等)的一个问题。聚苯乙烯、聚丙烯、特氟纶等材质电容以及 NPO(COG)陶瓷电容都具有低的电介质吸收。

⑨ 电容损耗详细资料请参阅 Markus Zahn,Electromagnetic Field Theory(电磁场原理):A Problem-Solving Approach(一个问题的解决方法),Krieger 1987:184-194。请注意,在这个初始模型中,我们未包含串联电感的影响,后面我们会详细讨论。

到电路的引线长度。一个电容的等效串联电感 ESL 经验值的大致估算规则是,每厘米引线的电感量约 10 nH。因为容器罐内有箔薄片,所以电解电容的等效串联电感可能稍高。

损耗因数(介质损耗角,简称 DF)是在电容的数据手册上经常可找到的另一个数据。损耗因数由下式给出:

$$DF = (\omega C)R_{ESR} \qquad (5-10)$$

请注意,损耗因数是电容 Q 值的倒数。如果我们画出 ESR、容抗(X_C)与电容的复数阻抗(Z),如图 5-6 所示,我们可以看见在容抗和电容阻抗之间有一个相角。损耗因数是这个夹角的倒数,或者说:

$$DF = \tan(\delta) = \frac{R_{ESR}}{X_C} \qquad (5-11)$$

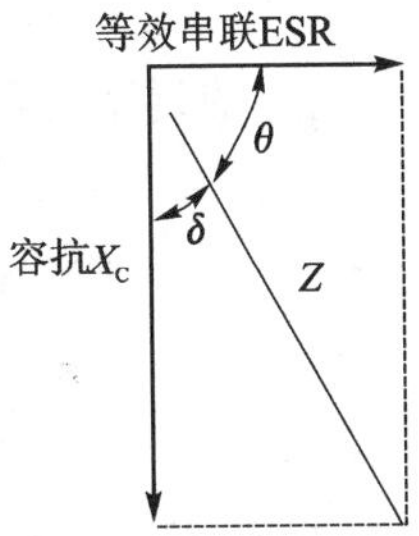

一个理想电容的复阻抗是:

$$Z_{cap,ideal} = \frac{1}{j\omega C} \qquad (5-12)$$

对于一个实际电容器,它的复阻抗(忽略介质损耗)是:

$$Z_{cap,real} = \frac{1}{j\omega C} + R + j\omega L = \frac{(1-\omega^2 LC)+j\omega RC}{j\omega C} \qquad (5-13)$$

它的复阻抗的阻抗模是:

$$|Z_{cap,real}| = \frac{\sqrt{(1-\omega^2 LC)^2 + (\omega RC)^2}}{\omega C} \qquad (5-14)$$

图 5-7 所示的是一个电解电容的阻抗图,在 $C=100\ \mu F, L=25$ nH, $R=0.01\ \Omega$ 时,

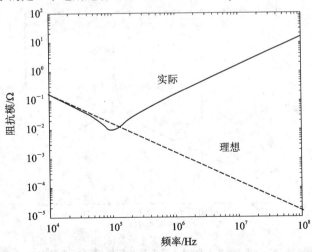

图 5-7　$C=100\mu F, L=25$ nH, $R=0.01\ \Omega$ 的电解电容的复阻抗图。虚线是 100 μF 理想电容器的复阻抗

图 5-6　损耗因数的图解。损耗因数是电容容抗 X_C 与电容复阻抗 Z 夹角的正切值

把理想阻抗与实际阻抗相比较。我们注意到在频率高于 100 kHz 时电容的阻抗呈感性。

5.6　电　感

一个理想电感的复阻抗是：

$$Z_{\text{inductor,ideal}} = j\omega L \qquad (5-15)$$

实际电感的复阻抗随铜线电阻[⑩]与绕组匝间电容（如图 5-8 所示）变化。复阻抗是：

$$Z_{\text{cap,real}} = \frac{j\omega L + R}{(1 - \omega^2 LC) + j\omega RC} \qquad (5-16)$$

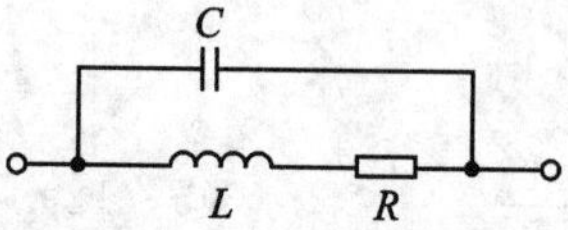

88

图 5-8　显示串联电阻 R 和绕组间容量 C 的寄生元件的电感

这个的阻抗模是：

$$|Z_{\text{inductor,real}}| = \sqrt{\frac{(\omega L)^2 + R^2}{(1 - \omega^2 LC) + (\omega RC)^2}} \qquad (5-17)$$

图 5-9 表示了 $L=100\ \mu\text{H}$，$C=25\ \text{pF}$，$R=0.1\ \Omega$ 时理想电感与实际电感相比较的复阻抗图。请注意实际电感的自谐频率（大约 3.2 MHz）已明确地在图中显示。在自谐频率以上，这个电感的复数阻抗呈容性。

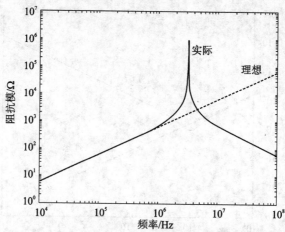

图 5-9　$L=100\ \mu\text{H}$，$C=25\ \text{pF}$，$R=0.1\ \Omega$ 时实际电感的阻抗图。虚线是 100 μH 理想电感的复阻抗

---

⑩　该分析忽略磁芯损耗（如果有的话）、其他高频效应。

5.7　印制电路板布局问题

印制电路板(PCB)布局和布线有时候是设计周期中留到最后才考虑的问题。一个好的印制电路板布局需要注意很多细节,包括:

- 高频、大电流、灵敏电路的知识;
- 元件限制的一些资料;
- 噪声源方面的资料;
- 现实约束,比如印制电路板外形因素和连接器、安装孔的位置;
- 其他约束,比如印制电路板设计规则:最小线宽、线距等。

接下来是一些设计问题的讨论。

电源旁路

在集成电路旁边需要电源旁路,因为事实上不会出现最完美的零阻抗接地。图 5-10 用于研究一个集成电路 IC_1 的模型,它的细节在本次讨论中并不重要。该 IC 从 V_{supply} 处通过导线、接地面和电源面取得直流供电,同时串联电感和互连电阻也接入供电电路。

集成电路 IC_1 引发一个具有很高 di/dt(电流关于时间的导数)的快速开关电流,该电流源模型为 $i(t)$。旁路集成电路是希望通过旁路电容 C_B 的适当选择和放置来强制瞬态电流在接近集成电路的区域形成回路,这样供电线路可能引发的电压瞬变就会被抑制。当然,我们得让直流元件 IC_1 的电流返回到电源。不过,如果将快速电流脉冲流回电源,因为分布电阻和电感的存在,就会在电源线上引起很大的电压波动,流向 IC_2 和 IC_3。

旁路电容 C_B 选择和放置的关键是选择一个容量足够的电容负责去耦或旁路工作,尽可能地把它贴近 IC_1 电源和接地引脚。这样将最小化旁路电路的电感,确保高频切换电流在 IC 附近形成回路,被旁路掉。减小回路电流阻抗的方法之一是使用接地面,下节会进行讨论。

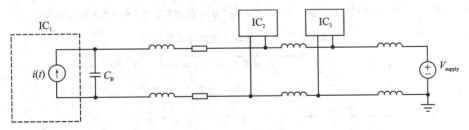

图 5-10　该模型展示了集成电路产生的拉电流和它的旁路路径
(在靠近 IC 处旁路避免影响周边),C_B 是 IC_1 的旁路电容

模拟电路

接地层

接地面(层)是电流的一个回路,都希望此回路的阻抗越低越好,这样可以减小瞬态感应电压跳变和电磁辐射。在两层的电路板中,很难有一个专门的接地面(层),因为你通常想让一对电路板层都用于信号走线。在多层板中,很容易就可在电路板的一个内层划分整块的地铜皮层作为接地层。

接地层的采用有助于减小电路板上信号携带的线路电感。还有一种技术就是大电流或高 di/dt 线路直接在大的接地层上通过,但这种办法很少采用。如果你想减小电感的话,也可以把导线[11]设计得宽一点。

印制电路板线宽

90

印制电路板的线路必须规格合适(包含宽度和厚度两者,甚至包括铜皮重量)[12]以便通过电流时不会产生过高的温升(规格详见表 5-3)。经验法则是一条 10 mil 宽、1oz 重的印制电路板的导线可以在 20℃ 温升条件下承受超过 500mA 的电流。印制电路板导线在 20℃ 温升时电流承受能力估算如图 5-11 所示,图 5-12 所示的印制电路板导线的熔断电流更高。

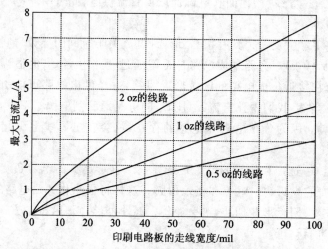

图 5-11　印制电路板导线宽度 0.5 oz、1.0 oz 和 2.0 oz 在 20℃ 温升条件[13]的近似电流承受能力

表 5-3　印制电路板铜重与厚度比较

铜重(单位:oz)	铜厚度(单位:inch/mil(0.001inch))
1/2 oz	0.000 7"(0.7 mil)
1.0 oz	0.001 4"(0.14 mil)
2.0 oz	0.002 8"(0.28 mil)

---

[11]　trace,指一条线路或导线。对于印制电路板来说,均指印刷铜线——译者注。

[12]　铜皮重量表示印制电路板单位线路的厚度,在走线的线宽相同的情况下,铜重越大,走线就越厚。通常低功耗的模拟电路板使用 0.5 oz 或 1 oz 的规格,大功率电路板采用 2 oz 或更高的规格。

[13]　摘自 Douglas Brooks,详见本章的后面所列的参考文献。

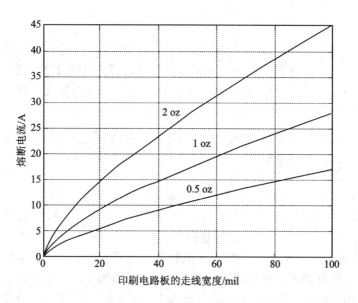

图 5 - 12　0.5 oz、1.0 oz 和 2.0 oz 印制电路板线宽的近似熔断电流

5.8　印制电路板线路在接地层上的近似电感

　　一条在接地层上的导线的电感量能通过假定一个微带线[14]组态来大致计算。一条长度 l、宽度 w、间距 $d \ll w$ 的微带线（如图 5 - 13(a) 所示），其电感非常粗

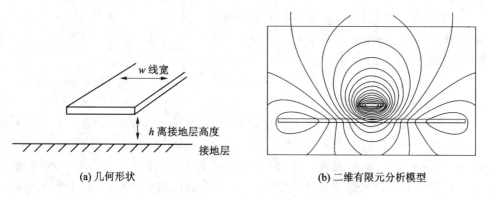

(a) 几何形状　　　　　　　　　(b) 二维有限元分析模型

图 5 - 13　$w = 0.01''$、$h = 0.05''$ 的二维有限元分析模型

---

　　[14]　microstrip configuration，微带线组态。微带线是位于接地层上由电介质隔开的印制导线。它是一根带状导线（信号线），它与接地平面之间用一种介质隔离开。印制导线的厚度、宽度、印制导线与接地层的距离以及介质的介电常数决定了微带线的特性阻抗。如果线的厚度、宽度以及与地平面之间的距离是可控制的，则它的特性阻抗也是可以控制的——译者注。

略地[15]推算是：

$$L \approx \mu_0 \frac{lh}{w} \qquad\qquad (5-18)$$

一条 $w = 0.01''(0.025\ 4\ \text{cm})$、$h = 0.005''(0.012\ 7\ \text{cm})$ 的导线使用这个近似公式，我们能估算出每厘米长度的电感是 $6.3\ \text{nH}$。一个二维有限元分析[16]（如图 $5-13$（b）所示）估算得出的该通路的电感略低，约 $3.9\ \text{nH/cm}$。

例 5-1　设计个案研究——高速半导体激光二极管驱动器（激光器）

本小节将考虑一个可用于调制红外线光源的高速开关半导体激光二极管系统的设计、分析以及印制电路板的布局。直接调制是半导体激光二极管的激光功率输出调整的方法之一，它通过不同的二极管电流变化实现。为了将二极管用于高速调制光源，激光管由一个很小的接近激光阈值的直流电流偏置，一个调制电流则叠加其上。半导体二极管的激光输出功率与超出阈值电流范围的激光管电流成比例。直接调制方式应用于激光通信、光纤链接、工业应用（如材料切割）以及一些商业产品（如光碟播放器和医疗激光复印机）。

从电学角度来说，半导体激光器就像一个二极管，具有图 $5-14$ 所示的伏安特性曲线。由于半导体激光二极管是由砷化镓（GaAs）而不是硅材料制造的，当二极管导通时的结电压大约是 $1.5\ \text{V}$。

在正常操作时，该二极管是由一个电流源驱动，因此这个二极管的电流甚至在二极管电压随着时间和温度漂移时均保持不变。图 $5-15$ 所示的是一个高功率激光二极管的光学功率输出与二极管电流的关系曲线。

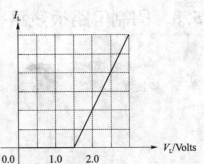

图 5-14　激光二极管伏安特性曲线
展示的电压 V_L 和电流 I_L

如果电流非常低，该二极管不发射激光，可能会有很小的一点光学功率（事实上，对于电流小于激光阈值 I_th，激光器的行为完全就象一个发光二极管，仅有一点点非常小数量的光学功率发射）。一旦二极管电流增加到一个已知值如阈值电流（I_th），该二极管开始发射激光，光学输出功率与超过阈值电流（I_th）范围的增量电流成正比。对于一个 $2\ \text{W}$ 的激光二极管，激光工作电流大约是 $2.5\ \text{A}$，详见图 $5-15$。

---

⑮　注意这里的近似值精确度很小很小，由于导线在接地层上的高度 h 增加，所以仅用于粗略估算。关于所有几何类型的电感的具体计算，请参考 Frederick Grover 的文献 *Inductance Calculations*（电感计算）（该参考文献的详细信息在本章的后面列出）。作者衷心感谢麻省理工学院的 Dave Perreault 教授在我们学生时代时就推荐该书。

⑯　2D finite element analysis，二维有限元分析。绘制和分析采用有限元法磁处理，有限元模型是由 David Meeker 博士在 Foster - Miller 公司创建的。

如果激光电流进一步递增,激光器可能会损坏,该过程称为灾变性光学损伤(COD),即过度加热破坏[17]激光发射区。

半导体激光二极管实质上是快速器件。这个本征激发过程可在非常高速率的情况下通过不同的注入电流来进行调制。对于这些典型的二极管,激光功率(光学功率输出由电流激发)传递函数可达到数百兆赫兹或更高,取决于具体的二极管结构和电流偏置水平(如图 5-16 所示)。谐振频率靠近 10^{10} Hz 是因为量子弛豫过程。因此,如果实际应用中激光电流变化足够快,那么就表示能够达到较高的光调制速度。接下来让我们考虑如何用高电流和快速上升时间来切换激光电流。

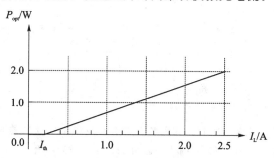

图 5-15 高功率激光二极管功率—电流曲线,水平轴 I_L 是激光二极管电流,垂直轴是从激光器输出的光学功率。在激光阀值 I_{th} 以下该二极管行为类似于一个发光二极管(LED)

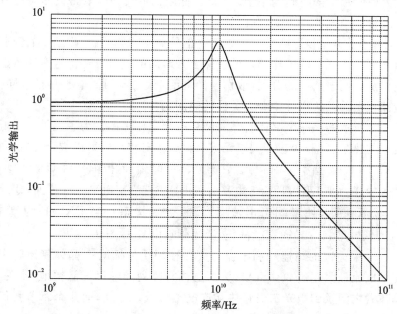

图 5-16　典型激光二极管的光学输出频率响应(激光器谐振频率 1 GHz)

---

[17]　图 5-15 所示的这条曲线代表的是作者使用的一个特定的高功率激光二极管,其他的激光器具有不同的功率级别和工作电流。

驱动器实现

图 5-17 展示了一个可适用于驱动激光二极管的电路拓扑。该激光器有两个直流电流源 I_{BIAS} 和 I_{th},分别对应于一个激光器的峰值电流和阈值电流。当 V_{B1} 为低电平、V_{B2} 为高电平时,Q_1 截止,Q_2 导通,激光二极管的总电流是 $I_{PK} + I_{th}$。在 Q_1 集电极的电阻器上消耗功率,因此 Q_1 不会损坏。

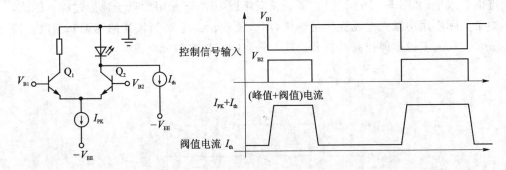

**图 5-17 激光器驱动电路实现射极-耦合切换和波形,上方的图是控制
信号输入 V_{B1} 和 V_{B2},下方的图是激光电流**

作者负责过一个半导体二极管激光调制器的设计,它能够提供 2.5 A 的脉冲,驱动一个上升时间和下降时间均小于 20 ns 的低阻抗负载。该电路板的设计目的是驱动半导体二极管激光器用于高速打印[18]。

该设计中存在几个设计挑战。首先,激光信号是一个大电流,具有从直流到 10 MHz 的任意重复频率和任意的工作周期的快速上升时间的电流脉冲。这意味着必须格外小心以确保从印制电路板的开关(或切换)单元到激光器为低电感路径。同样,也涉及印制电路板上的开关设计中令人关注的热问题。

图 5-18 所示的是一个晶体管开关阵列的简化原理图。为了提供一个低感抗的路径和良好的热量管理,快速开关单元被分解成多对较小的射极耦合开关,每一对开关采用一对 2N2222 型号的晶体管。注意在同一时刻,射极耦合对 Q_{1A} 和 Q_{1B} 中只有一个晶体管导通。当 DRIVE 为低电平时,$\overline{DRIVE}$ 就为高电平,Q_{1B} 导通,Q_{1A} 截止(此时,激光二极管关闭,处于阈值电流为 I_{th} 的空闲状态);当 DRIVE 为高电平时,$\overline{DRIVE}$ 就为低电平,Q_{1A} 导通,Q_{1B} 截止,激光管总电流 $I_{PK} + I_{th}$。

图 5-18 中关键的高速和高电流开关路径用粗体标明[19],晶体管矩阵中每个晶体管的切换电流最大超过 200 mA。为了晶体管阵列能够尽可能快地开/关,必须强制保持晶体管之间及到激光二极管的互连电感最低。记住,前几个章节我们所讲的

---

⑱　关于这个设计的具体资料,请参考 Marc Thompson 和 Martin Schlecht 的文章,摘自" High - power laser diode driver based on power converter technology,(基于电源转换器技术的高功率激光二极管驱动)" IEEE Transactions on Power Electronics , Jan. 1997,12(1): 46 - 52,以及美国专利号#5,444,728 (1995 年 8 月 22 日颁发)。

⑲　在电路板布线设计过程中,这些加粗的线路采用宽导线通过一个完整的地平面是种不错的选择,减少了寄生电感。

射极耦合开关快的实质是,提供充足的基极驱动能力[20]。

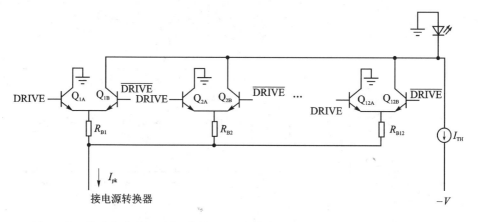

图 5 - 18　快速上升时间开关、高达 **2.5A** 的晶体管开关阵列。这个阵列包含 **12** 对
高速开关晶体管。关键的高速和大电流开关路径已加粗标示

电阻 R_{B1}、R_{B2}、$\cdots$、R_{B12} 均是低值的稳流电阻,确保这些晶体管对管分摊相等的电流[21]。

另外一个设计挑战是,-12 V 电源的额定电流仅为 1 A,我们希望它能给激光管提供 2.5 A 的电流,因此,需要一个直流-直流转换器来降低电压、提升电流。图 5 - 19 画出了这个想法的简单实现。这个直流-直流转换器的详细讨论已经超出了本书的范围,不过这个电路确实降低了电压并提升电流,因此我们得出来自 -12 V 电源的电流小于提供给激光二极管的驱动电流。我们注意到这是一个高速开关电路,因此我们要特别注意场效应管(MOSFET)和二极管的布局。图 5 - 19 中所示的功率场效应管(power MOSFET)高频率[22]的开/关切换通过一个占空比可变的信号来调整电流。

因为这个设计要取代一个先前存在的设计,并要求电路板向后兼容,所以印制电路板的物理尺寸定义为 3.5"×4.5",图 5 - 20 显示了该电路板的物理尺寸和安装孔。

连接器位置(如图 5 - 21 所示)设置也优先于布线。连接器位置排列如下(从左下角开始,按顺时针方向):

● 电源。

连接器引脚分配:12 V @ 200 mA,-12 V @ 1 A 和 2 个接地引脚。

● 激光二极管连接。一个微带线缆直接焊接在电路板上,提供一个到激光器

---

[20]　射极耦合对的开关速度对于信号三极管来说可以是数 ns 级,当然,这是假定我们有一个好的电路板布局,且寄生电感不那么明显。

[21]　该设计中的晶体管不匹配,我们希望每对晶体管承担相等值的负载。这些射极稳流电阻,以 1 Ω 的顺序,在晶体管对管之间强制分摊电流。

[22]　这里开关频率为 1 MHz,一个栅极驱动电路(这里未显示)提供 1 MHz 脉动信号 V_{gate},它具有足够的电流驱动去充电和放电,场效应管非线性栅源极和栅漏极电容为数 10 ns,快速的开/关场效应管确保场效应管的损耗最低。

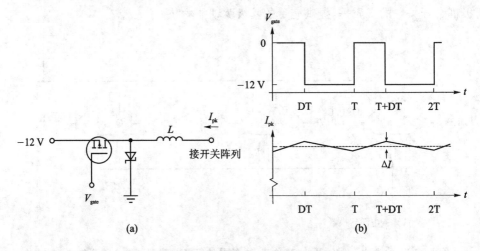

图 5 - 19   直流—直流转换器的简化原理图

的低阻抗路径。

● 触发信号。这是一个 TTL 电平的信号,
将激光二极管开启和关闭。当触发信号
为高电平时激光二极管打开。该触发信
号为从直流到 10 MHz 重复频率。

● 监视器。该连接器缓冲和放大一个光电
二极管信号用于监控激光二极管的光学
功率输出。

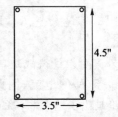

图 5 - 20   印制电路板的物理尺寸
3.5"× 4.5",板边有 4 个安装孔

● 关机。另一个 TTL 电平信号,用于完全关闭激光二极管。

接下来,印刷电路板的各种线路分配的实际状态如图 5 - 22 所示。

我们注意到,大电流和高速电路与低电平模拟仪器仪表电路已隔离。此外,该印
制电路板是多层板,要确保在高速电路走线层的下方放置一个不分割的接地层。该
电路板的分层顺序如下:

● 顶层:模拟信号;

● 内层♯1:接地;

● 内层♯2:−12 V;

● 底层:模拟信号,12 V。

一个内层专用于−12 V,那是因为会有明显的来自直流/直流转换器的开/关电
流。图 5 - 23 显示出了该电路板组成的成品图片。图 5 - 24 包含一张该激光管光学
输出[23]的示波器图片。我们注意到该激光管在 2 W 的峰-峰值开/关,对应于一个

---

[23] 由于激光管是一种快速器件,光线输出采用一个非常快速的光电检测器测量,光学输出波形表示激光管的电流脉冲的
形状。

2.5 A峰-峰值的开/关电流,该脉冲的上升时间和下降时间均小于 20 ns。

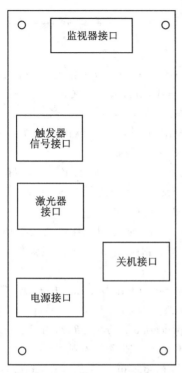

图 5 - 21 印制电路板布线前的
连接器位置设定

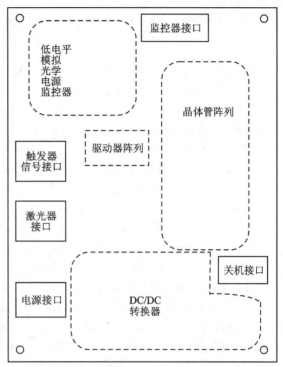

图 5 - 22 印制电路板的实际分配状态示意图

图 5 - 23 电路板成品的元件面的最终布局,
未显示连接到激光二极管的部分

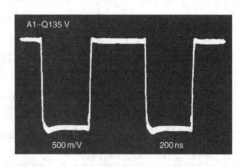

图 5 - 24 示波器图形显示了激光管光学输出
的上升时间和下降时间。水平:每格 200 ns;
垂直:2 W 满刻度;结果显示 10%～90%
上升时间和下降时间均小于 20 ns

模
拟
电
路

98

参考文献

[1] Bartoli M，Reatti A，Kazimierczuk M． High－frequency models of ferrite core inductors． International Conference on Industrial Electronics． Control and Instrumentation (IECON' 94) ，1994，September 5－9,3：1670－1675．

[2] Brooks D． Fusing currents—When traces melt without a trace． December 1998,15 (12)：53． htttp://www. ultracad. com． Printed Circuit Design．

[3] Cao Y，Groves R，Huang X，Zamdmer N，Plouchart J，Wachnik R，King T，Hu C． Frequency－independent equivalent－circuit model for on－chip spiral inductors． IEEE Journal of Solid－State Circuits ，March 2003,38(3)：419－426．

[4] Demurie S N，DeMey ，G． Parasitic capacitance effects of planar resistors IEEE Transactions on Components, Packaging and Manufacturing Technology, *Part A*, September 1989,12(3)：348－351．

[5] Dolan J E，Bolton H R． Capacitor ESR measurement technique． Eighth IEEE Pulsed Power Conference 1991 ，June 16－19：228－231．

[6] Franco S． Polypropylene capacitors for snubber applications． Proceedings of the Thirty－First IAS Annual Meeting (IAS'96) ，6－10，October：1337－1342．

[7] Galbraith J． Reliable precision wirewound resistor design． IRE Transactions on Components Parts，Vol.3，no.3，December 1956：116－119．

[8] Grover F W． Inductance Calculations：Working Formulas and Tables． New York：Dover Publications，Inc .1946．

[9] Jutty M K，Swaminathan V，Kazimierczuk M K． Frequency characteristics of ferrite core inductors (1993). Proceedings of the Electrical Electronics Insulation Conference and Electrical Manufacturing & Coil Winding Conference，1993,October 4－7:369－372.

[10] Madou A，Martens L． Electrical behavior of decoupling capacitors embedded in multilayered PCBs． IEEE Transactions on Electromagnetic Compatibility，Vo.143，no.4，November 2001,43(4)：549－566．

[11] Manka W． Alternative Methods for Determining Chip Inductor Parameters． IEEE Transactions on Parts，Hybrids，and Packaging ，December 1977,13 (4)：378－385．

[12] Massarini A，Kazimierczuk M K． Self－capacitance of inductors． IEEE Transactions on Power Electronics ,July 1997,12(4)：671－676．

[13] Naishadharn K． Experimental equivalent－circuit modeling of SMD inductors for printed circuit applications． IEEE Transactions on Electromagnetic Compatibility ,November 2001,43(4)：557－565．

[14] Neugebauer T C, Phinney J W, Perreault D J. Filters and components with inductance cancellation. IEEE Transactions on Industry Applications , March – April 2004,40(2): 483 – 491 .

[15] Reed E K. Tantalum chip capacitor reliability in high surge and ripple current applications. 1994 Electronic Components and Technology Conference , 1994, May1 – 4: 861 – 868.

[16] Sakabe Y, Hayashi M Ozaki T, Canner J P. High frequency measurement of multilayer ceramic capacitors. IEEE Transactions on Components, Packaging and Manufacturing Technology , Part B: Advanced Packaging, February 1996,19(1).

[17] Sarjeant W J, Zirnheld J, MacDougall F W. Capacitors. IEEE Transactions on Plasma Science, October 1998,26(5): 1368 – 1392 .

[18] Smith L D, Hockanson D. Distributed SPICE circuit model for ceramic capacitors. Proceedings of the 2001 Electronic Components and Technology Conference , May 29 – June 1, 2001,523 – 528.

[19] Stroud J. Equivalent series resistance – the fourth parameter for tantalum capacitors.

[20] Proceedings of the 1990 Electronic Components and Technology Conference. May 20 – 23, 1990:1009 – 1012.

[21] Thompson M, Schlecht M. High – power laser diode driver based on power converter technology. IEEE Transactions on Power Electronics , January 1997,12(1): 46 – 52 .

[22] Ulrich R K, Brown W D, Ang S S, Barlow F D. Elshabini A, Lenihan T G, Naseem H A, Nelms D M, Parkerson J, Schaper L W, Morcan G. Getting aggressive with passive devices. IEEE Circuits and Devices Magazine, September 2000,16(5): 16 – 25 .

[23] Venkataramanan G. Characterization of capacitors for power circuit decoupling applications. Industry Applications Conference, 1998, October 12 – 15, 2: 1142 – 1148 .

[24] Wadell B C. Modeling circuit parasitics 1. IEEE Instrumentation & Measurement Magazine , March 1998 ,1(1) : 31 – 33 .

[25] IEEE Instrumentation & Measurement Magazine. Modeling circuit parasitics 2. June 1998,1(2) :6 – 8 .

[26] IEEE Instrumentation & Measurement Magazine. Modeling circuit parasitics 3. September 1998 ,1(3): 28 – 31 .

[27] IEEE Instrumentation & Measurement Magazine. Modeling circuit parasitics 4. December 1998 ,1(4): 36 – 38 :

[28] Yu Q, Holmes T W. A study on stray capacitance modeling of inductors by using the finite element method. IEEE Transactions on Electromagnetic Compatibility , February 2001,43(1): 88 – 93 .

第 **6** 章

模拟低通滤波器

史蒂夫·温德尔（Steve Winder）

各位偶然可能也需要一个低通滤波器。当你需要衰减一些令人讨厌的高频信号，并打算把它输入到一个 ADC 时，你可能需要一个抗混叠滤波器[①]。根据这些伤脑筋的频率是接近于你的原始信号还是离得很远的状况，你可能需要一个或两个电容或者需要一个二阶、四阶甚至更高阶的妥善调谐滤波器来避开，哪种滤波器更适合你？ 史蒂夫·温德尔给出了很好的建议。幸运的是，这里只需要利用一些放大器和无源元件（被动元件）就能确定需要几次滤波。此外，还有一些免费开源的计算机软件可以帮你选择和设计滤波器。

6.1 本章内容

本章描绘了如何设计接近任意期望指标的有源和无源低通滤波器，以及如何运用它们设定去归一化元件值的公式和示例。

6.2 模拟滤波器的快速入门

当期望某种信号直接通过时，你有时会需要一个滤波器来衰减不需要的信号。滤波器由电感和电容（无源滤波器由 L 和 C 组成）或者电阻和电容，以及通常采用的有源放大器（比如三极管和运算放大器）组成。我们也可以用数字滤波器（数字信号处理或 DSP）或者开关电容等方式来滤波，由于这些是特殊器件，这里不做讨论。

低通滤波器滤除高频噪声，而高通滤波器滤除直流和低频（如 60 Hz 工频和电源线谐波）。在信号被模数转换器采样时，它们对避免混叠现象很有用。类似地，带通滤波器滤除低频和高频而只通过中间频区的频率，电话中的音频信号传送到模数转换器就是这种应用。反过来，带阻或点阻（陷波）滤波器滤除一个狭窄范围内的频率。在各种滤波器应用中，一个通带，对所需要的信号衰减最小；一个阻带（也称衰减带、

---

① 抗混叠滤波器 antialiasing filter 是一个低通滤波器，用以在输出电平中把混叠频率分量降低到微不足道的程度——译者注。

抑制频带),对不想要的信号尽可能地衰减。在两者之间有一个范围(边缘)其增益迅速衰减,这样获得更快的衰减,如 12 dB/OCT(每倍频程 12 dB)或更快就不足为奇;阻带中一个大的衰减量需要一个滤波器或更复杂的组合。

这里有几种类型的滤波器。贝塞尔(Bessel)和巴特沃斯(Butterworth)滤波器在较低的阻带上具有平坦衰减;切比雪夫(Chebyshev 或 Tchebyshev)滤波器在通带上有振幅纹波,但可平滑、规律的衰减到阻带;逆切比雪夫滤波器有平坦的通带,但在阻带上有纹波;考尔滤波器(Cauer filter 或 Elliptic filter)在阻带和通带均有纹波。

它们中的一部分对频域进行了优化,具有最平坦通带伴随着一个陡峭衰减的特性。不过,大多数在时域会产生振铃和缓慢沉落现象。各种切比雪夫滤波器有很陡的边缘(在频域有较好的性能),但在时域的响应差;并且,经过滤波器的信号延迟所具有不同的延时量的特性可作为频率的一种功能。贝塞尔滤波器在相位延迟方面表现最好,且对各阶均具有最平坦的响应,它对元件的误差具有最大的容忍性。其他滤波器若具有更剧烈的衰减,通常有更差的群延迟。

一个滤波器的阶数得根据你需求的变化而变化。如果你能提供 3 个电容和 2 个电感,这就可以做一个五阶滤波器。如果你对更陡的边缘或更平坦的通带有更多的性能要求,你就需要添加更多的电感和电容。同时,你还可以采用 2 个运算放大器,5 个电容和 5 个电阻组成一个不错的五阶滤波器,如果你还想获得更好的性能,那就准备耗费更多的元件和功率。在本文中我们主要集中讨论由有源元件组成的巴特沃斯滤波器和切比雪夫滤波器。其他种类滤波器的完整讨论已经超出了本文的范围。详情请留意本章后面参考文献中所列的出版物,推荐的这些文献充分考虑了所有类型的滤波器。

在过去,一个好的无源滤波器甚至是 5 kHz(或更快)频率的都可能需要很多电感和电容。现在,快速放大器便宜且充足。有源滤波器频率能扩展到数百数千(甚至数万)赫兹。在你考虑滤波器的类型时就有一个范围,可选有源或无源,因而你有多种选择。仅需记住无源滤波器通常比有源滤波器占用更多的空间,而有源滤波器比无源滤波器功耗更大,那才是你必须权衡的。

6.3　无源滤波器

无源滤波器是归一化模型中设计最简单的。模型本身是一个低通设计,归一化一个通带,从直流扩展到 1 rad/s 且终端用一个 1 Ω 负载电阻。一个更高负载阻抗去归一化需要缩放元件值(即元件值的变换)以具备更高阻抗,一个电感的阻抗正比于它的电感值,但一个电容的阻抗反比于它的电容值。因此,如果负载电阻为一个实际的 50 Ω 时,那电感值得增加 50 倍,电容值则降低 50 倍(以便增加阻抗)。

下面有一个例子,让我们来看看五阶巴特沃斯滤波器的元件值如何变化。图 6-1 所示的是这个归一化低通模型。

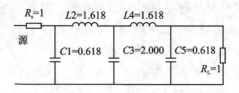

图 6-1 五阶巴特沃斯归一化模型

6.4 归一化和去归一化

因为滤波器设计者习惯于将滤波器归一化到 1 rad/s 或 0.159 Hz,他们用 1 Ω 电阻、法拉(F)级的电容和亨利(H)级电感来展示一个滤波器。不过,大多数人从来没看到过精密的法拉级电容和亨利级电感,你无需对这点感到紧张,参见图 6-1。

你需要做的第一件事是取得合理的阻抗值。视情况而定,通过一个因子 m 放大或缩小阻抗到 50、600、1000 或者 10000 等,通过这些阻抗变换措施你将得到大体上合理的阻抗值。电阻和电感以 m 倍增加,电容按 m 因子下降,如图 6-2 所示。

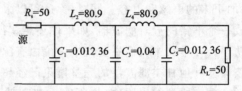

图 6-2 五阶巴特沃斯—阻抗放大到 50 Ω

接下来设计一个实际的滤波器,确定正确的形式和定义你想要的频率 $f_{-3\text{dB}}$。然后利用归一化电路,所有的 L 和 C 值除以 $2\pi f$,这就很明显了,如图 6-3 所示。现在的电容和电感值不会再令你头大了。

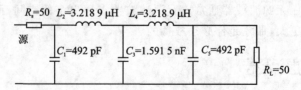

图 6-3 五阶低通滤波器-频率缩放到 4 MHz

注意你可在任何时候用任意因子如 2.2、1/2.2 或 n 来缩放阻抗值。如果你有大量已确定容量的电容,你就可以用于一个好的滤波器。大多数人对电阻的选择范围很大,所以选择和购买与电容匹配的电阻比较容易。例如,你经常看到去归一化的设计使用 1 kΩ 电阻且"$C_1 = 1.414\ \mu\text{F}, C_2 = 0.707\ \mu\text{F}$",这看起来很荒谬!但它很容易转变成下述值:

$$R = 71.5\ \text{k}\Omega, C_1 = 0.02\ \mu\text{F}, C_2 = 0.01\ \mu\text{F} \cdots \qquad (6-1)$$

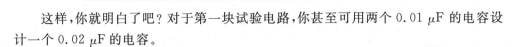
这样,你就明白了吧?对于第一块试验电路,你甚至可用两个 $0.01\ \mu F$ 的电容设计一个 $0.02\ \mu F$ 的电容。

6.5 极点和零点

模拟滤波器的正确分析需要透彻研究 S 平面的极点和零点。各种类型滤波器的期望滤波响应的完整知识点均需要这些信息。这里我们仅仅给出最低程度的极点和零点处理方案。目前,无须真正地研究极点和零点,采用本书或一些相当实用的计算机软件(详见第 15 章)即可很容易地选择一套很好的滤波器方案。

总而言之,S 平面的极点的数量和位置对于获得一个好的衰减量很重要。但是,如果你依靠一个懂得极点和零点的专家,也能获得好的滤波效果。本文能帮助提供这些专业性知识。

极点和零点对于频率响应或时域响应的关系的完整分析超出了本章的范围。我建议大家关注一下第 3 章所列参考文献中与极点和零点相关的出版物。此外,一些开源的计算机软件能帮助你设计出绝大多数具有任意期望性能的滤波器。

6.6 有源低通滤波器

有源滤波器的设计用到极点和零点的位置,而它们由频率响应的传递函数决定。这在无源滤波器设计中是不可能实现的,因为所有元件彼此间的相互影响。不过,有源滤波器中的放大器,即电路中的有源器件,对前后级进行缓冲,因此元件之间没有相互影响。设计的每级都会提供一对复合极点或一个单实极点的频率响应,当然,有时两种极点都存在。所有级数串联起来就能产生期望的总体响应。

现在我已经设定好了场景,我将描绘一些有源滤波器的设计以及如何利用极点和零点的位置找出元件值。

6.7 一阶滤波器单元

一阶滤波器单元是一个简单的结构,它由一个低通 RC 网络以及一个紧跟其后的缓冲器构成,如图 6-4 所示。该缓冲器提供一个高输入阻抗,因此在该 RC 网络连接节点的电压被传递到缓冲器的输出端,而不会成为后续级的负载。如果没有缓冲器,则一个简单的 RC 网络本身会成为后续级的负载,因而我们得不到预期的频率响应。

一阶单元是一个全极点的网络,因为它的频率响应中不能产生零点。实际上,一阶单元有一个实极点在 $-\sigma$。在归一化低通模型中令 $R_1 = 1\ \Omega$,C_1 的计算公式如下:

$$C_1 = \frac{1}{\sigma} \qquad (6-2)$$

式中 σ 是 S 平面的负实轴坐标上的极点位置。

6.8　Sallen - Key 低通滤波器

Sallen - Key 滤波器提供一个二阶全极点的响应,它是一个简单的有源低通设计。它可用于贝塞尔、巴特沃斯或切比雪夫响应。高阶滤波器可通过采用二阶单元的级联来产生。奇数阶滤波器可由一系列的二阶单元再在其后加上一个一阶单元构成。

Sallen - Key 滤波器采用一个放大器(它可能作为一个单位增益缓冲器连接)且在输入端带一个电阻和电容网络。取自输出端的容性反馈也被采用,它能提升频率响应的峰值。在二阶电路中由于 Q 值大于1个单位及反馈环路相移的发生,峰值是必需的。如果 Q 很大,例如 $Q=10$,放大器提供一个增益为10,就限制其带宽为增益带宽积的 10%。图 6 - 5 显示了这个电路。

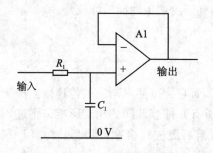

图 6 - 4　一阶有源滤波器

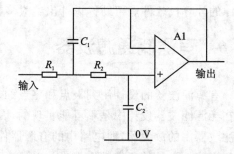

图 6 - 5　Sallen - Key 低通滤波器(二阶)

在归一化设计中,令 R_1 和 R_2 等于 1Ω,则 C_1 和 C_2 能简单地计算出:

$$C_1 = \frac{2Q}{\omega_n} = \frac{1}{\sigma}, C_2 = \frac{1}{2\omega_n Q} = \frac{\sigma}{\sigma^2 + \omega^2} \qquad (6-3)$$

在巴特沃斯滤波器案例中 $\omega_n = 1$,$C_2 = \sigma$ 是 C_1 的倒数。

6.9　Sallen - Key 衰减的缺陷

如图 6 - 5 所示的 Sallen - Key 低通滤波器,通常存在着一个缺陷,因为它们的 12 dB/OCT 衰减在 50 kHz、100 kHz、200 kHz 频段上不连续。这通常涉及到运算放大器在高频段时输出阻抗的上升,该路径通过 R_1 和 C_1 将电流从 C_1 流入该运算放大器的输出阻抗(有限的)。这里有几种方法可以最小化这种问题。一种方法是通过换算一个好的因子来提升所有电阻电容的阻抗水平,如 10 或 30,这样 R_1 的值(见图 6 - 5)提升到 100 kΩ 左右,从而大大减少了该问题的发生。如果你想得到一个完美的响应,你可能需要在放大器的输出端配置一个缓冲器。

　　另外,如果返回到图 6-5 中的 R_1,你可以把它分解为两个电阻 R_{1a} 和 R_{1b},比如令 $R_{1a}=10$ kΩ,$R_{1b}=91$ kΩ。从 R_{1a} 和 R_{1b} 节点处添加一个电容 Co 连接到地,其时间常数可比得上指定的响应,该电容接法类似于如图 6-6(b)或 6-6(c)中的 C_5。这能很大(虽然简陋)地改善滤波器的响应,甚至于一个简单的 0.01 μF 电容就能提供一个很大的改善。

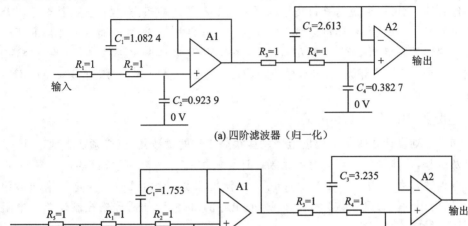

(a) 四阶滤波器（归一化）

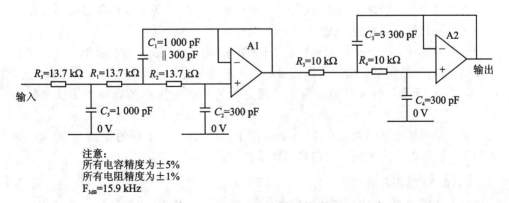

注意:
所有电容值为法拉级（理想值）
所有电阻值为 1 Ω
$F_{3dB}=0.159$ Hz

(b) 五阶滤波器（归一化）

注意:
所有电容精度为 ±5%
所有电阻精度为 ±1%
$F_{3dB}=15.9$ kHz

(c) 五阶滤波器（去归一化）

图 6-6　四阶、五阶滤波器（归一化）

元件和误差

如果你计划用误差 10%的电容设计一个简单的 Sallen - Key 滤波器。构建完后,你可能会发现它的波形形态是对的,但它的 $f-3$ dB 频率将会高 9%或 11%,或者太低。或者,如果电容以不同的方式未匹配,那 $f-3$ dB 频率就有可能是刚好,但峰值可能会太高或太低。那这些跟你没有关系吗? 就可以买到误差在 20%、10%、5%、2%或 1%的电容,Digikey 将会以合理的价格提供给你任意误差的电容。当然,只要你有钱,就可以通过特殊订货采购任何参数和任何期望误差的电容,甚至把误差降到±0.01%。或者,你还可以将一些 1 μF±5%的电容,通过添加一个外部的调节电容把它们的容量调整到 1.05 μF。在某些情况下,你能测量那些 1 μF 的电容,并把它们分类至 1%的等级,从等级中成对或成 4 个的分类出来,你就可得到一些不错的配对。你偏爱哪个?

温度系数(简称 Tempco)

如果计划设计在很宽的温度范围均能很好工作的滤波器,就必须认真地设计、采购以及试验,才能确保你得到好的结果。计算机仿真不一定是足够好的。

电阻通常存在着一个±100 ppm/℃ 的温度系数,但如果你不介意价格和可用性,可以使用单位温度系数为 50、25、10 或更好的。并且,如需严格控制误差的电阻还可用绕线式或精密膜。

电容(如聚酯材料)具有+300 ppm/℃ 的温度系数。聚苯乙烯、聚丙烯材料电容的温度系数大约为 $-120\sim-190$ ppm/℃ 的。C0G 和 NP0 陶瓷电容器的温度系数是 0 ± 30 ppm/℃。银云母电容的是+50±50 ppm/℃。

电感的温度系数可参阅它的数据手册,这里不再讨论了。你可能会问元件的温度系数在极端温度下会不会总是线性的。

运算放大器有一个增益带宽积的参数,它具有的温度系数是±1000 ppm/℃,但在一些型号中增加或减小 3000 或更多是常有的。数据手册会告诉你温度系数是什么? 典型值? 最坏糟糕的情况?

一般来说,FET 型输入放大器比大多数的双极型输入放大器在低输入缓冲上具有优势,可以让你使用更高的电阻值而不损害直流的精确性或产生噪声。在高频时,JFET 和 MOSFET 放大器通常为了达到更好的动态精度而具有一个更快的转换速率。

对于有源滤波器的设计来说,其要点在于元件,这是一个好的建议,但通常也是人们设计任意类型的模拟电路的兴趣所在。

巴特沃斯滤波器

如上文所述:在巴特沃斯滤波器中 $\omega_n=1$,$C_2=\sigma$ 是 C_1 的倒数。

例如,一个巴特沃斯四阶滤波器的第一对极点是 $0.9239\pm$ j0.3827。一个 Sallen - Key 滤波器单元具有相同的极点位置,其电容值 $C_1=1.082\,4$,$C_2=0.923\,9$。

该二阶滤波器单元的电容依次编号为 C_3 和 C_4,分别代入 C_1 和 C_2 通过相同的公式计算得出。极点对在 $0.3827 \pm \text{j}0.9239$ 时,本滤波器单元的电容值 $C_3 = 2.613$,$C_4 = 0.3827$。在图 6-6(a)中展示了整个电路。

一些文章中建议采用一个三级的放大器来提供五极点,但若采用如表 6-1 所列的数值,仅采用两个运算放大器来设计一个五极点的滤波器将变得很容易。图 6-6(b)中的值已经规定为 0.159 Hz、大法拉级电容器,并且 C_5 值取自表 6-1 中 C_3 列。这些值将去归一化为一个 15.9 kHz 的滤波器,如图 6-6(c)所示。该有源滤波器可以拿来与图 6-3 所示的五阶无源滤波器进行比较,看看有何不同之处。

表 6-1　巴特沃斯有源低通滤波器的电容值

阶数/n	C_1	C_2	C_3
2	1.414	0.7071	
3	3.546	0.2024	1.392
4	1.082	0.9241	
	2.613	0.3825	
5	1.753	0.4214	1.354
	3.235	0.3090	
6	1.035	0.9660	
	1.414	0.7071	
	3.863	0.2588	
7	1.531	0.4885	1.336
	1.604	0.6235	
	4.493	0.2225	
8	1.020	0.9809	
	1.202	0.8313	
	1.800	0.5557	
	5.125	0.1950	
9	1.455	0.5170	1.327
	1.305	0.7661	
	2.000	0.5000	
	5.758	0.1736	
10	1.012	0.9874	
	1.122	0.8908	
	1.414	0.7071	
	2.202	0.4540	
	6.390	0.1563	

注意:参照图 6-5 和 6-6 中的电路,归一化 1 Ω,$f-3$ dB $= 0.159$ Hz (电容为法拉级),摘自 "Electronics ,McGraw-Hill, Inc. August 18, 1969"

　　附录 B 包含了其他滤波器的元件值的表格,如贝塞尔滤波器、1 dB 切比雪夫滤波器、0.1 dB 切比夫比滤波器以及 0.01 dB 切比雪夫滤波器。如果要求不是很苛刻,且 Q 因子在 50 以下,那 Sallen‐Key 滤波器会比较好。特别是运算放大器的增益带宽积能限制滤波器的截止频率。我以前在一本杂志的文章上说明过这种现象(在第二个参考文献中),我列出了截止频率极限的经验公式:

$$\left. \begin{aligned} 巴特沃斯通带频率极限 &= \frac{增益带宽积}{(滤波器阶数)^2} \\ 切比雪夫(1\ dB)通带频率极限 &= \frac{增益带宽积}{(滤波器阶数)^{3.2}} \end{aligned} \right\} \qquad (6-4)$$

　　举个例子,以便说明如何使用这些公式。假设采用一个具有 1 MHz 增益带宽积的放大器的某五阶滤波器。如果滤波器具有一个巴特沃斯响应,则它的最大通带频率是 1 MHz/25＝40 kHz;如果,反之需要的是一个 1 dB 切比雪夫响应,则最大通带频率将会限制在 1 MHz/172.5＝5.8 kHz。

　　这些频率极限在 2 dB 的通带时有一个最大的误差。如果不能接受误差,该频率极限又将低得多。不过,频率极限可通过采用一个具有很大增益带宽积的放大器来提升,这可能会导致不稳定。通常大增益带宽积的放大器就有一个稳定的最小增益。例如,OP37 放大器的增益带宽积是 63 MHz 但它的最小增益是 5。但是,现代运算放大器的工作速度比 OP37 快,很多均能在增益 1 时稳定。

6.10　去归一化 Sallen‐Key 滤波器的设计

　　在有源滤波器设计中,电阻值的使用范围是 1 kΩ～100 kΩ。如果电阻值低于 1 kΩ,则运算放大器级的输出负载将会成一个问题,负载会引起失真,并增加供电电流;如果电阻值高于 100 kΩ,则会出现噪声拾取的问题。高阻抗电路能电容耦合外部的电场。那些不需要的信号会干扰需要的信号,除非谨慎地采取良好的布局、屏蔽和隔离。高于 1 MΩ 阻抗的电阻通常用于努力降低电容的尺寸的场合。热噪声电压由电路中电阻产生,且与这些电阻的平方根成比例的增加,但如果带宽是有限的,这些通常可以容忍。为了在感兴趣的频率提供合理的电阻、电容值,前面提及的阻抗缩放(或称为阻抗变换)还将继续。

6.11　状态变量低通滤波器

　　这个电路设计对运算放大器的增益带宽积限制有更低的灵敏度,Q 因数达到 200 是可能的。不过,如图 6‐7 显示的那样,它需要 3 个运算放大器。

　　注意,这里输出和输入是同相(根据滤波器响应的相移)。也可从 A3 输出,但它是反向的。该滤波器的方程式中的电容 C 是容许任意选取的。

$$R_1 = \frac{1}{2\sigma C}$$

$$R_2 = R_3 = R_4 = \frac{1}{C\sqrt{\sigma^2 + \omega^2}} = \frac{1}{\omega_n C} \qquad (6-5)$$

　　如果 R_4 的值降低的话,电路的增益大于单位 1 是可以实现的。上一个方程中 R_4 的值的划分是根据一个因子 K 来给出该电路的一个增益,这个增益等于 K。

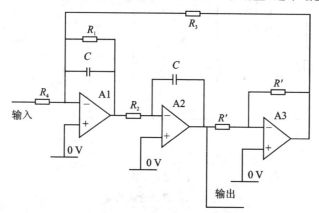

图 6-7　状态变量低通滤波器(全极点)

6.12　考尔和逆切比雪夫有源滤波器

　　要设计一个考尔或逆切比雪夫滤波器,必需要考虑一种不同的电路拓扑。考尔响应在通带外有零点。因此,一个陷波电路是必需的。这种电路可以通过采用一个扩展的状态变量滤波器来实现,且被称之为四次(也称之双二阶或双二次阶)滤波器,该电路如图 6-8 所示。

　　下面的等式给出了该双二阶有源滤波器的元件值。同前述的状态变量低通滤波器案例一样,电容 C 可以取任意合适的值,这些电阻值则通过下面的等式计算得出。首先从极点的位置计算单元频率:

$$
\left.
\begin{aligned}
\omega_n &= \sqrt{\sigma^2 + \omega^2} \\
R_1 &= R_4 = \frac{1}{2\sigma C} \\
R_2 &= R_3 = \frac{1}{\omega_n C} \\
R_5 &= \frac{2\sigma\omega_n R}{\omega_Z^2 - \omega_n^2} \\
R_6 &= \left(\frac{\omega_n}{\omega_Z}\right)^2 \cdot AR \\
\omega_Z &= \text{归一化零点频率}
\end{aligned}
\right\} \qquad (6-6)
$$

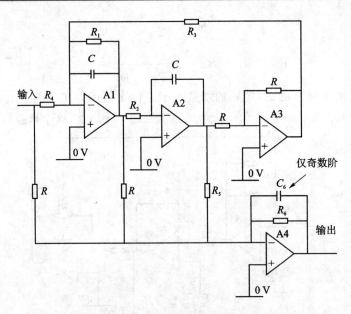

图 6 - 8　双二阶滤波器

在直流和低频下的增益是通过等式中的 A 表达。电阻符号 R 可以取任意值；典型的数值可为 5 kΩ～100 kΩ 的范围，这里取 10 kΩ。奇数阶滤波器单元可通过在 R6 跨接一个电容来实现。该电容 C_6 的值通过下式给出：

$$C_6 = \frac{1}{\sigma R_6} \tag{6-7}$$

式中的 σ 是在 S 平面负实轴上的极点值。

6.13　去归一化状态变量或双二阶的设计

我已经讲述过归一化元件值用于无源滤波器和 Sallen‐Key 有源滤波器时能够缩放(扩大和缩小)不同的频率。然而，对于状态变量和双二阶滤波器最简单的方法是从极点(双二阶案例中是零点)频率缩放(或称频率变换)开始。缩放极点和零点位置很容易：用频率缩放因子(或称频率变换系数)——$2\pi F_C$ 将它们的位置简单地相乘。频率缩放后的极点和零点位置可以接着应用于状态变量和双二阶滤波器的设计等式。

频率缩放的极点和零点位置可直观地通过 S 平面图看到。频率缩放将极点沿从 S 平面原点开始的延伸线向外移。设想一下，假定在一个归一化响应中的一个极点 $S = -0.75 + j1.2$。如果这是对一个 10 Hz 的频率缩放，这个缩放因子是 $2\pi F_C = 62.83$ rad/s，极点移动到 $-47.12 + j75.396$。这个已在图 6-9 中画出来(没有按比例)。

每个极点具有一个固定的自然（角）频率（ω_n）和一个确定的放大因数（Q）。Q 取决于从 S 平面原点到极点位置延线的角度。在图中极点和零点已扩大至一个更高的截止频率，极点沿着从 S 面的原点到极点位置的连线移动。这就意味着当极点位置被频率缩放时 Q 值可维持不变。自然频率 ω_n 取决于 σ 的坐标（实部），这个改变量与图中的缩放是成比例的。

零点位于虚轴上，因此缩放是很简单的。他们沿坐标轴的移动量和缩放频率是成比例的。

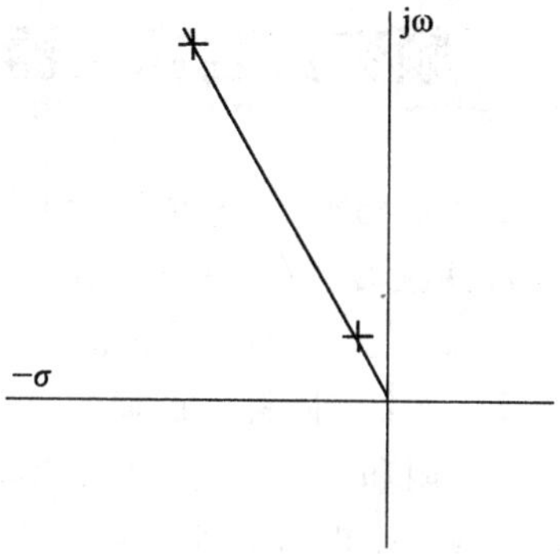

图 6-9　S 平面上极点位置的频率缩放

选定一个电容值，再用这里给出的等式可以计算出电阻值。如果电阻值太小或太大，选择一个新的电容值再次计算。再一次计算的目标是电阻值介于 1 kΩ～100 kΩ 之间。下面是一个双二阶滤波器的案例。

例如，基于一个逆切比雪夫设计方法来设计一个二阶四次滤波器。这个滤波器应当具有一个 1 kHz 的通带及一个 30 dB 的阻带衰减。对于一个 3 dB 通带衰减在 1 rad/s，零点在 5.710 25，极点在 0.706 58±j0.729 29。

对一个 1 kHz 通带进行缩放，用频率缩放因子 $2\pi F_C = 6\ 283$ rad/s 乘以极点和零点位置，因此 $F_z = 35\ 877.5$ rad/s。缩放后的极点位于 4 439.44±j4 582.13（$\sigma = 4\ 439.44$，$\omega = 4\ 582.13$）。这对极点的自然频率由下式给出：

$$\omega_n = \sqrt{\sigma^2 + \omega^2} = 6\ 380 \text{ rad/s} \tag{6-8}$$

各元件的取值可以通过任意选择电容值 C 来计算得出。令 $C = 100$ pF，则：

$$\left.\begin{array}{l} R_1 = R_4 = \dfrac{1}{2\sigma C} = \dfrac{1}{2 \cdot 4\ 439.44 \cdot 10^{-7}} = 1.126 \text{ kW} \\[3mm] R_2 = R_3 = \dfrac{1}{\omega_n C} = \dfrac{1}{6\ 380 \cdot 10^{-7}} = 1.567 \text{ kW} \\[3mm] R_5 = \dfrac{2\sigma\omega_n R}{\omega_z^2 - \omega_n^2} = \dfrac{56\ 647\ 254 \cdot R}{1.246\ 5 \cdot 10^9} = 0.045\ 445\ 4 \text{ W} \end{array}\right\} \tag{6-9}$$

如果令 $R = 10$ kΩ，则 $R_5 = 454$ Ω，这些值就太低了，因此取 $R = 33$ kΩ，则 $R_5 = 1\ 500$ Ω。

$\omega_z = 35\ 877.5$ rad/s 去归一化零点频率。让增益 $A = 1$，则：

$$R_6 = \left(\frac{\omega_n}{\omega_z}\right) \cdot AR = \left(\frac{6\ 380}{35\ 877.5}\right)^2 \cdot 33 \text{ kΩ} = 1 \text{ kΩ} \tag{6-10}$$

6.14 频变负阻滤波器

频变负阻滤波器（FDNR）[2]电路是可以被用来设计一个基于无源梯形滤波器单元的有源滤波器。在某些应用中，一个椭圆低通滤波器（前面也称之为考尔滤波器）和一个有源滤波器可能是必需的，频变负阻滤波器可以被用于替代一个双二阶滤波器。例如，一个三阶椭圆低通滤波器若采用一个双二阶的设计，则需要用到 4 个运放、10 个电阻和 3 个电容元件；相同的设计若采用频变负阻滤波器仅需要 2 个运放、8 个电阻和 4 个电容元件。一个很明显的优势是运算放大器的用量从 4 个减少到了2 个，假定两个电路采用同样类型的运算放大器，滤波器中运算放大器数量的减半也使得供电电流减半。

不过，这里有个蹊跷。对于特定作用的电路，输入源阻抗应该是零，这个可以通过简单地减小设计中的串联电阻值来补偿（后面会更多地用到）。较大的问题则是输出负载，该负载必须是高阻抗以保证电路正常工作。当然，在多级滤波器中，诸如一个七阶椭圆滤波器、一个双二阶的设计需要 3 个双二阶单元进行串联（共 12 个运算放大器）。一个类似的频变负阻滤波器仅需要 6 个运算放大器，若包含输出端的一个缓冲器在内则共计 7 个。

双端接载无损梯形电路的一个最明显的优势是对元件误差的低灵敏度。不过，其电感体积庞大并很难得到。对于无线电应用的低值的电感是相当容易寻找，但是音频应用需要更大的电感值，高值的电感通常必须专门绕线才可满足要求。

用电阻和频变负阻滤波器替换电感和电容可以获得对元件误差同样低的的灵敏度。如果一个系统中有两个信号通道，且必须紧密匹配振幅和相位，频变负阻滤波器则是更好的选择。基于这些原因，在"全极点"设计中采用频变负阻滤波器有一些优势，如应用在巴特沃斯或切比雪夫的设计中。因此，我希望能令你确信在一些应用场合频变负阻滤波器是一个好东西。但是，频变负阻滤波器是什么呢？

一个频变负阻滤波器的原理图符号看起来像带着 4 个极板的电容而不是通常的带两个极板的符号，并且被定义为字母"D"。频变负阻滤波器也被称为一个 D 元件。一个频变负阻滤波器是一个有源电路，其表现像一个不寻常的电容。在一个低通 RC 网络中，分流电容的两端电压降随着频率的增加而下降。在通带之外，双倍频率将电容两端的电压减半。在一个低通 RD 电路中，该电路已用频变负阻滤波器"D"取代了电容"C"，频变负阻滤波器两端电压以双倍速率下降。因此，在通带以上，加倍频率使输出信号的幅度变为原来的1/4。

在分贝条件下，一个信号应用到一个 RC 网络的下降速率为 6 dB/OCT（一阶滤波器）。同样的信号应用到一个 RD 网络中一个"电容"的下降速率为 12 dB/OCT

---

② 这种 FDNR 滤波器的阻抗都是随频率变化的、负的、电阻性的，因此我们把它称之为频变负阻滤波器——译者注。

（即每倍频程 12 dB）。这个双倍下降速率的成因，是因为那个具有 4 个极板符号（不同于电容的两个极板的符号）的 D 元件。图 6-10 中给出了一个频变负阻滤波器的电路图。

采用一种简单的方法，令所有电阻的阻值为 1 Ω、所有电容的容值为 1 F，该电路的就像一个 -1 Ω 的负值电阻，该负阻值的方程为：

$$D = \frac{R_2 \cdot R_4 \cdot C_1 \cdot C_3}{R_5} \quad (6-11)$$

如果 $C=C_3=1$ F，$R_4=R_5$，则该负阻值等于 R_2。

现在我已经展示完频变负阻滤波器是什么样子的，你怎样使用它？无源元件的变换是必需的，频变负阻滤波器元件被用来替换无源低频滤波器中的电容；电阻被用来替换掉电感。这样可以减小滤波器的体积，使微型混合电路成为可能。本设计从一个常规的双端接载低通 LC 滤波器的设计来开始讲述，按 T 型的组态。这里有电阻（分别对应于

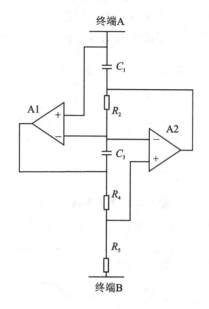

图 6-10　频变负阻滤波器电路原理图

源和负载），串联和分流电感以及分流电容。图 6-11 展示了一个归一化椭圆低通 LC 滤波器。

为把无源设计转换成一个频变负阻滤波器的设计，需要将电阻用电容取代、电感用电阻取代、电容用频变负阻滤波器元件取代。如果源和负载的电阻是 1 Ω，这些就用 1 F 的电容取代。通常来说，电容取值是 1/R，因此，如果负载是 0.2 Ω，电容将会是 5 F。

电感被电阻取代。一个 1 H 的电感变换成一个 1 Ω 的电阻。通常来说，$R=L$，因此，一 1.139 5 H 的电感会用一个 1.139 5 Ω 的电阻所替代。

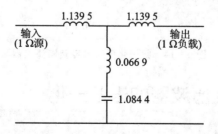

图 6-11　归一化低通 LC 滤波器电路

电容用频变负阻滤波器元件所代替。在一个频变负阻滤波器中，电阻归一化 1 Ω，

电容归一化 1 F,以代替 1 F 的电容。如果归一化电容的值不是 1 F,R_2(如图 6 - 10 中)的值将按比例缩放。通常的,$R_1 = C$。因此,一个 1.084 4 F 的电容会被一个带电阻 $R_2 = 1.084 4 \ \Omega$ 的频变负阻滤波器所取代。整个变换过程如图 6 - 12 所示。

把这些简单的规则应用于图 6 - 11 所给出的归一化低通滤波器设计,变换后给出频变负阻滤波器的等效设计,展示如图 6 - 13 和图 6 - 14。

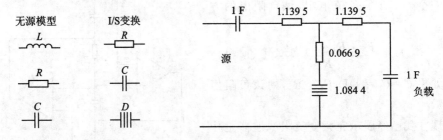

图 6 - 12 1/S 变换

图 6 - 13 带 D 元件的低通滤波器

114

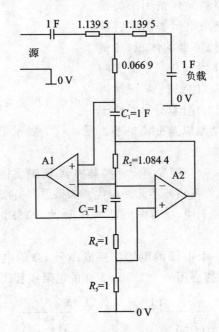

图 6 - 14 归一化低通频变负阻滤波器

6.15 频变负阻滤波器的去归一化

现在我们用频率缩放的方法去获得实际的元件值。我将设计一个通带为 15 kHz 的三阶滤波器。该归一化设计具有一个 1 rad/s 的通带,因频率缩放因子是 $2 \pi F$。在这个案例中,频率缩放因子是实际值为 94 247.78。所有电容的值必须除以

94 247.78,这样每个电容的值为 10.610 3 μF。考虑到实际应用中,这种容值有点太大,因此必须变换成一个更方便的值。我们用 1 061.3 系数来整除这个电容值,因此该电路中的所有电容取值最终为 10 nF(10.610 3 μF/1061.3)。每个电阻必须乘以这个缩放因子,因此 R_4 和 R_5 的电阻值为 1.061 kΩ。

在重新绘制滤波器原理图之前,我们必须定义频变负阻滤波器电路中的 R_2 值。如果归一化电容值不为 1 F,那 R_2 的值就等于 1.061 kΩ 乘以归一化电容值。比如,无源滤波器中的电容值是 1.084 4 F,则在频变负阻滤波器中 R_2＝1.061 kΩ×1.084＝1.15 kΩ。

最终,从输入源到负载必须容许保留一条直流路径,这将会有 6 dB 插入损耗,等同于一个终端接载无损梯形滤波器。与其他系列元件相比,输出负载应该是个很高的值,通常采用一个 100 kΩ 值。输入电容必须用一个小于 100 kΩ 的电阻旁路,该旁路电阻的值等于 100 kΩ 减去其他串联电阻之和。假定其他串联电阻(这些已取代了无源滤波器中的串联电感)之和等于 2.416 kΩ,则该旁路电阻值等于(100～2.416)kΩ,即97.584 kΩ。图 6－15 给出了频变负阻低通滤波器的最终版电路图。

一个重点是滤波器的公共端需要与电源的 0 V 接地端相连。这样,运算放大器会从电源的正负端中获取电源能量。

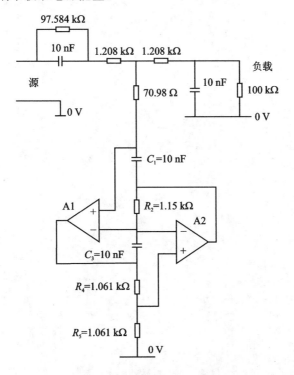

图 6－15 频变负阻低通滤波器

模拟电路

参考文献

[1] Stephenson F W. RC Active Filter Design Handbook. John Wiley & Sons, New York,1985.

[2] Williams A, F J Taylor. Electronics Filter Design Handbook. New York: McGraw - Hill, 2006.

[3] Winder S. The real choice for active filters. Electronics World and Wireless World,September 1993.

[4] Winder S. Analog and Digital Filter Design Elsevier - Newnes, Amsterdam, 2002.

116

第 **7** 章

高通滤波器

史蒂夫·温德尔(Steve Winder)

一年到头,我并未沾过一个真正的高通滤波器,但我确实使用过一些音频耦合电容,且会在我的测试中使用差分采样电路。那是高通滤波器的一种形式,我将作一些详解。因为,正如史蒂夫·温德尔在这里指出的一样,使用一个好的聚合物电容是很重要的,任一聚苯乙烯或者聚丙烯电容均可,但不是聚酯薄膜电容。

7.1 本章内容

本章讲述如何根据任意期望的规格,设计一个模拟有源或无源高通滤波器。给出了大部分类型的高通滤波器的示例,公式将对先前的表格给出的去归一化元件值做出说明。

7.2 无源滤波器

无源高通滤波器是通过采用归一化低通滤波器模型设计的。该模型归一化一个通带,把它从直流扩展到 1 rad/s 且终端负载电阻为 1 Ω。这个过程的第一个部分,是实施变换成一个高通模型,这就能够再缩放到理想的负载阻抗和截止频率。高通模型有个通带,它可把频率范围从 1 rad/s 扩展到无穷大(至少从理论说应该是∞)。实际上,寄生元件的存在会降低频率响应的上限。这些寄生元件可以是,一个电感绕组的导线间的电容或者一个电容的引线电感。

将低通模型转换成一个等效高通模型在全极点滤波器中不算是太苛刻,就如巴特沃斯或切比雪夫类型。这一过程需要用一个电容替代掉低通模型的每一个电感;类似地,低通模型中的每一个电容必须用一个电感取代。

在考尔或者逆切比雪夫滤波器中有串联或者并联谐振 *LC* 网络,对这些元件,用电容取代低通模型的电感和用电感取代低通模型的电容的做法看似没有发生什么改变,该网络结果还是像以前那样的串联或者并联谐振回路。然而,当每个元件被具有相反电抗的元件——替换时,这种替换将产生一个值,它与其在低通模型时的值互为倒数。这样,电感值将是替换它的电容的倒数值;同样,电容值就是替换它的电感的

模
拟
电
路

倒数值。*LC* 网络将再在它的低通频率的倒数时产生谐振。

图 7-1 和图 7-2(a)展示了一个简单的全极点滤波器的元件替换过程。更多复杂的滤波器,如考尔滤波器,将会在后面进一步介绍。将图 7-1 所示的低通模型变换成一个高通模型,其结果如图 7-2(a)所示。

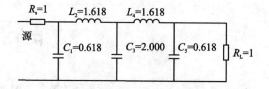

图 7-1　归一化五阶巴特沃斯低通模型

118

这不再是一个极小化电感的设计。不过,图 7-2(b)给出了一个完全等效响应的电路,该电路中的分流电感已被相同数值的串联电容取代;类似的做法,均由分流电感取代相同值的串联电容。

对于高负载阻抗的高通模型去归一化需要元件值缩放以便具有更高阻抗。这个过程与去归一化一个低通滤波器是相同的。一个电感的阻抗(感抗)和它的电感成正比,但一个电容的阻抗(容抗)与其电容成反比。这样,如果负载电阻是一个更实际的 600 Ω,电感值要增加 600 倍,而电容值则要减少 600 倍。

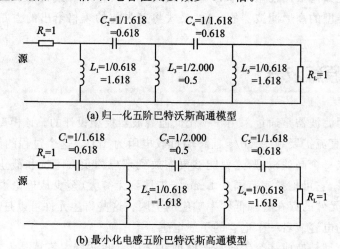

(a) 归一化五阶巴特沃斯高通模型

(b) 最小化电感五阶巴特沃斯高通模型

图 7-2　归一化五阶巴特沃斯高通模型和最小化电感五阶巴特沃斯高通模型

举一个例子,让我们看看图 7-2(a)给出的五阶巴特沃斯高通模型中的元件值是如何变化的。现缩放这些元件值以便使输入源和负载的终端电阻为 600 Ω。通过将电感值乘以 600 及电容值除以 600,获得的结果如图 7-3 所示。

这些元件值分别以亨利(H)和法拉(F)为单位。由于这些值是从低通去归一化得出的,它们的取值都不太切合实际,截止频率仍然是 1 rad/s,因此下一步则是频率缩放设计。

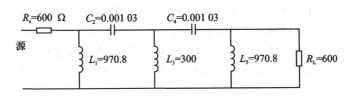

图 7 - 3　五阶巴特沃斯阻抗缩放

当截止频率缩放时元件值是如何改变的呢？与低通时元件值的改变方式是完全相同的：采用 2π 倍截止频率（单位：Hz）的因子来减少电容、电感两者的值。电感值可被减少是因为它们的阻抗与频率成正比，在更高频率下若保持相同的阻抗则需要值更小的电感。电容值也能被减少则是由于一个电容的阻抗与频率成反比，在更高频率下想具有相同的阻抗则需要容值更小的电容。

由于归一化模型截止频率是 1 rad/s，缩放因子 $2\pi F_C$ 将频率转化为赫兹。让我们设计一个 100 kHz 截止频率、600 Ω 终端电阻的高通滤波器。这里该频率缩放因子式的值为 $2\pi \cdot 100 \cdot 10^3 = 628.32 \cdot 10^3$；换句话说，即截止频率要求是 $628.32 \cdot 10^3$ rad/s。图 7 - 3 所示的五阶高通滤波器中所有电感和电容值（此处源和负载的终端电阻已扩大为 600 Ω）必须除去频率缩放因子，其结果如图 7 - 4 所示。

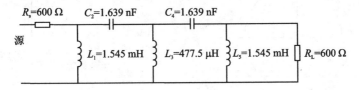

图 7 - 4　五阶高通滤波器频率缩放至 100kHz

7.3 有源高通滤波器

有源滤波器采用从频率响应的传递函数得出的极点和零点位置（注：零点和极点值表格可以在第 3 章参考文献的引用出版物中找到）。运算放大器,是电路中的有源器件,为前后级提供缓冲,因而两级之间无相互影响。于是每一级都可以设计用来提供一对复极点或一个单实极点或有时甚至是两种极点的频率响应。当所有级被串联起来,就可获得我们期望的总体响应。

一个低通向高通的变换需要找出高通的归一化极点和零点的位置,归一化低通响应的极点和零点的位置被用于当作下述公式的一个起始点,这些公式如下。

$$\left.\begin{array}{l} \sigma_{\mathrm{HP}} = \dfrac{\sigma}{\sigma^2 + \omega^2} \\[3mm] \omega_{\mathrm{HP}} = \dfrac{\omega}{\sigma^2 + \omega^2} \end{array}\right\} \tag{7-1}$$

对于一个在 σ 的实极点，该虚部为零（上面公式中的 $\omega = 0$），用 $\sigma_{HP} = 1/\sigma$ 来简化方程，这就意味着高通的极点落在它的低通原型极点位置的倒数的地方。类似地，对于频率坐标轴（虚部）上的一个零点，该实部为零，因此上面方程中的 $\sigma = 0$。令 $\omega_{ZHP} = 1/\omega_Z$ 来简化方程，这意味着高通的零点位置落在它的低通原型零点位置的倒数的地方。

这样，现在的 S 平面图看起来像什么呢？在第 6 章中给出过一个 4 阶低通滤波器的示例。这是一个巴特沃斯响应，极点在单位圆上的 $-0.923\,9 \pm j0.382\,7$ 和 $-0.382\,7 \pm j0.923\,9$ 处。由于极点在单位圆上，方程式中的分母就等于 1。因此，极点在同一个地方，如图 7-5 所示。

不同之处在于低通设计中零点原来的位置在 ∞，现在移动到 S 平面的原点。换句话说，该滤波器不通过直流。

归一化高通的极点和零点位置缩放是很简单的：简单地将它们的位置乘以 $2\pi F_C$。零点还是在原点，但是极点已经移出了原点，就如它们在低通的示例时一样。这个概念在图 7-6 中有说明。

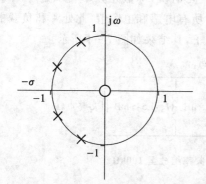

图 7-5　4 阶巴特沃斯高通的极点位置

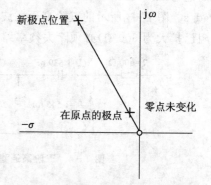

图 7-6　S 平面上极点位置的频率缩放

跟极点位置相关的重要因子是 ω 和 Q。高通滤波器中这些值的查找方式和在低通滤波器中一样的。该方法我在这里再重复一遍。自然频率 ω_n 依赖于 σ，它的改变与图中的缩放成正比。原点到极点的距离等于 ω_n。Q 值由极点到原点的距离除以 2 倍实坐标来给出，这样 Q 值取决于 ω/σ 的比值。尽管该极点—零点图已缩放成一个更高的截止频率，但 Q 值维持不变。

现在我们已经设定好了场景，那让我们看看一些基本的高通有源滤波器的设计以及如何利用极点和零点位置找到元件值。我将在后述讨论考尔和逆切比雪夫滤波器时回溯到 S 平面，这些类型在阻带均有零点。

7.4　一阶滤波器单元

一阶单元是一个简单的结构，由一个高通 RC 网络伴随着一个缓冲器组成，如

图 7 - 7 所示。缓冲器提供一个高输入的阻抗,因此 RC 网络的节点电压被传输到缓冲器的输出端,这样就避免 RC 网络成为后续级的负载。如果添加额外的电阻与分流电阻并联,一个简单的 RC 网络自身将不会产生预期的频率响应。

一阶单元被称作一个全极点网络,因为零点不能放在它的频率响应的频率坐标轴上。实际上,一阶高通单元有一个实极点在 $-1/\sigma$。

在归一化高通模型中,令 C_1 等于 1 F,使得 R_1 的计算变得简单:

$$R_1 = \frac{1}{\sigma_{HP}} = \sigma_{LP} \qquad (7-2)$$

这里 σ 是 S 平面负实轴上的极点位置。当截止频率增加时,高通极点 σ_{HP} 从原点向外进一步移动。该去归一化的过程需要 σ_{HP} 的值乘以 $2\pi F_C$,因此 R'_1 的归一化值必须除以频率缩放因子。这样,对于一个给定的电容值,电阻值必须减少以便升高截止频率。

这样做有意义吗? 直观上,你也许能看到,通过减少 R 的值,在 C 和 R 节点之间的电位在一个给定的频率下将会更低。提高频率、降低电容的容抗,则能恢复至它在原始频率时的电位值。换句话说,要想在一个更高的频率下保持一个固定的电位(比如 3 dB 时 0.707 1 V 的电位),就得需要减少 R 的值。

7.5 采样差分电路

图 7 - 7 中的基本 C - R 电路在测试中经常用到。一个新的被测设备(DUT)上电,它的输出馈送到一个高通滤波器,这样它就可被用于测试噪声或者其误差信号的某些变化。为了通过低频率时具有全保真度和精确性,C_1 可以选择一个相对大的值,例如 0.3 μF。R_1 可以选择一个大值,例如 10 MΩ(或者大到它可以被完全忽略)。运算放大器 A1 始终是一个 FET 输入类型,如 JFET 或者 MOSFET。在测试中要获得好的吞吐率,这种测试必须在一个很短时间内启动,即便是一个很大的直流偏置被添加到信号输入端。

怎样才能快速阻断这种直流? 解决的方案是在 R_1 上跨接一个短路开关。它可以是一个普通的按钮开关串联 100 Ω 电阻用于手工测试,或者一个 100 Ω 电阻与 JFET 组合被用来短路 R_1 和使 C_1 放电。很短的时间过后,或许是 0.1~5 s,关闭这个开关,然后再执行测试。为保证该电路能正常工作,该电容必须具有低的介质吸收,或者浸润。就像上一章节提到的,这个电容必须是聚丙烯或聚苯乙烯电容而不适合用聚酯薄膜电容。

7.6 Sallen - Key 高通滤波器

Sallen - Key 滤波器产生一个二阶全极点响应,它是一个简单的有源高通滤波器设计。它可用于贝塞尔、巴特沃斯或切比雪夫响应。级联二阶单元可以产生高阶滤波器,比方说奇数阶滤波器可以由一系列的二阶单元并在其后再添加一个一阶单元构成。

Sallen-Key 滤波器采用一个放大器(它可以连接作为一个单位增益缓冲器)且在输入端带一个电阻和电容(RC)网络。取自输出端的电阻反馈也被采用,它能提升频率响应的峰值。在二阶电路中由于 Q 值大于 1 个单位及反馈环路相移的发生,峰值是必需的。如果 Q 值很大,例如 $Q=15$,放大器提供的增益是 15,这就限制其带宽为增益带宽积的 0.066 6。图 7-8 显示了该电路。

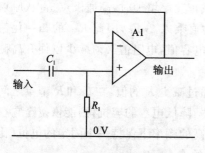

图 7-7 一阶高通有源滤波器

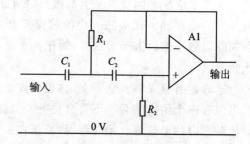

图 7-8 Sallen-Key 高通滤波器(二阶)

7.7 运用低通极点查找元件值

归一化设计中令 C_1 和 C_2 等于 1F,R_1 和 R_2 的值就可以从低通的极点位置中很简单地计算得出。

$$\left. \begin{aligned} R_1 &= \frac{\omega_{nLP}}{2Q_{LP}} = \sigma_{LP} \\ R_2 &= 2\omega_{nLP}Q_{LP} = \frac{\sigma_{LP}^2 + \omega_{LP}^2}{\sigma_{LP}} \end{aligned} \right\} \tag{7-3}$$

低通极点位置被直接采用是由于它们在表中是现成可得的。于是就没有必要首先变换成高通极点位置。注意在巴特沃斯滤波器的案例中 $\omega_n = 1$(对于高通和低通均是如此)。

例如,假设一个巴特沃斯四阶滤波器的低通极点的第一对极点位置是 0.923 9±j0.382 7。一个 Sallen-Key 滤波器单元具有相同的极点位置,电阻 $R_1=0.923$ 9、R_2 =1.082 4。如前所述,为了使用简化公式,归一化高通的电容值为 1F。

在下一个滤波器单元的电阻依序编号,电阻标记为 R_3 和 R_4。R_3 和 R_4 的值可以分别代入 R_1 和 R_2 采用与之相同的公式计算出来,用 R_3 取代 R_1,用 R_4 取代 R_2。当极点在 0.382 7±j0.923 9 时,该滤波器单元电阻值 $R_3=0.382$ 7、$R_4=2.613$。图 7-9 演示了整个电路,请注意这些电阻值与上一章图 6-6(a)中电容值的相似性。

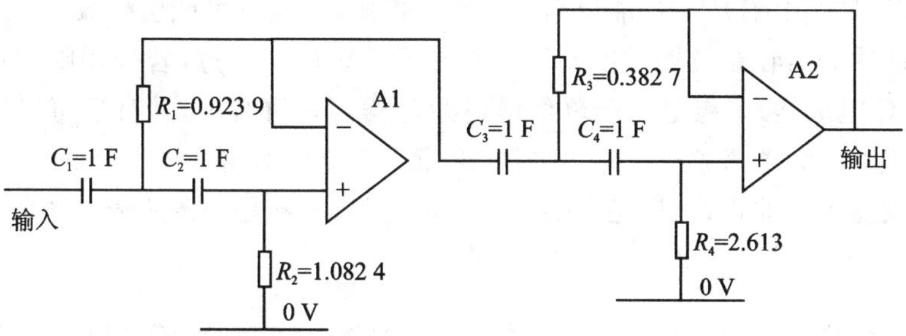

图 7-9　4 阶滤波器

7.8　运用高通极点查找元件值

在设计一个 Sallen - Key 高通滤波器时,如果想从它的高通极点位置着手,应该使用下述方程。

$$
\left.
\begin{aligned}
R_1 &= \sigma_{LP} = \frac{\sigma_{HP}}{\sigma_{HP}^2 + \omega_{HP}^2} = \frac{1}{2Q_{HP} \cdot \omega_{nHP}} \\
R_2 &= \frac{\sigma_{LP}^2 + \omega_{LP}^2}{\sigma_{LP}} = \frac{1}{\sigma_{HP}} = \frac{2Q_{HP}}{\omega_{nHP}}
\end{aligned}
\right\}
\tag{7-4}
$$

这样就很容易地看出,这些采用高通极点位置的方程和以前介绍过的那些采用低通极点位置的方程之间的关系。注意对于两个电阻,方程的分母都有一个频率依赖因子 ω_{nHP}。于是,就可以通过将归一化高通的电阻值除以 $2\pi F_C$ 实现频率缩放。

7.9　运算放大器要求

如果要求不是太苛刻的话,Sallen - Key 高通滤波器的 Q 因子(Q 也称品质因数)单元低于 50 就很好了。由于是低通设计,运算放大器的增益带宽积能限制滤波器的截止频率。低通的截止频率极限是由下述经验公式给出的。

$$
\left.
\begin{aligned}
\text{巴特沃斯通带频率极限} &= \frac{\text{增益带宽积}}{(\text{滤波器阶数})^2} \\
\text{切比雪夫}(1\ \text{dB})\text{通带频率极限} &= \frac{\text{增益带宽积}}{(\text{滤波器阶数})^{3.2}}
\end{aligned}
\right\}
\tag{7-5}
$$

令通带频率极限等于其能通过的最高频率,这些方程就可被用于高通滤波器(不能用于 -3 dB 的截止频率)。谨记如果几个放大器是级联的,那么每一个放大器的增益带宽积必须要比总体增益带宽积的要求更高。这是因为在接近增益带宽频率时,每一个放大器均要承担高频的衰减。

对于一个给定放大器增益带宽积的通带频率极限,在通带中有最大 2 dB 的幅度误差。如果不接受这种误差,那就必须设置更低一点的通带频率极限。即便采用一个更大增益带宽积的放大器,能提高通带频率极限,但是它可能会导致不稳定。高增益带宽积的放大器在单位增益组态下通常是不稳定的。不过,若采用噪声增益技术(串联 R－C 阻尼器)来稳定一个单位增益跟随器则是可行的,并且还可以通过购买速度非常快的放大器来解决。本书的第 12 章中有专门对这些放大器的介绍,这些电流反馈放大器可以非常快,但是需要一个反馈电阻,而不是一条从输出端反馈到输入端的导线。

7.10　去归一化 Sallen－Key 或者一阶的设计

在有源滤波器的设计中,使用的电阻值应该尽可能都在 1 kΩ～100 kΩ 的范围内。如果电阻值低于 1 kΩ,运算放大器级输出端的负载可能会是一个问题。谨记,正如前述章节里提及到的,负载可能导致失真及供电电流增加。如果电阻值比100kΩ 高的多,就会存在噪声拾取的问题。高阻抗电路会电容耦合来自其他电路的电场。这种耦合会导致噪声的拾取以及不想要的信号,这就会干扰到有用信号。此外,热噪声电压与$\sqrt{电阻}$成比例增长。

归一化高通有源滤波器模型在滤波器输入端与放大器输入端之间采用一个 1 F 的电容。归一化设计基于 1 rad/s 的截止频率。去归一化过程相当简单:(1)缩放阻抗;(2)通过去归一化电容值缩放频率。

．阻抗缩放就是简单地除以输入电容值以达到适合的输入阻抗值。当频率接近 1 rad/s 的归一化截止频率时,有源滤波器的输入阻抗将趋近于 1 Ω,因为串联电容 $C=1$ F 且它的容抗 $X_c=1/\omega C$。因而,输入的阻抗会随频率变化而变化。为了降低这种影响,可以采用容抗为滤波器输入阻抗期望值 100 倍的电容。一个单独的终端电阻能够再用于所有频率的负载阻抗校准。缩放电阻值现在可以用下面的公式来实现:

$$R = \frac{R'}{2\pi F_c C} \qquad (7-6)$$

这里的 R' 是之前计算出来的归一化值,C 是被选择用于提供一个合适的输入阻抗的去归一化值。

例如,假设你期望某个二阶巴特沃斯滤波器采用一个高通 Sallen－Key 设计,它具有 600 Ω 的输入阻抗及截止频率为 $F_c=4$ kHz 的参数。归一化低通极点位于 0.707 1±j0.707 1。在 4 kHz 时,60 kΩ 的容抗,缩放电容值如下:

$$X_C = 60\ 000 = \frac{1}{2\pi F_c C} \qquad (7-7)$$

这样推导出电容值:

$$C = \frac{1}{120\ 000\pi F_c} = 663\ \text{pF} \qquad (7-8)$$

这是一个非标准的电容值,因此令 C_1(和 C_2)等于 680 pF。一个较小的电容值(更高容抗)可以被用来提高滤波器的输入阻抗。

高通 Sallen - Key 设计中的归一化电阻值与低通的极点位置相关,如下式推出:

$$R'_1 = \sigma_{LP}$$

$$R'_2 = \frac{\sigma_{LP}^2 + \omega_{LP}^2}{\sigma_{LP}} \tag{7-9}$$

于是,归一化 $R'_1 = 0.707\ 1$、$R'_2 = 1/0.707 = 1.414\ 2$,频率缩放现在应该可以采用下式推导:

$$R = \frac{R'}{2\pi F_c C} \tag{7-10}$$

这里 R' 是归一化值,因此 $R1 = 41\ 374\ \Omega$、$R2 = 82\ 749\ \Omega$。

7.11 状态变量高通滤波器

状态变量电路实际是一个简单类型的双二阶滤波器。它提供了一个二阶单元适用于全极点滤波器设计。状态变量电路对运算放大器的增益带宽积限制有一个更低的灵敏度,且 Q 因子的上限可能达到 200。这种高性能带来的弊端是它需要 3 个运算放大器及一些相关的无源元件,如图 7-10 所示。

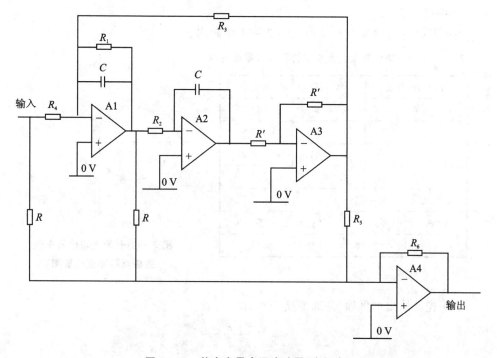

图 7-10　状态变量高通滤波器(全极点)

　　这个滤波器的方程需要用到归一化高通极点位置。它们允许任意选择电容 C 的值,这些方程式如下:

$$R_1 = R_4 = \frac{1}{2\sigma_{\mathrm{HP}}C}$$

$$R_2 = R_3 = \frac{1}{C\sqrt{\sigma^2 + \omega^2}} = \frac{1}{\omega_{\mathrm{nHP}}C} \qquad (7-11)$$

$$R_5 = \frac{2\sigma_{\mathrm{HP}}R}{\omega_{\mathrm{nHP}}}$$

　　式中 R_6 的值取决于增益:$R_6 = KR$,这里 K 等于增益值。R' 可取任意值,但一般典型值可取 $10\ \mathrm{k\Omega}$。

　　一个奇数阶滤波器$(2n+1)$是由二阶单元串联在一起,然后再添加一个一阶单元构成。二阶单元就像刚才所描述的那样,每 1 对极点需要 4 个运算放大器。一阶单元通常添加到二阶单元末尾,由一个 CR 网络后面紧随一个运算放大器构成。

7.12　考尔和逆向切比雪夫有源滤波器

　　让我们回溯到 S 平面图,看看从低通向高通响应切换,逆切比雪夫的极点—零点图如何变化,20 dB 的逆切比雪夫及 3 dB 截止频率的归一化极点和零点位置在表 7-1 中已列出。

　　表中所列的这些极值和零点在图 7-11 中画出。

表 7-1　七阶逆切比雪夫低通响应的极点和零点位置

滤波器的阶数	实　部	虚　部
7	0.093 60	1.016 80
	0.372 71	1.158 80
	1.134 17	1.354 24
	2.478 72	

阶数	零点 1	零点 2	零点 3
7	1.120 60	1.397 37	2.517 97

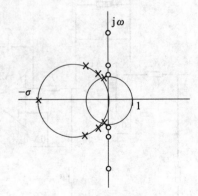

图 7-11 七阶逆切比雪夫低通极点和零点位置图

　　采用先前给出的低通-高通变换公式,得出:

$$\sigma_{\mathrm{HP}} = \frac{\sigma}{\sigma^2 + \omega^2}$$

$$\omega_{\mathrm{HP}} = \frac{\omega}{\sigma^2 + \omega^2} \qquad (7-12)$$

这里 σ 和 ω 分别是低通响应的实部和虚部。它们运用到表 7-1 已给出的第一对极点,得出:

$$\sigma_{1\text{HP}} = \frac{0.093\,6}{0.093\,6^2 + 1.016\,8^2} = 0.089\,772$$

$$\omega_{1\text{HP}} = \frac{1.016\,8}{0.093\,6^2 + 1.016\,8^2} = 0.975\,214 \qquad (7-13)$$

该过程可以用于重复找出其他的高通极点位置,找到的极点位置分别如表 7-2 所列。

高通的零点位置是对应的低通零点位置的倒数,找到的高通零点位置已在表 7-3 中列出。

表 7-2　20 dB 逆切比雪夫响应的高通极点位置　表 7-3　20 dB 逆切比雪夫响应的高通零点位置

极点编号	实　部	虚　部
1	0.089 772	0.975 214
2	0.251 537	0.782 059
3	0.363 480	0.434 010
4	0.403 434	0

零点编号	零点位置
1	0.892 38
2	0.715 63
3	0.397 15

当这些值放在一起,它们就组成了高通的极点和零点位置分布图,如图 7-12 所示。

从一个低通到一个高通逆切比雪夫响应的变换中,S 平面的极点和零点位置已移至单位圆内(与巴特沃斯案例中的情况不同)。这是因为极点的位置现在落在一个低通考尔响应类似的位置。这些零点位置现在都处于单位圆内。

要设计一个考尔或者逆切比雪夫滤波器,需要一种不同的电路拓扑。考尔响应的零点在通带外,因此需要一个陷波产生电路。这可以通过一个电路来实现,该电路是一个扩展的状态变量滤波器,被称之为双二阶单元。该电路演示如图 7-13 所示。准确地说这个电路和状态变量电路和之前给出过的全极点高通滤波器完全一样,除了元件值的要求不同。

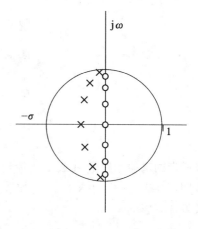

图 7-12　7 阶逆切比雪夫的高通
极点和零点位置图

此外,要注意在高通双二阶电路中,R_5 连接的节点与低通双二阶电路是不同的。

接下来的方程将给出元件值。与状态变量滤波器示例中一样,C 值可以选择任何适用的值,这样电阻的值就可以从方程中推算出来。首先从极点位置估算单元频率:

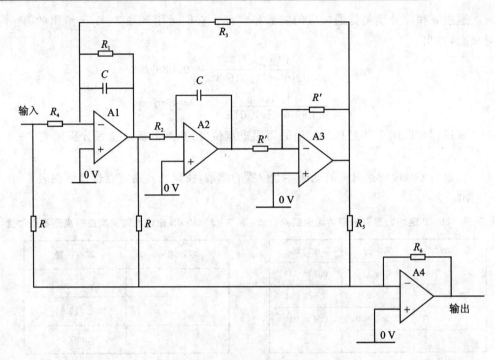

图 7 - 13　双二阶滤波器

$$\omega_{nHP} = \sqrt{\sigma_{HP}^2 + \omega_{HP}^2}$$

$$R_1 = R_4 = \frac{1}{2\sigma_{HP}C}$$

$$R_2 = R_3 = \frac{1}{2\omega_{nHP}C}$$

$$R_5 = \frac{2\sigma_{HP}\omega_{nHP}R}{\omega_{nHP}^2 - \omega_{ZHP}^2}$$

$$\omega_Z = 归一化零点频率$$

$$R_6 = AR$$

$$(7-14)$$

该通带的增益用符号 A 表示。标记为 R 和 R' 的电阻可以为取任意值;典型的取值
范围可在 1 kΩ～100 kΩ 之间,如取值 10 kΩ。标记为 R 的电阻会对滤波器单元的输
入阻抗有影响。

7.13　去归一化状态变量或者双二阶单元的设计

　　最简单的状态变量和双二阶滤波器设计方法是在使用设计方程之前缩放极点
(在双二阶案例中则是零点),选择一个电容值,再运用方程找出电阻值;如果电阻值
太大或大小,就重新选择一个新的电容值进行尝试,再尝试的目标是促使电阻值维持

在 1 kΩ~100 kΩ 之间。

这里是去归一化某双二阶高通道滤波器设计的一个示例。设计一个二阶逆切比雪夫滤波器,设定 40 dB 阻带衰减。这个例子采用归一化低通极点位置 0.707 05 ± j0.714 16 和一个零点位置 10.049 63,该通带的截止频率是 1 kHz。令 R = 10 kΩ,使得在 1 kHz 时 C 的容抗约等于 10 kΩ($C \approx 1/2\pi F_C \cdot 10^3$)。这样,采用最接近 E6 系列[①]的首选值,$C = 150$ nF。

首先从归一化低通值来估算极点位置:

$$\sigma_{HP} = \frac{\sigma}{\sigma^2 + \omega^2}$$

$$\omega_{HP} = \frac{\omega}{\sigma^2 + \omega^2} \tag{7-15}$$

于是推算出,$\sigma_{HP} = 0.700\ 102$ 且 $\omega_{HP} = 0.707\ 142$。

在 1 kHz 的频率缩放因子 $2\pi F_C = 628\ 2$ rad/s,用这个给出的因子乘以极点位置,得到:

$$\sigma_{HP} = 0.700\ 102 \times 628\ 3 = 4\ 398.87$$

$$\omega_{HP} = 0.707\ 142 \times 628\ 3 = 4\ 443.10$$

现在从归一化高通极点位置来估算单元频率:

$$\omega_{nHP} = \sqrt{\sigma_{HP}^2 + \omega_{HP}^2} = 0.995\ 084 \times 628\ 3 = 6\ 252.29 \tag{7-16}$$

现在使用 $\omega_{ZHP} = 1/\omega_Z$ 和归一化低通零点位置 10.049 63 来估算高通的零点位置,可以算出高通的零点位置在 0.099 506,用这个乘以频率缩放因子 6 283 得出 $\omega_{ZHP} = 625.197$ rad/s。

在替换成电容值 $C = 150$ nF 且 $R = 10$ kΩ 之后,下述的元件值就可以找出。

$$R_1 = R_4 = \frac{1}{2\sigma_{HP}C} = 757\ \Omega(750\ \Omega\ 最接近\ E24\ 系列的首选值)$$

$$R_2 = R_3 = \frac{1}{2\omega_{nHP}C} = 1\ 500\ \Omega(一个标准值)$$

$$R_5 = \frac{2\sigma_{HP}\omega_{nHP}R}{\omega_{nHP}^2 - \omega_{ZHP}^2} = 14.213\ k\Omega(14.3\ k\Omega\ 是最接近\ 1\%\ 误差的值)$$

$$\omega_Z = 归一化零点频率$$

$$R_6 = AR \tag{7-17}$$

令直流增益为单位增益,即 $A = 1$,令电阻值 $R = R' = 10$ kΩ。为尽量达到最接近计算出的值有时还需要采用高精密电阻。

---

① E 系列由 IEC 于 1952 年发布为国际标准,该系列适用于电子元件,E6 系列适用于公差±20%的电阻、电容、电感数值等,因误差大,多用于电容。E24 系列适用于公差±5%的电阻、电容、电感数值——译者注。

7.14　回转滤波器

回转器与第 6 章介绍的频变负阻滤波器单元（FDNR）电路有关，它用于替换电感。回转器使用 2 个运算放大器、4 个电阻和 1 个电容。回转器比它将取代的电感尺寸要小一点，特别是如果使用表面贴装元件（SMD），其尺寸更要比电感小。一个回转器替代一个电感的其他优点是使用合适的元件可以减少温度效应，并且元件值也比较好调整。

回转器和频变负阻元件有相同的结构：两个放大器接一串无源元件。回转器只用一个电容代替掉在频变负阻单元使用的两个电容，剩余的所有无源元件均是电阻。回转器仅有的一个电容放置在第四个元件位，而不是放在第一个和第三个元件位。该回转器的电路如图 7 - 14 所示。回转器的作用像一个分流电感，它的值可以通过下面公式得出：

$$L = \frac{C \cdot R_1 \cdot R_3 \cdot R_5}{R_2} \tag{7-18}$$

如果 C_1、R_1、R_2 和 R_3 全都归一化为单位 1，于是 $L=R_5$；如果回转器电路中的所有电阻都等于 R，则 $L=R^2C$。

假设你要设计一个高通滤波器，首先应该获得归一化低通无源滤波器的元件值。你应该通过采用电容值为 $1/L$ 的电容替换电感量为 L 的电感，把原来的设计再变换成归一化高通电路。

此外，你还得将电容值为 C 的电容替换成电感值为 $1/C$ 的电感。该回转电路现在已替换掉电感，因此，回转电路中的 R5 的值为 $1/C$。

最终，所有的元件值被归一化。这意味着在最终的电路中所有的电容值均需除以 $Z \cdot 2\pi F_C$，且所有的电阻值都需乘以 Z。

举一个例子，假设你想采用一个回转器设计某个三阶高通滤波器。这个滤波器应该在输入端具有一个截止频率为 10 kHz 的通带、输出阻抗为 600 Ω。

首先，必须设计一个无源滤波器，再用回转器来替换掉该电路中的电感。归一化低通模型有两个电感相串联及一个中心节点分流电容。设元件值 $L_1 = 1.4328$、$C_2 = 1.5937$、$L_3 = 1.4328$，该电路及参数如图 7 - 15 所示。

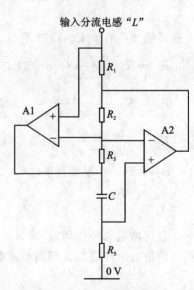

图 7 - 14　回转器电路

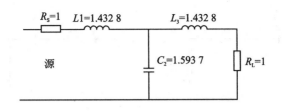

图 7 - 15 两个串联电感和一个分流电容组成的低通模型

通过将串联电感替换成串联电容(这里不再重复其他替换细节)等步骤,将归一化低通模型变换为一个高通等价模型;于是 L_1 就变成 C_1,且以此类推完成变换。高通模型的电容值是低通模型中电感值的倒数。在本例中,$C_1 = 1/1.432\,8 = 0.697\,934$,由于对称性,$C_3 = 0.697\,934$。归一化低通模型中的分流电容就替换成高通模型中的一个分流电感。该分流电感值是低通模型中分流电容值的倒数,这样 C_2 变成 L_2,L_2 值 $=1/1.593\,7 = 0.627\,471$,该变换过程展示如图 7 - 16 所示。

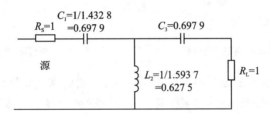

图 7 - 16 两个串联电容和一个分流电感组成的高通模型

用一个回转器替换掉 L_2,R_5 的值变成 $0.627\,471$,因 $R_1 = R_2 = R_3 = 1\ \Omega$,那么回转电路的 C_2 值等于 $1\ F$。

为去归一化该滤波器,所有电阻都必须乘以 $600\ \Omega$ 的负载阻抗,电阻 R_1、R_2 和 R_3 均变换为 $600\ \Omega$,R_5 则变换成 $376\ \Omega$。电容值都必须除以负载阻抗和以弧度为单位的截止频率($2\pi F_C$)。这样,电容 C_1 和 C_3 的值均变换为 $18.513\,3\ nF$,C_2 的值变换成 $26.525\,8\ nF$。该电路及元件值如图 7 - 17 所示。

从刚得出的推算值来看,该回转器的电阻值都比较低,这个对于运算放大器的驱动能力来说可能是一个问题。尽管大多数运算放大器都有一个合理的输出驱动性能指标,但低功率器件不包括在内。为了克服这个问题,提供一种 R_1、R_3 和 R_5 的组合倍乘系数等于 R_2 的倍乘系数的方法,这样 R_1、R_2、R_3 和 R_5 的电阻值可以增加。

举一个例子,假设 R_1、R_3 和 R_5 都乘以系数 2,那么组合倍乘系数是 $2 \times 2 \times 2 = 2^3$,则 R_2 的值必须乘以系数 $8(2^3)$ 来促使方程式平衡。修改后的元件值是 $R_1 = R_3 = 1.2\ k\Omega$,$R_5 = 752\ \Omega$,则 $R_2 = 4.8\ k\Omega$。C_2 的值在本次修改中没有改变,但它也可以减少以便调整 R_2 的值,这样 R_2 的值就不会因为一个很大的倍乘系数而导致阻值增加太多。元件值修订后的高通滤波器电路及参数如图 7 - 18 所示。

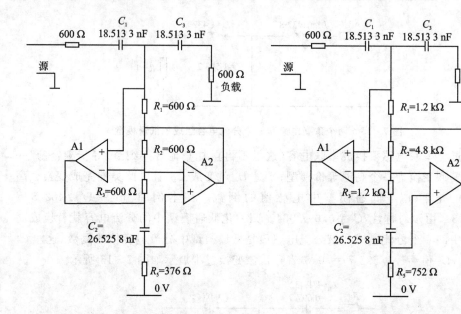

图7-17 回转器高通滤波器   图7-18 修订版的高通滤波器电路

　　奥妙之处在于设计滤波器时可先做最初设计,然后修改元件值使它们贴近实际。谨记要保持方程式对回转器中电感(等于 L_2 的值)的平衡。在实际电路中,C_2 的值可能要通过两个或两个以上的电容并联得出。标准的电容值通常处于 E6 系列的范围,E6 系列中的 6 个基本误差数的间隔很大,回转器的电容不太可能恰好落在 E6 系列的某个值。幸运的是,很容易找到接近误差和精密间隔的电阻值,这样通常使用一个单个的元件就可满足设计要求,而无须过度地关注电容值。

参考文献

[1] Stephenson F W. RC Active Filter Design Handbook, Chapter 13. John Wiley & Sons, New York, 1985.

[2] Winder S. Analog and Digital Filter Desig n. Elsevier-Newnes, Amsterdam, 2002.

第 8 章

噪声:3 种类型——器件、传导和辐射

邦妮·贝克(Bonnie Baker)

如果你还没有被噪声问题所困扰,可能是你的观察还不够细致。现代固态系统中几乎总存在大量噪声,因为即使是最安静的放大器也能把噪声放大到一个很容易研究的水平。在这一章,尽管会有一整堆的(潜在的)噪声产生,邦妮·贝克将协助你降低噪声水平。

8.1 噪声的类型

你的电路不稳定吗? 或者它们从一个时刻到下一个时刻倾向于传递给你不同的结果? 太多的噪声是许多电路设计人员正面临的一个典型问题。在本章中噪声被定义为电路中不希望出现的信号,这个定义排除了能产生失真的模拟非线性。一旦你判断出噪声来源,消除电路噪声也许会比较简单。像滤波器及低噪声器件这样的工具提供了有效的解决途径,当然你的电路板设计也是至关重要的。

图 8-1 展示了模拟应用中发现的 3 种主要类型的噪声。每种噪声都有它自己可行的解决方案。第一种噪声类型是器件噪声,器件噪声是电路中元件的固有噪声。电阻的热噪声和晶体管的散粒噪声都算器件噪声的例子;另一种类型的器件噪声是开关噪声,来自于开关模式电源(电感型)或者开关电容转换器(基于电容的)。

第二种类型的噪声是辐射噪声。你将发现辐射噪声源自于电磁干扰(Electro Magnetic Interference,EMI)源,比如开关或马达等,这些来源耦合辐射噪声进入信号。辐射噪声也能通过你的电路板从线路到线路传递。

第三种类型的噪声是传导噪声,它影响模拟器件的性能。这种类型的噪声已存在于电路的导电通路中,比如电源线或信号通路等。传导噪声与所需的电信号混合在一起,本章我们主要讨论器件和传导噪声。

8.2 噪声规格及术语的定义

电子噪声可以是随机的或者联系到某些电路产生的频率。如果它是在频谱之上的随机事件,它就是无效的相干频率。不过你知道电路的输入信号,噪声事件是有些

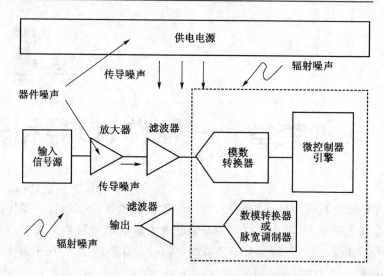

图 8-1　一个模拟电路可以从不同来源获取噪声。
可以把这些噪声来源分类为 3 组:器件噪声、辐射噪声以及传导噪声

不可预测的。它们发生在所有模拟器件中,包括有源和无源的器件。如果采样这些噪声事件,它们将构成一个随时间的正态分布,如图 8-2 所示。如果样本噪声事件不服从正态分布,就很难预测随时间变化的峰—峰值。如果噪声服从正态分布,你就可以用数学来界定和描述这些明显的噪声随机性。我们将在本章后面的"电源噪声"节中讨论这种不服从正态分布的电路噪声。

　　如果噪声样本服从正态分布,重复样本的差异将围绕一个中心值波动。这种分布在中心值周围大致对称。这种分布产生一条曲线(称之为正态分布曲线),在中心点最高,在两端变得越来越小趋近于零。由于该分布符合中心极限定理,你能使用诸如平均值、标准差这类的标准计算来预测符合正态曲线的将来事件发生的通常大小。

　　图 8-2 中 3 个图中的每一个都显示了同一数据的不同表征。第一幅图 8-2(a)是某噪声信号基于一个时基的示波器图片,这些信号是无效的相干频率信号,看起来是随机的。这个噪声图类似于你在示波器测试平台上看到的,尤其是使用幅度/格和时间/格旋钮放大时。

　　图 8-2(a)的噪声被采样并映射到基于大小绘制的图 8-2(b)。在这个图中,x 轴代表样本大小,y 轴代表样本数目。前一幅图中的时间范围已去除,只保留了每个样本的大小。样本从图 8-2(a)构建为图 8-22(b)所示直方图的一个正态分布是很有趣的。这之所以不寻常是因为自然噪声的随机性。使用这组采样数据就能计算出均方根(root-mean-square,rms)[①]值(即均方差)和总样本的平均值。如果这个直

---

　　① rms 是 root mean square 的缩写,实际就是有效值,就是一组统计数据的平方的平均值的平方根,在概率论与数理统计教材中也称之为均方差,可见它的计算方法是先平方、再平均、然后开方——译者注。

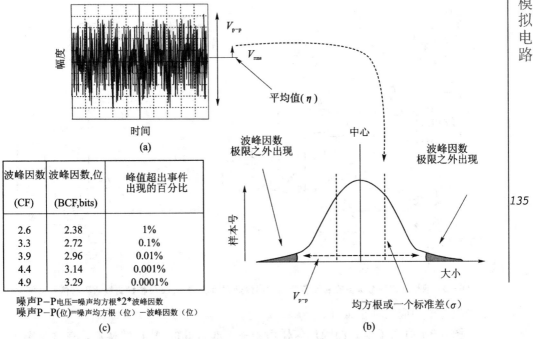

波峰因数 (CF)	波峰因数,位 (BCF,bits)	峰值超出事件 出现的百分比
2.6	2.38	1%
3.3	2.72	0.1%
3.9	2.96	0.01%
4.4	3.14	0.001%
4.9	3.29	0.0001%

噪声P-P电压=噪声均方根*2*波峰因数
噪声P-P(位)=噪声均方根（位）-波峰因数（位）

(c)

图 8-2　如果噪声是一个随机事件(a),这些"明显"不可预测事件可以表征为一个正态分布(b)你可以计算数学平均值 η 和标准差(或称均方差)σ。如果你用波峰因数的两倍乘上标准差(等于均方根),你就可以准确地预测波峰因数极限之外的发生概率(b)和(c)

方图服从一个正态分布,你就可以用均方根值乘以一个系数(被称为波峰因数,如图 8-2(c)),来为你的数据建立峰—峰噪声值。这个峰—峰值的计算用于预测未来样本落在极限以外的百分比。

知道什么时候应该采用这种噪声计算是很重要的,它们应该被看作最佳估计值而非绝对值。这将让你明白不能完全依赖计算出的这些结果,与此相反的,这个仅仅是数据统计到图上。这些统计估计值提供了一定程度的可信度,如果你的样本对总体有一个好的代表性,你将始终得到预期的结果。

8.3　评估一个电路的噪声实例

本实例的电路如图 8-3 所示,测试结果如图 8-4 所示。在图 8-3 中,一个称重单元电路用于测量施加到传感器的重量。用一个 5 V 激励电压施加在传感器的上臂,满量程输出摆幅是一个 ± 10 mV 的差分信号,其最大负荷为 32 oz。这个很小的差分信号输入到一个双运放仪表放大器(G=153 V/V)。我选择了一个 12 位的数模转换器(ADC)来匹配该电路所需的精度。一旦转换器将其输入端呈现的电压数字化,微控制器就通过 SPI 接口获得数字编码,微控制器再查表把从 ADC 获得的数字

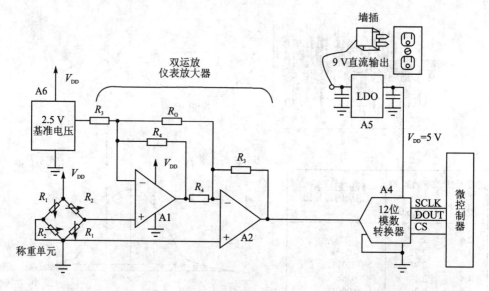

图 8 - 3 双运放仪表放大器在称重传感器输出端获得直流信号,12 位模数转换器再将信号数字化
信号换算成相应的称重重量。

图 8 - 4 演示了电路的噪声怎样污染一个非常好的 A/D 转换器。在这个图中,
12 位的转换器被用于一次失败的直流信号转换。最初,一个可能的假设是 12 位转
换器不是很好;但也有一种可能,就是在本电路中,信号通路上有源和无源器件噪声
比期望的更嘈杂。我为第一个电路选择的元件如下:

$$R_3 = 300 \text{ k}\Omega, R_4 = 100 \text{ k}\Omega, R_G = 4\,020 \ \Omega, (\pm 1\%) \tag{8-1}$$

A1 和 A2 是输入电压噪声密度为 29 Nv/$\sqrt{\text{Hz}}$ 的单电源运放(型号 MCP601,由
Microchip Technology 制造)。

图 8 - 4 展示了该电路因忽视噪声问题得出的结果。这个的数据采样率为
10 ksps,直方图共统计了 1 024 个样本。我小心翼翼地确保输入信号是直流或相对
无噪声的。该噪声波及的数据有 44 个编码宽度。我很惊讶地发现这个编码宽度是
重复的(±2 个编码)。由于数据采用 12 位的 A/D 转换器得出,有 4 096 个可能输
出的编码,结合 5 V 的基准电压,其 LSB 约为 1.22 mV。如果你把 44 个编码宽度转
化为 mV,它将近似等于 53.68 mV 的噪声。你会注意到图 8 - 4 的数据并不是真正
按照正态分布。于是,我怀疑这里有一个频率分量嵌入到我的数据中。

于是,我回过头来努力降低噪声,这样我的转换器将每次提供一个单一转换值。
图 8-5 展示了这个变更过的电路。当你后面会发现图 8-5 中的电路也出现在第 14
章(见图 14 - 8)这并不是一次巧合,由于某些充分的原因,在压力传感应用场合中,
这是一个常见的电路解决方案。其原因之一是它提供一种精确、低噪声解决方案。

在这个修改的电路中我减小了电阻值(但没有改变该电路的功能),用一个更低
噪声型号(MCP6021,8.7nV/$\sqrt{\text{Hz}}$,Microchip Technology)替换掉原来的运算放大

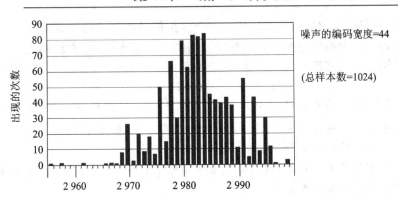

噪声的编码宽度=44

(总样本数=1024)

图 8-4　一个 12 位模数转换器用于将直流信号转换成一个编码。如果你不能很好地控制无源噪声(如:来自于电阻)和有源噪声(如:来自于放大器),该转换器将给出一个时间上不重复的结果。图中的最低有效位 LSB[2] 对应 1.22 mV,44 个编码宽度则是 53.68 mV

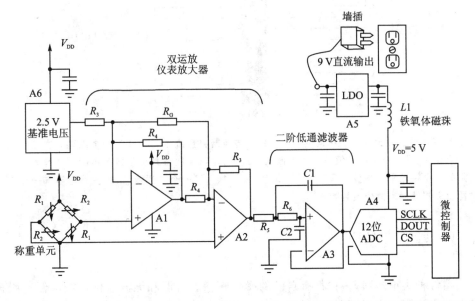

图 8-5　修改过的电路与图 8-3 中的电路基本相同。修改包括添加一个低通抗锯齿滤波器、两个旁路电容及一个电感型铁氧体磁珠(L1)

器。这些修改切中了器件噪声的问题点。在这里我添加了一个接地平面,这种做法在任意模拟电路中都强烈推荐。我尝试去寻找辐射噪声问题以及传导噪声问题,我通过在实验室周围移动电路板证实辐射噪声也是一个问题。有时我让它靠近墙插式电源,有时靠近荧光灯,在这两个地方电路噪声都会增加;我还发现复印机在我隔壁工作时,也会多出一个噪声。

　②　LSB 意为最低有效位,该术语有着特定的含义,它表示的是数字流中的最后一位,也表示满量程输入单位的最小范围。考虑一个 12 位的模数转换器,LSB 相当于模拟信号满量程输入范围除以 2^{12}(4 096),本例为 5/4 096 = 1.220 7 mV ≈1.22 mV——译者注。

最终,我采用在仪表放大器后插入一个模拟低通滤波器的方案解决了传导噪声问题。我还把一个扼流电感(L_1)放在电源通路上并安放了合适的旁路电容。

我为第二个电路选择的元件是:

$$R_3 = 30 \text{ k}\Omega, R_4 = 10 \text{ k}\Omega, R_G = 402 \text{ }\Omega, (\pm 1\%) \qquad (8-2)$$

10 Hz 低通滤波器组态的元件配置:$R_5 = 27.4 \text{ k}\Omega, R_6 = 196 \text{ k}\Omega, C_1 = 470 \text{ nF}, C_2 = 100 \text{ nF}$;

输入电压噪声密度为 $8.7 \text{ nV}/\sqrt{\text{Hz}}$@10 kHz 的单电源运放;

每个有源器件放置一个 $0.1 \text{ }\mu\text{F}$ 旁路电容。

这种对细节的关注有了回报,如图 8-6 所示,A/D 转换器能以一种可靠的、可以重复的方式完美地转换每一个位。

这些结果令人印象深刻,但怎么知道这些变更是恰到好处的? 那就让我们深入了解每种类型噪声的更多细节吧。

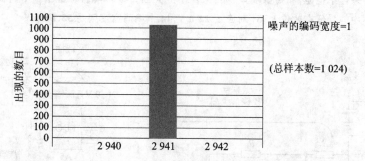

图 8-6　该组数据采用了相同的 **12 位 A/D 转换器**将直流信号转变为一个编码。在这个新的电路中,我减小了电阻值并使用了低噪声运放,这两种做法减少了电路中的器件噪声。添加的一个接地平面减少了辐射噪声。最后,我添加入了一个低通滤波器、旁路电容和一个电源电感滤波器来减少传导噪声

8.4　器件噪声

器件种类很多,每一种都有自己的噪声频谱。有源和无源器件都能够制造噪声对电路产生影响。无源器件包括电阻、电容和电感。在这 3 种类型的无源器件中,电阻对电路噪声的影响最显著,这种类型的噪声很令人讨厌。电容产生的随机噪声取决于温度以及玻尔兹曼常数[3],等于 kT/C(其中 k 是玻尔兹曼常数,T 是温度℃,C 是以法拉为单位表示的电容)。使用电容和电感还可以减少在信号通路或电源线路上的噪声。如果有某种开关信号通过,电容和电感也会产生噪声,所以我们也会讨论这些与开关模式的电源及电荷泵[4]相关的无源器件。

---

[3]　玻尔兹曼常数(Boltzmann's constant)(k 或 kB)是有关于温度及能量的一个物理常数——译者注。

[4]　Charge Pump 是电荷泵的意思。电荷泵是利用电容的充放电来实现电压的转换的,输入回路和输出回路轮流导通。通过调节占空比来调节输出电压,它们能使输入电压升高或降低,也可以用于产生负电压。电荷泵,也称为开关电容式电压变换器,并可分为开关式调整器升压泵、无调整电容式电荷泵及可调整电容式电荷泵三种主要类型——译者注。

器件噪声的另一个来源是有源器件。出现在电路中的典型有源器件是运算放大器、A/D 转换器、基准电压源以及电源芯片。在这些器件中,运算放大器对信号链有最大的直接影响,电源芯片通过器件的电源引脚注入噪声,它可能最终进入信号链。

8.5　电阻噪声

一个理想电阻在电阻元件内部产生噪声。这种类型的噪声通常被称为热噪声或约翰逊(Johnson)噪声。电阻元件产生噪声是由于电阻内部微粒间的运动激发。不施加电源你也无法避免电阻噪声。噪声将在电阻中产生,无论是否施加一个电流源、电压源或者完全不加这些。不过,这种噪声可以被过滤,因此像传导噪声一样可沿着后面的信号通路慢慢减少。理想电阻将产生一个可预测的噪声,它整个的频谱是平坦的。理想电阻的噪声有效值等于下式:

$$R_{\text{NOISE}} = \sqrt{(4 \times k \times T \times R \times \text{BW})} \tag{8-3}$$

这里 k 是玻尔兹曼常数,等于 1.38×10^{-23};T 是温度,以开尔文(Kelvin)为单位的绝对温度;R 是电阻,以 Ω 为单位;BW 是带宽,以 Hz 为单位。

在这个方程中,室温下开尔文也等于 298.16 K(25℃)。每一度开尔文温度的增加等效于增加摄氏度 1℃。

以此计算,你很容易地快速确定你的电阻对电路是否太嘈杂(或称噪声过大)。例如,一个 $1\ k\Omega$ 的电阻在温度为 25℃ 时噪声接近 $4\ nV/\sqrt{\text{Hz}}$ (rms)。如果你希望计算一个 $1\ k\Omega$ 的理想电阻通过一个从 1 Hz 到 1 000 Hz 频率的带宽产生的噪声量,那么噪声等于:

$$\left.\begin{array}{l} V_{\text{NR}} = \sqrt{(4 \times k \times T \times R \times (\text{BW}))} \\[6pt] V_{\text{NR}} = \sqrt{(4 \times 1.38 \times 10^{-23} \times 298.16°\text{K} \times 1\ 000\ \Omega(1000\ Hz - 1\ Hz))} \\[6pt] V_{\text{NR}} \sim 126\ nVrms \\[6pt] V_{\text{NR}} \sim 834\ nVp - p(\text{假设一个波峰因数为 } 3.3;\text{如图 } 8-2 \text{ 所示}) \end{array}\right\} \tag{8-4}$$

这似乎并不像很大的噪声。例如,如果你的系统采用一个 5 V 基准电压(5 V 满量程基准)的 16 位 A/D 转换器,该转换器 LSB 对应 76.3 μV。问题是:"如果我的转换器有一个 $1\ k\Omega$ 的输入电阻,它是否会影响我的信号精度?"答案是不会影响。我们估计峰-峰值等于一个 LSB 大小(76.3 μV)的 1%。另一方面,如果你用一个 20 位的 A/D 转换器(5 V 满量程基准)设计,我们估计的峰-峰值等于一个 LSB 的 17.5%。现在,那很可能是一个问题。

表 8-1 给出了各种电阻的理想电阻噪声。这些理想计算的单位为 nV/ $\sqrt{\text{Hz}}$ (rms)。利用表格中的数值很容易对未列出的更高或更低的电阻进行换算。这种换算通过用表中所列数值与期望数值之比值的平方根乘以或除以一个数(注:比表中值更低时可用除法)可以做到。例如,如果你想要知道一个 1 000 000 Ω 电阻产生的噪声是多少,你需要把这个 10 000 Ω 的电阻噪声乘以 10 或

$\sqrt{(1\,000\,000/10\,000)}$。处理这些理想估计值,通常能够确定电路中的电阻是否导致噪声问题。

表 8-1 所有电阻均产生噪声,这个表列出了各种电阻在室温条件下将产生的理想噪声

电阻噪声表 @ 25℃ (298.16 K)			
电阻值/Ω	噪声密度/(nV/$\sqrt{\text{Hz}}$)	电阻值/Ω	噪声密度/(nV/$\sqrt{\text{Hz}}$)
1	0.128 3	100	1.283
2	0.181 4	200	1.814
3	0.222 2	300	2.222
4	0.256 6	400	2.566
5	0.286 9	500	2.869
6	0.314 2	600	3.142
7	0.339 4	700	3.394
8	0.362 9	800	3.629
9	0.384 9	900	3.849
10	0.405 7	1 000	4.057
20	0.573 7	2 000	5.737
30	0.702 7	3 000	7.027
40	0.811 4	4 000	8.114
50	0.907 2	5 000	9.072
60	0.993 7	6 000	9.937
70	1.073 4	7 000	10.73
80	1.147 5	8 000	11.48
90	1.217 1	9 000	12.17
100	1.282 9	10 000	12.83

实际电阻,如绕线电阻、薄膜电阻、或合成电阻等,产生的噪声高于理想值。在这 3 种类型中,绕线电阻是最安静的,薄膜电阻性能次之,最差的是碳合成电阻。好品质的绕线电阻产生的噪声接近于理想值。在频谱的另一端,合成电阻由于自身间接触而产生噪声。这种噪声是由单个微粒之间接触引起,接触噪声与通过电阻的直流电流成正比。这种噪声将以低频出现,看起来非常像放大器的 1/f 噪声[⑤]。一个合成电阻无直流电流通过时呈现出接近理想的噪声特征。薄膜电阻也有接触噪声但很小,这主要是因为薄膜电阻触点由更均匀的相同材质做成。可变电阻器,如模拟和数

⑤ 所有的半导体放大器都会有 1/f 噪声,也称为闪烁噪声(flicker noise),它是由于材料而产生的一种基本现象。与频率相反,在一个特定的噪声拐点以下,噪声密度将呈指数增加,而且在低频时变得非常大——译者注。

字电位器等,呈现出与上面描述相同类型的噪声;同时,不要忘记额外的滑片电阻噪声。如果让这些类型的电阻在额定功率下工作,它们都将保持在一个较低的噪声水平。

图 8-7 展示了一个实际绕线电阻的交流模型。寄生电容(C_p)将对噪声特性(以及频率响应)产生很大的影响,这是因为它衰减了高频噪声。这是一个很不错的优点,但在使用更高值的电阻时还是应该谨慎,它们将仍然有较高的低频噪声。

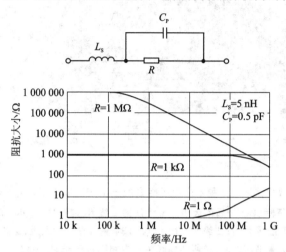

图 8-7 非理想的电阻可以通过采用一个理想电阻 R、一个寄生电容 C_p、一个串联引线电感 L_s 建模。这些寄生元件衰减了高频时的电阻噪声,特别是在使用较高阻值的电阻时

8.6 用更好的电阻回顾我们的应用电路

回溯到图 8-3 所示的电路,我运行了一个 SPICE 仿真(见图 8-8),试图判断仪表放大器上电阻值的减小是否会产生不同影响。我知道这些电阻不可或缺,也知道这些放大器的输出至少是一个 1 000 Ω 的负载。可以很容易地 10 倍或 100 倍地减小这些电阻的值而不需要改变仪表放大器电路的增益。

一个简单的用于判断是否有电阻噪声的方法是进行一个 SPICE 仿真(见图 8-8)。在我的仿真中,我已先确保直流仿真是正确的。我特别寻找了一个异乎寻常的高电压,其输入放大器节点不在想当然的设想位置,A2 上的一个输出电压介于电源电压之间。在实际的检查后,我对图 8-8 中的交流分析更有信心。

在这幅图中,我使用图 8-3 中的既定电阻值来进行本电路的第一次 SPICE 仿真。第二次和第三次交流仿真分别用原值的 1/10 和 1/100 替换所有电阻。正如你在图中看到的,10 倍低的电阻换来了噪声的一些降低,但没有预期的那样低。通过 10 倍地减小电阻值,我应该要看到噪声的改善等于 $\sqrt{1/10}$ 或者 32% 的降低,但这种情况并没有发生。进一步采用 100 倍地减小电阻值并没有给我带来任何结果。这暗示我的放大器是个限制因素。

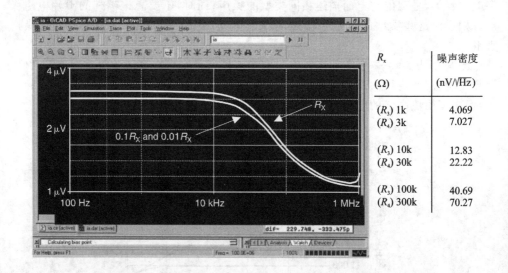

图 8 - 8　这是仪表放大器采用 3 种不同电阻组合的一个 SPICE 仿真。x 轴是以频率 (Hz) 的对数为刻度,y 轴是噪声除以 $\sqrt{\text{Hz}}$ 后的大小。最上面的曲线 R_X,其 $R3 = 300 \text{ k}\Omega$,$R4 = 100 \text{ k}\Omega$,这种电阻的组合其噪声是最大的;曲线 $0.1R_X$ 和 $0.01R_X$ 重叠在彼此之上,这是因为仪表放大器电路中的放大器开始主导噪声响应,这两条曲线中的电路噪声低于 R_X 曲线

8.7　运算放大器

　　了解运算放大器产生的噪声至关重要,因为几乎每一个模拟电路中的某处都存在着运算放大器。运算放大器的噪声特性呈现在频率上,具有一个显而易见的鲜明特征。

　　如果你在典型放大器的数据手册中寻找放大器的噪声规格,你将注意到它只是一个"参考输入"规格。噪声源的位置在放大器的同相输入端(即非反相输入端)。在规格表中,你通常将找到输入噪声和输入噪声密度规格。输入噪声指标将从带宽角度描述放大器的低频噪声,你将发现带宽在"条件"列中。$1/f$ 噪声是这种较低频的噪声,这主要因为这部分的曲线实际上的比例是 1:频率乘以 1 倍数。放大器输入级的晶体管通过这个频带时产生该噪声,这主要是在差分输入级,但它还包含输入级的负载晶体管。

　　输入噪声密度称为参考一个频率的一个噪声数,其定义在指定频率。例如,从图 8 - 9 中的噪声规格可识别出 10 kHz 频率时输入电压噪声密度等于 8.7 nV/$\sqrt{\text{Hz}}$。你可测量在指定的频率通过 1 Hz 带宽的输入电压噪声密度。通常这个指标出现在频率图的宽带噪声部分(如图 8 - 9 所示)。理论上,宽带噪声是平坦的。假设这种平坦性是对放大器性能的一个很好的评估,这也是该曲线的 $1/f$ 噪声部分的基准线或

基础。运算放大器内的扩散电阻主要产生宽带噪声。这些电阻可能是放大器内的扩散电阻或晶体管的源极或漏极。

此外,在放大器数据手册上你将看到一个典型的规格图,这种图将列出输入电压噪声密度与频率。图 8-9 所示就是这种类型示意图的一个示例。在本例中,输入电压噪声指标等于输入电压、噪声密度曲线下方从 0.1 Hz 到 10 Hz 的指定频率之间的区域。注意表中列出的指标是峰-峰值。为了将它转换成一个有效值,简单地用 6.6(行业标准波峰因数＝3.3)来除这个值即可。

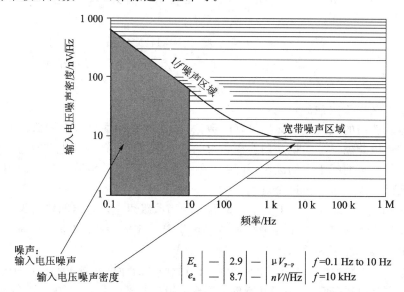

| | E_n | — | 2.9 | — | μV_{P-P} | f=0.1 Hz to 10 Hz |
| | e_n | — | 8.7 | — | $nV/\sqrt{Hz}$ | f=10 kHz |

噪声:
输入电压噪声
输入电压噪声密度

图 8-9　这是一个样本放大器噪声的表征,放大器噪声性能指标在图底部以表格形式给出。这些规格数值参阅输入噪声密度和频率图

你可以很容易地对曲线下 $1/f$ 区域不同的输入电压噪声带宽计算出噪声。在这个计算中第一件事是确定 1 Hz 时的输入噪声密度。一旦你找到了该值,下面的这个公式将提供曲线下的噪声有效值:

$$V_{(1/f)f_2-f_1} = B\sqrt{\ln(f_2/f_1)} \tag{8-5}$$

式中,B 等于 1 Hz 时的输入噪声密度。举一个例子,图 8-9 中频率从 0.1 Hz 到 1 000 Hz 时放大器产生的噪声有效值等于:

$$\left.\begin{array}{l} V_{(\frac{1}{f})f_2-f_1} = B\sqrt{\ln\left(\dfrac{f_2}{f_1}\right)} \\[2mm] V_{(\frac{1}{f})f_2-f_1} = 200\ \text{nV} \times \sqrt{\ln\dfrac{1\ 000}{0.1}} \\[2mm] V_{(\frac{1}{f})f_2-f_1} = 607\ \text{nVrms 或 } 4\ \mu V_{P-P} \end{array}\right\} \tag{8-6}$$

当你考虑这些低频噪声时,你可能会蹦出这样的一个想法:你应该把该公式中的频率下降到一个非常低的程度,比如 0.000 1 Hz(0.000 1 Hz 等于每 2.8 小时 1 个周期)。不过,当频率低于 0.1Hz 即每 10 s1 个周期时要谨慎。在较低频时,电路中的

模拟电路

其他因素极有可能会改变,如温度、老化程度、元件寿命。如果你实事求是地考虑这个问题,放大器的低频噪声在这种样本速率上可能不会出现,但电路中的温度、电源电压等变化因素仍然存在。

放大器规格表还给出了输入噪声密度值。该指标总是给出输入电压噪声相对恒定的区域内其中一个较高频率时的对应值。对于这个曲线的区域,带宽的平方根和噪声内容相乘通过由噪声密度乘以带宽的平方根来定义。例如,如果放大器@10 kHz 的噪声为 $8.7\ \text{nV}/\sqrt{\text{Hz}}$,放大器的带宽变化范围从 1 Hz 到 100 Hz,其噪声等于:

$$V_{100k-1k} = (噪声密度 @10kHz) \times \sqrt{BW}$$
$$V_{100k-1k} = (8.7\ \text{nV}/\sqrt{H_z}) \times \sqrt{1\,000\,000 - 1\,000}$$
$$V_{100k-1k} = 2.74\ \mu\text{Vrms 或 } 18.1 \mu V_{P-P} \tag{8-7}$$

式中 BW 等于关注的带宽。

来自制造商的挑战是给你提供好的数据,以便你能评估出他们的器件对你的应用的影响。因此怎样才能把从制造商获得的图变换成对你的应用电路有意义的结果呢? 应计算噪声曲线下方的区域,并乘以放大器的噪声增益倍数。让我们用实际的电路和实际元件值来分析这个过程。

图 8-10 中的放大器处于一个典型的反相增益级组态。电路的输入为 V_{IN},输出为 V_{OUT},V_{SS} 的电压等于零电压或接地,V_{DD} 电压等于 5 V。一个 2.5 V 的基准电压源连接到放大器的非反相输入端 V_{REF} 处。

图 8-10 也展示了放大器的内部电容。当我们开始计算电路在频率上的增益及查看噪声时需要用到它们。C_{CM} 等效于放大器输入级的共模电容,本例中,C_{CM} 等于 6 pF,这个电容参考到地。C_{DIFF} 等效于放大器的差分输入电容,你会注意到它出现在两个输入终端之间,在我们的计算中采用 $C_{DIFF} = 3$ pF。

外部电阻 R_1 和 R_2 的寄生电容分别是图中所示的 C_{P-R_1}、C_{P-R_2}。尽管你可能认为这些是微不足道的电容(约 0.5 pF),但它们是值得关注的,它们会影响放大器电路在高频的噪声增益。上图 8-7 显示了这种寄生电容的频率影响。

放大器电路噪声增益的计算使用噪声源 e_n 作为输入信号。这个噪声源图形化在放大器的符号内。你将发现这个公式与信号增益公式是不一样的。

$$信号增益 = \frac{V_{OUT}}{V_{IN}} = -\frac{Z_2}{Z_1}$$
$$噪声增益 = \frac{V_{OUT}}{V_{IN}} = 1 + \frac{Z_2}{Z_1} \tag{8-8}$$

式中,Z_1 是等效输入电阻、电容网络;Z_2 是等效反馈电阻、电容网络。

当你计算某个放大器产生的噪声总量时,这个噪声增益方程式将给出准确的结果,该方程还可提供准确的放大器电路闭环带宽。

图 8-9 显示了这个放大器电路的频率响应。放大器周围的电容、电阻以及放大器的频率响应都影响电路的带宽。

这个电路的直流噪声增益取决于电路中的电阻。在较高的频率时,噪声增益取决于电容。在许多电路中,设计第二转角频率 f_2 高于 f_{AOL} 拐点是有可能的。如果是这种情况,你可以忽略 f_2 的影响。如果 R_2 值很高(大于 100 kΩ),f_2 的频率会下降到低于开环增益拐点。为了优化这类放大器电路的噪声和带宽性能,极点 f_2 应该正好发生在或稍微提前于噪声增益曲线与放大器开环增益曲线的交点,这可能需要一个额外的电容与 R_2 并联。

一旦你计算出这个电路中放大器带宽的整个频谱增益,你就可以开始确定电路的参考输出噪声。图 8-12 将噪声划分为 6 个部分。这些噪声的前 5 个部分显示在图上,第 6 个就是图中的公式部分。

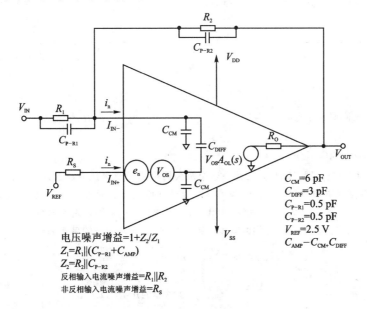

图 8-10 此放大器电路模型是一个反相增益级组态。本图演示了放大器和电阻相关的寄生效应状态下的噪声增益计算

在区域 e_1,放大器的 $1/f$ 噪声从放大器电路的直流增益获得。放大器的噪声参数是用 $nV/\sqrt{Hz}$ 表示。所以当你把这个区域的平均噪声乘上该区域的带宽平方根时,本段分析就完成了。对于 CMOS 放大器,$1/f$ 区域通常从 0.1 Hz 到 100 Hz,并可达到 1 000 Hz。由于噪声值还要乘上带宽的平方根,所以该区域对整体噪声的贡献很低。

在第二个区域 e_2,用直流噪声增益与放大器的宽带噪声相乘;同样,用该区域带宽的平方根与平均噪声相乘。这个区域噪声对总体的贡献也相对较低。

以同样的方式计算第三、第四、第五部分,这些区域对电路的整体噪声贡献较多。图 8-12 展示的第六部分的噪声方程表征了反馈电阻器 R_2 对噪声的影响。这个电阻对噪声的影响可能明显,也可不明显,这取决于该电阻值的大小。这种计算将很快显示出最大的噪声贡献来源,而且使优化设计更容易。

模
拟
电
路

146

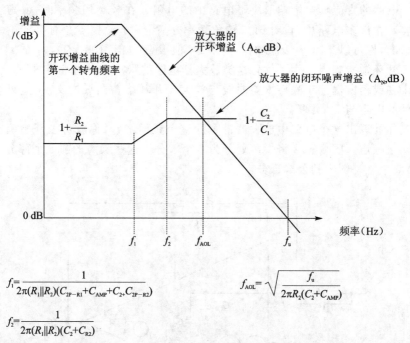

$$f_1 = \frac{1}{2\pi(R_1\|R_2)(C_{2P-R1}+C_{AMP}+C_2+C_{2P-R2})}$$

$$f_{AOL} = \sqrt{\frac{f_u}{2\pi R_2(C_2+C_{AMP})}}$$

$$f_2 = \frac{1}{2\pi(R_1\|R_2)(C_2+C_{R2})}$$

图 8-11 放大器开环增益曲线在这个放大器电路闭环增益曲线的顶部。在放大器开环增益曲线中(A_{OL}),第一角频率跟随着直流增益。通过第一个极点,放大器增益以 20 dB/dec(每 10 倍频程 20 dB)斜率衰减。在闭环噪声增益曲线中(A_N),传递函数的极点和零点与它们的转角频率一起出现,噪声增益的带宽等于 f_{AOL}

$$V_{OUT}(\text{Noise}) = \sqrt{e_1^2 + e_2^2 + e_3^2 + e_4^2 + e_5^2 + e_{R2}^2}$$

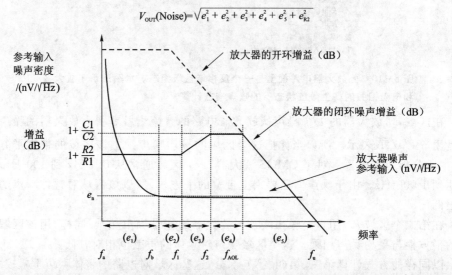

图 8-12 放大器的噪声是器件的参考输入,这是因为制造商不知道你打算把运算放大器配置为哪种组态。你可以让电路的其余部分向前调整,使用参考输入值就能计算出自己的参考输出值

区域 e_1 :

$$e_1 = \left(1 + \frac{R_2}{R_1}\right) \times B \sqrt{\ln\left(\frac{f_b}{f_a}\right)} \qquad (8-9)$$

区域 e_2 :

$$e_2 = \left(1 + \frac{R_2}{R_1}\right) \times e_n \times (f_2 - f_1) \qquad (8-10)$$

区域 e_3 :

$$e_3 = \left(1 + \frac{R_2}{R_1}\right) \times e_n \times \frac{1\ \text{Hz}}{f_1} \times \sqrt{\frac{f_2}{3} - \frac{f_1}{3}} \qquad (8-11)$$

区域 e_4 :

$$e_4 = \left(1 + \frac{C_1}{C_2}\right) \times e_n \times \sqrt{f_{AOL} - f_2} \qquad (8-12)$$

区域 e_5 :

$$e_5 = \left(1 + \frac{C_1}{C_2}\right) \times e_n \times \sqrt{\frac{\pi}{2(f_u - f_{AOL})}} \qquad (8-13)$$

区域 e_{R2} :

$$e_{R2} = \sqrt{4 \times k \times T \times R_2 \times (\text{BW})} \qquad (8-14)$$

注意:在本计算中,C_1 是输入电容的并联组合电容,或者说是 $C_{P-R1} \parallel 2C_{CM} \parallel C_{DIFF}$,$C_2$ 是反馈电容或者说是 C_{P-R2}。

众所周知,当验证你的噪声计算时,SPICE 是一个有用的工具。图 8-13 中的两幅图演示了 SPICE 怎样帮助你了解电路中的噪声。左图(图 8-13(a))演示了模拟的噪声随频率递增的过程。你将注意到在很低频率时噪声也非常低。原因是很低的带宽与一个很小的带宽数的平方根相乘,其值就很小。随着频率增加,累积噪声也增加。你可能会根据左图(图 8-13(a))的特性判断较高频率时的噪声增加也会很少。但是,正如你所看到的,这是不正确的。因为这个带宽乘数(带宽的平方根)在较高频时很大。

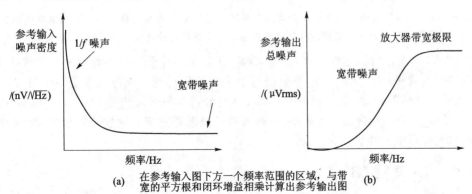

(a) 在参考输入图下方一个频率范围的区域,与带宽的平方根和闭环增益相乘计算出参考输出图 (b)

图 8-13　就像在放大器输入端的噪声源,放大器噪声可以图形化表征 (a);否则就称为参考输入(**RTI**),或者就像在放大器输出端(b);否则被称为参考输出(**RTO**)

返回到图8-3和图8-8中,我们得出一条结论:减小电阻值是有利的。下一步是减小放大器噪声。如果电阻减小10倍且放大器变更,图8-4中反映的噪声编码宽度将从44减小到21。考虑到我们不能改变设计布局,仅能改变器件,这还算不错。

8.8 A/D转换器噪声

最广泛谈论的A/D转换器噪声是量化噪声,这是一个在A/D转换器将输入信号划分成离散"桶子"时产生的噪声。图8-14演示了这一概念。这些"桶子"的宽度等于转换器LSB的大小。一个转换器的量化噪声决定了最大的信噪比(SNR$_{IDEAL}$ = 6.02n+1.76 dB),这个噪声立刻显现在转换的信号上。如果你想更精确一些,就需要调整为一个更高位数的转换器。只不过有一个警告:这种调整不能保证更好的信噪比,因为转换器内部可能有其他的噪声源,但这至少是一个好的开端。

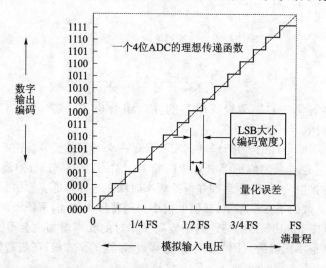

图8-14 A/D转换器不能将模拟信号转变为理想值。A/D转换器具有一个离散数字的输出条件及模拟信号具有一个无限的电压状态数量。这个被称为量化误差,它引起量化噪声

A/D转换器内部也有噪声,主要来源于内部的晶体管。这种类型的噪声在第13章的"交流规格意味着重复性"部分进行了更详细的讨论。现在仅预览一下第13章交流域的规格的讨论,如信噪比(SNR)、有效分辨率(ER)、信噪失真比(SINAD)或有效位数(ENOB),帮助你了解A/D转换器可以怎样重复。这些规格没有暗示准确性,仅支持可重复性。

8.9 电源噪声

这里有3种基础类型的电源器件可以用来为电路提供电源。它们是稳压器(也称低压差稳压器或LDO),开关型电源电路(SPC)和电容电荷泵。图8-15就是一个怎样连接这些设备的示例。

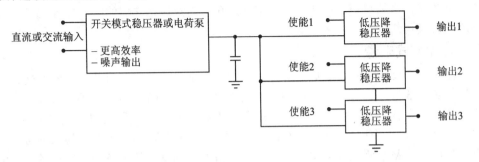

图 8-15　来自于一个交流(如墙插式电源,简称墙插)或直流(如一个电池)的电源,变换(升压或降压)为满足电器所需的电压水平。这种转换可由一级或多级完成,如使用低压降稳压器、开关型转换器或者电荷泵等

低压差稳压器(LDO)

图 8-16 显示了一个简化的 CMOS 类型的 LDO 电路。在这个电路中,输入电压直接为集成电路以及输出负载提供电源。通常 LDO 器件的静态电流远低于输出电流。

正确的 LDO 操作要求输入电压是直流,输入电压值要高于输出电压。当施加一个输入电压时,这种低漂移的带隙基准电压源就被构建好了。带隙电压和运算放大器一起被用来检测在运算放大器输出端的电阻分压器电压。电阻分压器支配输出电压的大小。不管输入电压大小,只要它维持在高于 $V_{\text{DROPOUT}} + V_{\text{OUT}}$ 的电压,输出电压就会保持不变。输入源通过 P 沟道 MOSFET—Q1 提供

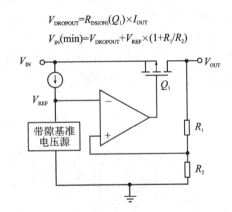

$$V_{\text{DROPOUT}} = R_{\text{DS(ON)}}(Q_1) \times I_{\text{OUT}}$$
$$V_{\text{IN}}(\min) = V_{\text{DROPOUT}} + V_{\text{REF}} \times (1 + R_1/R_2)$$

图 8-16　本图展示出一个 LDO 的简化图,它使用一个 MOSFET—Q_1 提供输出电流驱动。Q_1 也是输出的基本限制因素。在其他的拓扑中,Q_1 也可以是一个双极型晶体管

输出电流负载,Q1 也可以是其他类型的晶体管,比如一个双极型 PNP 达灵顿对管或一个 NPN 晶体管。输入电流等于输出电流加上带隙产生、运算放大器偏置、P 沟道 MOSFET 导通时所需的内部电流。

与有源器件在其电源引脚上的噪声抑制能力相比,LDO 噪声相对较小。例如,一个典型的 LDO 在 10 kHz 时噪点为 1 μV/$\sqrt{\text{Hz}}$ (rms),一个 10 MHz 的运算放大器在这个频率运行时其噪声抑制能力为 70 dB。按照这样的性能,放大器将 LDO 的噪声减少 3 162 倍。从另外一种方式来看,那就是进入放大器(参考输入)的 LDO 噪声近似等于 316 pVrms。

实际应用中,理论与实际又不尽相同,LDO 的噪声抑制能力又是另外一码事。

如果一个开关电源在 LDO 前面使用(如图 8-3 中的例子),LDO 极有可能无法滤除从供电线路传来的噪声。换句话说,LDO 是众所周知地把它们的噪声输入"分享"给电路中的其他部分。

开关模式电源

图 8-17 展示了一个简单的降压型开关电源电路的示例。有几个因素对转换器产生的噪声数量产生影响。在这些类型的器件(注:本小节也可将开关模式电源、电荷泵称之为设备,由此产生的噪声也称之为设备噪声,LDO 则是单纯的器件范畴)中,输出的噪声大小取决于采用的开关模式类型。一般来说,如果开关模式的电源转换器采用脉冲宽度调制(PWM)模式,峰—峰值噪声则低于该设备采用脉冲频率调制(PFM)模式时的噪声。转换器开关噪声的频率取决于转换器的振荡源。此外,当大量电流从设备拉出时还会产生浪涌。图 8-18 所示的就是这种类型设备开关噪声的例子。

一旦设备噪声被注入到电源线路,从开关电源来的设备噪声就转换成传导噪声。图 8-18 未说明这些类型的设备产生的特定类型噪声。每一个设备都是不同的,但电路中也可能存在开关模式电源噪声,并有可能对信号产生不利的影响。

来自这类设备的第二类噪声是辐射噪声。电路中的电感是一种储能装置,所以它辐射出磁噪声。图 8-5 中的墙插会有这种类型的电源。使用一个铁氧体磁珠(L1,详见图 8-5)可有效减少从墙插引入的噪声。

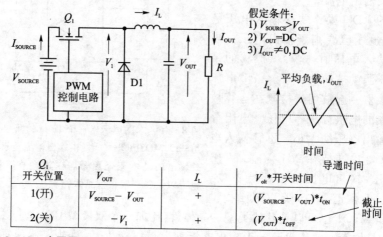

Q_1 开关位置	V_{OUT}	I_L	V_{olt}*开关时间
1(开)	$V_{SOURCE} - V_{OUT}$	+	$(V_{SOURCE} - V_{OUT})*t_{ON}$
2(关)	$- V_I$	+	$(V_{OUT})*t_{OFF}$

图 8-17　本图展示了一个降压开关电源在设备不间断运行模式下的动态评估计算。该电源需要一个外置电感,它的制造较困难,还能产生很高的辐射噪声

8.10　电容电荷泵

图 8-19 所示的是一个电荷泵电源管理系统的简化例子。

电源噪声出自于该设备内部振荡器的频率变化率。同样,设备输出端(即被注入到电源线)的噪声的大小和频率,也取决于是什么类型的设备。详细信息请参阅器件

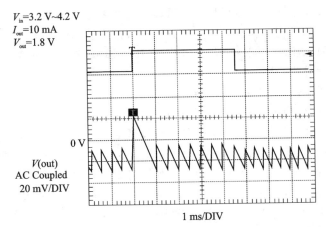

图 8 - 18　本图展示一个降压开关电源适配器随时间变化的输出电压。该适配器在其操作频率模式下工作。输出信号产生了一个 20 mVp - p 的复合信号,其开关频率为 2000 Hz

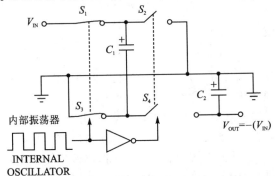

图 8 - 19　本图展示了一个理想的开关电容电荷泵转换器。低数目的外部元件使得该电路的实现相对容易

供应商提供的数据手册。这种设备还会因为电容的开关作用产生辐射噪声。

最小化器件(或设备)噪声

如果你对电路的器件噪声最小化感兴趣,你首先应该检查电阻值。如果可能的话,让电阻值尽可能地低。

一些设计约束可能会阻止你按照自己的意愿将电路的电阻值尽可能地减小。举个例子,通常放大器不能设计去用于驱动低电阻负载;另一个会使你犹豫的原因则是电源的顾虑。如电阻的跨度超出电源供电能力,它们的功耗可能是一个问题,尤其是电池供电的应用场合。但是基于这些约束,降低电阻值能提供一个 $\sqrt{F}$ 的噪声改善,这里的 F 是电阻的缩减因子。

有源器件的选择也可以成为减少电路噪声的方式。本章中,我们讨论过用低噪声放大器替换掉电路的放大器。这点被证明是至关重要的,主要是因为放大器噪声(伴随着电阻噪声)从仪表放大器组态获得。放大器噪声的降低通常是至关重要的,

因为它随着放大器电路增益而增加。你可能注意到我没有提及图 8-3 中的基准电压源。这是因为基准电压和它的噪声会直通仪表放大器而没有增益产生。但如果你使用一个获得的电压基准或一个基准提供给 16 位或更多位数的 A/D 转换器,基准电压源的选择就成为关键。

其他的有源器件,例如 A/D 转换器或 D/A 转换器。选择时应该满足你的应用需求,如果你有一个嘈杂的器件,你可能必须要用一个更多位数的器件把它换掉。

在前述 3 种电源器件中,LDO 具有相对较低的噪声输出。然而,这种器件的噪声几乎是直接从输入到输出直通的。这种 LDO 应用案例已被用于图 8-3 的电路中。其他的两种电源设备产生开关噪声。如果你对噪声进行采样,将发现它不像电阻或运算放大器那样随机的。相反,它有一个复合信号浮在这些设备直流输出的顶部,这个小信号的幅度可以从几毫伏到几十毫伏。可以试着用低噪器件替换这些器件,但很多时候在电路中还会有其他要求,比如效率等。如果是这种情况的话,替换器件是不可行的。不过,方法就在下面的阅读中呈现。在本章的下一部分我们继续讨论有源器件的电源滤波器。

8.11　传导噪声

第三种类型的噪声是传导噪声,它影响模拟器件的性能。这种类型的噪声已经存在于电路的导电通路中,如电源线或信号通道等。传导噪声与所需的电信号混合在一起。抑制传导噪声的最好武器是回溯到源头,并在问题器件和辐射源上实施噪声降低策略。不过,你会发现有时明知道传导噪声的来源,但不能进一步的在源头上减少它。举个例子,由于开关电源设备与 LDO 相比效率更高,你也许需要采用一个开关电源设备,这种电源设备容许很低功耗的在应用电路中运行。现在,这种噪声问题已经从设备噪声变换为传导噪声,你可以采用滤波器技术来克服它。传导噪声的来源不是设备噪声(或称器件噪声)就是辐射噪声。

信号通路中的噪声

信号通路中的噪声来自于各种各样的器件。举个例子,电阻噪声是电路中噪声来源的一个可能的候选来源,放大器噪声是另外一个。在本章的前面部分,我们讨论过可以在源头减少噪声的技术。如果你不能更换元件或也没有更低噪声的替代品,下一个策略是插入某种类型的滤波器。你的基本选择是低通、高通或带通,你将发现在这 3 种类型的滤波器当中最有效的一个是低通滤波器。

你将注意到,图 8-3 的电路中没有使用一个抗混叠滤波器。正如数据显示,这个疏忽已经在电路中引发噪声问题。当电路板中有一个二阶、10 Hz 的抗混叠滤波器插入到仪表放大器的输出与 A/D 转换器的输入之间时,其转换响应显著改善(详见图 8-5)。

模拟滤波器能够将叠加于模拟信号上的噪声,在它到达 A/D 转化器之前消除。特别是,这也包括外来的噪声峰。模数转换器将转换其输入端存在的信号,这个信号可能包括传感器电压信号或噪声,抗混叠滤波器在转换开始之前滤除高频噪声。第6 章涵盖了低通滤波器的细节讨论。

电源母线中的噪声

你可以做几件事来减少电源中的噪声。推荐策略是使用一个旁路或退耦电容跨接每个有源器件的电源引脚与接地面。你可在模拟器件的数据手册中找出推荐的旁路电容值。

模拟器件和数字器件均需要这些类型的电容。在这两种情况下,这些器件需要一个尽可能靠近电源引脚的电容,此电容的一般值为 0.1 μF。系统中所需的第二类电容是在电源的源头处,即电源母线根部,这个电容值通常为 10 μF。

旁路电容通常放在电路板中的两种位置:一个放在靠近电源处(10 μF ~100 μF 或 2 个),另一个较小的电容用于每一个有源器件的电源引脚上(模拟和数字器件,参见图 8 - 20)。器件的旁路电容值取决于问题器件。如果器件的带宽小于或等于约 1 MHz,一个 1 μF 的电

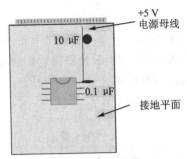

图 8 - 20　如果你想降低电路的整体噪声(并提高稳定性),图中的旁路或退耦电容至关重要。这个较小值的电容(0.1μF)尽可能地靠近器件的电源引脚,这个较高值的电容(10 μF)尽可能地靠近供电源的源头

容将显著减小注入噪声;如果器件的带宽大约在 10 MHz 以上,一个 0.1 μF 的电容可能是适当的。对于这两者之间的频率,可以将两个电容一起使用或使用其中的一个。具体请参考制造商的设计指南。

电路板上的每一个有源器件都需要一个旁路电容,它必须放置在尽可能靠近该器件电源引脚的位置,如图 8 - 20 所示。如果一个器件中用两个旁路电容,较小的那个应尽可能靠近器件电源引脚。最后,旁路电容的引线长度应尽可能地短。

旁路或退耦电容和它们在电路板上的放置对两种类型的器件来说只是一种常识,但更有趣的是,它们出于不同的原因。在模拟布线设计中,旁路电容一般用于将电源上的高频信号重新定向(连接到地),否则这些信号就会通过电源引脚进入敏感的模拟芯片。一般来说,这些高频信号产生的频率超出模拟器件抑制这些信号的能力。在模拟电路中不使用一个旁路电容可能的后果是引起信号通道过度噪声的增加,更糟糕的是产生振荡。

对于像控制器和处理器这样的数字器件,都需要退耦电容但原因不同。这些电容的功能之一是作为微型电荷池。在数字电路中经常发生的是,需要大量的电流来执行门数改变的跳变。因为开关瞬时电流发生在芯片和整个电路板中,此时有额外的电荷调用是有利的。在局部区域没有足够的电荷来执行这种开关动作会导致电源电压显著的变化。当电压变化过大,将导致数字信号电平进入不可确定的状态,更有可能导致数字器件中状态机的错误操作。流经电路板线路(导线)的开关电流将引起

电压变化。电路板线路中存在寄生电感,可以用下面这个方程计算出电压的变化:

$$V = \frac{L\delta I}{\delta t}$$

$$(8-15)$$

式中,V 表示电压变化,L 表示电路板上线路电感,δI 表示经过线路电流的变化,δt 表示电流变化经过的时间。

因此,出于多种原因,在供电电源和有源器件的电源引脚旁路(或退耦)电源是一个好主意。

虽然制造商通常会推荐一个旁路电容值,若改变推荐值,你还可以判断它带来的影响。图 8 - 21 中左图显示了一个 12 位的 A/D 转换器的电源抑制能力。如果电源噪声在低频时存在,转换器将它们衰减约 80 dB 或 1 000 倍;但在更高频率时转换器不太能抑制住电源上的噪声信号。

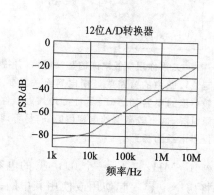

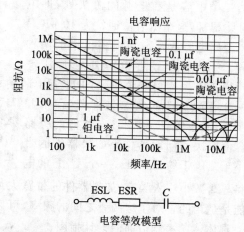

图 8 - 21　器件的电源抑制能力太低,在不能抑制的噪声频率上,旁路电容可降低这个器件在电源引脚上的噪声

由于这是一个 12 位的 A/D 转换器,任意一个注入信号导致一个小于 1/4 LSB 的误差都不会被注意。但是如果电源中的干扰信号开始引起转换误差,就必须对这个信号进行衰减。在本例中,A/D 转换器的电源电压是 5 V,其上有一个 ±20 mV 的噪声。接近直流时,这个噪声会被转换器衰减 10 000 倍,或者减小到 2 μVp - p 的电压水平。你绝不会看到这个转换器的输出噪声。然而,在噪声约等于 ±1/4 LSB 或 ±1/4(满量程/2^{12}),或者说 31 mV 时,对于一个 ±20 mV 的噪声信号要求的衰减是 -36.3 dB 或更低。当你升高频率时,这个噪声在大约 2 MHz 时开始产生。如果这个噪声信号在 2 MHz 或更高的频率没有衰减,噪声将开始变成输出编码。

这个问题的一个简单解决方法是选择一个旁路电容将高频信号接地。图 8 - 21 中右图显示了几个电容的频率响应。这些频率响应曲线延伸到接近零点的频率是旁路到接地平面的接地频率。对于图 8 - 21 中采用 12 位转换器的应用电路来说,最好的旁路电容是一个 0.1 μF 的陶瓷电容。

有时,简单使用旁路电容是不够的。例如,在图 8 - 3 的电路中,一个来自于墙插式电源上的小电源信号出现在 A/D 转换器的输出端。图 8 - 22 展示了这个信号的时域。

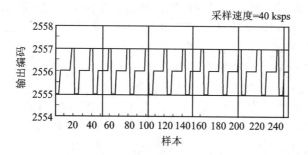

图 8 - 22　图 8 - 3 中墙插上的电源噪声，出现在 A/D 转换器输出端的电源频率接近 2 kHz

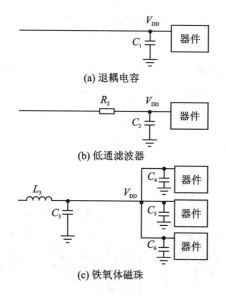

(a) 退耦电容

(b) 低通滤波器

(c) 铁氧体磁珠

图 8 - 23　对于较高频率的滤除，你可以使用的 3 种电源滤波器

　　你不能用一个旁路电容滤去这种低频信号除非你愿意使用一个不同寻常的高容值、大体积且昂贵的电容。当然，这种方法是不可取的，有其他的技术可以用来滤去这种类型的电源噪声。

　　最常见的模拟电路电源滤波采用旁路或退耦电容(8 - 23(a))。当模拟器件不能用它的电源抑制能力去抑制一个交流信号时，这时可能将抑制呈现在电源线上的频率。如果低频噪声仍然被注入到模拟信号通路中(如图 8 - 22 所示)，可能需要一个额外的元件串联到该器件，如图 8 - 23(b) 所示。图 8 - 23(b) 所示的这个串联到器件上的电阻，与 C_2 相结合构建了一个低通滤波器。如果选择了合适的电阻/电容组合，这个低通滤波器可被用来消除低频噪声。这种类型的低通滤波器在频率为 $1/(2RC)$ 时开始衰减电源噪声。

　　采用本策略的消极一面是电源电压的损耗接近于直流压降，这个损耗是因为通

过 R_2 时的压降。于是，如果你再试图设计一个低频滤波器，大容值的电容是必须的，这就进入了一个恶性循环。

图 8-23(c)展示了另一种替代电路。在这个电路中，一个铁氧体磁珠被串联到器件上。对这种电路，铁氧体磁珠可以在抑制低频交流信号时通过直流电流。在低频时，铁氧体磁珠呈感性的，它与旁路电容组合形成了一个低通 LC 滤波器。在较高频率时，这个铁氧体磁珠的阻抗主要呈阻性。由于这种铁氧体磁珠是一个能通过大电流的电感，流过该元件的直流损失就非常低。

正确选择你的铁氧体磁珠可以减少电源噪声。例如，一个开关装置工作在大约 150 kHz 时有一个 40 mVp-p 纹波，可以使用一个铁氧体磁珠把它的纹波减小到 3 mVp-p，这就可以通过一个 50 μH 的铁氧体磁珠($L3$)和一个 100 μF 的钽电容(C_3)实现。

8.12　回顾低噪声改进的应用电路

我总是喜欢把大家带回现实(或更好，实验室)来证实事情将如我们理论中那样工作。因此让我们回溯到图 8-5 中的电路。我把这个电路修正后又放到图 8-24 中，因此你不需要翻书。

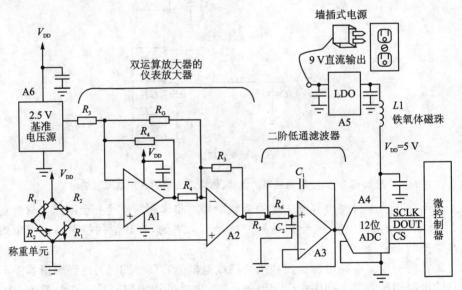

图 8-24　源自图 8-3 的电路，本电路已经还原了电阻、低噪放大器、一个二阶低通滤波器和一个放置在电源上的扼流电感或铁氧体磁珠等。你可以在本电路中实施所有策略以减少模拟噪声，并让一个 12 位 ADC 实现本应该达到的 12 位精度

在这个新的改善过电路中，我采用以 10 倍来缩小仪表放大器的电阻，然后我用低噪声放大器换下原来的放大器。当我继续进入到传导噪声问题时，我在信号通路

中添加了一个二阶低通滤波器,因为我知道我的仪表放大器电路有一个很高的增益。然后我在靠近这些有源器件的位置放置了合适的旁路电容。在这里我设置了接地平面,这个额外设计与之前相比产生了很大的区别,因为地线电阻减小,电路板现在具有屏蔽而不受外界干扰。最后,我在电源线路上添加了一个铁氧体磁珠用于滤除来自电源中的任意低频噪声。这些噪声减少措施把我的那个性能仅相当于"约 7 位"的 12 位 A/D 转换器转变回一个真正意义的 12 位转换器。

参考文献

［1］ Baker Bonnie C. Comparison of noise performance between a fet transimpedance amplifier and a switched integrator. AN－057, Texas Instruments.

［2］ Box , Hunter. Statistics for Experimenters. John Wiley & Sons, New York, 1978.

［3］ Fair－Rite Products Corp. The Effect of Direct Current on the Inductance of a Ferrite Core.

［4］ Morrison , Ralph. Noise and Other Interfering Signals. John Wiley & Sons , New York ,1991.

［5］ Ott , Henry W. Noise Reduction Techniques in Electronic Systems. John Wiley & Sons ,New York , 1976.

［6］ Ryan, Scranton. D－C amplifi er noise revisited. Analog Dialogue 18－1, 1984.

［7］ Smith,Sheingold. Noise and operational amplifi er circuits. Analog Dialogue 3－1,1969.

［8］ Understanding data converter frequency domain specifications. AN－4, Datel.

第 **9** 章

怎样在脱离电脑和大量纸张的情况下
设计模拟电路

理查德·伯温(Richard S. Burwen)

好吧,我的确同意伯温先生的意见,他对设计模拟系统和电路有着正确的态度。我已经设计了几种稳定时间测试盒,且我们采用了类似的电路,甚至趋向于使用相同类型的元件。

9.1 对设计一个电路的几点思考

在设计一个电路时,有些人使用页面和笔记本纸页面充斥计算,其他人在电脑上面使用复杂的公式并模拟。在过去的 40 多年,我一直在设计模拟电路和模拟—数字电路。虽然我有一个小屋子的工程笔记本,它们大多是充满原理图、印刷品、印制电路板布局以及电路如何工作的书面报告,并没有太多的计算。

这并不是说我不会算,我很擅长使用电脑。我设计电路,通常是一边画图,一边在脑海里计算,使用简单的近似,我能获得 5%～10% 的结果,而别人可能需要使用笔记本电脑计算才能得到。

如果那是你喜欢的工作方式,我并不反对使用电脑、计算器、手工计算、甚至是应用指南。也许我是世界上最后一位获得电脑的电路设计人员。现在,我的办公桌上有两台 AT 仿制品,我的工作台上还有一台便携式电脑用于记笔记。我对我的电脑又爱又恨,我恨它们让我 3 个月甚至更长的时间耗费在程序特性、不兼容性、由于复制保护引起的磁盘问题、IO 端口干扰、电脑挂机以及很多的小问题上,必须花费很多时间去了解。我的磁盘里有几十兆字节的程序是我自己的,但是不能使用。

我的电脑对我有三大帮助。首先是用 Futurenet 软件画原理图。在我画原理图时不尝试分析或模拟我的电路,仅是将它画出。我曾经是一个可怕的绘图员,但是现在通过绘图机绘制的原理图清晰而漂亮。其次,我使用文字处理器大量地写作,但这并没有加快我的写作速度。我曾经口述我的报告给秘书,然后经过少量修改就将它们发送出去。现在我能在电脑上随时改变我的想法,不过它的效率也不高 。

第三件事是我用电脑来收集一些有用的信息。我采用一个 MemoryMate 记忆帮手软件,它使用起来非常简单。借助电脑备份我的手机文档,我还对相同程序建立第二个副本来保存工作笔记,这个通常在我的便携式电脑上完成,第三和第四份副本程序则用于存储一些录音和其他任意想记住的信息。这个做法的好处就是如果你仅仅记得你所写的东西的一个单词,也能很轻易的把它找出来。通常为了更加确定,我都会在每页开头加上关键字,所以如果可以想起一些相关联的东西就可以找到它。使用电脑存储总比往那些很难找到信息的工程笔记本里填充笔记的做法要强太多。

　　曾经在某段时间我使用过一个电子计算器。当读大学和早期的工程师生涯期间,我曾经很自豪,自己的口袋里能随身带着一个最复杂的计算工具的微缩版。现在我使用一个袖珍计算器——夏普5100,它有一个数不胜数的按键,但是我所真正喜爱的是那十个记忆按键,可以储存中间结果。我绝大多数用它来计算精密电阻且要求值必须接近 1‰ 精度。告诉大家我对电路的看法,也许得让你们知道更多关于我的履历。

9.2　我的个人背景

　　从我八岁懂事以来就希望成为一个电路设计师。我很幸运,有很多孩子要花去三十年才弄明白他们到底想要做什么。我父亲早在 20 世纪 20 年代就开始售卖收音机,他开始让我组装一台晶体管收音机。

　　你们中的大多数人可能太年轻而不会记得老式方铅矿晶体及它的猫须线①。这种晶体是一个小块的矿物嵌入或焊接一根卷曲的导线,其直径约 0.4 inch、高约 0.2 inch。让它接收本地调幅广播信号时,在晶体上使用一个小的旋转手柄和一条猫须的方式,你可以在一个灵敏的地方捕捉到信号,猫须是一小片有弹性的金属线。当以正确的压力和线的尖端碰到了正确的点,将会迅速地变为最初的晶体管或者半导体整流器。

　　在我父亲的建议和书本资料的帮助下,我组装了至少 3 个不同的晶体收音机,它们都能接收到一些信号。我用床垫弹簧作天线,并用一个暖气片接地,然后我在阁楼用一根长线天线增强接收。我试过很多不同的线圈,包括一个在 Quaker 麦片盒子上的绕线以及不同的可变调谐电容。第三个晶体收音机是一个很光滑的产品,是我用一个红木雪茄盒做成的。经过打磨、染色、油漆过程,抛光得像一面镜子。

　　在组装晶体收音机之后,我升格到单电子管收音机。从单个真空管发展到双真空管以及三真空管。我没有完全照搬从书上找到的那些电路,设计思维主要还是根据常用的思路加上自己的改进。

　　十一岁时我开发了一个非常健全的高压装置。某天当我在阁楼探访一个从事业余无线电操作的朋友时,我设法用一只手按住电报键同时用另一只手拿着耳机,在它们之间有 400 V 直流电,我无法松手。但幸运的是,他恰好在我身旁,迅速地关闭了电源。现在我始终保持一只手放在我的口袋中。

　　在我 13 岁的时候,成了一个业余无线电操作员,但我对组装设备方面的兴趣比对无线电交谈更浓厚。在十四岁我通过了测试,获得商业电台电话和电报许可证。

---

　　①　早期的矿石收音机使用被昵称为"猫须"(cat's whisker)的金属细线压在方铅矿(galena,成份是硫化铅)晶体上,构成点接触整流器(point‑contact rectifier),称为矿石检波器或晶体检波器(crystal detector),目的是检波——译者注。

当我在上高中的时候,二战开始了。我要在下午和星期六从事维修和调校军用HRO短波接收机的工作。战争开始时,政府关闭了业余无线电活动,在这个节骨眼上,我对高保真音乐再现产生了兴趣。

我从一开始就意识到,频率响应是展现好声音的一个主要因素,我花了很多精力设计很多种高保真相关的模拟滤波器、均衡器和音调控制系统。在高中和早期的大学生涯我装配了一台收音电唱两用机,采用多个扬声器、一个合成的交叉网络、低音和高音控制等,最重要的是采用了扬声器均衡。它用大枫木、透明门的胡桃木柜以及彩灯来增强音效。

在哈佛大学半年后,我加入美国海军并进入电子技术学校。这是一种了不起的实践教育,我至今都希望每个工程技术学校都能够提供。它是对大学获得的所有理论的一次深入实践应用。我常想,人们怎样才能通过大学物理、数学、电工原理、麦克斯韦的方程等课程而不因无聊而辍学呢,除非他有这样一种电子实践课程。

海军的课程由入门无线电、初级无线电、中级无线电构成,共计一年课时。由于我有很多的实践经验,我得以在初级学校的第二个月月末通过最终测试,并且在第三个月的毕业班级以优异成绩毕业。成绩最好学生的通常可自己选择去哪里的中级学校,因此海军送我到旧金山湾的金银岛,这是我最终的选择。我从中级学校毕业的时候,战争已经结束了,海军让我当了3个月的打字员,然后放行,我又回到了哈佛大学。

当时我想学习一些进阶电子课程。便跳过一个或两个很基本的课程。我的导师,亨特教授问我:"你想成为一个科学家还是一个高保真音响狂热迷?"我的回答是:"两者都想"。我想至少在后者我已经成功了。

大学毕业并在哈佛大学获得一个硕士学位以后,我及时退隐。我所做的就是回到在我父母地下室的工作室,在那里我试图开发一个顶级的高保真系统,构建成一个韦伯斯特换片器的基础。我的打算是向有钱人出售高保真系统,这是一次很好的经历,因为从这里我学到了很多关于多反馈环和均衡的知识。我设计了两套完整的系统,在我完成了结构的时候,我意识到那些有钱买这个系统的人根本就不关心它的保真度,而真正关心保真度的人又没钱买系统。

就在这时,我接到一家电子公司打来的电话,让我在1950年为首个有线电视系统设计设备。在后面的11年中,我曾就职过6家公司为实验室仪器、高保真音响和军用装备设计模拟电路。自1961年以来,我一直在全职做模拟电路设计顾问,公司不会聘请你做这方面的工作,除非他们超出负荷。很快,你就有他们不具备的能力。所以,30年来,我有很多的乐趣,并参与了非常有趣的项目,其中包括医疗设备、高保真音响、航天、汽车、电视、模拟功能模块和集成电路、电源供应器、实验室仪器,以及近来的开关电源放大器。

我的初恋、爱好以及一部分生意都在高保真音响方面。我的家庭音响系统:在一个房间有169个扬声器,功率20 000 W。我花了25年时间组建,并将于2010年左右完成。

多年来,仅有一很小比率的面包、黄油事务也牵涉到高保真。那并不重要,几乎所有模拟电路设计的东西均与高保真有一些相关性。我的音响系统采用了约 2 000 个运算放大器。我为我的高保真设计的第一个运算放大器是采用分立式密封模块。这些模块,有些改良品成为模拟器件公司(ADI)的第一批产品。后来,我开发出来更复杂的信号处理模块,它帮助产生两家高端音响公司,当然,这两个公司还有我的名义。

你可以看到,我的实际背景带给我一些什么样的电路设计工作的感觉。虽然我几乎没有直接使用我在大学和研究生院所学到的数学理论。我坚信,有较好的数学背景是有必要的,有助于让你在设计一个电路时做出最佳权衡。我在我的设计中所使用的工具是非常简单的,下文将讲述我如何去设计模拟电路。

9.3　分解一个电路

现在一开始就有很多非常便宜的晶体管(什么是电子管?)可供你大量使用。最初的运算放大器开发的时候,它们是很昂贵的,以至于你不得不节省电路。现在你可以购买到将数个运算放大器集成到一个芯片的器件,它们如此的便宜,以至于可以用它们作为高品质的晶体管使用。那样更容易将设计电路分为几个简单的部分。

例如,假如你想设计一个具有高频衰减和一个低音增强的标准唱机均衡器。您可以在一个运算放大器周围建立一个单网络;或者你可以分隔均衡器的高频、低频部分,再分开采用运算放大器电路实现,然后再级联。分解电路可以让你调整一个常数,而不会影响另一个,且电路比较容易计算。

要做的第一件事就是把一个电路分解成块,如果每块电路都有一个非常高的输入阻抗和一个接近零的输出阻抗,那么这个块就可以馈送给其他的块而互不影响,这就是大量应用运算放大器的漂亮之处。来自很多分立电路的噪声积累可能成为一个更大的问题,但也可能问题更小。如果你以不过载为原则把所有的信号都保持一个尽可能高的水平,产生的噪声或许会比试图让一个单电路执行多种功能时更少。在一个电路上你执行的功能越多,它们之间的相互影响就会越多。通常,靠近一个网络输出的电路必须比靠近输入的电路具有更高的阻抗,这样便于减少负载问题。不过,阻抗越高,产生的噪声越多。

低噪声电路可以执行许多不同的功能,通常由一些接近单位增益的运算放大器电路组成。低增益意味着被放大的噪音更少,所以在我的设计中我大量使用运算放大器作为跟随器。

如果你把一个电路的所有功能分成若干个模块(类似于积木)且它们之间功能不互相影响。这样设计工作就相对简单,每个块可以独立于其他块展开设计,但前提是它可以接入负载。

9.4　等效电路

如果你在任一点分解开一个电路块,它看起来就会像一个源馈送给一个负载(亦称一个负载接入源），这个源具有内部阻抗，且负载影响最终的输出。但是，如果你已经把电路分解成独立的运算放大器电路块，与它的负载相比，每一块的输出阻抗接近零，你再也不必担心相互影响。在每个独立的块中，你可以用戴维南和诺顿等效电路来确定增益与频率的关系。

这两种等效电路，源的看待方式不一样。源可以被看作是一个具有内部阻抗的电压源，或者是一个并联于内部阻抗的电流源（见图 9-1）。如果你有一个复合网络，它往往便于在电压源和电流源之间相互等效，你必须完整地知道如何去计算这些电路的增益、如何计算出一个二元电压分压器的增益以及如何并联阻抗。

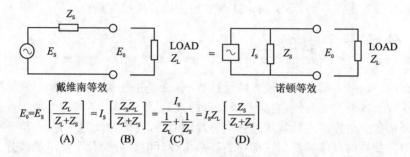

$$E_0 = E_s \left[\frac{Z_L}{Z_L + Z_s} \right] = I_s \left[\frac{Z_s Z_L}{Z_L + Z_s} \right] = \frac{I_s}{\frac{1}{Z_L} + \frac{1}{Z_s}} = I_s Z_L \left[\frac{Z_s}{Z_L + Z_s} \right]$$
$$\quad\text{(A)}\qquad\qquad\text{(B)}\qquad\qquad\text{(C)}\qquad\qquad\text{(D)}$$

图 9-1　等效电路

在电压源的例子中，公式 A 给出了由负载阻抗（Z_L）与总阻抗（总阻抗 $Z_L + Z_s$，由负载阻抗 Z_L 和源阻抗 Z_s 组成）比值所决定的输出电压。在电流源的例子中，源电流则流过源和并联的负载。因此，公式中的 B 和 C 的输出电压就是源电流乘以并联阻抗。

如果负载开路，所有的源电流则流过它自己的内部阻抗 Z_s，产生一个输出 $E_0 = I_s Z_s = E_s$，即等效源电压。如果负载短路，所有的源电流则流过短路负载路径且不经 Z_s，产生零输出电压。在两者之间，一小部分的源电流通过负载阻抗，产生一个输出如公式 D 所列，且等于公式 B。

当一个以上的源供给一个线性电路的输出，可以单独考虑每个源的作用。保留所有已连接的阻抗及短路所有电压源仅留一个待测电压源，采用戴维南等效计算出该测试源引起的输出。下一步，短路刚才的已测的电压源，打开另一个待测源，并计算输出……以此重复，待计算完每个源引起的输出后，你可以把它们都加到一起得到总和。如果一个源产生电流，先打开它，但在计算另一个源的作用时保留它已连接的源阻抗。这样采用任何类型的计算都会更容易。

你可以将数字输入计算器，也可以在脑海里做出估计，负载与源阻抗之比 Z_L/Z_s 给出了增益 G。

$$G = \frac{E_0}{E_s} = \frac{1}{1 + Z_s/Z_L} \tag{9-1}$$

它也给出了衰减 $1/G$ 如下式。

$$\frac{1}{G} = \frac{E_s}{E_0} = 1 + \frac{Z_s}{Z_L} \tag{9-2}$$

表 9-1 列出了频繁使用的数字。

表 9 – 1　常用数字

Z_L/Z_S 比	增　益	衰　减
0	1	1
1/4	4/5 = 0.8	5/4 = 1.25
1/3	3/4 = 0.75	4/3 = 1.33
1/2	2/3 = 0.667	3/2 = 1.5
1/1	1/2 = 0.5	2
1.5	0.4	2.5
2	0.333	3
3	0.25	4
4	0.2	5
9	0.1	10
100	0.0099	101

9.5　库存元件值

除非系统的某个模块需要一个非常精确的、奇怪的增益,否则你没必要计算得非常准确。你只需要达到最近似的库存电阻值即可,这使得计算很容易。

1%的电阻如此便宜,它们应用的成品是如此的昂贵,这样说来,就不值得节省成本而改用 5% 或 10% 的电阻,您的公司还可能为此库存所有不同值的元件浪费了很多钱。我的设计采用标准的 1%、0.25 W、100 ppm/℃ 电阻,从每一组中选择 12 种数值,详见表 9 – 2。一旦偶尔我需要一个准确的、稳定的电阻,我就从极少数的0.05%、0.1 W、10 ppm/℃ 电阻值中选择,如表 9 – 3 所列。类似的,我使用数量有限的电容值(参阅表 9 – 4 和 9 – 5)。对于精密滤波器,我采用 2%、50 V 聚丙烯电容,其值限制在 0.003 3 μF、0.004 7 μF 及 0.01 μF。

表 9 – 2　库存电阻值表

库存电阻(单位:Ω),1%,0.25 W,100 ppm/℃					
10.0	100	1 000	10.0 k	100 k	1.00 M
11.0	110	1 100	11.0 k	110 k	1.50 M
12.1	121	1 210	12.1 k	121 k	2.00 M
15.0	150	1 500	15.0 k	150 k	3.01 M
20.0	200	2 000	20.0 k	200 k	4.99 M
30.1	301	3 010	30.1 k	301 k	

模拟电路

库存电阻(单位:Ω),1%,0.25 W,100 ppm/℃					
40.2	402	4 020	40.2 k	402 k	
49.9	499	4 990	49.9 k	499 k	
60.4	604	6 040	60.4 k	604 k	
69.8	698	6 980	69.8 k	698 k	
80.6	806	8 060	80.6 k	806 k	
90.9	909	9 090	90.9 k	909 k	

164

表 9 - 3　库存精密电阻值表

库存电阻(单位:Ω),0.05%,0.1 W,10 ppm/℃
100
4990
10.00 k
49.90 k
100.0 k

表 9 - 4　库存陶瓷电容值表

库存陶瓷电容(单位:pF),5%,50 V,±30 ppm/℃		
5		
10	100	1000
15	150	
22	220	
33	330	
47	470	
68	680	

9.6　RC 网络

大多数工程师对电抗、时间常数、频率响应之间的关系没有感觉,他们不得不把所有的数字放在公式里计算看看结果如何,其实在脑子里面计算 RC 电路相当简单。

表 9 - 5　库存金属薄膜电容值表

库存金属膜电容(单位:μF),5%,50 V,±200 ppm/℃			
	0.01	0.1	1.0
0.001 5	0.015	0.15	
0.002 2	0.022	0.22	
0.003 3	0.033	0.33	
0.004 7	0.047	0.47	
0.006 8	0.068	0.68	

首先,让我们看一下图 9 - 2 中这个简单的 RC
低通滤波器。该滤波器是一个简单的分压器,在电
容的容抗等于源电阻 R 的频率时,其增益是 0.707
或下降 3 dB。这些神奇的数字是 -3 dB 频率 f_0,以
及时间常数 T——电阻和电容简单地乘积,单位微
秒(μs)。

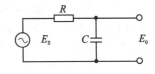

图 9 - 2　RC 低通滤波电路

容抗和电容容量可以通过下述公式进行计算:

$$X_C = \frac{1\,000\,000}{2\pi fC} = \frac{159\,155}{fC} \qquad (9-3)$$

$$C = \frac{1\,000\,000}{2\pi fX_C} = \frac{159\,155}{fX_C} \qquad (9-4)$$

其中 f 是频率以 Hz 为单位,电容以 μF 为单位,你要记住的是1 μF电容在 1 Hz
频率时容抗大约为 160 000 Ω,你就可以从这里推算出其他的一切值。例如,1 kHz
时 1 μF 的容抗为 160 Ω;在1MHz 时则为 0.16 Ω。又如,在 1 MHz 时 1 pF 的容抗
为 160 000 Ω;在 1 kHz 时 1 nF(即 0.001 μF)的容抗为 160 000 Ω。

如果你想设计一个 RC 低通滤波器在 1 kHz(截止频率 f_0)衰减 -3 dB。让我们
以一个 4 990 Ω 的电阻开始,这个是我经常使用的库存电阻值之一,且对于一个运算
放大器来说也是一个合适的负载。在 1 kHz 时我们需要一个 4 990 Ω 的容抗,请回
顾一下电容值是多大?

只需将 160 000 除以频率(1 kHz),然后再除以欧姆数(5 kΩ),如方程(9 - 4)所
示。难点在于获得正确的小数点。记住数字 160 000 关联到欧姆和微法,也可扩展
到千欧(kΩ)和纳法(1 nF=0.001 μF)或者兆欧(MΩ)和皮法(pF)。这个简单的 *RC*
低通滤波器计算出需要 0.032 μF 的电容,实际为 0.031 894 8 μF,对于一个 1 kHz
的截止频率,那就接近我的库存值 0.033 μF。

考虑这个简单的 RC 低通滤波器的另一种方式是将它的时间常数 $T=RC$ 和它
的截止频率 f_0 关联在一起。

$$f_0 = \frac{160\,000}{T} = \frac{160\,000}{RC} \qquad (9-5)$$

$$T = \frac{160\,000}{f_0} = RC \qquad (9-6)$$

这里 T 的单位是 μs(微秒);f_0 的单位是 Hz。

一个滤波器如果用一个 1 MΩ 电阻和一个 1 μF 的电容,它的时间常数就为 1 s,
或者说 1 000 000 μs,且 -3 dB 截止频率为 0.16 Hz。这是因为该频率在 1 μF 时具
有一个 1 MΩ 的容抗并等于 1 MΩ 的电阻。利用这点,你可以计算其他所有简单的
RC 滤波器。

如果电容、电阻分别是以 μF 和 Ω 为单位,时间常数单位则是 μs。你只要知道
时间常数就可以算出截止频率,反之亦然。举个例子,1ms 的时间常数产生一个
160 Hz 的截止频率,1 μs 对应于 160 kHz。计算频率,只需将 160 000 除以时间常数
(ms);计算时间常数,只需将 160 000 除以频率(Hz)。

一旦你脑子里计算过几次,对于什么时间常数匹配什么频率,就有一目了然的感觉。比如说,我知道:100 μs 匹配 1 600 Hz,160 μs 匹配 1 kHz,300 μs 约为 500 Hz,10 μs 匹配 16 000 Hz……等,依此类推。

这个简单的 RC 低通滤波器在任意频率的响应由它的频率比决定。

$$G = \frac{E_0}{E_s} = \frac{-\mathrm{j}X_C}{R - \mathrm{j}X_C} = \frac{1}{1 + \mathrm{j}2\pi fT} \tag{9-7}$$

$$|G| = \frac{E_0}{E_s} = \frac{1}{\sqrt{1 + (f/f_0)^2}} \tag{9-8}$$

如果你知道一个简易 RC 滤波器的 3 dB 截止频率 f_0 是什么值,就可以在半对数图纸上绘制它的整体响应曲线,或者你也可以在你的脑子里面形成大概轮廓。该曲线是常见的,你只需将它移动到合适的频率。找出感兴趣的频率 f 与 3 dB 截止频率 f_0 的比率,就可以确定它的响应。从表 9-6 中可以看到,在截止频率的一半时响应下降 1 dB;在截止频率的 2 倍时则是下降 7 dB;在截止频率的 1/7 时下降 0.1 dB。超出截止频率,这个响应的斜率为 20 dB/dec。

如果这个滤波器是一个高通类型,而非一个低通类型,将表 9-6 中 f_0 和 f 简单地互换即可。

表 9-6　频率比与截止频率下降 dB 关系

f/f_0	dB
1/7	-0.1
1/2=0.5	-1
1	-3
2	-7
10	-20
100	-40
1 000	-60

我经常需要去估计一个简易 RC 滤波器的瞬态响应或计算一个阶跃输入其电容在一个给定时间内充电到什么程度。这个滤波器的阶跃响应函数如式(9-9)所示:

$$\frac{E_0}{E_s} = 1 - e^{-\frac{t}{T}} \tag{9-9}$$

表 9-7 是一个常见的对应值表。表征输出与时间(即 t/T,对应于 T,一个比率的 RC 时间常数)的关系。

表 9-7　输出与时间常数关系

t/T	E_0/E_s	t/T	E_0/E_s
0.001	0.001	1	0.63
0.01	0.01	2.3	0.9
0.1	0.1	4.6	0.99
0.2	0.18	6.9	0.999
0.5	0.39	9.2	0.999 9

如果记住了这个电容在 1 个时间常数时充电可达到的 0.63 或 63%，你可以在脑子里面计算出表中大部分数据。此外，电容在 2.3 时间常数时充电可达到最终值的 10%，即为 0.9 或 90%。

下一个 2.3 倍时间常数的指数曲线具有相同的形状，但起点是从最终值的 10% 处开始的。因此，在 $2 \times 2.3 = 4.6$ 时间常数的末端时，其值为最终值的 1%，即为 0.99 或 99%。类似地，在 $3 \times 2.31 = 6.9$ 时间常数时电容充电到最终值的 0.1%，为 0.999 或 99.9%。在一个小分数的时间常数内，电容充电与时间常数值是相同的（如表 9-7 中所列的前 4 项），都是一样的小分数。

如果这个简易 RC 滤波器是一个高通类型，而非一个低通类型，用 1 减去上述的输出。

9.7　稳定一个反馈回路

稳定一个反馈回路的第一条规则是要保持它的简单。平坦响应反馈环绕一个单级 RC 衰减或一个积分器，产生一个低通滤波器，看起来像一个单阶 RC 衰减，它衰减斜率为 6 dB/OCT。

这个单阶 RC 衰减产生一个很好的、无峰突的指数特性阶跃响应。如果开环响应下降斜率在 6 dB/OCT，它有 90° 的相位滞后。当你闭合回路，用它构成一个低通滤波器，在 -3 dB 的相移是 45°。回路中其他元件增加相移往往导致频率响应的一个峰值和阶跃响应的一个峰突。

让我们从一个简单的有源低通均衡器说起，图 9-3 中这个均衡器的增益与频率比是 Z_2/Z_1，这是一个反馈阻抗 Z_2 与输入电阻 R_1 的简单比值。我已选择好了反馈网络，它是一个由电阻 R_2 和电容 C_1 组成并联回路，具有 150 μs 的时间常数。如果时间常数一样，这个有源滤波器则具有与图 9-2 所示简易低通滤波器一样的频率响应。其区别是这个有源滤波器具有输出反相和一个接近于零的输出阻抗，你还可以设计将它用于提供直流增益。

-3 dB 截止频率结合 150 μs 时间常数时大约是 1 kHz。如果你还记得 160 000/T，你可以把这个电路当成由一个输入电阻 R_1 和一个反馈电容 C_1 构成的积分器。添加电阻 R_2，则提供了一个全直流反馈通路，将这个积分器转换成一个低通滤波器。

看待这个电路的另一种方法是考虑 A1 作为一个接在它的负输入和输出端的电流源。这个电流源有一个内部电阻 R_2。由于大反馈维持运算放大器负输入接近于地电位，流经 R_2 的源电流和通过 R_1 的输入电流相等。这个内部源电阻 R_2 由电容 C_1 负载，成了如图 9-2 所示的简易 RC 低通滤波器相似的等效电路。

现在假设用直流反馈代替之前直接取自运算放大器 A1 的输出，该直流反馈源自于图 9-4 所示的这个更复杂的系统。这里的积分器 A1 输出端紧接着一个由 R_3 和 C_2 组成的低通滤波器，然后用一个单位增益跟随放大器 A2 作缓冲。我已经设定了该滤波器的截止频率为 $3 \times 1\,000$ Hz，即 3 kHz。它的时间常数 $T = RC = 160\,000/$

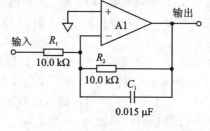

图 9 - 3　6 dB/OCT 的有源低通滤波器

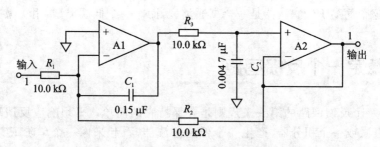

图 9 - 4　12 dB/OCT 的有源低通滤波器

3 000 Hz=53.3 μs=0.004 7 μF×10 000 Ω。问：会发生什么状况？

在 1 kHz 时的增益实际上是与图 9 - 3 所示电路相同，因此环路增益几乎完全由积分电容 C_1 和反馈电阻 R_2 决定。这个 3 kHz 低通滤波器的主要作用产生一个额外的 6 dB/OCT 衰减和提供相移，该相移在阶跃响应中产生大约 1％的正峰突。

这是个规则。如果你有一个反馈回路环绕一个积分器和一个 6 dB/OCT 的低通滤波器，通过使低通滤波器的截止频率 3 倍于独立直流反馈积分器的截止频率，就可以实现仅有 1％峰突的瞬态响应。如果低通滤波器的截止频率较低，则会有较大相移和较大峰突。在 1 kHz 时，低通滤波器存在一个 18.4°的相位滞后，再加上积分器存在 90°的相位滞后，总的开环相移达到 108.4°，它小于 110°，看起来这还算是一个不错的数字。

记住，110°总相移在单位增益频率时会带给你漂亮的瞬态响应。单位增益意味着如果你在一个合适点断开回路，并在这里连接一个小信号发生器，那么返回信号的幅度（而非相位）将和小信号发生器的输出是一样大的。如果电路存在一个以上的低通滤波器或者在单位增益频率时存在相位滞后，你必须统计所有的相移。一个简易 RC 低通滤波器远低于 3 dB 截止频率，相移大约与频率成基于一弧度的比例或在截止频率时是 57°。在频率高于半个截止频率时，这个公式是不准确的。举个例子，在截止频率时的相移是 45°，而不是 57°。

如图 9 - 4 所示的这个滤波器涉及的不仅仅是一个单反馈回路。跟随器 A2 也有自己的从输出到输入的反馈回路，该反馈通过 R_2 到 A1，为 A2 提供额外的直流和低频率反馈，其开环接近一个 12 dB /OCT 斜率和 180°相移。如果 A2 没有良好的过载和转换速率特性，这个电路处于一个非常高的频率时就可能产生振荡。根据内部稳定的法则,一些运算放大器由于过载产生几个微秒的延迟,有效地增加了系统的相位滞后。

任何在正向通路涉及积分或低通滤波的反馈回路可能易受过载恢复问题的影响。这是因为在该系统的输出饱和时会使电容过充电。因此,有必要了解在各种元件过载时,反馈回路会发生什么情况。在把一个运算放大器设计进电路之前,你应该要懂得如何将它从过载状态恢复。有时通过对输入信号限幅能够避免这种问题。

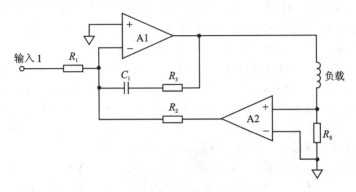

图 9 - 5 电流控制放大器

另一种你可能必须保持稳定的环路是一个带感性负载且特性像一个积分器的电路。许多电磁负载发生这种情况,如偏转电路、磁铁、电机驱动器等。在图 9 - 5 中,用一个低电阻分流测量负载线圈的电流,并用 A2 放大输出提供反馈。由于负载特性,这个环路在一个宽范围的频率上具有接近 90°的相移。于是,A1 周围的反馈网络在高频率时必须具有一个由电阻 R_3 决定的低相移平坦响应区域。我们希望直流的最大反馈采用输出电流的精确控制,所以它使用了一个积分电容 C_1。这里是我对电路一无所知的前提下稳定环路的一种简单方法:

(1) 短路积分电容 C_1,在 R_3 元件处接入一个电位器代替;

(2) 接入一个示波器观察来自 A2 的反馈信号和 A1 输出的误差信号;

(3) 馈入一个小方波信号,调整 R_3 位的电位器到最大阻值给出一个令人满意的峰突量;

(4) 接入一个很大值的积分电容 C_1,然后选择越来越小的值,接受最小值的标准是它没有严重降低刚才呈现的良好的瞬态响应。

就这样,不用模拟仿真,无须计算,一种不错的、节省时间的方法。这种方法适用于各种通过一个简单的串联 RC 网络来保持稳定的反馈系统。如果系统额外产生相位滞后,可能要添加一个相位超前网络来补偿,比如一个电容串联一个电阻跨接在反馈电阻 R_2 上。这种网络在单位增益频率时可减少总相移,从而减少峰突和振铃。

9.8 电路阻抗

高阻抗电路易受小分布电容影响,这类电路产生比低阻抗电路更大的噪声。当频率低于 100 kHz 时使用运算放大器,我的原则是采用 5 kΩ 左右的电路阻抗。大多数的 BIFET 运算放大器几乎在 20 kHz 频率时可以驱动一个 5 kΩ 负载不会产生失真。如果你正将一个运算放大器当作一个跟随器,它具有最大的反馈,由分布电容造成的相移可以让电路在兆赫兹级的区域振铃。

例如,假设跟随器的输出不是直接反馈到输入,而是经过一个 100 kΩ 的串联电阻。对地仅 3 pF 的分布电容将会在反相输入端建立一个 500 kHz 的低通滤波器,在 1.5 MHz 频率时它的相移大约 71.5°,这将导致许多个周期的振铃,也许还会导致振荡。如果反馈电阻仅有 5 kΩ,这个分布电容构成的低通滤波器的 3 dB 点频率是 10 MHz;如果单位增益频率仅为 3 MHz,它就不会引起振铃。

在某些电路中,至少在低频率时你需要一个高阻抗。如果一个电路的阻抗大于 5 kΩ,若它在高频时产生单位反馈,那么需要用一个电容在输出端到负输入端之间旁路。电路的闭环增益越高其容忍的阻抗就越高,因为单位环路增益频率很低。记住 3:1 的截止频率规则存在低峰突和小于 110° 的相移。高频运算放大器在高频时具有大于 90° 的相移,可以容忍反馈通路微乎其微的相移。

低阻抗电路不易从其他电路拾取噪声,在一个印制电路板上,比如说,两个邻近的导体可能存在一个电容,在它们之间每英寸距离约为 1 pF。通过估计在关注的频率上电路阻抗与耦合电抗的比值,就可以估算出会有多大串扰。

9.9　新元件

在选择一个你以前从来没有使用过的元件之前,重点是要找到它的特点——而不仅仅是规格书上的内容,重要的特点往往是未详细说明的。例如,使用一个新运算放大器之前,你应该发现,制造商真正的设计它在单位增益是否保持稳定,或者它是否濒临振荡。当任一输入过度,运算放大器进入相位反转吗?它能被一个相同类型的运算放大器驱动而不会相位翻转吗,如果不能,用一个不同类型的运算放大器又将输出多大电压?它会产生大量的爆米花噪声[②]影响你的系统吗?它会因过载而产生延迟吗?如果没有在规格书上或者应用笔记中看到你想关注的特征,应该假定这部分性能表现不佳。

许多更严重的问题,我也在电路设计工作过程中遇到过,起因于我首次使用时对元件的不完整认识。例如,在多个实例中,我被集成电路的寄生效应弄得焦头烂额。当你注入电流到一个引脚并驱动它为低电平(接近地电位)或高电平(接近电源电压)时,该芯片的一个部分要假设它和其他互受影响部分不相关。对你不完全熟悉的任一部分的电路,在设计之前真的值得做几个关键试验。

---

② 爆米花噪声是一种在双极型晶体管基极电流中的突然阶跃或跳跃,或 FET 晶体管阈值电压中的一种阶跃。之所以将其称为爆米花噪声,是因为当通过扬声器播出来时,它听起来类似爆米花的声音。这种噪声也被称为猝发噪声和随机电报信号。爆米花噪声出现在低频率(通常为 f<1 kHz)下。每秒钟可以发生数次猝发,在极少数情况下,可能数分钟才发生。我们认为,爆米花噪声是由电荷陷阱或半导体材料中的微小缺陷引起的。我们已经知道重金属原子污染是引起爆米花噪声的原因——译者注。

9.10　面包板[③]

　　如果涉及的电路类似于我以前使用过的电路,工作频率也不是太高,我通常跳过面包板阶段直接进入印制电路设计。部分的电路如果涉及复杂的反馈回路或不熟悉的元件,或者是易受影响的绕线电感或电容均需要进行测试。

　　面包板电路应仔细装配,并注意接地、屏蔽、引线长度。使用一个有接地铜皮的面包板,你可能要浪费很多宝贵的工程时间去查找一个面包板电路中因草率拼凑存在的问题。

　　有些工程师比较喜欢计算机模拟仿真,这也很好,但试验方法的一个很大的优点是结果与试验一致。

9.11　测　试

　　当一个技术人员第一次启动我的一个电路时,注入一个输入信号,并预期会有正确的信号出现在输出端,我没有那么多的自信——我不敢相信它。当我测试一个电路时,我把它分解成若干块,然后检查每个块的每一个部分的直流电压、增益、频率响应以及其他重要的特征。重点的是要知道,每一个已设计进电路的元件是否真的派上了指定用途。如果电路块不容易从其他部分分离或者测试信号不能被注入,你可以测量一块的输出信号并当作下一块的输入信号,然后,看看下一块相对于该信号是如何工作的。一旦一个电路的各段正常工作,我再检查成组的块,最终检查完整个系统。即便系统看上去每时每刻都传递着正确的信号,这并不意味着,该电路的每一个中间部件是真正功能正常的、最佳的或可靠的。

9.12　如何学习

　　作为一名顾问,我有幸在许多电子产品领域工作过。很多次我一直惊讶从某个领域得到的新电路知识会很快在一个完全不同的领域里应用,有时甚至在一个星期内。高效的电路设计需要建立在别人或者尤其是你以前做过的基础上,采用一些但不是太多的创新。我的电脑里有一份备份电路,如共模抑制放大器、输出跟随器、晶体振荡器以及三角波发生器等,但我很少采用与之前做过的完全一样的电路。电路要使用新的元件,其特征要不断演化以适应新的要求。

　　一旦在一段时间内需要完成一个涉及电路、元件以及全新概念的项目。首创性通常不是一种直接赚钱的方式,你会遇到太多不可预见的问题。但是,它带给你更深的认识,如果将其应用并一遍又一遍地在其他项目中进行小的改进,会真正让你不断

---

　　③　面包板,也称万用线路板或集成电路实验板,由于板子上有很多小插孔,很像面包中的小孔,因此得名。官方术语称之为模拟板试验模型——译者注。

进步。

9.13　稳定时间测试仪

我需要一个生产测试仪器来测量用于驱动磁共振成像机(又称核磁共振成像机[④])的梯度场线圈[⑤]的功率放大器的稳定时间(也称建立时间)。在该应用中,输出电流到负载线圈必须跟随一个输入脉冲,在 1.3 ms 以内以最终值的 0.1％建立。该稳定时间要求适用于脉冲的顶部和后脉冲,脉冲可以是正极性或负极性的。

为了避免放大器过载,输入脉冲必须具有一个受控的斜率,在前沿和后沿,通常维持 1 ms。对于一个精密的稳定测试,脉冲的顶部必须极其平坦且无噪音。

除了产生脉冲,该仪器必须提供一种措施,过滤 81 kHz 的噪音和放大脉冲顶部不会由于一个示波器过载恢复不佳造成失真。我决定采用运算放大器和一些 HC-MOS(注:高密度互补金属氧化物半导体)逻辑设计一个模拟信号发生器和误差放大器。

该测试仪由两部分组成。一个波形发生器输出缓慢上升/下降脉冲给放大器以及给示波器提供一个同步信号。一个误差放大器,然后处理放大器的电流监测器信号以便在示波器上观察。处理包括滤除 81 kHz 噪声、脉冲顶部抵消到零以及误差的放大与限幅。

图 9-6 所示的方框图显示了本系统的架构。方框图的上半部分模块是波形发生器,下半部模块是误差放大器。该波形发生器从一个脉冲发生器模块开始提供 −3.3～+3.3 V 的脉冲、极性可选择、宽度和频率可调的信号。一个积分器对前沿和后沿的斜率迅速饱和、恢复,并扩展脉冲幅度到 ±13 V。

积分器后面是两个不同的限幅电路,它用于信号的选择。一个将积分器输出信号从 0～+10.5 V 限幅通过;另一个则将信号从 0～−10.5 V 限幅后通过。在选择好限幅器的二选一输出模式后,操作员用一个 10 圈的电位器调节信号的幅度,其输出直接经过一个跟随放大器到功率放大器用于待测。该图还显示了在重点部位的波形。

误差放大器系统采用一个差动输入缓冲器滤除输入端连接的零地电压噪声。低通滤波器在 45 kHz 开始衰减 81 kHz 及更高频率的噪声,然后通过粗调和细调偏移电位器调整脉冲的顶部为 0 V,所得到的信号用一个快速恢复放大器放大 10 倍,并将输出信号限幅在 ±1 V。一台连接到输出端上的示波器将显示一个 ±100 mV(以脉冲顶部为基准)的范围。你可以清楚地看到 5 V 信号的 0.1％在 1 cm 时偏转约 50 mV/cm。

---

④　核磁共振成像是随着电脑技术、电子电路技术、超导体技术的发展而迅速发展起来的一种生物磁学核自旋成像技术——译者注。

⑤　梯度场(gradient coils)用来产生并控制磁场中的梯度,这个系统有 3 组线圈,产生 x、y、z 这 3 个方向的梯度场,线圈组的磁场叠加起来,可得到任意方向的梯度场——译者注。

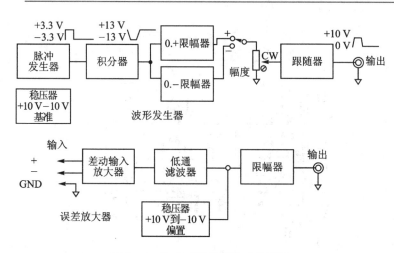

图 9 - 6 稳定时间测试仪功能框图

现在让我们探讨一下图 9 - 7 所示的原理图,可以了解一些我的想法,当然一些小计算是必要的。首先,我需要一个至少在 4～50 Hz 可调的振荡器,这个振荡器的组成电路尽可能简单,它由一个 HCMOS 施密特触发反相器 U1A 和一个由电位器 R_1 和电容 C_2 构成低通滤波器的负反馈网络组成。HCMOS 芯片的输出摆幅从 0～5 V,其输入触发电压通常为＋2 V 和＋3 V。这意味着,每一次输出摆幅,电容充电 3 V/5 V＝60％,这大约是 1 个时间常数(详见表 9 - 7)。采用一个 200 ms 的网络,每半个周期持续 200 ms,生成一个 2.5 Hz 的振荡器。一个 15 圈的电位器有一个超过 20:1 的调整范围,因此获得 50 Hz 频率是不成问题的。我不会把这个电路用到量产仪器,因为一个施密特触发器逻辑器件的阈值电平,比如 U1,从一家制造商到另一家制造商之间,甚至是在一个批次到另一个批次之间都可能存在很大不同。仅组装两台仪器,这倒没有问题。

接下来,一个高通 RC 网络和施密特触发反相器把方波转换成范围从 3 ms 到 30 ms 占空比宽度可调的窄脉冲。这个由电位器 R_2 和电容 C_3 组成的网络将方波转换为偏移接近＋5 V 电压且呈指数衰减的脉冲。电阻 R_3,是电位器 R_2 阻值的 3 倍,在波形大到足以被 U1B 内置的输入二极管限幅时,保持高负载阻抗。旁路到地的小电容 C_4 防止 U1B 从其他电路拾取噪声时的假脉冲。

门电路,U1D 和 U1E 用于缓冲输出给示波器的一个同步信号。选择开关 S1A 在 U1B 输出的窄带正极性脉冲与从 U1C 输出的一个反相信号之间二选一。接下来,设置一个精密基准电压源,由一个反相 MOSFET 驱动开关 U2 将脉冲电平从 0～5 V 提升到 0～10 V。

门电路 U2 馈送信号给一个积分运算放大器 A4,它产生前沿/后沿斜率。为了实现均衡斜率分配,R_5 和 R_6 连接到一个−10.00 V 精密基准电压,把 U2 的输出脉冲偏移至 ±3.3 V。我已经联立一对方程,确定了所需的正负极等幅摆幅的分配比例。这比较容易去尝试 2 个或 3 个不同的比例,在我脑子里集中到将 R_6/R_5 比例分配为 2/1。

模拟
电路

174

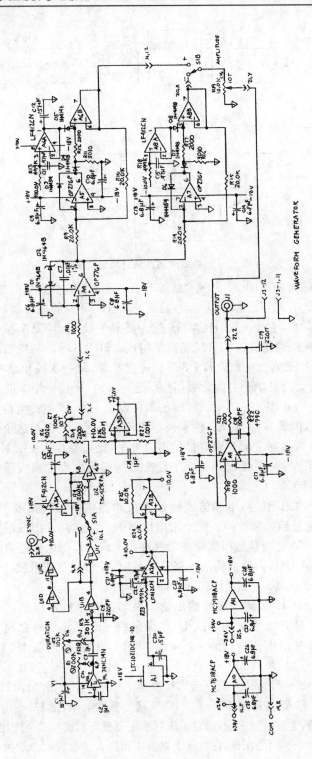

图9-7　稳定时间测试仪的完整电路

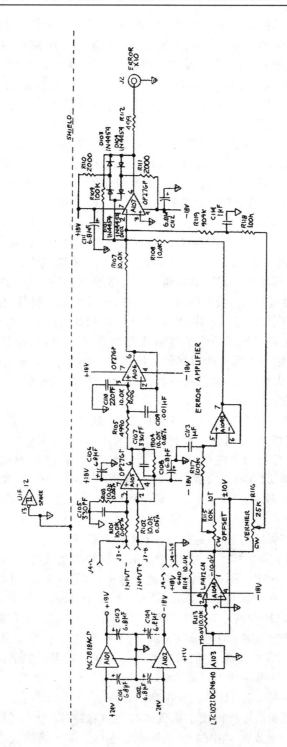

图9-7　稳定时间测试仪的完整电路（续）

　　计算这个积分器的元件值并不需要铅笔、纸或电脑。我希望调整一个 10 V 输出脉冲的前沿和后沿斜率从小于 100 μs 至 3 ms，使用一个 10 圈前置面板电位器。和图 9-2 中低通滤波器的指数充电方式不同，积分放大器保持一个恒定充电电流通过电容。在 1 个时间常数的时间内，输出斜率上升不是 63% 而是输入电压的 100%。若从 −3.3 V 的输入开始，它需要 3 个时间常数使输出达到 10 V。

　　为了产生一个 3 ms/10 V 的斜率要求一个 1 ms 的时间常数，主要由一个输入电位器 R_7（型号：10 圈 100 kΩ）和反馈电容 $C7$（0.01 μF 容量）。这种 100μs/10 V 斜率要求一个 100 kΩ/30 = 3 300 Ω 的源电阻。现在，这里是一个采用戴维南等效电路来确定由 R_5 和 R_6 所提供的输入电阻部分的应用。无负载情况下，分压器 R_5 和 R_6 将来自 U2 的 10 V 输出脉冲衰减到 6.67 Vp-p，偏移产生到 ±3.3 V，其有效的源电阻为 R_5 和 R_6 并联，即 1 330 Ω。添加一个电阻 R_8，阻值为 1 000 Ω，将积分器的总输入电阻增加到 2 330 Ω，它可满足一些安全系数的要求。添加的齐纳二极管 D1 和 D2 跨接在积分电容 C_7 上，让放大器 A4 从 ±13 V 的饱和状态快速恢复。

　　接下来讲述的模块是一对限幅电路。该电路涉及 A5 和 A6 在 0~10.5 V 之间限幅，使用反馈产生锐拐角。类似的电路，A7 和 A8 及反向二极管，在 0 V~−10.5 V 之间限幅。这两种电路的任一输出，均需通过开关 S1B 选择期望的极性。

　　在正向限幅电路，A5 是一个精密整流器在 0 V 限幅，二极管 D4 带载了电阻 R_{11}，仅传输正极性信号。而反馈通路的二极管 D3 可防止 A5 输出的信号摆幅高于 −0.6 V 及引起的尖峰通过 D4。跟随器 A6B 用于缓冲精密整流器电路的输出，通过 R_{10} 提供反馈设置增益为 −1。

　　从 A6B 的输出信号应当是一个不错的受 A4 处的齐纳二极管 D1 和 D2 调控的平顶脉冲。齐纳二极管，不管怎样都有噪声。因此，另一个限幅电路 A6A 使用二极管 D5 将输入 A6B 信号钳位在 +10.5 V。A6A 是一个跟随器，其输入是一个 10.0 V 基准电压，有一个 0.24 s 时间常数的低通滤波器——由 R_{13} 和 C_{11} 构成的网络对基准电压进行过滤，这样脉冲顶部将具有非常低的噪声。在钳位 A5 变成开环和饱和期间，起初 D3 被选定作为一个 13 V 的齐纳二极管以加快恢复，防止过饱和。不过，它泄漏的噪声进入脉冲，必须把它变更为一个常规二极管。

　　负向限幅电路工作方式是一样的，但所有二极管都是反向的。当 S1B 选择的输出来自正向限幅器 A6B，开关 S1A 选择逻辑脉冲，它是 0 V 窄、+5 V 宽脉冲；当选择从 A8B 输出的负极性输出脉冲，S1A 选择 +5 V 窄脉冲。

　　U1、U2、D5 和 D8 的所有基准电压衍生自一个 10 V 基准稳压器 A1。几个低通滤波器和跟随器用于隔离来自基准电压的低噪声，因此不会相互影响。所有跟随器均使用 FET 输入运算放大器，它们都能够与阻抗相对高的低通滤波器一起工作，这些低通滤波器统一使用的是 499 kΩ 和 0.47 μF 值，产生一个 0.24 s 的时间常数及 160 000/240 000μs=0.67 Hz 的截止频率。

　　在 S1B 开关臂我们可获得或正或负的高品质脉冲，一个 10 圈前置面板电位器 R_{19} 调整幅度。在波形发生器中最后一个模块是一个跟随器放大器，用于消除负载影响。

即便没有振荡危险的情况下,你也不能简单地将一个跟随器直接连接到一根同轴电缆上。我在跟随器的输出端使用了一个隔离网络。该网络由一个 200 Ω 电阻 R_{21} 串联一个输出端子及一个 220 pF 对地旁路的电容 C_{19} 组成。现在从 0 到 1 000 pF 的负载电容将仅产生一个 6～1 的容性负载变化,而非一个无穷大∞变量。

电阻 R_{22} 从输出端提供直流反馈。源自放大器输出的 300 kHz 以上的高频反馈直接从电容 C_{18} 通过。其结果是一个跟随器在高频状态具有零直流输出电阻以及一个电阻-电感性阻抗。高达 1 000 pF 的负载会在一阶产生一个小峰突。

误差放大器构建在一个单独的电路板卡上,并有专门的稳压器 A101 和 A102。输入电路采用一个低失调运算放大器 A105 接入一个 0.05% 精度电阻电桥电路,以抑制共模电压。旁路电容 C_{105} 和 C_{107} 衰减 48 kHz 以上的频率,它们和电桥电阻一起形成 3.3 μs 的时间常数。

接下来放大器 A106 以 12 dB/OCT 斜率衰减 48 kHz 以上的高频噪声,使用一个二级 RC 低通滤波器。为了达到约 1.5 dB 转折峰值,第一级由 R_{105}、C_{109} 构成,是期望的 3.3 μs 时间常数(160 000/48 kHz)值的 1.5 倍,而第二级由 R_{106}、C_{110} 构成,为该时间常数期望值的 2/3。

输入信号清理后,这个误差放大器的任务是减去一个 ±10 V 的可调偏移电压,然后把信号放大 10 倍,并把它限幅在 ±1 V。这个 +10.0 V 的基准电压 A103,输入一个单位增益反相器 A104A 后产生一个 -10.0 V 的电压。然后由一个 10 圈 10 kΩ 前置面板电位器 R_{115},跨接在 +10.0 V 和 -10.0 V 电压之间,产生一个连续可调的 ±10.0 V 偏置电压。一个由 R_{117} 和 C_{113} 构成的低通滤波器,具有一个 10 ms 的时间常数,对应于 16 Hz(160 000/10 000μs)频率,用于消除来自前端的高频噪声。跟随器 A104B 保持充分的 ±10 V 偏移,然后通过电阻 R_{107} 和 R_{108} 从 A106 添加给信号。微调器 R_{116} 输入一个由 R_{118} 和 C_{114} 组成的低通滤波器,通过 R_{119} 提供额外的 ±0.1% 偏移量,该微调器在 0.1% ～0.01% 的大致范围内提高分辨率。

最后,误差放大器 A107 选择一个反馈电阻 R_{109} 提供一个相当于来自 A106 信号 10 倍的增益。偏置二极管反馈网络提供 ±1 V 限幅及接近瞬时的过载恢复。由于输出要通过一段短电缆馈送到一个示波器,隔离网络仅使用一个 499 Ω 电阻 R_{112}。

仪器工作时,可检测它的平顶脉冲,显示出所有因素共同产生的一个长长的稳定时间的拖尾,比如运算放大器自身发热和小于 0.01% 的基准倾斜量。

现在你可以看到,通过采用放大器和跟随器来充分隔离一个电路,这种设计就变得非常简单。我唯一需要计算的地方是,在波形发生器的 U2 和 A4 之间的那个戴维南等效电路。记住 $f_0 = 160\,000/T$ 是必不可少的。采用一个列出低通滤波器值的表格对于误差放大器的设计,甚至对于我希望选择一个精密的噪声量滤除峰突的工作都是很方便的。该电路可以用更少的运算放大器构建,但电路各部分之间可能存在相互影响,计算会变得更复杂,电路也许就不会那么好的工作。

模
拟
电
路

9.14　最终注意事项

　　针对你的电路设计工作部分,应该在设计之前写一个如何工作的说明书。如果你希望找出你的设计缺陷,尝试向别人描述它,这没什么大不了的。

　　尽管本章写于 1991 年,虽然计算机、电子零件和表面贴装印制电路板都已经进步了,但电路设计的原则是不变的。16 年后,根据前述原理图设计的稳定时间测试仪仍然在频繁使用。

第 10 章

带通滤波器

史蒂夫·温德尔(Steve Winder)

你可能并不是经常性地需要一个带通滤波器,但当使用时最好知道一些大概的技巧。我最近一次使用是在几年前,但是我可以很快地搭建电路并对其进行焊接! 这是一个来自史蒂夫的应用指南。史蒂夫提到过在电信工作时经常用到带通滤波器,比如用一个 300 Hz 的高通滤除交流电源噪声,将一个 3.4 kHz 低通用于抗混叠。

10.1 本章内容

带通滤波器分为两种类型:宽带和窄带。如果滤波器通带截止频率的上下限相差超过 1 倍频程则分类为宽带,因为上限频率超过下限频率的两倍。宽带滤波器是源自于低通和高通滤波器相串联的理想结构,这些滤波器的去归一化和缩放过程已在第 6 章和第 7 章做过介绍。本章将介绍如何设计窄带类型的模拟有源或无源带通滤波器。窄带滤波器的上限频率与下限频率相差等于或小于一倍频程。

无源带通滤波器设计基于第 2 章参考文献部分所引用的归一化低通元件值表。公式将给出一个带通设计所涉及的元件值的去归一化和缩放,这些方程式比低通或高通的转换更复杂。不过,本章给出了一些应用实例。

有源带通滤波器基于附录 B 给出的归一化低通的极点和零点位置,公式将针对获得的元件值给出更详细的去归一化极点和零点过程。虽然这些方程式较复杂,但它们被分解成更容易的步骤,以简化流程降低出错机率。本章也将介绍使用公式的例子。

10.2 低通到带通滤波器的变换

一个带通滤波器和派生的归一化低通滤波器之间的带宽有着很密切的关系。一个低通滤波器的带宽是指从直流到截止频率,一个带通滤波器的带宽指的是截止频率上限、下限之间。一个带通滤波器要获取特定的带宽,首先缩放归一化低通设计好带宽,然后将其转化成一个带通滤波器设计。带通滤波器和派生的低通滤波器的带宽从结果上看是一样的。图 10-1 说明了这个概念。

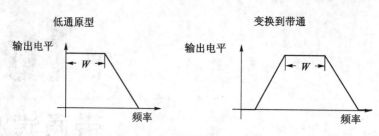

图 10-1　低通到带通响应的变换

带通滤波器和它的低通原型之间的关系不仅适用于－3 dB 带宽。带通滤波器响应的边沿宽度,在任意给定的衰减量,均能和达到同样衰减的低通滤波器响应频率的边沿宽度相等。

例如,假设一个带通滤波器期望达到一个 10 kHz 的中心频率。这个滤波器须有一个 6.8 kHz 的－3 dB 带宽以及在 $Fc\pm10$ kHz 时有 40 dB 衰减,也就是说边沿响应的宽度在 40 dB 衰减时为 20 kHz。带通滤波器设计必须基于一个低通滤波器设计,并产生相同的响应,即在一个 20 kHz 频率时必须有 40 dB 衰减。这种低通滤波器的归一化阻带到通带的频率比和带通滤波器的一样:20 kHz/6.8 kHz=2.94,即频率比为 2.94。因此,在一个归一化低通原型中具有 1 rad/s 的通带频率、40 dB 的衰减需要一个 2.94 rad/s 的频率。

10.3　无源滤波器

无源带通滤波器源自于归一化低通模型。该模型归一化一个通带,从直流扩展到 1 rad/s,并用一个 1 Ω 的负载电阻终止。首先是对低通模型进行缩放获得所需的截止频率,然后转换成一个带通滤波器,最后缩放到正确的负载阻抗。

设计流程从确定低通原型开始,这个也许是巴特沃斯、切比雪夫或者其他的设计。滤波器的阶数也需要确定。先从给定的规格开始介绍,你需要一个 6.8 kHz、3 dB 带宽及 ±10 kHz 时 40 dB 衰减的滤波器。此外,该滤波器具有一个 198 kHz 的中心频率 F_0,采用一个巴特沃斯带通滤波器的设计来达到这些指标。

阻带与通带频率比为 20 kHz/6.8 kHz = 2.94,已在上一个例子中说明。参考巴特沃斯滤波器的衰减与频率曲线,你可以看出一个五阶滤波器能够满足要求。从一个低通原型开始说起,如图 10-2 所示。

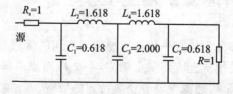

图 10-2　归一化五阶巴特沃斯低通模型

这个低通模型必须将频率缩放到 6.8 kHz 的截止频率,缩放方法与低通滤波器的做法完全一样,即电感和电容值除以 $2\pi Fc$,这里 Fc 指的是截止频率。于是,这个除数为 42 725.66,推导得出的元件值如图 10-3 所示。

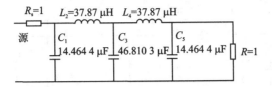

图 10-3　五阶巴特沃斯低通滤波器缩放到 6.8 kHz

为将缩放低通原型的频率转换到一个带通模型,你必须保证每一阶对应分支均谐振在中心频率 F_0 上。串联电感变成串联 LC 回路,分流电容变成并联调谐 LC 回路,低通模型中的电感、电容值不做改变。

记住一个电路的谐振频率 $F_0 = 1/2\pi\sqrt{LC}$,可以看出电感和电容值能影响这个等式。故电感需要调谐该低通电容成为 $L_{BP} = 1/4\pi^2 F_0^2 C_{LP}$,电容需要调谐该低通电感成为 $C_{BP} = 1/4\pi^2 F_0^2 L_{LP}$。

带通滤波器若调谐到 198 kHz 频率,这个频率转换因子是 $4\pi^2 F_0^2 = 1.547712 \times 10^{12}$。通过这些信息,该带通电路元件值的给定如表 10-1 所列。将这些元件赋予电路,得到的带通滤波器电路如图 10-4 所示。

表 10-1　带通元件值

低通元件	低通值	带通元件	带通值
C_1	$14.464\ 4 \times 10^{-6}$	L_1	44.669×10^{-9}
L_2	37.87×10^{-6}	C_2	$17.061\ 4 \times 10^{-9}$
C_3	$46.810\ 3 \times 10^{-6}$	L_3	$13.802\ 8 \times 10^{-9}$
L_4	37.87×10^{-6}	C_4	$17.061\ 4 \times 10^{-9}$
C_5	$14.464\ 4 \times 10^{-6}$	L_5	44.669×10^{-9}

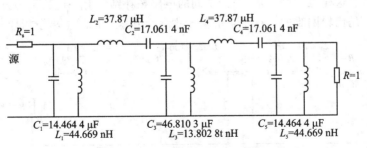

图 10-4　1 Ω 负载电阻带通滤波器

这些电容和电感值赋予的是一个归一化的 1 Ω 负载。更高负载阻抗的带通模型去归一化要求元件值缩放以匹配更高的阻抗。这种做法与低通或高通滤波器的缩放方式完全一样,电感值与负载阻抗成正比例地增加;电容值与负载阻抗成反比例地减少,电容值减少,是因为容抗与容值成反比。随着负载阻抗的增加,为了模型能获得相同的响应,电路中的所有电抗必须增加。

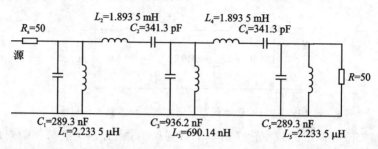

图 10 - 5　带通滤波器其中一种组态,50 Ω 负载去归一化

你正在设计的滤波器打算用于为一个简单的无线电接收器提供滤波,接收的载波是 198 kHz,要求一个 50 Ω 的源和负载阻抗,为在输入端和输出端匹配射频分量(50 Ω 是射频电路的标准阻抗,75 Ω 是电视图像传输的标准阻抗),通过将电感值乘以 50 及电容值除以 50 实现阻抗缩放,最终得到的滤波器电路如图 10-5 所示。

这个电路是两种可能组态中的一种。这种组态从最小化电感原型发展而来,有两个串联谐振臂(即支路)。3 个并联谐振分流支路在串联谐振支路的末端、源端或负载端、或者两串联谐振支路的中间节点连接到公共端。这种设计在通带外具有低阻抗,因为这些分流支路在直流和高于谐振频率时呈现低阻抗。

如果设计是相反的,即从最小化电容原型发展而来,最终的结果是将使用相同数量的电容和电感;不同之处是该滤波器在源和负载之间将有 3 个串联谐振支路。此外,将有两个并联谐振分流支路连接在串联支路中间节点与公共端之间,图 10-6 中显示了这种替换的电路组态。这个电路用 FILTECH 设计,通过计算归一化元件值,然后使用双精度浮点算法缩放。虽然这种组态滤波器的传递函数和前面的那个版本相同,但这个版本的输入和输出在滤波器通带外呈现高阻抗。

在经历了这个冗长的过程后,读者会很高兴地知道公式容许整个过程一步一步地完成。当然这样也有些不足,因为不同的电路拓扑结构有一定数量的公式,确定使用哪个公式是比较困难的。在本章的例子中我会在这个问题上给予指导。

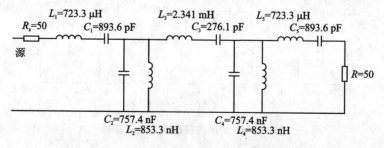

图 10 - 6　带通滤波器另外一种组态,50 Ω 负载去归一化

10.4　无源带通滤波器去归一化公式

$$
\left.\begin{aligned}
C_{\text{Series}} &= \frac{F_{\text{U}} - F_{\text{L}}}{2\pi F_{\text{U}} F_{\text{L}} RX} \\
L_{\text{Series}} &= \frac{RX}{2\pi \cdot (F_{\text{U}} - F_{\text{L}})} \\
C_{\text{Parallel}} &= \frac{X}{2\pi \cdot (F_{\text{U}} - F_{\text{L}}) \cdot R} \\
L_{\text{Parallel}} &= \frac{(F_{\text{U}} - F_{\text{L}}) \cdot R}{2\pi F_{\text{U}} F_{\text{L}} X}
\end{aligned}\right\} \tag{10-1}
$$

　　串联和并联的下标表示电路元件正在考虑的一种组态。在这些等式中，X 因子是归一化低通元件值。这个同值的 X 必须用于一个单分支的两个元件，这是因为在低通滤波器中的每个分支即为一个元件，而在带通的每个分支则有两个串联或并联谐振元件。一个单分支的两个元件与低通原型的一个单元件的值有关。

　　重新设计这个五阶巴特沃斯滤波器来说明这些公式的使用。由于它是一个对称的设计，只有前 3 个分支需要计算。参数还像以前一样：$R = 50\ \Omega$，$F_{\text{U}} = (198 + 3.4)$ kHz $= 201.4$ kHz，$F_{\text{L}} = (198 - 3.4)$ kHz $= 194.6$ kHz。

　　第一个分支的 $X = 0.618$，可以是一个串联支路或分流支路，以分流支路（并联谐振）来说明：

$$
\left.\begin{aligned}
C_{\text{Parallel}} &= \frac{X}{2\pi \cdot (F_{\text{U}} - F_{\text{L}}) \cdot R} = \frac{0.618}{2.136\ 283 \times 10^6} = 289.3\ \text{pF} \\
L_{\text{Parallel}} &= \frac{(F_{\text{U}} - F_{\text{L}}) \cdot R}{2\pi F_{\text{U}} F_{\text{L}} X} = \frac{340 \times 10^3}{15.218\ 466 \times 10^{10}} = 2.234\ 13\ \mu\text{H}
\end{aligned}\right\} \tag{10-2}
$$

　　第二个分支的 $X = 1.618$。由于第一个支路已选择作为一个分流支路，因此该支路必须串联连接。计算值给出如下：

$$
\left.\begin{aligned}
C_{\text{Series}} &= \frac{F_{\text{U}} - F_{\text{L}}}{2\pi F_{\text{U}} F_{\text{L}} RX} = \frac{6.8 \times 10^3}{1.992\ 189 \times 10^{13}} = 341.3\ \text{pF} \\
L_{\text{Series}} &= \frac{RX}{2\pi \cdot (F_{\text{U}} - F_{\text{L}})} = \frac{80.9}{42\ 725.66} = 1.893\ 5\ \text{mH}
\end{aligned}\right\} \tag{10-3}
$$

　　第三个是一个并联分流支路，和第一个分支一样。这一次 $X = 2.0$。让我们套用第一个分支的结果，用一个 $X3/X1(2.0/0.618)$ 的比值与它们相乘得出：

$$
\left.\begin{aligned}
C_3 &= 289.3 \times 2.0/0.618 = 936.2\ \text{pF} \\
L_3 &= 2.234\ 13 \times 0.618/2.0 = 0.690\ 35\ \mu\text{H} = 690.35\ \text{nH}
\end{aligned}\right\} \tag{10-4}
$$

　　这些结果以及图 10 - 5 所获得元件值之间的差异是由于表中的归一化值以及计算过程的四舍五入误差。本计算通过使用计算器得出，若在计算机程序（如 FILTECH）中采用浮点运算则可达到更精确的结果。

　　要获得图 10 - 6 中给出的这个电路，它必须首先计算串联支路，采用 $X = 0.618$。

$$C_{Series} = \frac{F_U - F_L}{2\pi F_U F_L RX} = \frac{6.8 \times 10^3}{7.609\,233 \times 10^{12}} = 893.6 \text{ pF}$$

$$L_{Series} = \frac{RX}{2\pi \cdot (F_U - F_L)} = \frac{30.9}{42\,725.66} = 723.2 \text{ } \mu H$$

$\left.\right\}$ (10 - 5)

接下来的分流支路计算,采用 $X = 1.618$,紧跟其后的那个串联支路采用 $X = 2.0$。由于对称性,最后两个支路具有和最前二个支路(即第一个、第二个支路)计算时一样的元件值。最后一个支路将和第一个支路元件值一样,倒数第二个支路将具有同第二个支路一样的元件值。

在前面章节已经讨论过有关滤波器,本章将压缩无源滤波器的内容,而侧重于有源滤波的进一步讨论。

10.5　有源滤波器

有源滤波器可以采用极点和零点位置来设计,它源自于频率响应的传递函数。运算放大器是电路的有源器件,这些用于两级之间的缓冲,从而防止各级之间的相互影响。因此,每一级都可以被设计用来提供一对复极点的频率响应。在通带上方和下方,零点也是必需的。有源网络用于带通滤波器电路也产生零点。由于每一级滤波器单元均有缓冲,所有级串联时整体响应是正确的。

10.6　带通的极点和零点

归一低通滤波器响应的极点和零点的位置被用作一个起始点。接着频率转换需要将它们转换为归一化带通极点和零点位置。传递函数和 S 平面上的频率转换由 s'' 替换 s 来实现,采用下面式(10 - 6)给出:

$$S'' = \frac{\omega_0}{\text{BW}}\left[\frac{s}{\omega_0} + \frac{\omega_0}{s}\right]$$

(10 - 6)

通带的中心频率是 $\omega_0 = \sqrt{\omega_U \cdot \omega_L}$,BW 是带宽,由通带频率上限和下限之差 $\omega_U - \omega_L$ 给出,这个不是很容易评估的。不过,针对源自于低通模型的带通滤波器的每一级,威廉姆斯(Williams)已发布了找出 Q 值和谐振频率 f_R 的方程式,所有这些在设计有源带通滤波器时是必需的。我稍微使用过威廉姆斯方程式,用于设计带阻滤波器。带阻滤波器的方程式我会在下一章介绍。

首先你要知道带通滤波器的品质因数 Q_{BP} 以及低通原型极点位置的实部 σ 和虚部 ω,极点位置可以通过公式计算。带通的品质因数,俗称 Q 值,等于中心频率 f_0 除以带宽。

$$m = \frac{\sigma}{Q_{BP}}$$

$$J = \frac{\omega}{Q_{BP}}$$

$$n = m^2 + J^2 + 4$$

$\left.\right\}$ (10 - 7)

要求：$Q = \sqrt{\dfrac{n + \sqrt{n^2 - 16m^2}}{8m^2}}$

给定的频率缩放因子，$W = Q_m + \sqrt{Q^2 m^2 - 1}$；

则频率为：$f_{R1} = \dfrac{f_0}{W}$ 和 $f_{R2} = W f_0$。

这些是极点变换方程。现在我们需要零点位置，在一个全极点滤波器如切比雪夫或巴特沃斯响应中，这些零点的位置是在 S 平面的原点和无穷大 ∞ 处。在考尔和逆切比雪夫滤波器中零点位置必须计算，如下式：

$$\left. \begin{array}{l} k = \dfrac{\omega_\infty}{Q_{BP}} \\[2mm] h = \dfrac{k^2}{2} + 1 \end{array} \right\} \qquad (10-8)$$

现在，零点缩放因子可以算出：$z = \sqrt{h + \sqrt{h^2 - 1}}$

这样，带通零点频率为：$f_{\infty,1} = \dfrac{f_0}{z}, f_{\infty,2} = z f_0$

S 平面图现在看起来像什么？第 6 章中的图 6-6 曾给出过一个四阶低通滤波器的示例。这是一个巴特沃斯响应，极点位于一个单位圆上的 $-0.923\,9 \pm j0.382\,7$ 和 $-0.382\,7 \pm j0.923\,9$。假设这个滤波器需要一个 $9 \sim 11$ rad/s（BW＝2；这个仅用于演示，并不作为一个实际值）之间的通带。给定 BW＝2、$\omega_0 = 9.95$ rad/s、$Q_{BP} = 4.975$。请注意是几何中心频率（9.95 rad/s）与算术中心频率（10 rad/s）不是一样的。从第一对极点位置取出一个极点：$S = -0.923\,9 + j0.382\,7$、$\sigma = 0.923\,9$ 以及 $\omega = 0.382\,7$。

这两个带通极点可以通过下列方程式产生：

$$m = \frac{\sigma}{Q_{BP}} = 0.185\,71$$

$$J = \frac{\omega}{Q_{BP}} = 0.076\,925$$

$$n = m^2 + J^2 + 4 = 4.040\,405\,6 \qquad (10-9)$$

$$Q = \sqrt{\frac{n + \sqrt{n^2 - 16m^2}}{8m^2}} = 5.388\,756$$

$$W = Qm + \sqrt{Q^2 m^2 - 1} = 1.039\,375$$

它们的频率为：$f_{R1} = \dfrac{f_0}{W} = 9.573\,06, f_{R2} = W f_0 = 10.341\,78$。

第二对极点也用相似的方法算出，由于对称性 $\sigma = 0.382\,7$、$\omega = 0.923\,9$：

$$m = \frac{\sigma}{Q_{BP}} = 0.076\,925$$

$$J = \frac{\omega}{Q_{BP}} = 0.185\,71$$

$$n = m^2 + J^2 + 4 = 4.040\ 405\ 6$$

$$Q = \sqrt{\frac{n + \sqrt{n^2 - 16m^2}}{8m^2}} = 13.055\ 677\ 8 \qquad (10-10)$$

$$W = Qm + \sqrt{Q^2 m^2 - 1} = 1.097\ 23$$

它们的频率为：$f_{R1} = \dfrac{f_0}{W} = 9.068\ 286$，$f_{R2} = Wf_0 = 10.917\ 444$。

为了帮助大家想象出这些极点的状态,我提供了一张极点-零点位置图,如图 10-7 所示。本图仅显示出正频率极点,这里还应有对称的负频率极点,但为了清楚起见,本图已经省略介绍。此外,注意对于一个给定的 Q 值,极点位于一条通过原点的延线上,前述计算出的这两个极点均有一个约 5.4 的 Q 值。

其他极点有一个约为 13 的 Q 值,但离带通滤波器中心频率 Fc 更远。记住,通过下面给出的公式计算一个极点的 Q 值：

$$Q = \frac{\sqrt{\sigma^2 + \omega^2}}{2\sigma} \qquad (10-11)$$

一个带通极点的 Q 值近似等于 $2\omega_0 Q_{LP}/\mathrm{BW}$,这里的 Q_{LP} 是归一化低通极点的 Q 值,图 10-7 仅显示在原点处的零点,实际上还有许多零点在无穷大 ∞ 无法显示出来。

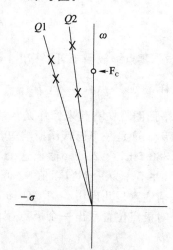

图 10-7 巴特沃斯四阶带通滤波器极点位置

通过已经设定好的场景,让我们现在一起来看看一些基本的带通有源滤波器设计及如何利用极点和零点位置去计算元件值。后面在讨论有源考尔和逆切比雪夫滤波器时,我们将回到 S 平面上来,这两种类型滤波器均在阻带上有零点。

10.7 带通滤波器的中频带增益

一个带通滤波器的一个主要特征是它的中心频率 f_0。不过,一个带通滤波器的每一个级单元都有一个谐振频率 f_R,有可能高于或者低于 f_0。每一级的增益是在两个重点频率 f_0 和 f_R 上测量,分别对应增益 G_0 和 G_R。所有级单元的增益一起相加可给出任意特定频率上滤波器的总体增益。由于频率响应是关于中心频率对称的,所以将有一个相同数量的级单元谐振高于或低于中心频率。在图 10-8 所演示的频率响应示例中,f_R 低于 f_0。

滤波器中心频率的增益通过下列公式可以计算出来,不过要求级单元的 Q 值是已知的。f_R 和 Q 值项可以从带通的极点位置和使用关系式 $G_R = 2Q^2$ 推导出。带通

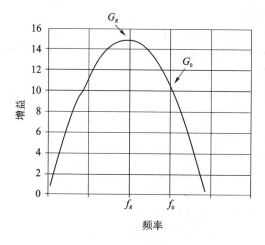

图 10 - 8　一个单级的增益-频率曲线

滤波器的中心频率 f_0 从滤波器的参数中推导。

$$
\left.
\begin{aligned}
G_0 &= \frac{G_R}{\sqrt{1 + Q^2 \left(\dfrac{f_0}{f_R} - \dfrac{f_R}{f_0} \right)}} \\
G_0 &= \frac{2Q^2}{\sqrt{1 + Q^2 \left(\dfrac{f_0}{f_R} - \dfrac{f_R}{f_0} \right)^2}}
\end{aligned}
\right\}
\tag{10-12}
$$

　　该方程式给出了每个设计级的中频带增益。假设带通滤波器的设计需要在通带上具有单位增益。最简单的方式就是在每级的通带中心频率上得到单位增益，然后得出 $G_{RR} = G_R / G_0$。假定这里的 $G_0 = 10$、$G_R = 15$。由于我希望一个中心频率的增益为 1，不是 10，在谐振时修正增益 G_{RR}，必须缩放到 G_R 的 1/10。本例中，$G_{RR} = G_R / G_0 = 15/10 = 1.5$，这就意味着本级需要一个分压器，通常放在输入端，以将本级的"自然"增益从 15 降低到 1.5。如果期望得到的中频带增益大于 1，则给定一个因子 k，然后 G_{RR} 必须通过因子 k 来缩放：$G_{RR} = kG_R / G_0$。为了达到期望的缩放，这个分压器要调整，以容许一个更大比例的输入信号进入本滤波器级。

　　如果使用了一定数量的级单元，这个整体中频带增益将是所有分级增益的乘积：$G_p = G1 \times G2 \times G3 \cdots$。若每级在滤波器中心频率的增益不是单位 1，则滤波器级后放置一个反相放大器紧将具有 $1/G_p$ 的增益，能够用于恢复滤波器整体增益到单位 1。

10.8　多反馈带通滤波器

　　一种最简单和最有用的带通滤波器就是多反馈带通滤波器（MFBP）电路，它适合于产生一个全极点响应。这种类型滤波器的级单元看起来有点像一个低通和一个 Sallen - Key 高通滤波器的组合，如图 10 - 9 所示。这种滤波器的特点是令人印象深

模
拟
电
路

刻,不过它没有比较明显的优势。

这种滤波器的 Q 值通常被限定小于 20。在许多低频应用中,这种限制是严重的,但不是致命的。它的性能取决于运算放大器的带宽,与期望的谐振频率相比,应该是相当高的。为得到一个好的精度,运算放大器的增益带宽积要大于 $2Q^2 f_R$。于是,一个普通的 0.5 MHz 运算放大器不可用于一个 Q 值大于 10、1 kHz 以上频率的场合。如果电容的误差优于 5%,且能匹配到 1%,那是最好不过了。

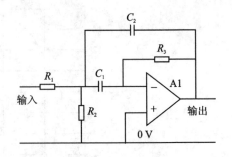

图 10-9　多反馈带通滤波器

188

这个电路的优点在于对低频减少了限制:

- 带宽仅取决于 $R_3 \times C$。带宽由下式定义:

$$B = \frac{1}{(\pi R_3 \times C)} \tag{10-13}$$

且 R_1 和 R_2 是不变的。因此,带宽精度关键是 R_3 选择 1% 误差的电阻以及获得较小误差的电容。

- 谐振的增益简单地等于 $R_3/(2 \times R_1)$,且它与 R_2 无关。于是,它的增益精度仅取决于两个 1% 电阻的选择(同时,它也取决于两个相匹配的电容)。在很多应用中,这个增益不需要调整。

- 谐振频率的公式有一点复杂,但由于 R_2 通常需要调整,这个是可接受的。

这个谐振频率由下式给定:

$$f_R = \frac{1}{2\pi C} \times \frac{\sqrt{R_1 + R_2}}{R_1 \times R_2 \times R_3} \tag{10-14}$$

或者从另外一个角度给出:

$$f_R = \frac{1}{2\pi C} \times \left(\frac{\sqrt{R_1 + R_2}}{R_1} \times \sqrt{\frac{1}{R_2 \times R_3}} \right) \tag{10-15}$$

Q 值等于:

$$Q = \frac{1}{2} \times \sqrt{\frac{R_3}{R_2}} \times \sqrt{\frac{R_1}{R_1 + R_2}} \tag{10-16}$$

幸运的是,调节 R_2 可以校准谐振频率,而不会改变带宽或中心频率的增益,如果这个特点吸引你,你可能就会喜欢这种滤波器。请注意,调整 R_2 只改变中心频率而不会改变带宽,因而 Q 值也跟着变化。不过,如果你知道期望的增益和中心频率,调整 R_2 是获得期望的响应的一种简单方式;当你在优化谐振频率时,Q 值也会调整到合适值。

另外一种处理方法就是当你知道期望的带宽时,你还可以选择 R_3,让谐振频率依赖于 $(R_1 \parallel R_2)/R_3$ 比值的平方根。假设你期望 $Q = 10$、$R_3 = 100$ kΩ、R_2 约为 250 Ω 或者为 200 Ω 电阻加一个 100 Ω 的可调电位器。因此这不能提供一个低噪声输出也不足为奇;不过,现在的低噪声运算放大器通常可提供能被接受的性能指标。这个 $\sqrt{((R_1+R_2)/R_1)}$ 的因子非常接近于1,于是,一种应用状态可以是 $R_3=100$ kΩ;$Q=5$ 时 $R_2=1$ kΩ,$Q=10$ 时为 250 Ω,$Q=20$ 时为 62 Ω,仍然调整 R_2 得到良好精度的 f_R。

> 备注:2个或者3个、或者更多这样的带通滤波器为一组时,将稍微扩展中心频率,可以用2个或者3个峰值并联连接使带宽稍宽,因为它们比较容易调整,这样可以提供一个更陡峭的边沿。这个信号也可以从输入中减去做一个陷波滤波器,具体见下章。

10.9　双放大器带通滤波器

双放大器带通滤波器(DABP)比多反馈带通滤波器(MFBP)结构更加复杂,但它的优点是具有可以达到更高的 Q 值,Q 值最高能达到150。双放大器带通滤波器是一个具有全极点响应带通滤波器单元,图 10-10 给出了一个双放大器带通滤波器的电路图。

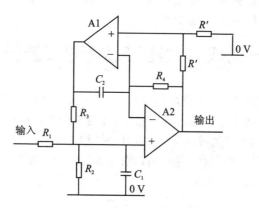

图 10-10　双放大器带通滤波器

C_1 和 C_2 电容应该相等但可取任意值。在实际中,电容值的选择要便于让所有电阻的值都在一个比较合理的范围,通常从 1 kΩ 到 100 kΩ。这些限制由设计者决定,记住 R_3 和 R_4 是运算放大器 A1 和 A2 的输出负载。一个高阻值的 R_1 将引入噪声并可能降低信号,因为 R_1 串联在信号通路。

分析一下这个等式:$R=1/2\pi \cdot f_R C$,这里 $R=R_3=R_4$,$R'_1=Q \cdot R$。假设此刻 R_2 是开路的(即不接入电路)。在本例中先假设 R_2 不存在,R_1 指定用 R'_1 来表示。如果本级的 Q 值比较高,设 $Q=75$,这样 R_1' 将是 R_3 和 R_4 的 75 倍。电容 C 值的选择必须便于让电阻 R 的值接近于电阻值的下限,这样 R'_1 将接近于电阻值的上限。

现在你可能已经意识到 R_2 用于调整增益,如果 R_2 弃用,谐振的增益是 2。如果谐振要求更低的增益,R_2 必须要在电路中。这样电阻 R_1 和 R_2 形成一个分压器,它们的并联电阻就替换等式中指定的 R'_1。下列的公式就是利用 R'_1 去确定 R_1 和 R_2。

$$\left.\begin{array}{l} R_1 = \dfrac{2 \cdot R'_1}{G_{RR}} \\[3mm] R_2 = \dfrac{2 \cdot R'_1}{2 - G_{RR}} \end{array}\right\}$$

（条件：$G_{RR} < 2$）

(10 - 17)

谐振的修正增益 G_{RR} 能够通过公式 $G_{RR} = G_R / G_0$ 得出。

在这个双放大器带通滤波器的例子中,谐振频率增益由于内部反馈其默认值永远等于 2,故 $G_R = 2$,给出整个滤波器的中心频率 f_0 以及极点的特征值 f_R 和 Q,就可利用它计算出 G_0。

$$G_0 = \frac{2}{\sqrt{1 + Q^2 \left(\dfrac{f_0}{f_R} - \dfrac{f_R}{f_0}\right)}} \qquad (10 - 18)$$

由于每个双放大器带通滤波器单元的增益等于 2,滤波器中心频率增益可能小于单位 1。在这种情况下,如果需要一个单位增益带通滤波器,也许需要一个分开的放大器单元。

这个电路具有谐振频率和 Q 值可独立调整的特点,R_1 和 R_2 的并联组合可以调节谐振的 Q 值,电阻 R_3 决定谐振频率。

10.10　去归一化双放大器带通有源滤波器设计

在本章的前面已讨论过,所使用的电阻值都应该尽可能在 1 kΩ～100 kΩ 的范围内。这样可以防止运算放大器的输出过载,并能减少噪声拾取。

考虑一个双放大器带通滤波器单元的设计,采用本章前面介绍的一个通带为 9 rad/s 到 11 rad/s 的带通滤波器的极点。第一对极点位置是 $\sigma = 0.923\,9$、$\omega = 0.382\,7$。

套用之前参数和公式,得出:

$$\left.\begin{array}{l} Q = \sqrt{\dfrac{n + \sqrt{n^2 - 16m^2}}{8m^2}} = 5.388\,756 \\[3mm] W = Q_m + \sqrt{Q^2 m^2 - 1} = 1.039\,375 \end{array}\right\} \qquad (10 - 19)$$

这里的频率是 $f_{R1} = \dfrac{f_0}{W} = 9.573\,06$,$f_{R2} = W f_0 = 10.341\,78$。

假设极点的频率 $f_{R2} = 10.341\,78$。令 $C = 1\ \mu F$,则:

$$R = R_3 = R_4 = \frac{1}{2\pi f_R C} = \frac{1}{2\pi \cdot 0.341\,78 \cdot 10^{-6}} = 15.389\ k\Omega$$

$$R_1' = Q \cdot R = 82.928\ k\Omega \qquad (10 - 20)$$

注意,这些值小于最大值 100 kΩ,大于最小值 1 kΩ,由此可见 C 的值是适合的。

$$G_0 = \frac{2}{\sqrt{1 + Q^2 \left(\dfrac{f_0}{f_R} - \dfrac{f_R}{f_0}\right)}} = 1.846\,381\,1 \qquad (10 - 21)$$

因此，$G_{RR} = \dfrac{G_R}{G_0} = \dfrac{2}{1.846\ 381\ 1} = 1.083\ 2$

需要一个衰减器将谐振增益从 2 降低到 1.083 2，下列公式利用 R'_1 推导 R_1 和 R_2 的值：

$$R_1 = \frac{2 \cdot R'_1}{G_{RR}} = \frac{165\ 856}{1.083\ 2} = 153.117\ \text{k}\Omega$$

$$R_2 = \frac{2 \cdot R'_1}{2 - G_{RR}} = \frac{165\ 856}{0.916\ 8} = 180.907\ \text{k}\Omega \qquad (10-22)$$

R_1 和 R_2 的并联组合等效于 R'_1 的值。于是，尽管 R_1 和 R_2 的单个电阻值均超过最大推荐值 100 kΩ，输入运算放大器的有效阻抗仍等于 82.928 kΩ。

10.11　状态变量带通滤波器

这种状态变量设计能够用于全极点响应，它对运算放大器的带宽增益积限制具有低敏感度，单元 Q 值最大可能达到 200，不过，它需要 3 个运算放大器，如图 10-11 所示。

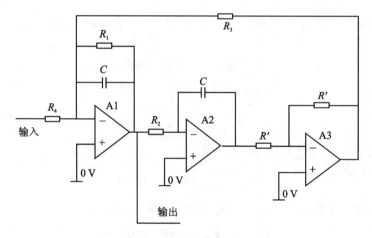

图 10-11　状态变量带通（全极点）

这个滤波器的公式允许电容 C 取任意值。

$$\left.\begin{array}{l} R_1 = \dfrac{Q}{2\pi f_R C} \\[2mm] R_2 = R_3 = \dfrac{R_1}{Q} \\[2mm] R_4 = \dfrac{R_1}{G_{RR}} \end{array}\right\} \qquad (10-23)$$

R' 可取任意值，不过一般取 10 kΩ 的典型值。注意公式中的 G_{RR} 是沿用本章先前的"带通滤波器的中频带增益"一节中处理中频带增益时给出的公式。

10.12　状态变量带通滤波器设计的去归一化

在本章先前讲述的巴特沃斯四阶带通滤波器设计的第二对极点位置 $\sigma=0.382\,7$、$\omega=0.923\,9$。整个带通滤波器具有一个 9.95 rad/s 的中心频率和一个 4.975 的品质因数 Q_{BP}。

$$
\left.
\begin{aligned}
m &= \frac{\sigma}{Q_{BP}} = 0.076\,925 \\[4pt]
J &= \frac{\omega}{Q_{BP}} = 0.185\,71 \\[4pt]
n &= m^2 + J^2 + 4 = 4.040\,405\,6 \\[4pt]
Q &= \sqrt{\frac{n + \sqrt{n^2 - 16m^2}}{8m^2}} = 13.055\,677\,8 \\[4pt]
W &= Qm + \sqrt{Q^2 m^2 - 1} = 1.097\,23
\end{aligned}
\right\}
\qquad (10-24)
$$

这里的频率是 $f_{R1} = \dfrac{f_0}{W} = 9.068\,286$，$f_{R2} = Wf_0 = 10.917\,444$。

采用 $f_{R1} = 9.068\,286$ 来计算滤波器单元的增益 G_0，导出谐振的增益 $G_R = 2Q^2 = 340.901\,445\,6$。

$$
G_0 = \frac{340.901\,445\,6}{\sqrt{1 + Q^2 \left(\dfrac{f_0}{f_R} - \dfrac{f_R}{f_0} \right)^2}} = 129.900\,565\,5
$$

$$
G_{RR} = \frac{G_R}{G_0} = \frac{340.901\,445\,6}{129.900\,565\,5} = 2.624\,326\,109
$$

设电容 $C = 1\,\mu F$，则：

$$
R_1 = \frac{Q}{2\pi f_R C} = 229.136\ k\Omega \qquad (10-25)
$$

推导出来的电阻值看上去比较大，因此，重设 $C = 2.2\,\mu F$，则：

$$
R_1 = \frac{Q}{2\pi f_R C} = 104.153\ k\Omega
$$

$$
R_2 = R_3 = \frac{R_1}{Q} = 7.977\ k\Omega
$$

$$
R_4 = \frac{R_1}{G_{RR}} = 39.687\ k\Omega
$$

这里取值 $R' = 10\ k\Omega$。

10.13　考尔和逆切比雪夫有源滤波器

采用一个考尔或逆切比雪夫响应来设计带通滤波器稍微有些困难，因为每个滤波器单元必须同时提供极点和零点接近滤波器中心频率；此外，极点和零点的配对也必须加以考虑。一个滤波器可能有一定数量的极点和零点，原则上，任意零点可以关联任意极点。在实际中，极点-零点配对影响性能。在图 10 - 12 演示了极点和零点的配对。

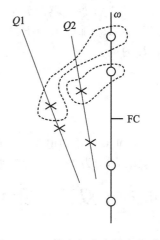

设计一个考尔或逆切比雪夫滤波器，需要一种不同的电路拓扑。考尔响应在通带外具有零点，所以需要一个陷波产生电路。当然，采用一个扩展的状态变量滤波器（称为双二阶）电路也可以实现，该电路如图 10 - 13 所示。

请注意，如图 10 - 13 所示的双二阶带通滤波器电路中，R_5 将视零点是否高于或低于谐振频率的情况，连接到不同的节点。如果零点频率 f_Z 高于谐振频率 f_R，节点 A 和 C 连接；如果零点频率 f_Z 低于谐振频率 f_R，节点 B 和 C 连接。

图 10 - 12　考尔极点和零点配对

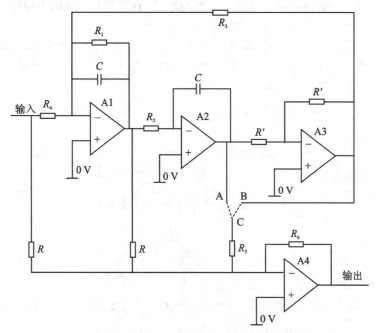

图 10 - 13　双二阶带通滤波器

下面的公式将给出元件值。

$$\left. \begin{array}{l} R_1 = R_4 = \dfrac{Q}{2\pi f_R C} \\[2mm] R_2 = R_3 = \dfrac{1}{2\pi f_R C} \\[2mm] R_5 = \dfrac{f_R^2 R}{Q \mid f_R^2 - f_Z^2 \mid} \end{array} \right\}$$
　　　　(10 - 26)

如果这个滤波器单元是一个奇数阶滤波器的最后一阶(即不需要零点),电路中就不需要 R_5,那么 $R_6 = R$;如果需要一个零点,R_5 要在电路中,通过下述公式可以得出 R_6 的值。

$$R_6 = \cfrac{R}{\sqrt{\left[\cfrac{f_0^2 - f_Z^2}{(f_R^2 - f_0^2)^2 + \cfrac{f_R^2 f_0^2}{Q^2}}\right]^2}} \qquad (10-27)$$

R 和 R' 标记的电阻可以取任意值。通常取值范围是 $1\ \text{k}\Omega \sim 100\ \text{k}\Omega$,可取典型值 $10\ \text{k}\Omega$。标记为 R 的电阻对滤波器单元的输入阻抗有影响。

10.14　双二阶设计的去归一化

设计双二阶滤波器最简单的方法是在使用设计公式之前缩放极点和零点。选择一个合适的电容值,然后使用公式计算设计所需的电阻值,如果电阻值非常小或非常大,选择一个新的电容值,然后再接着计算电阻值,直到得到合适的电阻值,同样要求电阻值的取值范围是 $1\ \text{k}\Omega \sim 100\ \text{k}\Omega$ 之间。

这个滤波器单元的设计,需要在 $f_R = 10.255\ \text{rad/s}$ 产生一个极点,且 $Q = 21$;这个滤波器需要一个 $f_0 = 9.1\ \text{rad/s}$ 的中心频率和一个在 $14.2\ \text{rad/s}$ 的零点。

令 $C = 10\ \mu\text{F}$,则:

$$R_1 = R_4 = \frac{Q}{2\pi f_R C} = \frac{21}{2\pi \cdot 10.255 \cdot 10^{-5}} = 32.591\ \text{k}\Omega$$

$$R_2 = R_3 = \frac{1}{2\pi f_R C} = 1.552\ \text{k}\Omega$$

令 $R = 22\ \text{k}\Omega$,则:

$$R_5 = \frac{f_R^2 R}{Q|f_R^2 - f_Z^2|} = 1.142\ \text{k}\Omega \qquad (10-28)$$

$$R_6 = \cfrac{R}{\sqrt{\left[\cfrac{f_0^2 - f_Z^2}{(f_R^2 - f_0^2)^2 + \cfrac{f_R^2 f_0^2}{Q^2}}\right]^2}}$$

将 $f_0^2 = 82.81, f_R^2 = 105.165, f_Z^2 = 210.64, Q^2 = 441$ 值代入 R_6 的计算公式后得出:

$$R_6 = \frac{22\ \text{k}\Omega}{5.213\ 579\ 2} = 4.219\ 75\ \text{k}\Omega$$

参考文献

[1] Williams A,Taylor F J. Electronic Filter Design Handbook. McGraw - Hill , New York , 1988 .

[2] Winder S. Analog and Digital Filter Design. Elsevier - Newnes , Amsterdam , 2002 .

第 **11** 章

带阻滤波器

史蒂夫·温德尔（Steve Winder）

带阻滤波器（陷波器）是比较复杂的，因为它们通常涉及大信号相减。因此，任何缺陷都可能造成一个比较大的误差。为获得一个正确衰减量、清晰分明的陷波槽或在期望的中心频率的陷波深槽，调整可能是必要的。本章史蒂夫·温德尔向我们展示了几种很好的陷波器设计方案。

11.1 细看带阻滤波器

带阻滤波器分为两种类型：宽带和窄带。如果滤波器的通带截止频率上限和下限相差数倍频程，它就可分类为宽带型带阻滤波器，这是由于上限频率是下限频率的很多倍。

宽带型带阻滤波器源自于奇数阶的低通和高通滤波器并联连接的理想结构。奇数阶滤波器是必需的，因为在它们的通带之外要同时具有高输入阻抗和高输出阻抗。阻带的高阻抗用于防止并联连接滤波器互相成为负载，不然的话会产生阻抗不匹配，并将导致不正确的总体频率响应。低通和高通滤波器的去归一化和和缩放处理，我已经在第 6 和第 7 章介绍过。

本章介绍如何设计几乎所有规格参数的窄带型有源和无源带阻滤波器。窄带型带阻滤波器的上限/下限频率相差小于 3 倍频程。这些滤波器的设计采用归一化低通滤波器的极点和零点或元件值作为起点。在本章中，我仍然采用前面章节的参数，并给出实例以帮助理解。我还针对无源设计的去归一化、归一化元件值的缩放提供了公式，对用于有源滤波器的去归一化极点和零点参数的方法进行介绍（详见第 2 章和第 3 章参考文献部分的引用文献）。

带阻滤波器设计首先要从归一化元件值入手，即转换成归一化高通值，这些高通值再缩放得到一个新的截止频率 W，对于期望的带阻滤波器，这个新截止频率必须等于它的上限频率和下限频率的差值。在数学公式表示为 $W = f_U - f_L$。图 11-1 演示了这一概念。

高通滤波器的阻带频率，要得到一定程度的衰减，必须等于带阻滤波器的阻带宽

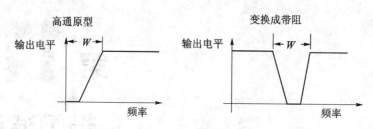

高通原型　　　　　　　　变换成带阻

输出电平　　　　　　　　输出电平

频率　　　　　　　　　　频率

图 11-1　低通到带阻响应的变换

度 N。下面举个例子来说明这个概念。

比方说,阻带宽度为 N 赫兹要获得 40 dB 衰减。高通滤波器在一个 N 赫兹的频率要求具有 40 dB 衰减。要查找实现这种响应所对应的滤波器阶数,在使用图形之前,必须对频率归一化,阻带 40 dB 衰减点产生在归一化频率响应曲线的 W/N(Hz)处。使用归一化低通原型图,我们可以找到通带设计所需的滤波器阶数。

例如,假设你想要一个带阻滤波器,截止频率上限/下限之差是 6.8 kHz、在 $F_0 \pm$ 1 kHz 时获得 40 dB 衰减,即在 40 dB 衰减时它的边沿响应宽度是 2 kHz。于是, $W = 6.8$ kHz、$N = 2$kHz。归一化低通滤波器在一个 6.8 kHz/2 kHz(即等于 3.4 rad/s)的归一化频率比必须获得 40 dB 衰减。第 2 章参考文献部分的引用文献中已给出该归一化低通衰减曲线,利用这个可以进行测试,以找出滤波器阶数。

11.2　无源滤波器

无源带阻滤波器源自于归一化低通模型。该模型归一化一个通带,从直流扩展至 1 rad/s 及终端接 1 Ω 负载电阻。首先必须把低通模型转换成一个高通原型,缩放到所需的截止频率;然后将高通原型变换成一个带正确中心频率的带阻滤波器。最后,缩放到合适的负载阻抗。

本章所有滤波器的案例中,设计过程要从确立低通原型入手,这个可以是巴特沃斯、切比雪夫或其他的设计,此外还必须确定滤波器的阶数。假设你需要一个滤波器在 3 dB 点之间具有一个 2.4 kHz 的通带,在 ± 250 Hz(一个 500 Hz 的阻带宽度)具有 40 dB 的衰减。此外,这个电路要求具有一个 320 kHz 的中心频率 F_0,采用一个巴特沃斯带阻滤波器的设计来实现这些参数。

通带与阻带的比值等于 $2.4/0.5 = 4.8$。参照归一化响应,一个三阶滤波器可以达到所要求的在 4.8 rad/s 时 40 dB 衰减。现在从一个低通原型入手,如图 11-2 所示。

低通模型必须通过用电感代换电容转换成一个高通模型,反之亦然,且电容、电感互为倒数值。在本例中,归一化高通滤波器的 $L1$ 和 $L3$ 的值仍然等于 1 H,但 C_2 变为 0.5 F。归一化设计接着对频率缩放到一个 2.4 kHz 的截止频率。这种做法和低通滤波器的缩放方式完全一样。电感和电容除以 $2\pi F_C$,这里 F_C 是截止频率,故除数因子等于 15 079.65。元件值结果如图 11-3 所示。

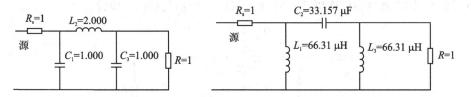

图 11-2　归一化三阶巴特沃斯低通模型　　图 11-3　三阶巴特沃斯高通原型缩放

为把频率转化到一个带阻模型,每个分支的阶单元在中心频率 F_0 谐振。串联电容变换成并联调谐 LC 电路,分流电感变换成串联调谐 LC 电路,高通原型中的电容值、电感值维持不变。

谨记,谐振在 $F_0 = 1/(2\pi \sqrt{LC})$,故电感要求调谐高通电容变成 $L_{BS} = 1/(4\pi^2 F_0^2 C_{HP})$,电容要求调谐该高通电感变成 $C_{BS} = 1/(4\pi^2 F_0^2 L_{HP})$。

带阻滤波器若调谐到 320 kHz 频率,这个频率转换因子是 $4\pi^2 F_0^2 = 4.042\ 59 \times 10^{12}$。采纳这些参数,该带阻电路元件值的给定如表 11-1 所列。将这些元件赋予电路,得到的带阻滤波器电路如图 11-4 所示。

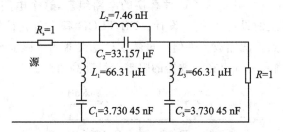

图 11-4　1Ω 负载电阻带阻滤波器

表 11-1　带阻元件值

高通元件	高通值	带阻元件	带阻值
L_1	66.31×10^{-6}	C_1	$3.730\ 45 \times 10^{-9}$
C_2	33.157×10^{-6}	L_2	$7.460\ 45 \times 10^{-9}$
L_3	66.31×10^{-6}	C_3	$3.730\ 45 \times 10^{-9}$

带通模型的去归一化为更高负载阻抗要求元件值缩放以匹配更高的阻抗。这种做法与低通或高通滤波器的缩放方式完全一样:电感值与负载阻抗成正比例地增加;电容值与负载阻抗成反比例地减少,电容值减少,则是因为容抗与容值成反比。为了在模型中具有相同的响应,随着负载阻抗的增加,电路中的所有电抗值必须增加对应的阻抗。

该滤波器设计要求一个 50 Ω 的源和负载阻抗,以匹配输入端和输出端射频分量。

模拟电路

源和负载阻抗的归一化值递增 50 倍,那么电抗元件的阻抗也必须递增 50 倍。通过将电感值乘以 50 及电容值除以 50 得出如图 11－5 所示的滤波器设计。

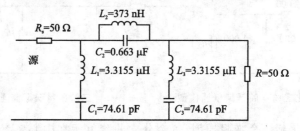

图 11－5　带阻滤波器的其中一种组态,去归一化 50 Ω 负载电阻

198

　　这个电路给出的是两种可行性组态中的一种。这种设计从最小化电感原型演化而来,具有一个串联支路且它为并联谐振,还具有两个分流支路,它们是串联谐振。这两条串联谐振分流支路跨接在输入端和输出端,因此在阻带上具有低输入阻抗。

　　如果这个设计是相反的,即从最小化电容原型发展而来,最终的结果也是使用相同数量的电容和电感;不同之处是该滤波器将有二个并联谐振支路串接在源和负载之间。此外,将有一个串联谐振的分流支路连接在这两个串接进来的支路接入节点与公共端之间,图 11－6 中显示了这种替换的电路组态,这个电路由 FILTECH(一个有助于滤波器开发的设计程序)[①]设计。FILTECH 程序首先计算归一化元件值,然后使用双精度浮点算法缩放元件值。虽然这种滤波器的传递函数和前面的版本相同,但这个版本的输入和输出在滤波器的阻带上呈现高阻抗。

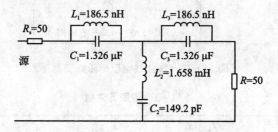

图 11－6　带阻滤波器另外一种组态,50 Ω 负载去归一化

　　在经历了这个费劲的过程后,读者会很高兴地知道公式容许整个过程一步一步地完成。这些公式类似于带通滤波器设计过程中曾使用的那些,针对设计的每一个阶段,都必须谨慎地使用正确的公式。

---

　①　FILTECH 可以从几个国家的 Adept Scientific 获得:

UK:http://directory.adeptscience.co.uk/productid/NOS－F/1/1194/NOS－F.html;

USA:http://directory.adeptscience.com/productid/NOS－F/4/NOS－F.html。

11.3　无源带阻滤波器去归一化公式

$$\left. \begin{aligned} C_{\text{Series}} &= \frac{1}{2\pi \cdot [F_{\text{U}} - F_{\text{L}}]RX} \\ L_{\text{Series}} &= \frac{[F_{\text{U}} - F_{\text{L}}]RX}{2\pi \cdot F_{\text{U}} \cdot F_{\text{L}}} \\ C_{\text{Shunt}} &= \frac{[F_{\text{U}} - F_{\text{L}}] \cdot X}{2\pi \cdot F_{\text{U}} \cdot F_{\text{L}} \cdot R} \\ L_{\text{Shunt}} &= \frac{R}{2\pi \cdot [F_{\text{U}} - F_{\text{L}}] \cdot X} \end{aligned} \right\} \quad (11-1)$$

串联和分流的下标表示电路元件正被设置的组态。"Series"下标表示串联支路（它们是并联谐振）；"Shunt"下标表示分流支路（这是串联谐振）。在这些等式中，X 因子是归一化低通元件值。这个同值的 X 必须用于一个单分支中全部元件。谨记，全极点低通滤波器的每个分支即为一个元件，而在带阻的每个分支则有两个呈串联谐振或并联谐振的元件。

重新设计这个三阶巴特沃斯滤波器有助于说明这些公式的使用。由于它是一个对称的设计，只有前 3 个分支需要计算。参数还像以前一样：$R = 50\ \Omega$，$F_{\text{U}} = (320 + 1.2)\ \text{kHz} = 321.2\ \text{kHz}$，$F_{\text{L}} = (320 - 1.2)\ \text{kHz} = 318.8\ \text{kHz}$。

第一个分支的 $X = 1.000$，可以是一个串联支路或分流支路，先以分流支路（串联谐振）来说明：

$$\left. \begin{aligned} C_{\text{Shunt}} &= \frac{(F_{\text{U}} - F_{\text{L}}) \cdot X}{2\pi \cdot F_{\text{U}} F_{\text{L}} \cdot R} = 2.4 \times \frac{10^3}{3.216\,9} \times 10^{-13} = 74.6\ \text{pF} \\ L_{\text{Shunt}} &= \frac{R}{2\pi \cdot (F_{\text{U}} - F_{\text{L}}) \cdot X} = \frac{50}{15\,079.65} = 3.315\,7\ \text{mH} \end{aligned} \right\} \quad (11-2)$$

第二个支路取 $X = 2.000$，由于第一个支路作为一个分流支路，本支路必须是串联支路，计算值给出如下：

$$\left. \begin{aligned} C_{\text{Series}} &= \frac{1}{2\pi \cdot (F_{\text{U}} - F_{\text{L}})RX} = \frac{1}{1\,507\,964.5} = 0.663\ \mu\text{F} \\ L_{\text{Series}} &= \frac{(F_{\text{U}} - F_{\text{L}})RX}{2\pi \cdot F_{\text{U}} F_{\text{L}}} = 24 \times \frac{10^4}{6.433\,89 \times 10^{-11}} = 373\ \text{nH} \end{aligned} \right\} \quad (11-3)$$

第三个支路具有和第一个支路一样的原型元件值，由于滤波器的对称性，第一个支路和第三个支路的元件值相同。对称性是很有用处的，因为若元件具有相同的值，制造的成本有时就会比较低。

刚刚得到的这些结果与图 11-5 中值之间的差异是由于表中的归一化值以及计算过程的舍入误差。本计算由人工使用计算器得出，若在计算机程序中采用浮点运算则可达到更精确的结果。

要获得图 11-6 中给出的这个电路,要首先计算串联支路,采用 $X=1.000$。

$$C_{\text{Series}} = \frac{1}{2\pi \cdot (F_U - F_L)RX} = \frac{1}{753\,982.2} = 1.326\,29\ \mu\text{F}$$

$$L_{\text{Series}} = \frac{(F_U - F_L)RX}{2\pi \cdot F_U F_L} = 12 \times \frac{10^4}{6.433\,89 \times 10^{-11}} = 186.51\ \text{nH}$$

(11-4)

接下来必须计算一个分流支路,采用 $X=2.0$,读者可以自行计算它们,并与图 11-6 的给定值做比较。由于对称性,最后一个支路的元件值与上面的计算结果相同。

在前面的章节已经提到过,有源(LC)滤波器的专门设计不是本书的侧重点,由于各种滤波器现在能够采用快速运算放大器设计,而这些在过去是无法做到的。那些不能够用运算放大器完成的也许属于射频(RF)设计的一部分。对于无源滤波器采用电感和电容设计的更全面的资料,读者可进一步参阅参考文献部分。

11.4　有源带阻滤波器

有源带阻滤波器可以使用源自于频率响应传递函数的极点和零点位置来设计。运算放大器是电路的有源器件,运算放大器具有高输入阻抗和低输出阻抗。它们可用于两级之间的缓冲,从而防止各级之间的相互影响。因此,每一级都可以被设计用来提供一对复极点的频率响应。在阻带中也可能需要零点,若提供这种功能则电路更为复杂,因为每一级滤波器单元均有缓冲,所有的级单元串接一起需达到要求的整体响应。

11.5　带阻的极点和零点

归一低通滤波器响应的极点和零点的位置被用于当作一个起始点。频率转换需要找出归一化带阻极点和零点位置。传递函数和 S 平面上的频率转换采用下面等式替换 s 来实现,公式如下:

$$S'' = \frac{\text{BW} \cdot s}{s^2 + \omega_0^2}$$

(11-5)

这里 $\omega_0 = \sqrt{\omega_U \cdot \omega_L}$,BW 是带宽,由 $\omega_U - \omega_L$ 给出,这个不是特别容易评估的。不过,我在带通滤波器的案例中也提到过,威廉姆斯和泰勒[2]针对一个从低通模型演化出的带阻通滤波器的每一级,已发表找出 Q 值和谐振频率 f_R 的方程式,这些都是设计有源带阻滤波器时所必需的。我稍稍使用威廉姆斯方程式,符合上一章给出的带通滤波器方程式。你必须从带阻滤波器的已知 Q 值 Q_{BS} 和低通原型极点位置的实

② 详见 Williams A, Taylor F J. Electronic Filter Design Handbook. New York:McGraw-Hill, 1988.

部 σ 和虚部 ω 入手,极点位置可以通过公式或表格计算。带阻的 Q 值,等于中心频率 f_0 除以阻带的带宽。

$$
\left.
\begin{aligned}
\omega_0^2 &= \sigma^2 + \omega^2 \\[4pt]
A &= \frac{\sigma}{\omega_0 \cdot Q_{BS}} \\[4pt]
B &= \frac{\omega}{\omega_0 \cdot Q_{BS}} \\[4pt]
f &= B^2 - A^2 + 4 \\[4pt]
g &= \sqrt{\frac{f + \sqrt{f^2 - 4A^2 B^2}}{2}}
\end{aligned}
\right\} \tag{11-6}
$$

(这里你是否想起一个著名的二次求解方程? 尝试 $a = 1$、$b = -f$、$c = A^2 B^2$)

$$
h = \frac{AB}{g} \tag{11-7}
$$

这里给出:

$$
W = 0.5 \sqrt{(A+h)^2 + (B+g)^2} \tag{11-8}
$$

则频率是:

$$
\left.
\begin{aligned}
f_{R1} &= \frac{f_0}{W} \\[4pt]
f_{R2} &= W f_0
\end{aligned}
\right\} \tag{11-9}
$$

这个极点的品质因数 Q 由公式 $Q = \dfrac{W}{A+h}$ 给定。

实极点具有一个 $Q = \sigma Q_{BS}$ 的 Q 值和一个谐振频率 f_0。现在我们来计算零点位置,在一个如切比雪夫或巴特沃斯响应的全极点滤波器中,零点的位置是在 S 平面虚轴上的无穷大 ∞ 处。在转换成一个带阻响应期间,它们移入阻带的中心。在一个低通考尔和逆切比雪夫响应原型,零点正好在通带之外;而转换成一个带阻响应后,零点位置就移入阻带,对称地坐落在中心频率的上下方。零点位置也须经计算,如式: $J = 1/Q_{BS} Z$,这里的 Z 是归一化低通的零点频率。

那么,零点频率是:

$$
\left.
\begin{aligned}
f_{\infty,1} &= \frac{f_0}{2}\left[J - \sqrt{J^2 + 4}\right] \\[4pt]
f_{\infty,2} &= \frac{f_0}{2}\left[J + \sqrt{J^2 + 4}\right]
\end{aligned}
\right\} \tag{11-10}
$$

因此,S 平面图现在看起来像什么? 第 6 章中的图 6-6 曾给出过一个四阶低通滤波器的示例,这是一个巴特沃斯响应,极点位于一个单位圆上的 $-0.9239 \pm j0.3827$ 和 $-0.3827 \pm j0.9239$ 处。

假设这个滤波器需要在 45 Hz 和 50 Hz 之间具有一个阻带,该参数仅用于演示,不过也可用于滤除如欧标 50 Hz 之类的电力线频率(即工频干扰)。参数给定 BW=

10、$f_0=50$ Hz、$Q_{BS}=5$。从第一对极点位置取出一个极点：$S=-0.923\,9+j0.382\,7$、$\sigma=0.923\,9$ 以及 $\omega=0.382\,7$。

由此，这两个带阻极点可以通过下列方程式产生：

推导出 $\omega_0=\sigma^2+\omega^2=1$（由于巴特沃斯响应的极点在一个单位圆上）；

$$
\left.
\begin{aligned}
A &= \frac{\sigma}{\omega_0 \cdot Q_{BS}} = 0.184\,78 \\[4pt]
B &= \frac{\omega}{\omega_0 \cdot Q_{BS}} = 0.076\,54 \\[4pt]
f &= B^2 - A^2 + 4 = 3.891\,76 \\[4pt]
g &= \sqrt{\frac{f+\sqrt{f^2-4A^2B^2}}{2}} = 1.972\,741\,4 \\[4pt]
h &= \frac{AB}{g} = 0.007\,169\,24
\end{aligned}
\right\}
\tag{11-11}
$$

这里推导出：$W=0.5\sqrt{(A+h)^2+(B+g)^2}=1.029\,125\,693$。

那么，频率分别是：$f_{R1}=\dfrac{f_0}{W}=48.584\,93$，$f_{R2}=Wf_0=51.456\,284$。

进一步推导出，该极点的品质因数 Q 为：$Q=\dfrac{W}{A+h}=5.361\,447$。

第二对极点采用同样的计算方式，由于对称性，$\sigma=0.382\,7$ 以及 $\omega=0.923\,9$。

$$
\left.
\begin{aligned}
A &= \frac{\sigma}{\omega_0 \cdot Q_{BS}} = 0.076\,54 \\[4pt]
B &= \frac{\omega}{\omega_0 \cdot Q_{BS}} = 0.184\,78 \\[4pt]
f &= B^2 - A^2 + 4 = 4.028\,285\,277 \\[4pt]
g &= \sqrt{\frac{f+\sqrt{f^2-4A^2B^2}}{2}} = 2.007\,046\,492 \\[4pt]
h &= \frac{AB}{g} = 0.007\,046\,703\,33
\end{aligned}
\right\}
\tag{11-12}
$$

这里推算得出：$W=0.5\sqrt{(A+h)^2+(B+g)^2}=1.096\,709\,865$。

那么，频率分别是：$f_{R1}=\dfrac{f_0}{W}=44.590\,91$，$f_{R2}=Wf_0=55.835\,493$。

推导出，本极点的品质因数 Q 为：$Q=\dfrac{W}{A+h}=13.120\,626\,4$。

为了帮助大家想象出这些极点的状态，请浏览一下如图 11-7 所示的 S 平面图。本图仅显示出正频率极点，这里还应有对称的负频率极点，但为了清楚起见，本图省略介绍。此外，注意对于一个给定的 Q 值，极点位于一条通过原点的延线上，前述计算出的这一对极点均有一个约 5.4 的 Q 值。另一对极点具有一个约为 13.1 的 Q 值，但离带阻滤波器的中心频率 f_0 更远。记住，这里一个极点的 Q 值通过下面给出的公式计算：

$$Q = \frac{\sqrt{\sigma^2 + \omega^2}}{2\sigma}$$

(11-13)

一个带阻极点的 Q 值近似等于 $2f_0 Q_{LP}/BW$，这里的 Q_{LP} 是归一化低通极点的 Q 值。本例中的归一化巴特沃斯滤波器极点推导出：$Q1_{LP} = 1/2\sigma = 0.541\,18$、$Q2_{LP} = 1.306\,5$。这里 f_0/BW 的比值是 5，那么带阻极点对应的 Q 值的近似算法是：$Q1_{BS} = 10 \times 0.541\,18 = 5.41$、$Q2_{BS} = 10 \times 1.306\,5 = 13.1$。

图 11-7 所示的极点-零点非常类似于介绍带通滤波器时给出的示例，这个带阻滤波器在 S 平面的原点上（对应于直流）或无穷大 ∞ 处不存在零点；仅在带阻的中心频率上才有零点。

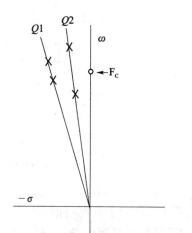

图 11-7　四阶巴特沃斯带阻滤波器的极点位置

让我们现在一起来看看一些带阻有源滤波器的设计，我将向大家展示怎么把极点和零点位置用于计算元件值。后面在讨论有源考尔和逆切比雪夫滤波器时，我们还会回到 S 平面上来，这两种类型的滤波器均在阻带上有零点，但都不在中心频率上。

11.6　双 T 带阻滤波器

基本双 T 带阻滤波器，经 R_3 和 2 个电容 C 短接到地而非接到 A2，这是一种最简单的带阻滤波器形式，不过，它不是常用的。缺乏人气的起因是很差的品质因数，它的 Q 值只有 0.25。提高 Q 值的一种方法就是添加放大器 A2 以及在 R_3 和 2 个电容 C 的底部接入正反馈（增益小于 1.0），如图 11-8 所示。这就意味着幅度的变化被放大，引起一个更清晰的通带向阻带的过渡，图 11-8 所示的电路就是放大的双 T 滤波器。

元件的值可以通过下述公式计算：

$$\left.\begin{array}{l} R_1 = R_2 = \dfrac{1}{2\pi f_z C} \qquad (C \text{ 为任意合适值}) \\[3mm] R_3 = \dfrac{R_1}{2} \end{array}\right\}$$

(11-14)

对于任意期望的 Q 值，反馈因子 $k = 1 - 1/4Q$。举个例子，要求一个 Q 值为 5，则 $k = 1 - 0.05 = 0.95$。如果 $R = 10\,\text{k}\Omega$，则 $kR = 9.5\,\text{k}\Omega$、$(1-k)R = 500\,\Omega$。这些最

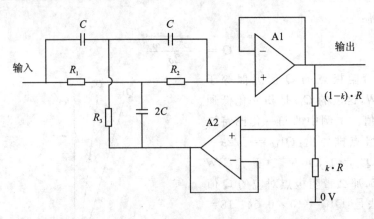

图 11-8　放大的双 T 滤波器

贴近 E96 系列[3]的首选值分别是 9.53 kΩ 和 499 Ω。如果必须使用标准范围的电阻,这两个元件要求的电阻值,分别是 9.1 kΩ＋390 Ω、470 Ω＋27 Ω。

　　如果反馈电阻远小于 R_1、R_2、R_3 的电阻值,第二个运放就可以省掉。反馈电阻的接入节点可以直接连接到电阻 R_3 和分流电容(其值为 $2C$)的接入节点。由于分流通路的阻抗增加,这将导致陷波频率的一个微小误差。因为双运放比较便宜,也比较容易使用,若只是为了节省空间或减小成本,省掉运放可能是不可取的。

11.7　双 T 陷波器的去归一化

　　举个例子,考虑一个上限和下限通带沿之间具有 10 Hz 的 50 Hz 陷波器,$Q=50/10=5$,采用 $f_z=50$ Hz 或者 314.159 rad/s、$C=0.1\ \mu F$(故 $2C=0.2\ \mu F$),通过代入下列公式可以计算元件值:

$$R_1 = R_2 = \frac{1}{2\pi f_z C} = 31.83 \text{ k}\Omega$$

$$R_3 = \frac{R_1}{2} = 15.91 \text{ k}\Omega \tag{11-15}$$

$$k = 1 - \frac{1}{4Q} = 0.95$$

令 $R=20$ kΩ,反馈电阻元件 $kR=19$ kΩ、$(1-k)R=1$ kΩ。

11.8　双 T 陷波器的具体实现

　　看似使用精密元件如 2％的电容和 1％的电阻可以获得合理的性能,但并不都是

_____

③　E96 系列的电阻规格误差较小,有 96 个基本数,此种规格电阻常用于精度要求较高的场合——译者注。

这样的。即使采用 1% 的电容,中心频率和 Q 值也不会好。对于一个高 Q 值的陷波,你不能获得良好的陷波深度。好吧,接下来我们好好去试试! 为了获得好的结果,有必要采用 3 个微调电位器来调整这 3 个电路。

基于上述例子列出的条件,保留 $R_2 = 31.6$ kΩ,调整 R_1 为一个 26.7 kΩ 和一个 10 kΩ 的电位器,调整 R_3 为一个 13.0 kΩ 电阻和一个 5 kΩ 电位器。这样,R_1 和 R_3 将给出一个 $\pm 18\%$ 的校准范围,将元件 $(1-k)R$ 变更为一个 500 Ω 的电位器,并设定 $kR = 4.99$ kΩ,确信电容的误差优于 5%,最好是 1%。最后输入一个期望频率的正弦波。

如果只是简单地调节电位器,你会发现它们相互影响很严重。关键在于了解如何调节电位器,将滤波器的输入和输出引入一个 $X-Y$ (交叉图)示波器,并开始校准,观察校准影响多少增益和相位。你不久就会发现能在期望频率校准到好的深度。电阻 kR 主要用于一个 Q 值的调整,但和其他电位器也相互影响,不论你是否使用放大器 A2。设定输入频率为 $f_z(1-1/(2Q))$,并调整得到期望的输出幅度。通过一个小小的实践,你就可以在短短的 1 分钟内获得比较理想的电路精度。

11.9　采用多反馈带通单元的带阻滤波器

一种最简单的、适用于产生一个全极点响应的带阻滤波器是多反馈带通滤波器 (MFBP)电路,即第 10 章中所述电路,再添加一个求和放大器。该求和放大器对多反馈带通单元的输出(注:这里是反相信号)以及输入信号进行求和。从频谱角度看,该电路从一个宽带响应中减去一个通带构建了一个阻带。该电路如图 11-9 所示,由运算放大器 A2 和 3 个标记为 R 的电阻构成这个求和放大器。

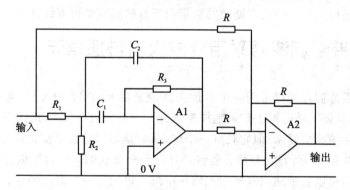

图 11-9　采用多反馈带通的带阻滤波器单元

多反馈带通单元电路通常限制了应用,由于极点的 Q 值小于 20。这种局限性对它的使用限制相当大,但对于简单的应用场合它还是很容易使用的。多反馈带通单元电路的性能主要取决于所采用的运算放大器,器件的增益带宽积应该要远远超出谐振频率乘以谐振增益。从数学的角度看,$\mathrm{GBW} \gg Q \times f_R$。

带通电路谐振频率的增益由 $R_3/2R_1$ 的比值决定,且通过两个电容器的比值来调整,因此这两个电容器的误差最好控制在 1% 内。很明显谐振的增益必须是单位 1。当从带通单元的输出与输入相加,这两个信号具有相同的幅度并相互抵消产生一个陷波。如果你想获得一个更深的陷波,在元件 R_1 处添加一个微调电位器,可能是一个好的解决办法。

中心频率主要通过调整 R_2 来决定,正如第 10 章所述,该中心频率的计算如下式:

$$f_R = \left(\frac{1}{2\pi C}\right)\sqrt{\frac{R_1+R_2}{R_1}}\sqrt{\frac{1}{R_3 \times R_2}} \qquad (11-16)$$

由于中心频率非常地依赖于 R_2 的阻值,R_2 必须调整以获得准确的陷波谐振频率。幸运的是,频率调整和增益调整之间的相互影响几乎为零。

11.10　带阻滤波器采用多反馈带通单元设计的去归一化

从之前的四阶巴特沃斯 50 Hz 陷波滤波器得出的一个极点开始考虑。对于该极点,$f_R = 48.584\ 93$ Hz 或 $305.268\ 12$ rad/s、$Q = 5.361\ 447$。

$$\left.\begin{array}{l} R_3 = \dfrac{Q}{\pi f_R C} = 5\ 590\ \Omega \\[2mm] R_1 = \dfrac{R_3}{2} = 2\ 795\ \Omega \\[2mm] R_2 = \dfrac{R_3}{4Q^2-2} = 49.477\ 58\ \Omega \end{array}\right\} \qquad (11-17)$$

实际应用中,取得接近于计算结果的电阻值会比较困难。个别的元件也许需要选择或者调整以完成一个具有期望的阻带损耗量的陷波滤波器设计。

11.11　带阻滤波器采用双放大器带通单元

一个带阻滤波器可以采用一个双放大器带通单元(DABP)设计,通过使用一个加法放大器,从输入信号减去带通响应来实现。双放大器带通单元的拓扑比采用多反馈带通单元结构更复杂;但它具有一个优点,就是可以达到更高的 Q 值,Q 值可能高达 150。如第 10 章所述,双放大器带通是一个全极点响应带通滤波器单元。采用一个求和电路可以将带通响应从输入信号中减去以创建一个带阻响应。双放大器带通滤波器有一个在谐振频率增益为 2 的非反相输出,因此要求是一个稍微不同于多反馈带通滤波器的求和电路。在图 11-10 中,输入信号输入到求和放大器的非反相输入端,从带通单元的输出通过一个串联电阻输入到放大器的反相输入端,从求和放大器输出端的反馈电阻对来自带通单元的信号形成一个分压器。当没有带通信号出现时(在阻带外),带通单元输出为零电位。因此,求和放大器形成一个增益为 2 的非反相放大器。图 11-10 中给出了一个双放大器带通滤波器的电路原理图。

C_1 和 C_2 电容应该相等但可取任意值。在实际中,电容值的选择要便于让所有电阻的值都在一个比较合理的范围,通常从 1 kΩ 到 100 kΩ。这些限制由设计者决定,记住 R_3、R'' 和 $R_{是}$ 运算放大器 A1 和 A2 的输出负载。一个高阻值的 R_1 将引入噪声并可能降低信号,因为它串联在信号通路。

采用如下等式计算:

$$\left. \begin{array}{l} R_1 = \dfrac{Q}{2\pi \cdot f_R C} \\[2mm] R_2 = R_3 = \dfrac{1}{2\pi \cdot f_R C} \end{array} \right\} \qquad (11-18)$$

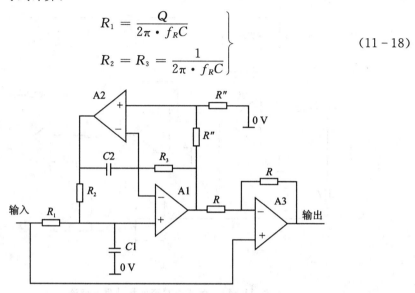

图 11-10 采用双放大器带通单元设计的带阻滤波器

或者从另外一个角度来看,$R_1 = Q \cdot R_2$。

如果本单元的 Q 值很高,比如 $Q=75$,那么 R_1 将是 R_2 和 R_3 的 75 倍。电容 C 值的选择必须便于让电阻 R_1 的值接近于电阻值选择范围的下限,R_2 则接近于电阻选值范围的上限。这个电路具有谐振频率和 Q 值可独立调节的特点,R_1 用于调节谐振的 Q 值,R_2 和 R_3 决定谐振频率,谐振频率的增益固定在 $G_R=2$。

11.12 带阻设计采用双放大器带通单元的去归一化

从之前的四阶巴特沃斯 50 Hz 陷波滤波器得出的一个极点开始考虑。对于这个极点,$f_R=51.456\,284$ Hz 或 $323.309\,367\,6$ rad/s、$Q=5.361\,447$。设 $C=0.1\ \mu$F、$R=R'' \leqslant 10$ kΩ。

$$\left. \begin{array}{l} R_2 = R_3 = \dfrac{1}{2\pi \cdot f_R C} = 4\,922\ \Omega \\[2mm] R_1 = Q \cdot R_2 = 26.393\ \Omega \end{array} \right\} \qquad (11-19)$$

11.13　状态变量带阻滤波器

这种状态变量设计可以适用于全极点响应或要求一个零点在阻带中心频率点的任何滤波器。它对运算放大器的带宽增益积限制具有低敏感度,单元 Q 值最大可能达到 200。不过,它需要 4 个运算放大器,如图 11-11 中所示。

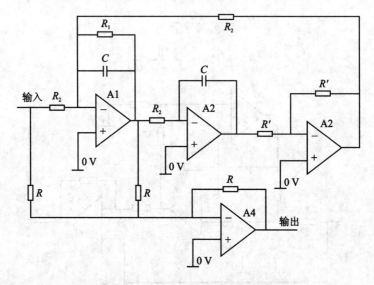

图 11-11　全极点状态变量带阻滤波器

这个滤波器的公式允许电容 C 取任意值。

$$\left.\begin{array}{r} R_1 = R_4 = \dfrac{Q}{2\pi \cdot f_{RC}} \\[2mm] R_2 = R_3 = \dfrac{R_1}{Q} \end{array}\right\} \qquad (11-20)$$

R' 可以自由决定取值,不过一般取 10 kΩ 的典型值;电阻 R 也可以任意取值,视具体需要,可与 R' 取值相同。请注意,R 的取值影响滤波器的输入阻抗。

11.14　状态变量带阻滤波器的去归一化

以之前的四阶巴特沃斯 50 Hz 陷波滤波器得出的一个极点为例,这个极点,f_R = 44.590 91 Hz 或 280.172 95 rad/s、Q = 13.120 626 4。设 C = 0.1 μF、$R = R'$ = 10 kΩ。

$$R_1 = R_4 = \frac{Q}{2\pi \cdot f_R C} = 74\,533\,\Omega$$

$$R_2 = R_3 = \frac{R_1}{Q} = 5\,680\,\Omega$$

$$(11-21)$$

11.15　考尔和逆切比雪夫有源滤波器

设计具有一个考尔或一个逆切比雪夫响应的带阻滤波器比全极点滤波器设计更难，因为每个滤波器单元必须同时让极点和零点接近于滤波器的中心频率；此外，极点和零点的配对也必须加以考虑。一个滤波器可能有一定数量的极点和零点，原则上，任意零点可以关联任意极点。在实际中，极点—零点的配对会影响性能。最低频率的极点应该与最低频率的零点配对。此外，Q 值最低的极点应该由第一级单元使用；否则，由一个很大 Q 值的信号放大可能导致后级单元的过载。图 11 - 12 演示了极点和零点的配对。

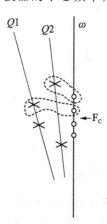

设计一个考尔或逆切比雪夫滤波器，需要一种不同的电路拓扑。考尔响应在阻带上有零点，所以需要一个可调谐陷波电路。当然，采用一个扩展的状态变量滤波器（称为双二阶）电路也可以实现，该电路如图 11 - 13 所示。

图 11 - 12　考尔极点和零点配对

需要注意的是，在双二阶带阻滤波器电路中，R_5 将视零点频率 f_Z 在谐振频率 f_R 之上或之下情况，连接到不同的节点。如果零点频率高于谐振频率，连接 A 和 C 节点；如果零点频率低于谐振频率，连接 B 和 C 节点。

下面的公式将给出元件值。

$$R_1 = R_4 = \frac{Q}{2\pi \cdot f_R C}$$

$$R_2 = R_3 = \frac{R_1}{2\pi \cdot f_R C} = \frac{R_1}{Q}$$

$$R_5 = \frac{f_R^2 R}{Q\,|f_R^2 - f_Z^2|}$$

$$R_6 = \frac{f_R^2 R}{f_Z^2}(f_R > f_\infty \text{ 或 } f_R < f_\infty)$$

$$(11-22)$$

注意：式中 f_Z 为零点频率。

当要求一个全极点滤波器时，$R_6 = R$，因为 $f_R = f_\infty$ 且电路中不需要 R_5（详见"状态变量带阻滤波器"节）。

模
拟
电
路

210

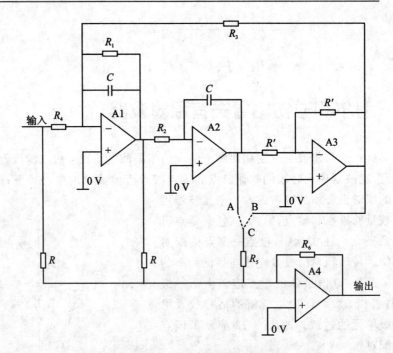

图 11 - 13　双二阶带阻滤波器

R 和R'标记的电阻可以取任意值。通常取值范围是 1 kΩ～100 kΩ,可取典型值 10 kΩ。标记为 R 的电阻对滤波器单元的输入阻抗有影响,该电阻应该要比输入信号源阻抗高数倍。

11.16　双二阶带阻滤波器单元的去归一化

假设,设计一个考尔滤波器单元,产生一个极点和一个零点。该设计的极点频率 $f_R = 280$ rad/s、$Q = 15$;该设计的零点频率是 300 rad/s。设 $C = 0.1$ μF、$R = R' = 10$ kΩ。

$$R_1 = R_4 = \frac{Q}{2\pi \cdot f_R C} = 82\ 262\ \Omega$$

$$R_2 = R_3 = \frac{1}{2\pi \cdot f_R C} = \frac{R_1}{Q} = 5\ 684\ \Omega$$

$$R_5 = \frac{f_R^2 R}{Q\,|f_R^2 - f_Z^2|} = 4\ 506\ \Omega$$

$$R_6 = \frac{f_R^2 R}{f_Z^2} = 8\ 711\ \Omega$$

$(11 - 23)$

参考文献

[1] Williams A，Taylor F J. Electronic Filter Design Handbook. McGraw – Hill，New York，1988.

[2] Winder S. Analog and Digital Filter Design. Elsevier-Newnes，Amsterdam，2002.

第 **12** 章

电流反馈放大器

塞尔吉奥·佛朗哥(Sergio Franco)

同样地,赛尔吉欧·佛朗哥是另一位出色的讲解员。一个通用型运算放大器和一个电流反馈放大器之间真正的差别是什么?这里将告诉大家具体原因以及它们之间的区别为什么不明显!

12.1　电流反馈的概念

在制造商的努力下,生产的运算放大器性能越来越接近于理想运算放大器,他们不仅要最大化开环增益和最小化如失调电压、偏置电流及噪声之类的输入参考误差,而且要保证足够的带宽和建立时间的特性。运算放大器的动态范围在高速应用场合尤为重要,比如在双极性 DAC 缓冲器、分段结构 ADC、采样/保持电路、自动化测试设备(ATE)的针脚驱动器、视频以及中频驱动器等应用。作为电压型器件,通用型运算放大器在固有电压模式下工作受限于速率限制,主要源于节点的分布电容和晶体管的截止频率。尤为严重的是,高增益反相级单元的输入和输出节点之间的分布电容影响,由于密勒效应①,其影响为每级的电压增益乘以这个电容。与此相反,早已证实电流模式操作从本质上讲要比电压模式操作更快。一个集成电路中分布电感的影响通常比分布电容的影响要小,BJT 的开关电流速率比电压方式更迅速。这些技术上的因素作为射极耦合逻辑电路、双极型的 DAC、电流变送器的基础,在高速放大器拓扑结构中被称为电流反馈②。

真正的电流模式操作,电路的所有节点最好保持在固定电位,避免分布电容引起的速率放缓效应。不过,由于放大器的输入和输出必须为电压形式,一些场合必须提供某种形式的高速电压模式操作,这可通过驱动具有推挽射极跟随器单元的节点对

---

① 密勒效应(Miller effect)是在电子学中、反相放大电路中,输入与输出之间的分布电容或寄生电容由于放大器的放大作用,其等效到输入端的电容值会扩大 1＋K 倍,其中 K 是该放大电路电压放大倍数。虽然一般密勒效应指的是电容的放大,但是输入与其他节点之间的连接阻抗呈现增益均能够通过密勒效应改变放大器的输入阻抗——译者注。

② 根据 1989 年 1 月 5 日发表在 EDN 杂志上的一篇文章,由 Cahners 出版公司 1990 出版,该公司为美国 Reed 出版的一个分支。

分布电容迅速充电或放电以及采用共源共栅(或共射－共基极)组态之类的增益组态从根本上消除密勒效应来实现。

上面的概念采用图 12-1 所示简化的交流等效电路演示。该电路由射极跟随器输入级 Q_1、电流镜像 Q_2 和 Q_3、共射-共基极增益级 Q_3 和 Q_4 以及射极跟随器输出级 Q_5 组成。反馈信号类型是电流反馈,从 Q_5 的发射极流经电阻 R_2 反馈到 Q_1 的发射极,属于串联分流反馈。一个定性分析表明,开环特性主要通过 Q_4 的集电极和地之间的等效阻抗 z 设置,这个 z 的电阻分量设置开环直流增益,z 的电容分量控制开环动态范围。

图 12-1 所示基本拓扑的变种早已被用于诸如有源探测器之类等在高速应用场合。它适用在类似于要求一个差动输入级的运算放大器的操作。此外,为了确保对称的上升和下降时间,每一个级单元必须能够互补推挽,从截止频率 f_t 角度来看 NPN 和 PNP 晶体管必须具有相仿的特征。传统的单极性 PNP 晶体管一直被性能远差于配对的 NPN 晶体管的问题所困扰。不过,真正地互补高速工艺的发展已经能够达到单极性晶体管速度,而之前仅用于混合形式。通过与

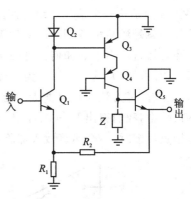

图 12-1　电流反馈的概念

较知名的类似通用型运算放大器进行比较,电流反馈放大器的独特功能和操作获得了最高评价。

12.2　通用型运算放大器

常规运算放大器(一般指的是通用型运放)由高输入阻抗差动级、紧随着附加的增益级以及后段的低阻抗输出级组成。图 12-2(a)展示了这个电路模型,运算放大器的传输特性是:

$$V_o = a(\text{j}f)V_d \qquad (12-1)$$

其中,V_o 是输出电压,$V_d = V_p - V_n$ 是差分输入电压,$a(\text{j}f)$ 是频率 f 的一个复合函数,即开环增益。

图 12-2(b)由外部网络构成的一个反馈回路,信号以电压形式从输出端反馈到运算放大器的非反相输入端(即同相端)。通过检查得出:

$$V_d = V_i - \frac{R_1}{R_1 + R_2}V_o \qquad (12-2)$$

将本式代入式(12-1),合并和求解 V_o/V_i 比值,给出非反相放大器的传输特性:

$$A(\mathrm{j}f) = \frac{V_{\mathrm{o}}}{V_{\mathrm{i}}} = \left(1 + \frac{R_2}{R_1}\right)\frac{1}{1 + \dfrac{1}{T(\mathrm{j}f)}} \tag{12-3}$$

$$T(\mathrm{j}f) = \frac{a(\mathrm{j}f)}{1 + \dfrac{R_2}{R_1}} \tag{12-4}$$

其中，$A(\mathrm{j}f)$ 是闭环增益，$T(\mathrm{j}f)$ 是环路增益。指定的环路增益源于下面的推导过程。如果我们如图 12-3(a) 一样分解环路，注入一路测试信号 V_{x} 以及 V_{i} 信号抑制，电路会先衰减 V_{x} 产生 $V_{\mathrm{n}} = V_{\mathrm{x}}/(1+R_2/R_1)$，然后放大 V_{n} 产生输出电压 $V_{\mathrm{o}} = -aV_{\mathrm{n}}$，经历了从一个信号环绕过回路的增益，于是为 $V_{\mathrm{o}}/V_{\mathrm{x}} = -a/(1+R_2/R_1)$。这个负比值就是环路增益，$T = -(V_{\mathrm{o}}/V_{\mathrm{x}})$，详见式(12-4)。

环路增益给出了 a 如何接近 $(1+R_2/R_1)$ 的量度，也被称为电路的噪声增益。由式(12-3)可知，T 越大越好。为了确保一个可观的环路增益覆盖一个宽范围的闭环增益，制造商努力让 a 尽可能大。因此，由于 $V_{\mathrm{d}} = V_{\mathrm{o}}/a$，$V_{\mathrm{d}}$ 假定是极小值。在 $a \to \infty$ 的极限中，我们得出 $V_{\mathrm{d}} \to 0$，即 $V_{\mathrm{n}} \to V_{\mathrm{p}}$。这就形成了熟知运算放大器规则的基础：当采用负反馈时，一个运算放大器将提供的任何输出均需促使 V_{n} 跟随 V_{p}。

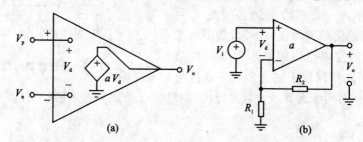

图 12-2　通用型运算放大器和一个非反相输入端放大器连接电路模型

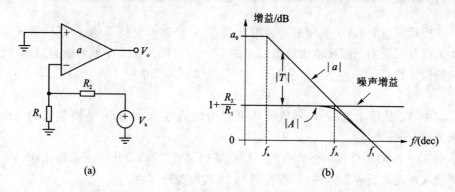

图 12-3　找出环路增益的测试电路及确定闭环带宽 f_{A} 的图解法

12.3　增益带宽权衡

大开环增益仅在一个限定频率范围可完全地实现。超过该范围,增益随频率衰减。大多数运算放大器均设计一个 20dB/dec 衰减常量,故开环响应可以用下式表达:

$$a(\mathrm{j}f) = \frac{a_0}{1 + \mathrm{j}\left(\dfrac{f}{f_a}\right)} \qquad (12-5)$$

其中,a_0 表示直流增益,f_a 是开环响应的 -3 dB 频率。例如,常用的 741 运算放大器具有 $a_0 \approx 2 \times 10^5$、$f_a \approx 5$ Hz 的规格参数。

将式(12-5)代入式(12-4)内,然后再代入到式(12-3),并利用 $(1+R_2/R_1)/a_0 \ll 1$ 的特点,我们推导出:

$$A(\mathrm{j}f) = \frac{1 + \dfrac{R_2}{R_1}}{1 + \mathrm{j}\left(\dfrac{f}{f_A}\right)} \qquad (12-6)$$

$$f_A = \frac{f_t}{1 + \dfrac{R_2}{R_1}} \qquad (12-7)$$

其中 f_A 是闭环带宽,$f_t = a_0 \cdot f_a$ 是开环单位增益频率,也就是 $|a|=1$ 的频率。例如,741 运算放大器的 $f_t = 2 \times 10^5 \times 5 = 1$ MHz。

式(12-7)表明了一个增益带宽的权衡。如果我们提高 R_2/R_1 的比例来增加闭环增益,同时就降低了它的带宽。此外,通过式(12-4)可看出,该环路增益也会下降,从而导致一个更大的闭环增益误差。

这些概念我们也可以用图形来表示,通过公式我们得到:
$|T|_{\mathrm{dB}} = 20\ log\ |T| = 20\ log\ |a| - 20\ log\ |1 + R_2/R_1|$,或者是:

$$|T|_{\mathrm{dB}} = |a|_{\mathrm{dB}} - \left|1 + \frac{R_2}{R_1}\right|_{\mathrm{dB}} \qquad (12-8)$$

说明,环路增益可以从开环增益和噪声增益之差的图形中找出,如图 12-3(b)所示。在两条曲线相交点的频率称为交叉频率。这个很容易看到,在这个频率上,我们有:$T = 1\angle -90° = -\mathrm{j}$;

于是由式(12-3)导出:
$$|A| = (1 + R_2/R_1)/|1 + \mathrm{j}| = (1 + R_2/R_1)/\sqrt{2}$$

因此,交叉频率也是闭环响应的 -3 dB 频率,即闭环带宽 f_A。

现在我们看到,增加闭环增益则噪声增益曲线向上移,导致交叉点移动到 $|a|$ 曲线,从而降低闭环带宽以及环路增益。显然,即使电路用最宽的带宽和最高的环路增益,得到的也是一个最低的闭环增益。若 $R_2/R_1 = 0$,故 $A = 1/[1 + \mathrm{j}(f/f_t)]$,这就是

个电压跟随器。

12.4　转换速率限制

为了充分展现一个运算放大器的动态响应,我们还需要知道它的瞬态响应。如果一个运算放大器具备式(12-5)的响应作为一个单位增益电压跟随器操作,并注入一个适当的小电压阶跃,它的动态响应将类似于一个 RC 网络。如图 12-4(a)所示,注入一个输入阶跃$\triangle V_i$,将导致输出呈一个幅度为$\triangle V_o = \triangle V_i$的指数跳变,且时间常数是$\tau = 1/2\pi f_t$。

216

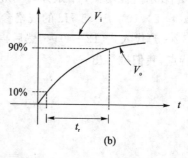

(a)　　　　　　　　　　　　　(b)

图 12-4　电压跟随器及对应的小信号阶跃响应

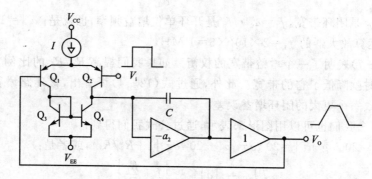

图 12-5　通用型运算放大器的转换速率简化模型

上升时间被定义为输出摆幅从阶跃信号的 10% 到 90% 的时间量t_r。对于一个呈指数的跳变,我们有:

$$t_r = \tau \times ln(0.9/0.1) = 2.2\tau$$

对于 741 运算放大器,我们有:

$$\tau = \frac{1}{2\pi \times 10^6} \approx 160 \text{ ns}, t_r = 350 \text{ ns}$$

在跳变的起点,输出随时间变化的速率是最高的,而它的值则为$\triangle V_o/\tau$。初始速率的变化随阶跃幅度增加而增加,直到这个速率饱和到一个固定值,即被称之为转换速率。这种效应源于内部电路对容性负载的充放电,尤其是内部频率补偿电容等的性能限制。

　　为了说明,请参考图 12-5 所示的电路模型,这是绝大多数运算放大器的典型模型。输入级是一个跨导放大器,由差动对管 Q_1、Q_2 以及电流镜像负载 Q_3、Q_4 组成。其他级组合在一起作为一个积分器模块,由一个反相放大器和补偿电容 C 构成。转换速率限制发生在跨导放大器级被驱动进入饱和状态,以至于所有可用电流对电容 C 充电或放电作为本级的偏置电流 I。

　　例如,在 741 运算放大器有 $I=20\ \mu A$ 且 $C=30\ pF$,故转换速率 $SR=I/C=0.67$ V/μs。阶跃幅度对应于转换速率限制的突然发生,使得:

$$\triangle V_i/\tau = SR \text{ 或者 } \triangle V_i = SR \times \tau = (0.67\ V/\mu s) \times (160\ ns) = 106\ mV$$

只要输入阶跃小于 106 mV,一个 741 电压跟随器呈一个指数跳变的响应将受 $\tau \approx 160$ ns 支配,而对于更大的输入阶跃其输出的转换速率将是一个 0.67 V/μs 的常量。

　　在高速应用中一个重要的动态参数就是建立时间,也就是输出建立以及保持在最终值的某个指定范围内的时间,通常为一个满量程输出跳变时间。显然,转换速率限制在一个通用型运算放大器的建立时间特性中起着重要的作用。

12.5　电流反馈放大器

　　图 12-6(a)所示的这个电路模型,这种电流反馈放大器的结构不同于常规运算放大器,主要体现在两个方面:

　　(1) 输入级是一个单位增益电压缓冲器跨接在输入端。它的功能是促使 V_n 跟随 V_p 信号变化,一个常规运算放大器的负反馈有很多的方式。不过,由于该缓冲器的低输出阻抗,电流可以容易地流入或流出反相输入端,虽然我们将要看到,在稳态条件时这个电流被设计为接近于零。

　　(2) 由一个跨阻放大器级提供放大,检测从缓冲器向外部反馈网络传送的电流,并产生一个输出电压 V_o,使得:

$$V_o = z(jf)I_n \qquad (12-9)$$

其中,$z(jf)$ 是放大器的跨阻增益,以伏特每安培或欧姆为单位(V/A 或 V/Ω),I_n 是反相输入端输出的电流。

　　为了评价电流放大器的内部工作特性,研究如图 12-7 所示的简化电路图是非常有益的。输入缓冲器由晶体管 $Q_1 \sim Q_4$ 组成,而 Q_1 和 Q_2 形成一个低输出阻抗的推挽级,Q_3 和 Q_4 对推挽对管提供 V_{be} 补偿,以及作为一个达林顿功能来提高输入阻抗。

　　在反相节点电流求和得出 $I_1 - I_2 = I_n$,其中 I_1 和 I_2 是推挽晶体管电流。一对威尔逊电流镜像,由晶体管 Q_9、Q_{10}、Q_{11} 和 Q_{13}、Q_{14}、Q_{15} 构成,在一个公共节点反射并重组电流,其对地等效电容表示为 C。通过镜像作用,通过该电容的电流 $I_C = I_1 - I_2$,

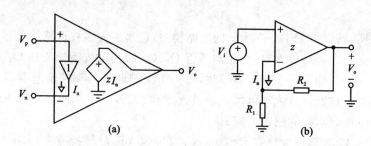

图 12 - 6　电流反馈放大器和一个非反相输入端放大器连接电路模型

或者：

$$I_C = I_n \qquad (12-10)$$

由电容 C 响应电流形成的电压再通过第二个缓冲器传送到输出端，这部分由 Q_5 ～Q_8 组成。图 12 - 8 所示的方框图归纳了电流反馈放大器的显著特征。

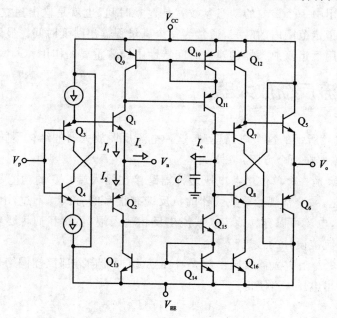

图 12 - 7　一个电流反馈放大器的简化电路模型（由 Comlinear/NSC 提供）

当反馈回路闭合时，如图 12 - 6(b) 所示，即使一个外部信号试图令两个输入端失调，输入缓冲器将开始拉或灌一个不均衡电流 I_n 给外部电阻。这种不均衡再由威尔逊镜像传送给电容 C，引起 V_o 对正向（或负向）摆动，直到原始不均衡电流 I_n 经过负反馈回路中和。显然，I_n 对系统误差信号起着重要作用。

为获得闭环传输特性，我们利用输入缓冲器保持 $V_n = V_p = V_i$ 的特征。利用叠加原理，我们可推导出：

$$I_n = \frac{V_i}{R_1 \parallel R_2} - \frac{V_o}{R_2} \qquad (12-11)$$

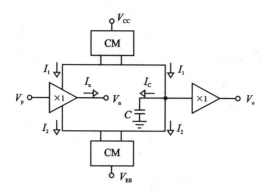

图 12 - 8　电流反馈放大器的结构框图

这证实了反馈信号 V_o/R_2，现在是一个电流的形式。代入式（12 - 9），对 V_o/V_i 比例系数合并和求解，推导出：

$$A(jf) = \frac{V_o}{V_i} = \left(1 + \frac{R_2}{R_1}\right) \frac{1}{1 + \dfrac{1}{T(jf)}} \qquad (12-12)$$

$$T(jf) = \frac{z(jf)}{R_2} \qquad (12-13)$$

其中，$A(jf)$ 是电路的闭环增益，$T(jf)$ 是环路增益。这个指定的环路增益再次源于如下事实，如果我们如图 12 - 9(a) 一样分解这个回路注入一路测试信号 V_x 以及 V_i 信号抑制，电路会先将 V_x 转换成电流 $I_n = -V_x/R_2$，然后将电流转换成电压 $V_o = zI_n$，因此 $T = -(V_o/V_x) = z/R_2$，正是我们所预期的。

为努力确保一个可观的环路增益，从而降低闭环增益的误差，制造商努力让 z 比预期 R_2 值的范围尽可能地大。

因此，由于 $I_n = -V_x/z$，反相输入电流将非常小，由于缓冲器作用，该输入是一个低阻抗节点。在 $z \to \infty$ 的极限中，我们得出 $I_n \to 0$，表明电流反馈放大器提供所需的任何输出时，I_n 驱动接近于零。因此，尽管出于不同的原因，熟知的运算放大器状态 $V_n \to V_p$、$I_n \to 0$ 以及 $I_p \to 0$ 同样适用于电流反馈放大器。

12.6　无增益带宽权衡

一个实际电流反馈放大器随频率衰减的跨阻增益，根据如下公式：

$$z(jf) = \frac{z_0}{1 + j(f/f_a)} \qquad (12-14)$$

其中 z_0 是跨阻增益的直流值，f_a 是衰减开始时的频率。举例来说，CLC401 电流反馈放大器（Comlinear 公司产品）的 $z_0 \approx 710 \text{ k}\Omega$，$f_a \approx 350 \text{ kHz}$。此外，由于 $f_a = 1/(2\pi z_0 C)$，故 $C = 1/(2\pi z_0 f_a) \approx 0.64 \text{ pF}$。

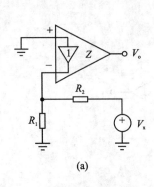 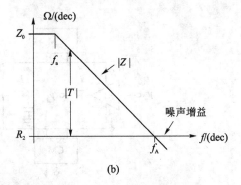

图 12 − 9　找出环路增益的测试电路及确定闭环带宽 f_A 的图解法

将式(12 − 14)代入到式(12 − 13),然后接着将结果代入式(12 − 12),并利用 $R_2/z_0 \ll 1$ 的特征,我们推导出:

$$A(jf) = \frac{1 + \dfrac{R2}{R1}}{1 + j(f/f_A)} \qquad (12 - 15)$$

$$f_A = \frac{Z_0 f_a}{R_2} \qquad (12 - 16)$$

其中,f_A 表示闭环带宽,若 R_2 在 kΩ 级范围,f_A 通常在 100 MHz 范围。追溯以往的推理,我们看到,现在的噪声增益曲线取决于 R_2,并且可以在频率曲线与 $|z|$ 曲线交叉点的图形上找到 f_A,如图 12 − 9(b)所示。

比较式(12 − 6)和式(12 − 7),我们注意到,表达式 $A(jf)$ 在形式上相同,但是,现在的带宽 f_A 只取决于 R_2,这说明,我们可以用 R_2 来选择带宽和用 R_1 来选择增益。增益独立于带宽的控制能力,是电流反馈放大器与常规运算放大器相比的一个主要优势,尤其在自动增益控制的应用场合,其优势更加明显。这个重要的差别已在图 12 − 10 中突出地表示出来,其中 $A_0 = 1 + R_2/R_1$ 表示闭环增益的直流值。

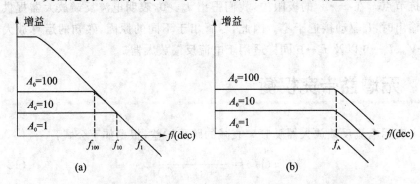

图 12 − 10　比较常规运算放大器和电流反馈放大器的增益带宽关系

12.7　不存在转换速率限制

电流反馈放大器其他的主要优势是不存在转换速率限制。这源于可用电流充电内部电容 C 到一次阶跃的开始，与阶跃信号成比例但又和它的步长无关。事实上，注入一个幅度为 $\triangle V_i$ 的阶跃，由式（12-11）可知，一个初始不均衡电流 $\triangle I_n = \triangle V_i / (R_1 \parallel R_2)$，由前面提到的威尔逊电流镜像传送到电容 C。于是，充电的初始速率为：

$$\triangle I_C / C = \triangle I_n / C = \triangle V_i / [(R_1 \parallel R_2)C] =$$
$$[\triangle V_i(1 + R_2/R_1)]/(R_2 C) = \triangle V_o/(R_2 C)$$

这说明一个指数输出跳变具有时间常数 $\tau = R_2 C$。与频率响应相似，瞬态响应仅受 R_2 控制，和闭环增益无关。若 R_2 在 kΩ 级范围，电容 C 在 pF 级范围，时间常数 τ 将在 ns（纳秒）范围内。

一个指数瞬态建立它最终值的 0.1% 的时间量被定义为 $t_s = \tau ln1000 \approx 7\tau$。例如，在一个 CLC401 电流反馈放大器的实例中，$R_2 = 1.5$ kΩ。则 $\tau = R_2 C = 1.5 \times 10^3 \times 0.64 \times 10^{-12} \approx 1$ ns，从而 $t_r = 2.2\tau \approx 2.2$ ns，$t_s = 7\tau \approx 7$ ns。这些值均处在数据手册的建议值 $t_r = 2.5$ ns、$t_s = 10$ ns 的合理范围内。

没有转换速率限制，不仅容许更快的建立时间，而且避免转换速率涉及的非线性问题，如互调失真。这使得电流反馈放大器在高品质音频放大器应用中具有吸引力。

12.8　二次效应

上面的分析表明，一旦 R_2 被设置，放大器的动态不受闭环增益设定的影响。在实践中发现，带宽和上升时间稍微跟随增益变化，虽然不像常规运算放大器那样强烈。主要起因是输入缓冲器的非零输出阻抗，其影响是改变环路增益和闭环动态。表示为 R_o 的这个阻抗，我们将参考图 12-11 来探讨 R_o 的影响以及在输入端或反馈路径中外部电容的影响。

首先考虑外部网络是纯阻性的情况下，因此 $C_1 = C_2 = 0$。该电路首先将 V_x 通过 $R_2(I_x) = V_x/(R_2 + R_1 \parallel R_o)$ 转换成电流，然后分流 I_x 产生 $I_n = -I_x \times R_1/(R_1 + R_o)$，并最终将 I_n 转换成电压 $V_o = zI_n$。消除 I_x 和 I_n，令 $T = -V_o/V_x$，推导出：

$$T(jf) = \frac{z(jf)}{Z_2} \tag{12-17}$$

$$Z_2 = R_2\left(1 + \frac{R_o}{R_1 \parallel R_2}\right) \tag{12-18}$$

显然，R_o 的影响是将噪声增益从 R_2 增加到 $Z_2 = R_2[1 + R_o/(R_1 \parallel R_2)]$，如图 12-12 中的曲线 1 所示。因此，带宽和上升时间均恶化一定比例度。用 Z_2 替换式（12-16）的 R_2，我们得出式（12-18），对其处理后为：

$$f_A = \frac{f_t}{1 + \left(\dfrac{R_o}{R_2}\right)A_o}$$

(12 - 19)

式中,$f_t = z_0 f_a / R_2$ 是 f_A 在极限 $R_o \to 0$ 的推导值,$A_o = 1 + R_2/R_1$ 是闭环直流增益。这个公式表明在高闭环增益时,会由于 R_o 而更明显地降低带宽,如图 12 - 13 所示。

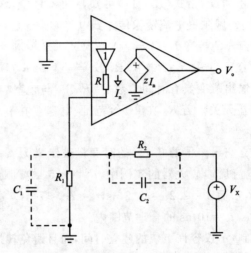

图 12 - 11　讨论 R_o 影响的测试电路

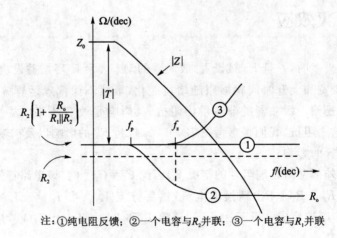

注:①纯电阻反馈;②一个电容与 R_2 并联;③一个电容与 R_1 并联

图 12 - 12　3 种情况下的噪声增益曲线

例 1

一个确定的电流反馈放大器,具有 $R_o = 50\ \Omega$、$R_2 = 1.5\ \mathrm{k\Omega}$ 及 $f_t = 100\ \mathrm{MHz}$。计算出 $A_o = 1$、10 和 100 对应的带宽。

解决方法

由式(12 - 18)我们可以计算出 $f_A = 10^8/[1 + (50/1\ 500)A_o] = 10^8/(1 + A_o/$

30),对应于 $A_0=1$、10 和 100 的带宽,分别是 $f_1=96.8$ MHz、$f_{10}=75.0$ MHz、$f_{100}=23.1$ MHz。我们观察到,这些值仍然媲美于一个常规运算放大器,只不过其带宽分别以 1、10、100 降低。

如果需要的话,采用外部电阻值预修正以补偿高增益时带宽的降低。围绕式(12-19)调整,得出对于一个给定的带宽 f_A 和直流增益 A_0 所需的 R_2 值:

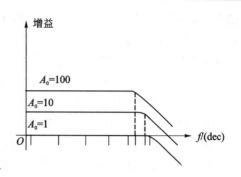

图 12-13 R_0 对 f_A 的影响作为 A_0 的一个功能

$$R_2=\frac{z_0 f_a}{f_A}-R_o A_0 \tag{12-20}$$

以及对于给定直流增益 A_0 所需的 R_1 值:

$$R_1=\frac{R_2}{A_0-1} \tag{12-21}$$

例 2

重新设计实例 1 的放大器,使 $f_{10}=100$ MHz。

解决方法

由于 $R_2=1.5$ kΩ,本器件有 $z_0 f_a/R_2=100$ MHz,如果它满足 $z_0 f_a=10^8\times1\,500=1.5\times10^{11}$ ΩHz,对于 $A_0=10$ 和 $f_{10}=100$ MHz,我们要求 $R_2=1.5\times10^{11}/10^8-50\times10=1$ kΩ 及 $R_1=1\,000/(10-1)=111$ Ω。

除了一个主极点在 f_a 之外,一个实际放大器的开环响应在交叉频率上还出现另外的极点。如图 12-12 所示,这些极点的影响是在这个频率上会引起一个陡峭的增益衰减,进一步降低闭环带宽。此外,由于这些极点稍微减少相位容限而产生额外的相移,这可能会引起一些频率响应的峰值和阶跃响应中的振铃。

最后,必须指出,一个实际的电流反馈放大器的上升时间随阶跃大小稍微增加,这主要是由于在高电流等级时晶体管电流增益衰退。比如,当阶跃幅度从 2 V 向 5 V 变化时,CLC401 的上升时间从 2.5 ns 变化到 5 ns。尽管有二次效应的局限性,电流反馈放大器仍然可提供优越的动态性能。

12.9　电流反馈应用考虑

虽然上述处理集中在电流反馈放大器的非反相端组态,电流反馈放大器能够很好地工作于大多数其他的阻性反馈组态,如反相放大器、求和及差分放大器、电流/电压和电压/电流转换器以及 KRC 有源滤波器等等。事实上,任何这类电路传输特性的推导采取和常规放大器一样的方式。特别考虑，评价外部网络情况应包括电抗元件，无论是有意的或寄生的。

　　首先考虑图 12-11 的基本电路中与 R_2 相并联的反馈电容 C_2 的影响。式(12-18)中用 $R_2 \parallel (1/sC_2)$ 替换 R_2，并扩展，我们很容易看到，Z_2 现在有一个极点在 $f_p = 1/(2\pi R_2 C_2)$ 和一个零点在 $f_z = 1/[2\pi(R_o \parallel R_1 \parallel R_2)C_2]$。对应的噪声增益曲线如图 12-12 的曲线②，它表示由于 z 的更高阶极点该交叉频率现在被推入到大幅相移区域。如果该频率总体相移达到 $-180°$，环路增益将变成 $T = 1\angle(-180°) = -1$，由式(12-12)可知，是无限大的。当这个条件满足时，电路产生振荡。即使相移衰退到 $-180°$，闭环响应可能仍然呈现不能容忍的峰值和振铃。因此，电流反馈放大器必须避免容性反馈。为了最小化杂散反馈电容的影响，制造商通常提供内部电阻 R_2。

12.10　电流反馈放大器积分器

　　为了以电流反馈形式合成一个积分器功能，为双积分器回路滤波器、振荡器以及其他主流电路打好基础，我们必须采用避免直接在输出和反相输入端之间接电容的配置。一种可由 Deboo 积分器提供，它属于 KRC 滤波器类型，并因此适合于电流反馈放大器实现。它的缺点是：如果要求无损耗积分器的话，则需要严格的校准电阻。另一种替换方法如图 12-14 所示，它不仅能满足给定的约束，而且提供了有效的频率补偿、一个非常合乎需求能够处理双积分环路滤波器 Q 值改善问题的特性。采用标准运算放大器分析技术，我们可以很容易地看到，该积分器的单位增益频率是 $f_0 = (R_2/R_1)/(2\pi RC)$。

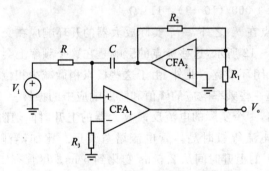

图 12-14　主动补偿的电流反馈积分器

　　采用一个双电流反馈放大器，如 OP-260，该电路能以一个最具有经济效益的方式来实现。

12.11　杂散输入电容补偿

接下来,让我们讨论图 12-11 所示基本电路中与 R_1 相并联的输入电容 C_1 的影响。用 $R_1 \parallel (1/sC_1)$ 替换式(12-18)的 R_1,并扩展,我们很容易看到,z_2 现在一个零点在 $f_z = 1/[2\pi(R_0 \parallel R_1 \parallel R_2)C_1]$,对应的噪声增益曲线如图 12-12 的曲线③。如果 C_1 足够大,在交叉频率的相位 T 将再次接近 $-180°$,使电路接近不稳定的边缘。

在一个常规运算放大器的情况下,通过使用一个反馈电容 C_2 引入足够的相位超前环绕回路,补偿由于输入电容 C_1 导致的相位滞后,电流反馈放大器则能够保持稳定。虽然前面提到过,电流反馈放大器应避免容性反馈,而我们想要减轻一个输入电容的影响时,就不必再坚持这种观点。

杂散输入电容的不稳定效应在电流模式数模转换器输出放大的应用中需特别关注,若 C_1 是数模转换器的输出电容,通常在几十到几百 pF 的范围内。这种情况类似于图 12-15(a)的情形。C_2 的使用在 $f_p = 1/(2\pi R_2 C_2)$ 建立一个噪声增益极点,对于一个 $45°$ 相位容限,C_2 被选择用于让极点与交叉频率 f_c 重合。参阅图 12-15(b),可以证明,如果 f_z 比 f_c 低得多,那么可以近似地认为:

$$f_c \approx \sqrt{\frac{z_0 f_a f_z}{(R_0 + R_2)}}$$

令 $f_c = 1/2\pi(R_0 \parallel R_2)C_1$,强制 $f_p = f_c$,推导出:

$$C_2 = \left(\frac{R_0}{2\pi R_2 Z_0 f_a}C_1\right)^{1/2} \tag{12-22}$$

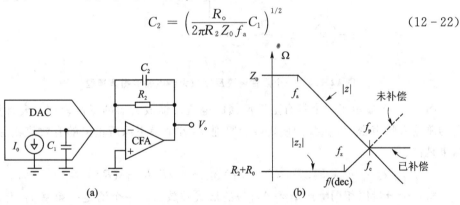

图 12-15　数模转换器输出电容补偿

例 3

一个数模转换器具有 $C_1 = 100$ pF,馈入一个电流反馈放大器具有 $R_2 = 1.5$ kΩ、$f = 150$ MHz 以及 $R_0 = 50$ Ω,对于一个 $45°$ 相位容限,计算出 C_2 的值,并估算放大器的带宽。

解决方法

由于 $f_t = z_0 f_a/R_2$,这里有 $z_0 f_a = R_2 f_t = 1.5 \times 10^3 \times 150 \times 10^6 = 2.25 \times 10^{11}$ ΩHz,

那么：

$$C_2 = [50 \times 100 \times 10^{-12}/(2\pi \times 1.5 \times 10^3 \times 2.25 \times 10^{11})]^{1/2} = 1.54 \text{ pF}$$

带宽则为：

$$f_A \approx 1/(2\pi R_2 C_2) = 1/(2\pi \times 1.5 \times 10^3 \times 1.54 \times 10^{-12}) \approx 69 \text{ MHz}$$

这个 C_2 值可能增加一个更大的相位裕度，但也会减少放大器的带宽。

12.12   电流放大器电路的噪声

由于电流反馈放大器是宽带放大器，它们一般倾向于比常规运算放大器更嘈杂。噪声特征由 3 个输入噪声密度参数指定，分别是：电压密度 e_n、反相输入电流密度 i_{nn} 以及非反相输入电流密度 i_{np}。由于双极结型晶体管(BJT)型的电流反馈放大器偏置电流水平比常规运算放大器更高，电流反馈放大器往往呈现较低的电压噪声，但有较高的电流噪声。此外，由于输入电压缓冲器而使输入相异，因而这些就是电流密度。因此，数据手册会分开反映 i_{nn} 和 i_{np}。

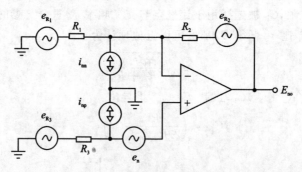

图 12 – 16   一个阻性电流反馈放大器电路的噪声模型

图 12 – 16 显示了一个具有阻性反馈的电流反馈放大器的噪声模型。要计算出它的总输入噪声密度 e_{ni}，我们使用叠加原理，将各个噪声源所贡献的有效值相加，其结果是：

$$e_{ni}^2 = e_n^2 + R_3^2 i_{np}^2 + (R_1 \parallel R_2)^2 i_{nn}^2 + 4\,kT[R_3 + (R_1 \parallel R_2)] \qquad (12-23)$$

每一个分量以相同噪声增益 $A(jf)$ 的形式被放大。一个给定的频率 f_L 上总的噪声输出有效值 E_{no} 由下式得出：

$$E_{no} = \left[\int_{f_L}^{\infty} |A(jf)|^2 e_{ni}^2 \mathrm{d}f\right]^{1/2} \qquad (12-24)$$

其中 $A(jf)$ 是由式(12 – 15)给出。3 种噪声密度的表达式如下：

$$e_n^2 = e_{nw}^2\left(\frac{fce}{f}+1\right), i_{nn}^2 = i_{nnw}^2\left(\frac{f_{cin}}{f}+1\right), i_{np}^2 = i_{npw}^2\left(\frac{f_{cip}}{f}+1\right)$$

将它们代入式(12 – 23)，然后代入式(12 – 24)，得到：

$$E_{no} = \left(1 + \frac{R_2}{R_1}\right)$$

$$\times \left\{ \begin{array}{l} e_{nw}^2\left(f_{ce}ln\dfrac{f_A}{f_L} + 1.57f_A - f_L\right) + R_3^2 i_{npw}^2\left(f_{cip}ln\dfrac{f_A}{f_L} + 1.57f_A - f_L\right) \\ + (R_1 \text{ // } R_2)^2 i_{nnw}^2\left(f_{cin}ln\dfrac{f_A}{f_L} + 1.57f_A - f_L\right) \\ + 4kT(R_3 + (R_1 \text{ // } R_2))(1.57f_A - f_L) \end{array} \right\}^{1/2} \qquad (12-25)$$

例 4

让图 12-16 所示的电路变成一个 CLC401 电流反馈放大器,令 $R_1 = 166.7\ \Omega$、$R_2 = 1.5\ k\Omega$ 及 $R_3 = 100\ \Omega$,配置一个 20 dB 非反相增益。对噪声观测一个 10 s 的周期,计算出噪声量 E_{no}。

解决方法

由题意可知 $f_L = 1/10 = 0.1$ Hz。使用数据手册推荐值 $z_0 = 710\ k\Omega$、$f_a = 350$ kHz,我们可以获得 $f_t = z_0 f_a / R_2 = 165.7$ MHz。将它代入式(12-19),沿用数据手册推荐值 $R_0 = 50\ \Omega$,导出 $f_A = 124$ MHz。将数据手册推荐值:$E_{nw} \approx 2.4$ nV/$\sqrt{Hz}$、$f_{ce} \approx 30$ kHz、$i_{npw} \approx 2.6$ pA/$\sqrt{Hz}$、$f_{cip} \approx 30$ kHz、$i_{nnw} \approx 17$ pA/$\sqrt{Hz}$ 以及 $f_{cin} \approx 40$ kHz 代入式(12-25),计算得出 $E_{no} = 0.57$ mV 的有效值或 $E_{no} = 0.57 \times 6 = 3.4$ mV 的峰-峰值。

12.13 采用电流反馈放大器的低失真快速正弦波

由于电流反馈放大器没有转换速率限制,一些快速电流反馈放大器有作为快速低失真正弦波放大器的良好特性。一个 LMH6504 放大器 2 V 峰-峰值输出在 20MHz 时仅有 -45 dB 失真。一个 LMH6723 仅吸收 1 mA 的静态电流,仍可以放大到 260 MHz($f_{-3\,dB}$)。有些甚至声称在高达 20 kHz 频率、幅度大到 24 V 峰-峰值的音频信号时均具有极佳的低失真,不受限的转换速率,具备一些非常好的高速与低失真相结合的特性。

12.14 电流反馈放大器与通用型运算放大器相比的缺点

尽管电流反馈放大器具有速度、转换速率、低失真等很多优点,但也需要注意它的一些缺点:

- 它们无法提供任一电源的轨对轨工作,不能在它们的输入端,也不能在它们的输出端实现。由于内在局限性,它们的射极跟随器无法做到这一点,而大多数现代的运算放大器则可以做到。这可能是重要的,尤其是对于低电压操作。
- 电流反馈放大器具有相对较低、不理想的电压增益。许多现代的运算放器具有 100 000～1 000 000 甚至更高的增益,但电流反馈放大器有 1 200～4 000 可用的电压增益。这不算是一个不幸,但它却是一个确切的弱点。

- 类似地,电流反馈放大器具有一般的电源抑制比和 50～70 dB 的共模抑制比,这也算不上一个不幸,但你可能必须得调整以获得良好的电路性能。
- 电流反馈放大器可以工作在一般的阻抗等级,但它们在反馈阻抗 Z_f 上升时减缓。它们一般不适合在高 Z 值(即便是在 10 kΩ 或 50 kΩ)场合,而一些运算放大器在 Z_f＝100 MΩ、1 000 MΩ、10 000 MΩ 时都能很好地工作。
- 由于体积小,一个电流反馈放大器中的快速晶体管具有相当高的功率密度(对于一个仅几平方微米的发射极结点为:几毫安的瞬态电流乘以几伏的 V_{ce}),加热可引起显著的热尾迹,即逐渐消散的热量向外扩散。这种类型的误差在一些数据手册中有显示,但并非全部数据手册都会说明。

尽管有这些限制,电流反馈放大器仍然备受一个特定需求市场的青睐,因为它们非常适用快速应用场合。

参考文献

[1] Current – Feedback Op – Amp Applications Circuit Guide. Comlinear Corporation Application Note OA – 07, 1988.
[2] Franco S. Design with Operational Amplifiers and Analog ICs. 3ed. McGraw – Hill Book Company, 2002.
[3] Nelson D. ,Evans S. A New Approach to Op – Amp Design. Comlinear Corporation ApplicationNote 300 – 1, March,1985.

第 13 章

模拟/数字转换器后端基础知识

邦妮·贝克(Bonnie Baker)

13.1 本章内容

模拟/数字转换器(ADC)始终像在旅行车的后座,看着模拟信号从后窗通过。在某种程度上,我把这个器件所处位置亲切地比喻成在童年时代,作为六个孩子之一的我在家用旅行车上的座位。

控制器,在前排座位上,可以看到转换器的转换结果,但问题是这些可以算得上结果吗? 如果 ADC 转换的系统数据不准确,控制器将对从转换器和信号链引入的错误视而不见。这是真实的,除非你愿意分派大量的代码试图去整理烂摊子(还不能保证一定成功)。但是,为什么不去寻找问题的根源呢? 请相信我所说的,如果你不了解这些细微差别,ADC 可能是你一块很大的心病。你对如何使用 ADC 的误解,可能会令控制器或处理器忙于处理错误或不准确的数据。

在本章中,我们将要讨论 ADC 的主要规格以及它们如何影响转换器预期的结果。所列的规格普遍适用于所有类型的转换器。接下来,我们将深入探讨逐次逼近(SAR)模拟/数字转换器的详情,这个部分将从介绍逐次逼近转换器如何工作开始。这些讨论的问题将让你深入了解在首次使用时如何有效地应用这种类型的转换器。将会有很多的性能指标和特点在这里一一列出,讨论重点集中在围绕转换器的一些缺点如何设计处理;接下来介绍一个容易使用版本的 Δ−Σ 模数转换器如何工作。Δ−Σ 模数转换器的主题将按照逐次逼近转换器一样的方式来讨论。首先,我们将讨论拓扑结构,特别是它如何影响你的信号链。这个简要的讨论之后,将特别针对 Δ−Σ 转换器的性能指标进行讨论,提出如何工作或者围绕 Δ−Σ 转换器的工作限制的解决方案。

主要的 ADC 规格汇总在附录 A,因此,如果你忘记了这些规格的详情,这就是最好的查阅之处,附录 A 还包含了常见转换器规格的词汇表。

在应用电路中可以选择众多其他类型的转换器,比如流水线、闪存、电压/频率等转换器,不过这些拓扑超出了本书的范围。

13.2　ADC 的主要指标

本小节将介绍模拟转换器涉及的主要指标。

ADC 的输入范围

ADC 的输入范围可谓是一个有点棘手的参数。而输入范围由转换器的参考电压(V_{REF})决定时,你将发现单端、差分和伪差分的变化。

图 13-1(a)给出了一个单端输入 ADC 组态的例子。这类转换器输入比较容易使用,因为引脚不做其他用途,就没有如何使用的问题,这个输入电压范围等于该转换器的满量程范围(FSR)。此外,该组态转换器输出的数字编码是标准二进制(参考本章"标准二进制编码"节)。

图 13-1(b)中,该转换器的输入端被配置为一个伪差分输入。这只是意味着,输入到转换器是差分方式,但其中一个引脚输入电压范围被限制在正负几百毫伏左右。这种方式具有和单端输入器件一样的数字编码输出,即输出编码为标准二进制。你可能会问这个组态要用来做些什么? 差分输入级真正的优点是,可以抑制小共模噪声。简单来说,如果一个小信号,如 50 Hz 或 60 Hz,它不是你希望转换的小信号,那么这种共模信号将被抑制或消除。这是一个很好的特性,你只要懂得必须正确接地。

第三类 ADC 输入是全差分输入级。这种组态双输入端的输入范围均可从地电位至转换器的满量程。它的优点在于不仅可以抑制小共模信号,还可以将一个正极性或负极性的模拟信号转换成数字信号输出。你可能已经猜到了,输出编码是二进制补码格式(详见本章"二进制补码"节)。

那么为什么这个很重要呢? 有一些信号源是差分的。图 13-1(c)展示了一个信号取自惠斯登电桥的例子。你会发现如果一个输入信号变为正极性,另一个信号则是负极性。这一功能将在模拟信号域获得一个 2 V/V 的增益,它也将通过两条线路环境耦合噪声。该 ADC 接下来就可以滤除噪声和转换来自电桥的有用信号。

这种类型的输入,满量程范围是你所预期的双倍。你想想,如果非反相输入端达到满量程,反相输入端电压是参考地(即视为 0 V),这个信号之差是($V_{IN+} - V_{IN-}$)$= +V_{FS}$;现在,若输入信号变化,非反相输入端电压是参考地,而反相输入端达到满量程,输入信号之差是($V_{IN+} - V_{IN-}$)$= -V_{FS}$。因此这类转换器实际的满量程是$+V_{FS} \sim (-V_{FS})$,或者说是 $2 \times V_{FS}$,这里 V_{FS} 是满量程输入电压范围。

模拟信号的数字编码

一个模拟/数字转换器把一个模拟输入信号转换成离散的数字编码。这串数字表示真实世界的信号可以在数字领域内被操作,用于信息处理、计算、数据传输或控制系统的实现。在采用转换器的任意应用领域,它有利于补充微控制器或处理器操

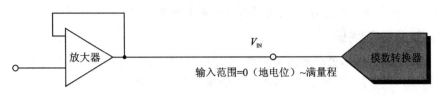

(a) 单端输入，被配置为一个输入，参考电压接地

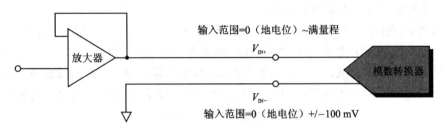

(b) 输入级有两个输入端，配置为伪差分级，其输入信号是
非反相输入端和反相输入端用于抑制小信号的系统噪声

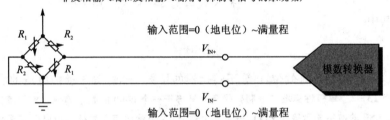

(c) 输入级是差分输入端，两个输入到转换器的信号范围是 0 V~满量程输入电压

图 13 - 1　ADC 输入可配置的三种方式之一

作数的代码结构。

　　我们要说说最常见的编码方案:标准二进制、二进制补码。为简单起见,下面的代码示例采用一个 4 位转换器。表中的中值模拟电压等效于数字编码的正中心的模拟电压。

　　这些代码的数学描述采用转换器的满量程(FS)输入电压范围。通常,一个 ADC 的满量程输入范围等于或差不多两倍于输入到器件的参考电压。在某些情况下,参考电压从器件的内部连接供电电源。所有的这些配置,你需要参考具体产品的数据手册。

　　上述两类编码之间的基本差异是:

- 二进制补码的最低有效位(LSB)的大小是标准二进制编码的 LSB 大小的两倍;这不需增加编码数量,转换器就可以达到。
- 标准二进制代码的模拟满量程范围是一个从 0 V ~V_{REF} 的正极性电压;二进制补码的模拟满量程范围等于正极性满量程范围加上无符号负极性满量程范围。

- 二进制补码的数字输出编码更易于算术运算，比如减法。

标准二进制编码

标准二进制编码，更准确地称为单极性标准二进制码。这种数字格式用于模/数转换最容易被理解。顾名思义，这种编码方案仅用于正极性电压转换。对于单端输入组态的转换器这是一种很好的输出编码方案，如图 13-1(a) 和 13-1(b) 所示。表 13-1 列出了这种类编码的实例。

当该方案用于表示一个正极性模拟信号范围，0 V 的数字编码等于表 13-1 所列的 0000。一个正极性电压定义为 ADC 的地电位或 ADC 的反相输入端与非反相输入端之间的幅度。假定一个理想的转换器，具有无偏移、增益、积分非线性(INL)、微分非线性(DNL)误差或噪声，从 0000 到 0001 的编码跳变发生下述对应的模拟值：

$$第一个编码转换 = (0 + 1/2\ LSB)$$

从 0001 到 0010 的第二编码跳变发生下述对应的模拟值：

$$第二个编码转换 = (1 + 1/2\ LSB)$$

其中：

$$LSB = \frac{+FS}{2^n}$$

LSB 等于最低有效位，n 等于转换器的位数，+FS 等于模拟电压的满量程范围。

表 13-1　单极性标准二进制码代表 0 V 等于一个 0000 的数字编码。模拟满量程减去 1 LSB 的数字表示等于 1111，有了这个编码，这里就没有再表征模拟电压满量程的数字

中值模拟电压/V	数字编码	中值模拟电压/V	数字编码
0.937 5 FS (15/16 FS)	1111	0.437 5 FS (7/16 FS)	0111
0.875 FS (14/16 FS)	1110	0.375 FS (6/16 FS)	0110
0.812 5 FS (13/16 FS)	1101	0.312 5 FS (5/16 FS)	0101
0.75 FS (12/16 FS)	1100	0.25 FS (4/16 FS)	0100
0.687 5 FS (11/16 FS)	1011	0.187 5 FS (3/16 FS)	0011
0.625 FS (10/16 FS)	1010	0.125 FS (2/16 FS)	0010
0.562 5 FS (9/16 FS)	1001	0.062 5 FS (1/16 FS)	0001
0.5 FS (8/16 FS)	1000	0	0000

模拟输入电压与数字输出编码映射如图 13-2 所示。该图中，0 V 的模拟输入电压转换为一个 0000 的数字编码。如果模拟输入电压在 ADC 输入端的变化近似等于 0.25 FS 的电压，那么 ADC 将产生一个 0100 的数字编码。表 13-1 指定了编码之间近似的中值点，该转换器将从一个较低的数字编码跳变到一个较高的数字编码。图 13-2 中定义的编码宽度等于一个最低有效位(LSB)。

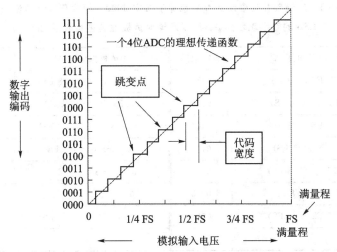

一个4位ADC的理想传递函数

跳变点

代码
宽度

数字
输出
编码

满量程

0　　　　1/4 FS　　　1/2 FS　　　3/4 FS　　　FS
满量程

模拟输入电压

**图 13－2　这是某 4 位 ADC 的一个理想传递函数,其模拟输入是连续的,
数字输出编码是离散的**

二进制 2 的补码(简称二进制补码)

在某些应用中,单极性 ADC 转换负极性值和正极性值,这只能发生在当 ADC
具有差分模拟输入时,如图 13－1(c)中所示。这类器件将输出的数字编码是二进制
2 的补码格式。二进制补码运算被广泛应用于微控制器、计算器和计算机,由于简单
的减法和加法需要较少的代码。此外,两个二进制补码形式的二进制数可以直截了
当地将它们相加;二进制补码形式的数字的减法操作是通过两个数相加获得减法
方案。

例如:

十进制编码	2 的补码	十进制编码	2 的补码	十进制编码	2 的补码
+2	0010	+7	0111	+5	0101
+5	0101	−5	1011	−7	1001
+7	0111	+2	0010	−2	1100

二进制补码的编码没有标准二进制编码那么简单易懂,由于前者在模拟双极性
时的零(0000)编码后会产生编码序列的不连续性,这种编码从一端到另一端是不连
续的。2 的补码表征一个正二进制数先对所有数字逻辑求反,然后可将它转换为对
应的负二进制数,如表 13－2 和图 13－3 所示。采用这种编码方案,最高有效位
(MSB)是符号位,一个正值的 MSB 为 0,MSB 为 1 时表征输出的数字为一个负值。

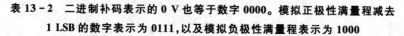

表 13 - 2　二进制补码表示的 0 V 也等于数字 0000。模拟正极性满量程减去
1 LSB 的数字表示为 0111，以及模拟负极性满量程表示为 1000

中值模拟电压/V	数字编码	中值模拟电压/V	数字编码
0.875 FS (7/8 FS)	0111	−0.125 FS (−1/8 FS)	1111
0.75 FS (6/8 FS)	0110	−0.25 FS (−2/8 FS)	1110
0.625 FS (5/8 FS)	0101	−0.375 FS (−3/8 FS)	1101
0.5 FS (4/8 FS)	0100	−0.5 FS (−4/8 FS)	1100
0.375 FS (3/8 FS)	0011	−0.625 FS (−5/8 FS)	1011
0.25 FS (2/8 FS)	0010	−0.75 FS (−6/8 FS)	1010
0.125 FS (1/8 FS)	0001	−0.875 FS (−7/8 FS)	1001
0	0000	−1 FS	1000

该系统具有奇数个编码且只有一个零状态。差分输入 ADC（如图 13 - 1(c)）器件能够工作在单端输入、正极性电压输入模式或全差分输入模式。在全差分模式下，器件的满量程范围（FSR）等于：

$$FSR = \{ +IN_{MAX} - (-IN_{MIN}) \} + \{ -IN_{MAX} - (+IN_{MIN}) \}$$

且该 ADC 的输入电压范围等于：

$$A_{IN} = (+IN - (-IN))$$

该转换器将产生的数字编码，表示正极性和负极性的模拟输入，如表 13 - 2 所列。

吞吐率与分辨率及精确度

曾经有一个客户通过公司热线向我咨询一个 32 位转换器。我被他的请求弄得猝不及防。他为什么需要 32 位的？我终于明白了，他仅仅是需要分辨出 4.096 V 电压到 1 mV。嗯，这很容易，采用一个具有 4.096 V 参考电压的 12 位转换器。通过这种转换器，满量程范围为 4.096 V 和 $LSB = V_{REF}/2^{12} = 4.096$ V/4 096 = 1 mV。为什么顾客还要重新找一个转换器呢？

他告诉我，他的总线是 32 位宽。所以我的建议成了"采用一个 12 位转换器，总线的位 0~19 连接到地。"他问我，能否做到这一点，我说："当然，采用这个解决方案，你还可以获得一个额外的好处，就是可以控制你的系统噪声"。

吞吐率指标（在 Δ−Σ 模数转换器中，也称之为数据速率）定义为一个转换器用来完成整个转换需要的时间量。这个吞吐率时间量包括建立时间、采样时间、转换时间和数据传输时间。我们将注意力集中在逐次逼近寄存器（SAR）和 Δ−Σ 这两种转换器的拓扑上。如果想知道这些拓扑的典型转换时间，你可以轻松地将它们的应用分类（如图 13 - 4 所示）。

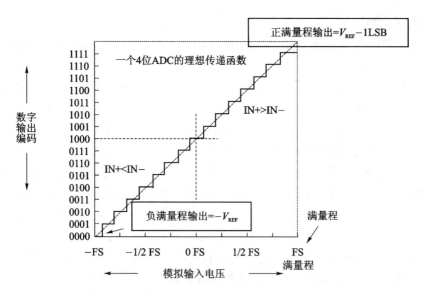

图 13-3　一个 4 位 ADC 的传递函数,双极性模拟输入将以一个二进制补码形式的数字输出

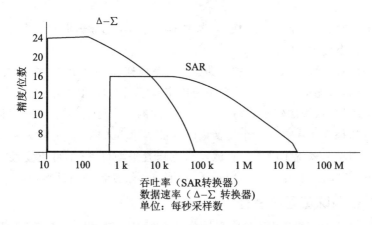

**图 13-4　SAR 转换器比 Δ-Σ 转换器具有更快的吞吐率;
与此相反 Δ-Σ 转换器能够达到更高的精度,在较低速时可做权衡**

　　总体而言,转换器吞吐率越快,分辨率就越低。不过,在这个图中精度的最终趋向是相同的。一个转换器的分辨率简单地认为是转换器每次转化能够处理的比特数;精度则描述为从一次转换到另一次转换可重复的比特数。在所有的情况下,指定的精度将等于或小于转换器的分辨率。

　　Δ-Σ 转换器的数据速率通常要比 SAR 转换器的吞吐率慢。我们将会在后面看到,SAR 转换器根据采样信号只对输入信号采样一次,并将其转换为数字编码;Δ-Σ 转换器对输入信号多次采样,它再执行各种降噪算法以提高转换器采样的比特数以及信噪比(SNR),但权衡这种类型的采样策略是时间。

精度与分辨率

这里有几个要熟悉的关键指标,了解这些优点将有助于你为应用挑选合适的转换器,并识别冒牌货。例如,"2.7 V、16 位 ADC 带 SPI 串行接口"你可能在某个数据手册的顶端会看到这样一些指标。这意味着 16 位精度、每次转换无噪声、输入电压准确吗? 或者它意味着 16 位的分辨率,能确保在一次转换结束时有 16 位从转换器传输出去? 后者是正确的,这句话"2.7V、16 位 ADC 带 SPI 串行接口"作为转换器数据手册的标题,仅意味着你将看到从转换器的输出端传输了 16 位。

你也会发现这个 16 位的准确与否取决于制造商。在我的职业生涯中,我不止一次地看到过一个 16 位转换器从一次转换到另一个转换的位置上最后几个编码或 LSB 都会抖动。所以,我想以具有 16 位分辨率而不是 16 位精度的方式来定义一个转换器。这不是一件坏事,只要知道你要期望的是什么就可以了。

因此,分辨率的定义是,转换结束时从转换器传输出去的比特数。如果你知道这个转换器的规格,可以采用下面的公式快速计算理论上的 LSB 大小:

$$LSB = \frac{FSR}{2^n}$$

其中,$n=$位数。对于一个转换器,若具有一个 16 位分辨率和 5 V 的满量程范围,1 LSB 的大小是 76.29 μV。

我听到有关的 ADC 最常见的问题是,"我怎样知道一个 ADC 将给出一个良好的,可靠的代码,我能从转换器的数据手册确定吗?"当然,这取决于你"可靠"的定义,但如果你正在寻找从一次转换到另一次转换之间的一个可重复输出,你可以参考"交流域规格"。如果你正在寻找一个转换编码表征实际输入电压,参考"直流域规格"则更有用处,但请不要忽视了噪声。直流规格意味着平均精度(不可重复性)。从一次转换到另一次转换之间,编码会有所不同,这取决于转换器的内部噪声。

交流规格意味着可重复性

交流域规格,如信噪比(SNR)、有效分辨率(ER)、信噪失真度(SINAD,或称信纳比)、有效位数(ENOB)等提供 ADC 相关可重复性的参数。现在,这些规格将告诉你如何重复的转换,但它们不会告诉你转换是否精确。另一方面,直流域规格,如偏移误差、增益误差、微分非线性、积分非线性等,提供如何接近、平均、输入信号匹配实际输出编码的相关参数。这些规格并不意味着重复性好,从一次转换到下一次转换,噪声可能带给你不同的结果。

理想的情况下,一个转换器的信噪比用 dB 表示则等于 $6.02n+1.76$ dB,其中 n 是转换器的位数。这一理论噪声是转换器中一个固有量化噪声的结果。在实践中,SNR $=20\log($rms 信号$)/($rms 噪声$)$,rms 是指均方根值,相当于正态分布的一个标准差(或称均方差)。要确定噪声有效值,需要采集多次转换的结果。

至于 SNR、ER 通过采集多次转换的一个统计样本测定,但是这一次没有交流信号输入到转换器,输入信号是干净的、"无噪声的"直流输入信号。如果这个直流信号的噪音比转换器小约 3 倍,那你好好干去吧。ER 的度量单位是位,以转换器的输出为参考。ER 的计算公式等于:

$$ER = N - \log_2(\sigma)$$

其中,N 是转换器分辨率,σ 是输出数据的一个标准差。在某些转换器的文献中,ER 有时也被称为 ENOB。

而 SNR 或 ER 提供转换器的器件噪声相关参数,SINAD 和 ENOB 提供 ADC 频率失真相关的参数。SINAD 是输入信号的基本输入频率有效幅值和所有其他低于采样频率二分之一、且不包括直流的频率分量有效值总和的比值。理论上 SINAD 的最小值等于信噪比,或者说等于 $6.02n + 1.76$ dB。但在实际中,一个 ADC 将会有一些输入信号的谐波失真,它在转换器内产生。ENOB 是 SINAD 的规格补充,SINAD 的测量单位是 dB,而 ENOB 的测量单位是位。SINAD 可以通过下列公式变换成 ENOB:

$$ENOB = \frac{(SINAD - 1.76)}{6.02}$$

在我们讨论的这一点,规格单位均以 rms 为单位——从统计学来说,rms 是数据形成一个正态分布曲线时的一个标准差。当噪声单位定义为 rms 时,转换器会给你加上或减去一个约为 68% 概率的有效值。转换器输出噪声之间的关系,一组采样输出的正态分布以及它们的统计值如图 13-5(a) 和 13-5(b) 所示。

一个 rms 指标源自于许多样本或全部样本的一个统计计算。一个标准差(均方差)的计算可从下式得出:

$$\sigma^2 = \frac{\sum(y - \eta)^2}{N}$$

其中 σ 为总体标准差,y 是样本的一个采样值,η 是样本均值,N 是一组样本数量。

期望得到的输出有 68% 的概率可能在你的预料之外,你可能想考虑峰-峰值转换的规格限制。从 rms 的数字,你就可以快速计算出峰-峰值。如果想获得好的可重复性结果,这有一种非常方便的方式。以 ER 和 ENOB 规格通过 rms 规格(电压 V 形式)乘以 2 倍峰值因数(CF,如图 13-5(c))或从 rms 规格(位形式)减去位波峰因数(BCF,如图 13-5(c)),这种转换很容易做到。采用这种新计算方式,ADC 更有可能产生期望的输出。非军用的行业标准波峰因数为 3.3。另外,还需注意一个正态分布的分布数据选择,否则不能保证这些计算准确。

rms 到峰—峰值的变换,两种形式的计算公式如下:

$$V(p-p) = V(rms) \times 2 \times CF \quad (电压形式)$$

或者:

$$Bits(p-p) = Bits(rms) - BCF \quad (位形式)$$

模拟电路

238

如果想更多地了解这些规格的详细信息，请参阅附录 A。

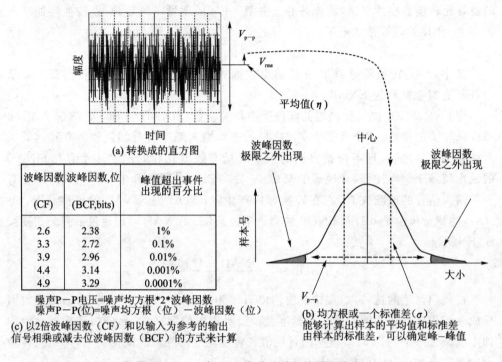

(a) 转换成的直方图

波峰因数	波峰因数,位	峰值超出事件出现的百分比
(CF)	(BCF,bits)	
2.6	2.38	1%
3.3	2.72	0.1%
3.9	2.96	0.01%
4.4	3.14	0.001%
4.9	3.29	0.0001%

噪声P－P电压＝噪声均方根*2*波峰因数
噪声P－P(位)＝噪声均方根（位）－波峰因数（位）

(c) 以2倍波峰因数（CF）和以输入为参考的输出
信号相乘或减去位波峰因数（BCF）的方式来计算

(b) 均方根或一个标准差(σ)
能够计算出样本的平均值和标准差
由样本的标准差，可以确定峰－峰值

图 13－5 一个 ADC 在单位时间的样本输出

直流规格意味着精度

如果你正希望转换器的一次转换能精确地表征模拟电压，你应该参阅直流规格。我这里所说的直流规格指的是偏移电压、增益误差（或满量程误差）、微分非线性、积分非线性。如果你的转换在本章"交流规格意味着可重复性"节的讨论中是不可重复的，那么你的转换器精度取决于多次采样的平均值。在本小节的讨论中，我们要假定该转换器是无噪声的。

当你在参阅 ADC 手册时，可能会想到 LSB 规格表征什么呢？有一天同事告诉我，有一个 12 位的转换器 X（这家制造商用 X 代替）仅有 7 位可用。所以从本质上讲，该 12 位转换器实际上是一个 7 位转换器。他根据这个器件的偏移和增益规格得出的结论。它们的最高规格是：

$$偏移误差 ＝\pm3\ LSB$$

$$增益误差 ＝\pm5\ LSB$$

乍一看，我想他是对的。从上面列出的参数可看出最糟糕的规格是增益误差（±5 LSB）。运用简单的数学计算，12 位分辨率减去 5 等于 7 位，对吧？但 ADC 制造商为什么会推出这样的器件？增益误差规格促使我采购一个低成本的 8 位转换器。然而，这似乎并不正确；因为它的发生，几乎是不可思议的。

让我们从 LSB 的定义查阅开始。想想一个 12 位串行转换器,它产生一串 12 个 0 或 1。通常情况下,转换器首先传送的数字位是 MSB(或称 LSB+11);不过,某些转换器首先传送的是 LSB。在本章中,我们假定:MSB 是第一位,第二位是 MSB−1 (或称 LSB+10),第三位是 MSB−2(或称 LSB+9)⋯⋯依此类推,在位串末位,转换器最终传送的是 MSB−11(或称 LSB)。

这个术语 LSB,是非常明确的。它描述了数字流中的最后一位,它也表示满量程输入范围的一个基本单位。对于一个 12 位转换器,其 LSB 值相当于模拟满量程输入范围除以 2^{12} 或 4 096。如果我代入一个实际值,令 1 LSB 等于 1mV,那么一个 12 位转换器的满量程输入范围为 4.096 V。然而,LSB 最具指导性的定义是,它可以代表 4 096 个代码中的一个代码。回溯到前面的规格,它们转化为一个 12 位转换器,它具有 4.096 V 的输入满量程范围,那么:

$$偏移误差 = \pm 3\ LSB = \pm 3\ mV$$
$$增益误差 = \pm 5\ LSB = \pm 5\ mV$$

这些规格实际上要求转换器(最坏情况)在转换过程容许产生一个 8 mV(或 8 个代码)的误差。这并不是说误差发生在转换器输出位流的 LSB、LSB−1、LSB−2、LSB−3、LSB−4、LSB−5、LSB−6 和 LSB 位置。只是表示误差达到 1 LSB 的 8 倍或者 8 mV。精确地说,转换器的传递函数,可以达到 4 096 个代码遗漏 8 个代码,这个上下限范围的代码将丢失。例如,一个 +8 LSB(即 3 LSB 偏移误差+5 LSB 增益误差)误差的转换器将产生 0~4 088 的输出代码,丢失的代码从 4 088 到 4 095。对于满量程来说,这是一个很小的,仅 0.2% 的增量误差。与此相反,一个 −3 LSB(即(−3 LSB 的偏移量误差)−(−5 LSB 增益误差))误差的转换器将产生从 3 到 4 095 的代码。在这种情况下增益误差引发精度问题,而不仅是丢失代码的问题,这里丢失的代码为 0、1 和 2。这两个例子介绍了可能出现最坏的情况。

测量到的第一个跳变点和第一个理想跳变点之间的差就是该转换器的偏移电压。如果偏移误差是已知的,它可以很容易地以硬件或软件方式通过每一个代码减去这个偏移量对转换进行校准。增益误差(满量程误差)是从零到满量程的理想斜率和从零点到满量程的实际测量到的斜率之差。误差计算偏移误差被清零。增益误差是转换器的另一个特点,可以用于校准转换器最终的数字代码,可通过一个常数乘以最终转换结果的方式校准。虽然这种校准是可能的,但软件开销可能很大。通常,偏移误差和增益误差不从一个转换器跟随到另一个转换器。

实际上,ADC 的偏移或增益指标由于逐步改善、性能增强几乎可以忽略不计。一些设计人员大胆地假设,如果精度是设计目标之一,固件采用一种数字校准算法就能很容易实现。不过,更关键的是,电路的前置放大/信号调理部分通常比转换器本身产生更高的误差。

本次讨论是从一个新的角度看待本节开头已得出的结论。事实上按照上述的做法,12 位转换器具有一个约为 11.997 位的精度。值得庆幸的是微处理器或微控制器采用一个简单的校准算法就可以消除这种偏移和增益误差。

微分非线性(DNL)是理想代码宽度 1 LSB(FS/2ⁿ)的最大代码宽度偏差[①]。要计算每个跳变点的差值,这种转换器的特性校准是非常困难的。即使你花时间来测量这种转换器的误差,同一产品家族的下一个转换器代码与代码之间的微分非线性误差也会稍微不同。积分非线性(INL)[②]是一个跳变点对应于偏移、增益误差为零的理想传递曲线点的最大偏差。一个 ADC 的 INL 性能实际上源自 DNL 的测试。

其次,最终转换的 INL 误差难以校准,特别是一个产品系列不同的器件。欲了解更多关于这些规格的详细信息,请参阅附录 A。

逐次逼近(SAR)转换器

逐次逼近 ADC 产生于工业应用的要求,这种行之有效的转换器解决方案已遍及各种应用,包括过程控制、医疗和早期音频系统。在这些应用中,8～16 位转换结果是必需的。

逐次逼近 ADC 对于数据采集世界并不是新生事物。在 20 世纪 70 年代,那时为最高水准的逐次逼近 ADC 被热捧为一种低功耗、更准确、更便宜的器件。这些转换器采用 R-2R 梯形电阻网络在其设计中实现微分线性、积分线性、偏移、增益等规格。由于严谨的 IC 布局措施和晶圆级电阻激光微调,它们能够实现所要求的性能。第一代逐次逼近 ADC 的内核需要一个外部采样和保持电路,但只是采用一个双极型晶体管处理。由于双极型技术最适合低噪声和高速性能,这是一种不错的组合。由德州仪器按照工业标准制造的这类转换器 ADC7000 就是其中一个很好的例子。

按照今天的标准来看,这种混合型 ADC 被视为功耗大。目前 CMOS 工艺 SAR 已经成功地超越了所有双极性 SAR。这种转换器采用电容再分配输入单元的架构,本身已经包含采样/保持功能。电容阵列比老式镍铬合金 R-2R 梯形网络更紧凑和更容易匹配,那种老式 R-2R 梯形网络通常需要在模拟前端外加一个采样和保持电路。这种新的芯片拓扑具有很低的工作功耗、更多的功能以及更小的尺寸等特点。

值得庆幸的是系统设计人员正在考虑改进性能、更高的集成度以及一个总体优异的性价比。新一代的逐次逼近转换器不仅包括采样保持功能,还包括差分输入及通过参考电压输入的电压控制增益能力。由于集成电路设计主要采用电容而不是电阻来实现,功耗和芯片尺寸均低于以往电路,逐次逼近转换器也采取进一步措施增加更多的功能。在过去的逐次逼近 ADC 设计中,参考电压电路可以是内部或外部的,但均有电压范围的限制。采用新的拓扑,该器件的参考电压通常用外部的,其范围更宽;而选择期望的 LSB 大小时可以更加灵活。正如前面提到的,一个转换器的 LSB 的大小是:

---

① 它表征了代码之间间隔的不均匀性或非理想性——译者注。

② INL 是 DNL 累积(积分)的结果,也就是代码与实际电压不对应时产生转换曲线扭曲的现象,它表明了测量值与实际值之间的差距——译者注。

$$LSB = \frac{FSR}{2^n}$$

其中，n＝位数，FSR＝参考电压。

在正常的单电源条件下，参考电压等于 5 V。如果是这样，那么一个 12 位转换器 1 LSB 大小等于 1.22 mV(5 V÷4 096)；如果转换器参考电压等于 100 mV，现在 1 LSB ＝0.024 4 mV。这样 LSB 大小减少了 50 倍(转换器噪声不一定跟着这个参考值变化)。如果你的布局合理并且参考电压非常干净，这种类型的变化可以消除一个模拟增益级。

CMOS 工艺逐次逼近转换器的最后一个优点是，可以将它的电路集成到微控制器或处理器芯片内。而双极型逐次逼近转换器是不可行的，除非你生产一个成本昂贵、信号混合的芯片。

13.3 CMOS 工艺 SAR 拓扑

CMOS 工艺逐次逼近 ADC 是一种每次转换均须采样一次的采样系统。一个逐次逼近转换器的模拟输入信号首先经过一个开关和电容阵列，如图 13-6 所示。输入节点连接到电容阵列的一侧，另一侧连接一个比较器的非反相输入端。

当开关(S_1)闭合时，电压输入信号被采样到转换器的内部电容阵列。采样完成后，S_1 被断开，底部的最高有效位(MSB)电容连接到 V_{REF}，而其他电容连接到 V_{SS}(或系统的地)。MSB 电容的电荷再分配给其他电容，电荷就分配到整个电容阵列，且根据比较器非反相输入端的输入电压向上或向下移动。比较器非反相输入端电压，相对于 V_{SS}，等于($1/2V_{DD} - V_{IN}$)＋$1/2V_{REF}$。如果电压大于$1/2V_{DD}$，那么 MSB＝0 传送到串行端口，MSB 电容连接到 V_{REF} 端。传送到串行端口的所有位与系统时钟(SCLK)同步，通过 S_{DOUT}(串行数据输出)传输。如果比较器非反相输入端的电压小于 $1/2V_{DD}$，MSB 电容连接到 V_{SS}，令一个 MSB 位等于 1 传送到串行端口。

MSB 的值一经被确定，转换器就开始确定 MSB－1 的值。MSB－1 的电容连接到 V_{REF} 端，而其他电容连接到 V_{SS} 端(MSB 电容除外)。注意 MSB－1 位的电容未在图 13-6 中展示出来，不过它的值是 8C。随着电容阵列连接的变化，该比较器非反相输入端的电压值是$[1/2V_{DD} - V_{IN}]$＋$1/2V_{REF}$(MSB)＋ $1/4V_{REF}$。现在，将电容阵列上的电压与比较器反相端的输入电压 $1/2V_{DD}$ 进行比较。分析该位，如果这个电压大于 $1/2V_{DD}$，MSB－1 位等于 0，通过串行端口发送出去；此外，MSB－1 电容连接到 V_{REF} 端。如果电容阵列的电压小于 $1/2V_{DD}$，MSB－1 位等于 1，该位值通过串行端口发送出去。一旦发送完成，MSB－1 电容连接到 V_{SS} 端。重复这一过程，直到电容阵列被充分利用。

在逐次逼近 ADC 转换过程中关键是要尽量保证电源和 PCB 无噪声。该电源可以是一个线性电源或开关电源，但任意一种经转换器电源引脚输入噪声应保持低于

模
拟
电
路

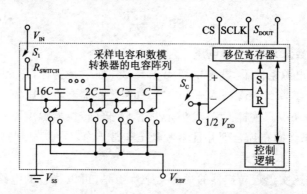

242

图 13－6　现代的逐次逼近转换器在模拟输入端采用一个电容阵列。这种电容阵列和器件的其余部分容易采用 CMOS 工艺制造,使得它易于集成到微控制器或微处理器

ADC 电源抑制能力和电源旁路电容的频率响应的组合状态。PCB 上开关动作,尤其是靠近转换器时,应在转换处理期间最小化。这种关键时刻,噪声源会带来负面影响,包括每位决定的信号采集时间。

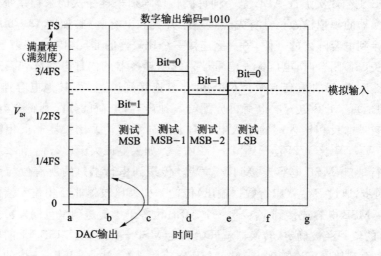

图 13－7　另一种观察 SAR 转换过程的方法是测试转换器的内部 DAC 输出。该转换器由转换模拟输入信号的 MSB 位开始,然后一步一步地转换每一位。每一位的转换由系统时钟定时

图 13-7 展示了另一种考虑 SAR 转换过程及观察数模转换器(DAC)输出的方式。在该图中,输入信号采样在时间(a)和(b)之间,从时间(b)开始,被测的模拟电压依赖于 DAC 的输出电压,它现在等于 1/2 满刻度(即满刻度的1/2)。如果模拟输入电压高于 1/2 满刻度,一个数字输出代码 1 发送给串行数字输出 S_{DOUT};如果模拟输入电压低于 1/2 满刻度,一个数字输出代码 0 发送给串行数字输出 S_{DOUT}。本例中,MSB 的值是 1。电容阵列像前面讨论的那样切换到测试 MSB-1 位。

在时间(c)和(d)之间,模拟输入电荷现在将与 3/4 满刻度比较。如果 MSB 位为

0,那么 MSB－1 位,将与 3/4 满刻度进行比较。不过,如图所见:本例的 MSB 位为 1,MSB－1 位确定为 0。这个过程一直持续,直到最终 LSB 码被确定。

SAR 转换器的输入接口

如果从一开始就没有很好地理解和权衡所有的问题,驱动任何 A/D 转换器均具有挑战性。采用 SAR 转换器,如果想把该器件充分利用好,必须深入考虑采样速率和源阻抗。在这里,我们将围绕 SAR 转换器的输入和转换来讨论,以确保该转换器从设计阶段的一开始就能妥善处理。我们也将回顾一下绝大多数 A/D 转换器数据手册提及的可用规格,并识别关键规格,以利于驱动你的 SAR 转换器。从这个讨论中,探索到的技巧可以成功地用于驱动逐次逼近 A/D 转换器的输入端。由于大多数逐次逼近 ADC 的应用场合,要求转换器输入端须有一个有源驱动器件,最后的主题是探索运算放大器对模数转换在直流以及交流响应方面的影响。SAR 转换器应用典型的系统框图如图 13-8 所示,一些常见的 SAR 转换器系统应用于数据采集系统、传感器感应电路、电池监控应用以及数据记录等。在这些系统中,直流规格很关键。此外,要求转换速率相对快(和 Δ－Σ 转换器相比较),并具有一个很低的能被可靠转换的位数。

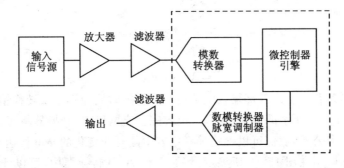

图 13-8　到 SAR 转换器的输入信号应缓冲以减少阻抗匹配的问题以及滤波以降低转换器的混叠误差。图中的放大器级和滤波器级可以整合

该转换器的输入级如图 13-9 所示,输入信号可以是直流、交流或者交直流。运算放大器用于改善增益、阻抗隔离以及驱动能力。某种(有源或无源)滤波器是必需的,以减少噪声和防止混叠误差。

逐次逼近 ADC 内部输入采样机制的一个模型如图 13-9 所示。该模型中的临界值是 R_S、C_{SAMPLE} 和 R_{SWITCH}。C_{SAMPLE} 等效于图 13-6 所示电容阵列的总和,引脚电容和泄漏误差则微乎其微。外部信号源阻抗和采样电容结合内部开关电阻和内部采样电容,形成一对 R/C 网络。这对分布式 R/C 网络过温完全充电到 12 位需要约 9.5 时间常数。假设 $R_S \ll R_{SWITCH}$,ADS7829(来自德州仪器),一个 12 位 ADC 则需要 750 ns 来完成采样输入信号。

经过这些元件之后,信号到达开关电阻 R_{SWITCH} 和采样电容 C_{SAMPLE}。采样电容代

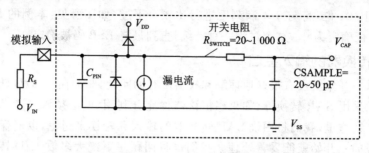

图 13-9 外部输入电阻 R_S 和内部开关电阻 R_{SWITCH} 组合与采样电容 C_{SAMPLE} 一起构成一个具有上升时间的低通滤波器,如果需要一个精确的转换,外部电阻 R_S 必须最小化或者转换器的采样时间延长

表开关闭合时采样输入信号的主体元件,当转换器对输入信号进行采样时,这个源电阻 (R_S)、开关电阻 (R_{SWITCH}) 相结合和采样电容器 (C_{SAMPLE}) 一起形成一个单极点 R/C 网络。该网络的时间常数是:

$$t_{\text{RC}} = (R_S + R_{\text{SWITCH}}) \times C_{\text{SAMPLE}}$$

假设采样电容上的电荷和电压为零,此刻样本被采集,该电容器上电压的上升时间等于:

$$V_{\text{CAP}} = V_{\text{IN}}(1 - e^{-t/(R_S + R_{\text{SWITCH}}) \cdot (C_{\text{SAMPLE}})})$$

或:

$$V_{\text{CAP}} = V_{\text{IN}}(1 - e^{-t/t_{\text{RC}}})$$

这个结果具有一个高外部输入阻抗或快速转换时间而不损及转换精度。无论是上图还是图 13-10 所示的情况,在采样电容完全充电以前,转换器将闭合采样开关。

采用上一个公式,我们可以确定采样电容中随时间变化的充电将达到的百分比。如果将此概念应用在图 13-9 所展示过的 12 位 A/D 转换器中,可以计算出由输入信号转换成的位数,结果如表 13-3 所列。

表 13-3 这对由 $R_{\text{SWITCH}} = 1 \text{ k}\Omega$ 和 $C_{\text{SAMPLE}} = 25 \text{ pF}$ 构成的 R/C 网络,
过温完全充电 12 位 ADC 需要约 9.5 的时间常数

对应的时间常数	1	5	8	9	10
$(R_{\text{SWITCH}} + R_S) \times C_{\text{SAMPLE}}$ (ns)	25	125	200	225	250
C_{SAMPLE} 上满量程范围的百分比 (%)	63.2	99.3	99.966	99.987 7	99.995 5
$1 - C_{\text{SAMPLE}}$ 上满量程范围的百分比 (%)	36.8	0.67	0.034	0.012 3	0.004 5
ADC 位精度 (位数)	1.4	7.2	11.5	13.0	14.43

如果取样时间不够,一个模/数转换器的精度可能受到影响。例如,一个 12 位 A/D 转换器 ADS7829(源自德州仪器),采用一个 2 MHz 的时钟速率,采样时间 1.5 个时钟周期,即分配给该转换器的取样时间是 750 ns。基于表 13-3 中给定的数字,

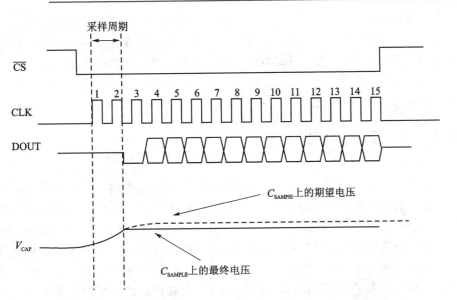

图 13 - 10　该转换器允许在一个定义的时间量对输入信号进行采样,
由系统时钟决定这个时间。如果取样时间太快或外部输入电阻过高,
采样电容无法完整地对输入信号采样,导致转换不精确

器件能够很好的工作。现添加一个 5 kΩ 的源电阻,你会发现转换器需要 1 350 ns 才
达到 12＋1 位的转换准确度。

　　如果一个逐次逼近 ADC 的采样时间不够,其转换精度可能会受到影响。在图
13 - 11 所示的曲线图中,y 轴是时钟频率(单位 MHz),x 轴是输入(源)电阻(单位
Ω)。基于该时钟频率,转换器的采样时间等于 1.5 个时钟周期。例如,一个 2 MHz
的时钟速率,换算出采样时间为 1.5/2 MHz 或 750 ns。

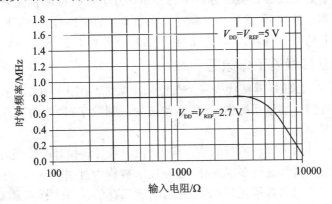

图 13 - 11　这里表示源电阻的等级,即 SAR 转换器对给定的采样频率的容忍度。
但是若外部信号源电阻增大,转换器为了达到一个点,采样电容需要更长的时间充电。
这个时间变量需要根据转换器类型修改,请查询相关转换器的产品数据手册
这里有两种显而易见的解决方案:第一种是降低源电阻;第二种是增加采样时间。

为了保持低源电阻,建议用有源元件驱动转换器,比如一个运算放大器和一个 R/C 滤波器。在这种情况下,输入信号可以是交流、直流或者交直流均可。运算放大器可用于放大和滤波、阻抗隔离和驱动能力提升。当你运用一个运算放大器驱动 ADC 的输入端,它是否是一个增益单元、一个滤波单元或两者都是,放大器在 ADC 之前可以添加偏移、噪声、增益误差和失真信号。

13.4　Δ－Σ 转换器

我记得在实验室的那些天,当时我依靠足够好的模拟电路问题挑起一个相当冒险的下午。我会用理论预测稳定性、增益和噪声水平等模拟结果,并试图让它与现实相匹配。混合信号 ADC 和数/模转换器(DAC)的问题充满了数字时序问题的克服,但极少数复合噪声或稳定性计算问题纯粹是由模拟电路导致。由于混合信号电路仍然需要模拟前端电路(增益和滤波),大多数的计算仍然是模拟域的处理。16 位转换器的输入接口带来了一些前端降噪技术的挑战,但在纯粹的模拟领域并不会有太大难度。

接下来,一个新成员加入进来,这个成员是典型的抛过墙法,没有完整的概念,至少他不是 IEEE 狂热追随者。我无法想象用一个以数字为中心的器件取代这些复杂的电路,但是我注意到一些从展会反馈回来的报告。这些报告来自于 IC 设计者,针对经验少、毫无基础的 IC 用户。它来自一个 1 位数字转换器将输出一个 24 位的字的形式。我曾在一个技术研讨会问过一位工程师听众"2^{24} 等于多少"。我希望人群中会有一个天才快速地答出"16 777 216",不过,我得到的实际回答是"4^{12}"。现在,这个人打电话给我,要求我推荐一个 32 位转换器,这可能也算是看到了一点希望。

一个转换器如果能够转换成分辨率为 1 600 万个代码可能首先就是压倒性的,但让我们证实和概览一下,然后再去跟进一些细节。通过这种方法,我们就可以从一个直观的层面开始,为我们的必经之路打开一扇大门,拨开云雾见青天。

Δ－Σ 模数转换器工作原理

一个初级 Δ－Σ 转换器就代表一个 1 位采样系统。图 13 - 12 展示了一个 Δ－Σ 转换器的功能框图。在该系统中,多数据位被发送到数字/抽取滤波器,该滤波器具有相当程度的数学运算性能。

一个模拟信号输入到转换器的输入端,这种信号必须相对的缓慢,因为 Δ－Σ 模数转换器要对输入信号进行多次采样,这种技术被称为过采样。采样速率(F_S)比在输出端口的数字代码的数据速率(F_D)快几十或几百倍。每个样本随着时间与前面的样本一起累积,这个集合是通过数字平均或过滤实现采样输入信号的一个统计结果。

Δ－Σ 模数转换器可以被分解成 4 个离散单元(加串行接口)。请注意,你可能需要针对你采用的转换器来修改这个简易结构图。比如说,如果你的转换器功能已

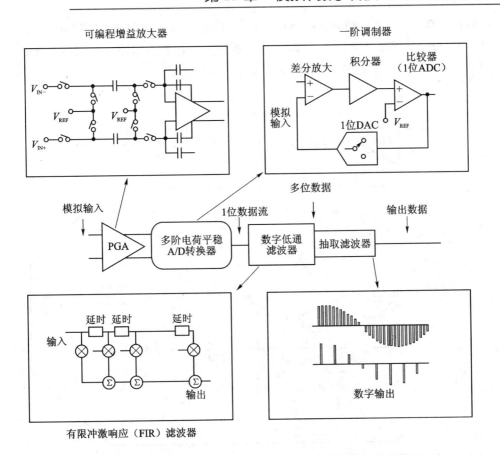

可编程增益放大器

一阶调制器

有限冲激响应（FIR）滤波器

247

图 13 - 12 Δ－Σ 转换器的功能框图具有 4 个部分：可编程增益放大器(PGA)，
多阶电荷平衡 ADC，数字低通滤波器以及抽取滤波器

增强或简化，这些转换器的基本操作即使从一种器件导入到另一种器件都是相同的。图 13 - 12 展示了一个不错的工作方框图。这个方框图具有 4 个基本功能：

- 可编程增益放大器(PGA)；增益采用电容双采样技术实现（如图 13 - 13 所示）；
- 多阶电荷平衡 ADC，电荷"平衡"流经一个放大器周围的电容（如图 13 - 14 所示）；
- 数字低通滤波器，这通常是一个多阶有限脉冲响应（FIR）滤波器（如图 13 - 15 所示）；
- 抽取滤波器（如图 13 - 16 所示）。

Δ－Σ 转换器的可编程增益放大器

一些 Δ－Σ 转换器的前置电路有一个可编程增益放大器(PGA)。这里所说的 PGA 不是采用经典的模拟 PGA 来实现的，模拟 PGA 是由一个放大器和环绕一些电阻来实现纯粹的模拟域的一个模拟增益。这个 PGA 单元接受模拟输入信号，并迅速将其转换成一个采样信号,这个单元的增益设置需通过数字接口进行编程。在本单元中,我们没有完全地脱离模拟域,不过所讲述的内容也差不多脱离过半了。图13-13展示了这类单元电路的一个例子。

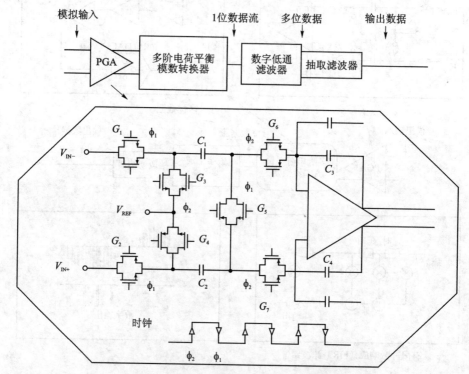

图 13-13　这个开关网络将模拟输入信号调整为采样电压。
这个采样电压被送入下一级,最终该信号被数字化为 1 或 0

　　PGA 单元的基本拓扑是一个差分开关电容放大器。开关电容拓扑结合过采样和电容增益技术来实现 1、2、4、8 和 16 的增益。在这一级,该信号在采样时钟的上升沿定时,于采样时钟的下降沿传输到下一组电容。若一个 PGA 的增益为 1,在下一个时钟的上升沿不仅将第一个信号发送到 A / D 转换器调制器单元,还对第二个输入信号采样。若一个 PGA 的增益大于 1,如增益为 2,那在第二个时钟上升沿则不向数字滤波器单元发送信号。在 PGA 的的第二级保留了原始信号,并把它添加到二次采样输入,以这种方式电荷被加倍。在二次采样完成后,电荷最终传送到调制器单元,这个做法很容易就扩展到 4、8 和 16 的增益。随着 PGA 级增益的升高,采样信号所需的周期数也随之增加。有两种方案能够实现增益的变化:第一种方案是保持一个固定采样时钟和 16 倍地增加整体采样时间(即对一个增益提高 16 倍);另一种实现方法是通过输入电容从 20 kHz(对应于增益 1)调整到 320 kHz(对应于增益 16)的方式来增加取样数量。调整 Δ-Σ 转换器内部增益级是一种技巧,对于传感器应用,你可以用于得到一个合适的 LSB 电压大小。

首先,开关 G_1、G_2 和 G_5 闭合,G_3、G_4、G_6 和 G_7 在时钟上升沿开启。在时钟为高电平的时刻,电荷累积在 C_1 和 C_2 上;在时钟的下降沿,开关 G_1、G_2 和 G_5 开启,G_3、G_4、G_6 和 G_7 闭合,C_1 和 C_2 上的电荷传输到 C_3 和 C_4,然后循环地重复上述步骤。实现一个增益的最常见方式是对信号进行多次采样和将电荷存储在 C_3 和 C_4 上。例如,如果输入信号电荷两倍地存储在 C_3 和 C_4 上,那信号的增益将为 2。

假设外部时钟是一个固定的 10 MHz,PGA 的增益通过输入电容从增益为 1 时的 20 kHz 调整到增益为 16 时的 320 kHz 以增加取样数量的方式实现。如前面所述:调整 Δ－Σ 转换器内部增益级是一种技巧,在传感器应用中,你可以用来得到一个适当的 LSB 电压大小。

在数字化系统中,抗混叠模拟滤波器把许多设计从噪声灾难中挽救出来。这些滤波器以抑制高频噪声为目的,因此数字转换器不会把不需要的信号混叠到期望的带宽中。我们可以假设抗混叠滤波器将是一个永久的固定装置,放置在模/数转换器前面。采用这种 Δ－Σ 转换器,其内部数字网络几乎取代了这个模拟功能。

Δ－Σ 模数转换器制造商正在转换器输入端推动设计一个简单的 R/C 低通滤波器以满足需求,作为所有抗混叠问题的解决方案。事实上,这种滤波器仅提供少量的高频衰减,但这并不是该简单低通滤波器的主要功能。出现在模数转换器输入端的绝大多数破坏性噪声信号,均由转换器本身进出的开关电流产生。无缓冲 Δ－Σ 转换器的第一级单元基本上是一个开关电容网络,图 13-14 展示了一个 Δ－Σ 输入模型。

采用示波器加一个几百 Ω 的输入电阻很容易测量开关毛刺。这种干扰能量通过扰乱驱动输入电路,可能破坏输入端小电压的测量。输入级的处理方式应该与 SAR 转换器接收一样小心翼翼。由于高源阻抗导入的任何误差影响转换的偏移和增益。一步到位的解决问题的方法是在转换器的输入端放置 R/C 滤波器。此外如果该器件为差分输入,输

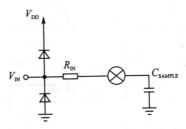

图 13-14　Δ－Σ 转换器输入模型,
它类似于 SAR 转换器的输入模型

入端可以直接跨接一个 $0.1~\mu F$ 的电容,这样做是为了衰减存在于该器件输入引脚的高频噪声。请注意该技巧不推荐用于模拟运算放大器。尽管,这个器件被称为 PGA 但不意味着输入阻抗一定高;事实上,它的阻抗是相当低的,并取决于输入电容和过采样频率。

多阶电荷平衡 ADC

电荷平衡 ADC 是该转换器的核心。它负责输入信号数字化和开始一个低噪声转换的实现。在本级的架构上实现一个噪声整形功能,将低频噪声推升到较高频率,因而低频噪声出现在期望频带之外。这是 Δ－Σ 转换器非常适合于低频率、高精度测量的原因之一。

　　多阶电荷平衡 A/D 转换器的功能可以用图 13 - 15 所示的一阶单元概念化。模拟输入电压和 1 位 DAC 输出之差为 X_2 提供了一个模拟电压信号的输出,在 X_2 的输出电压被输入到积分器,积分器的输出产生一个负或正的极性方向。X_3 信号的斜率和方向取决于 X_2 的极性和大小,此时,X_3 处的电压等于比较器的基准电压(V_{REF}),比较器的输出在从负到正,或从正到负之间切换,其输出取决于它的原始状态。比较器(X_4)的输出值不仅被返回给 1 位 DAC 计时,还输出给数字/抽选滤波器级计时,在这期间,比较器输出从高到低或从低到高切换,1 位 DAC 在下一个时钟脉冲时响应,改变它输出至差分放大器的模拟电压。实际上是在 X_2 建立了一个输出电压差信号,引起积分器以相反的方向输出积分信号。

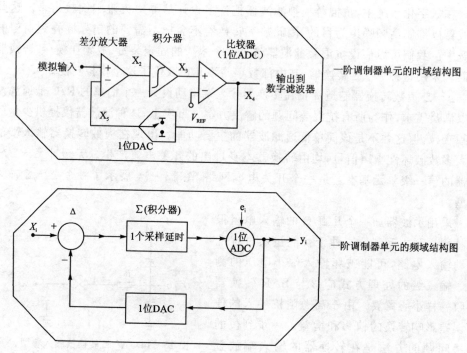

图 13 - 15　多阶电荷平衡单元的 **Δ-Σ** 转换器从 PGA 单元采样输入信号,
将该信号转换成 1 或 0 的数字代码。从频域的角度来看,该调制器单元
直通低频输入信号以及把 ADC 的噪声推升到较高的频率(参见图 13 - 16)

　　很多时候,多阶电荷平衡单元的 PGA 级单元是组合在一起的。但是为了便于讨论,图 13 - 15 的信号从 PGA 单元(如图 13 - 13 所示)进入本单元。虽然这个信号在上一级被取样,电压幅值可以是 $0\sim V_{REF}$ 之间。根据 1 位 DAC 的输出电压,差分放大器会产生一个相对高或低的电压。然后这个电压通过下一级(积分器)积分。在积分器的输出端,一个比较器将产生一个 1 或 0。这本质上是信号被数字化的一个步骤,并在这里产生量化噪声。比较器的输出由 DAC 同步于转换器的采样时钟采样。这可能会、也可能不会改变 DAC 输出。同时,比较器的输出也同步于数字滤波

器的采样时钟采样。

积分器和采样策略的组合,实现了一个数字输出代码的噪声整形滤波器。图 13－16 演示了这种噪声整形。在该图中,N 是调制器单元的位数,N_{INC} 是增加的分辨率,k 是过采样比,M 是调制器单元的阶数。

一个数字滤波器在下一级实现,图 13－16 演示了该数字滤波器的效果。

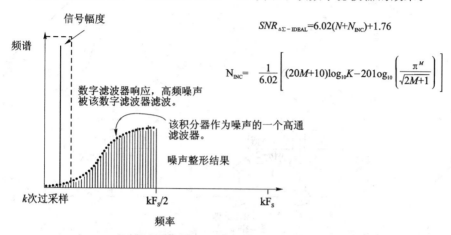

$$SNR_{\Delta\Sigma-IDEAL}=6.02(N+N_{INC})+1.76$$

$$N_{INC}=\frac{1}{6.02}\left[(20M+10)\log_{10}K-20\log_{10}\left(\frac{\pi^M}{\sqrt{2M+1}}\right)\right]$$

251

图 13－16　调制单元的噪声被移出到更高的频率,称之为噪声整形。在调制单元后,
数字滤波器用于实现一个低通滤波器,滤除高频噪声。
信噪比的计算应考虑过采样的影响

数字低通滤波器

电荷平衡调制器单元的输出是一串的数字 1 和 0,将发送到数字滤波器。数字过滤器采用一种过采样和平均算法进一步提高信号的分辨率。数字滤波器级和抽取滤波器级相结合直接影响转换器的分辨率和输出数据速率。

通常情况下,该数字滤波器是一个有限脉冲响应(FIR)滤波器,实质上是实现对调制器单元数字输出的加权平均。一阶 FIR 滤波器实际上是一个平均器。FIR 数字滤波器如图 13－17 所示。

图 13－17 所示的一阶 FIR 滤波器,采用了一种滑动平均的处理方法。这种平均算法降低输出信号的不确定性程度,但它需要耗费时间才能获得取样。从理论上讲,如果你获取 4 个样品,你可以把一个数字编码输出从 1 个输出具有 2 种可能性(0 或 1)改变到 1 个输出具有 4 种可能性(00,01,10,11)。这样,采用过采样机制和平均化处理算法是可行的。

例如,如果获得 4 位,平均化处理后的可能性是 0,0.25,0.5 和 0.75。每个过采样以 4 倍因子给出 1 个 6 dB(或 1 位)改善转换器的信噪比。所以理论上给定的 1 位 ADC,1 个 2 位转换器可以在数学上实现 4^1 个平均样本。1 个 3 位转换器,可实现 4^2(或 16)个平均样本。1 个 4 位转换器,可实现 4^3(或 64)个平均样本。你可以看到,到目前为止这种技术只适用于举出的例子,如果一个 24 位转换器源自于 1 位 ADC

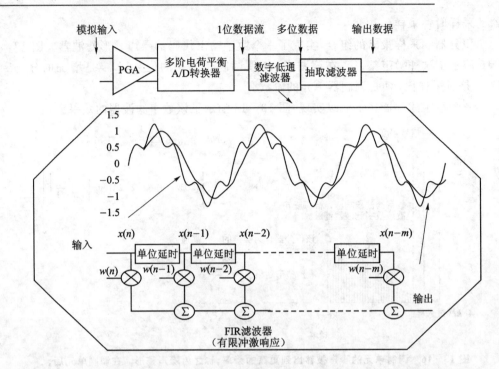

图 13 - 17　本滤波器功能图是一阶 FIR 滤波器。Δ—Σ 转换器的数字低通滤波器通过滚动平均滤波器(FIR 滤波器)多次平均数字代码进一步降低转换过程噪声

实现 4^{23}(或 70 368 744 178)个平均样本。这将耗费很长时间,长期漂移将成为一大问题。其结果是要采用其他技术来获得更高的位分辨率。这些技术包括调制器单元噪声整形(前面讨论过)和多层调制器。

市场上有极少数的 Δ—Σ 转换器是一阶 FIR 滤波器。这类转换器绝大多数都采用多阶来实现这种功能。一个三阶滤波器被称为 $sinc^3$ 滤波器。图 13 - 18 展示了一个 $sinc^3$ 滤波器的传递函数以及一个 60 Hz 的截止频率。

Δ—Σ 转换器有各式各样的数字滤波器可供选择。在这次讨论中,我们已经介绍过 FIR 滤波器。另外一种常见类型的离散时间滤波器是无限脉冲响应(IIR)滤波器(如图 13 - 19 所示)。

连续时间滤波器逼近法,可以把巴特沃斯、贝塞尔、逆切比雪夫等等映射到离散时间 IIR 滤波器。不过,离散时间系统的设计流程基本上是从一组离散时间规格开始。连续时间滤波器逼近法可作为一个满足离散时间滤波器规格的便捷工具。这类离散时间滤波器由连续时间滤波器原型变换而成。

FIR 滤波器的优势在于它的稳定性和线性相位响应。它具有一种简单的、直截了当的设计(如图 13 - 17 所示),功耗也比 IIR 滤波器相对低。不利的一面是,FIR 滤波器必须是高阶滤波器才能胜任,因此时延(一次完整转换所需的时间量)较长。若采用 IIR 低通滤波器,你可以采用一个低阶滤波器达到与 FIR 滤波器一样的截止

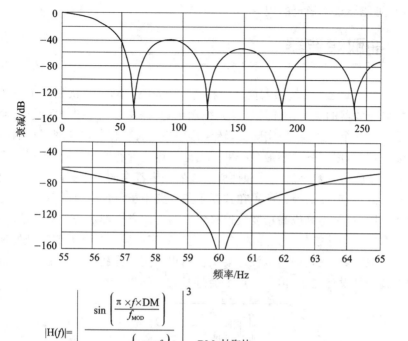

$$|H(f)| = \left| \frac{\sin\left(\dfrac{\pi \times f \times DM}{f_{MOD}}\right)}{DM \times \sin\left(\dfrac{\pi \times f}{f_{MOD}}\right)} \right|^3$$

DM = 抽取比
f_{MOD} = 调制器频率

图 13 – 18　一个低通 FIR 滤波器通过增加频率缓慢地衰减噪声。

这里是一个三阶 FIR 滤波器，被称为 sinc³ 低通滤波器，

调谐到一个 60 Hz 的陷波频率。这类滤波器在整个频谱内提供一种梳状响应

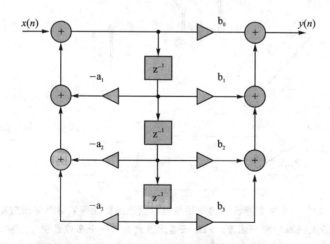

图 13 – 19　无限脉冲响应(IIR)数字滤波器具有前馈和反馈路径，帮助实现更

清晰的过渡区域。不过，仅针对这个优点来权衡可能是不稳定的

频率。其结果是在硅晶片上很少有晶体管；不足之处是 IIR 滤波器具有一个非线性

模拟电路

相位响应,可能导致不稳定的现象。

13.5 抽取滤波器

抽取滤波器是 Δ—Σ 转换器内的一种功能,位于在串行接口(如图 13 - 20 所示)之前。抽取滤波器的主要任务是放缓数据输出速率、提供进一步的信号带限。看起来这似乎不是一个好主意,但实际上,转换器用户对转换器如何实现平均的中间步骤不感兴趣。相反,用户只关心最终结果。因此采用这种滤波器,输出数据速率降低相当于采样频率降低。数字滤波器和抽取滤波器两者都在同一个硅晶片空间内。

这种离散、高精度的模拟前置在数据采集电路中虽然没有过时,但它正逐渐地被推入到死胡同,这并不是说高精度数据采集电路的需求已经消失。只是,这些问题的解决方案取向已经从模拟为主导的电路改变到数字电路。虽然看似信号处理的任务已经转移到数字域,但好的模拟设计案例仍然很适用。让我高兴的是,它们似乎可以更名为模拟硬件设计艺术,但它永远不会过时。

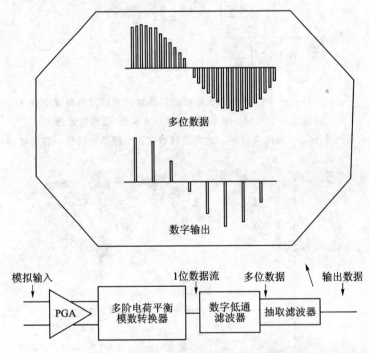

图 13 - 20 一个抽取滤波器的作用是减缓输出数据速率以达到输出数据速率与输入频率带宽相匹配。FIR 低通滤波器输入一个多位数据流到抽取滤波器的输入端。最简单的抽取滤波器能够在满足转换器的输出数据速率的条件下同时筛选出若干个转换结果

Δ−Σ 转换器有什么神奇之处呢？

Δ−Σ 模数转换器是一种新型设备。一般来说，这种器件采样模拟信号的数据速率比 SAR 转换器的更低，但它具有更高分辨率的优点。有了更高的分辨率，就可以淘汰经典的模拟前置电路，它是数字设计充分渗入到模拟域硬件的一部分。最初，这种设计采用固件控制内部定时器、比较器和 I/O 门，并结合外部电阻和电容，已实现了一些基本的诸如 D/A 转换器、模数转换器和积分器等模拟功能。采用比较器、定时器、外部电阻和电容设计 Δ−Σ 模数转换器的例子我们将在第 15 章讨论。实现的这些功能都是初级的，完成工作时所体现的准确度和保真度特点的高精度模拟功能却并非必须的。

集成的 Δ−Σ 模数转换器正在迅速弥补这一差距。由于该器件采用的是互补金属氧化物半导体(CMOS)工艺，可以应用的数字功能包括控制器、处理器和存储器设备等。为了增强数字性能的特性，更多的模拟电路从双极型工艺转移到 CMOS 工艺。这不仅是工艺技术的变迁，而且这些 CMOS 器件性能从"质量"上也得以改善。你可以从图 13‑21 所示的 Δ−Σ 模数转换器中找到一些功能特性。

Δ−Σ 模数转换器集成了一些显著数量的模拟和数字功能块。这两种功能设计的互动性非常好。例如，一个模拟缓冲器可以数字化开关输入级的输入或输出。一个多路复用器，可以应用在一些 Δ−Σ 型模数转换器上，通过转换器的数字通信接口对通道编程进行选择。

在该器件的模拟端，电压或电流基准源集成在芯片内，其允许针对比例操作。一个比例系统的优势是消除了增益误差，因为电路中的每一个元件使用相同的基准源；若连接到 ADC 的基准源，就适用于传感器任意方式的激励。有些时候，转换器的前端会有一个 PGA，一些转换器会有缓冲器，对数字电路的输入和输出进行开关控制。

就数字电路特性而言，所有转换器都应具有一个串行接口，对转换器的各种工作模式编程。例如，校正算法的实现、数字滤波器的复位(或清零)、状态标志位通知用户欠压事件等。此外，数字滤波器的转角频率也可以调整，以匹配应用需求。

Δ−Σ 模数转换器产品规格：数字滤波器的建立时间

在图 13‑22 所示的系统中，该模数转换器必定是一个具有高分辨率、低噪声、多通道、零延迟(零周期延迟)和低延迟时间(建立时间)的转换器。

对于 ADC，周期延时等于启动输入信号转换到启动下一个信号转换之间完成数据的周期数。这个延时的度量单位定义为 n 个周期的延迟，其中 n 是一个整数。如图 13‑23 所示，器件(在一个 24 位分辨率 Δ−Σ 转换器的输入通道上)完全稳定的数据呈现在转换器的输出端的第三个数据上，该延迟等于一个两周期的延时。

两个周期的延迟和三个数据输出结果之间的关键区别，其根本在于周期延时的定义不同。第一个数据输出发生在下一个周期开始之前，因此为零周期；第二个输出数据发生在第二个完整周期的结束之前；完全稳定的输出数据在第三个完整周期结

模
拟
电
路

256

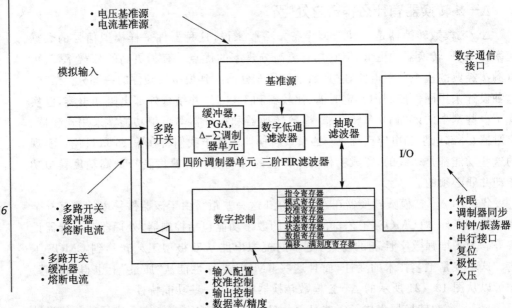

图 13-21　Δ-Σ 模数转换器技术已经很成熟,不仅有满足各种传感器的模拟功能,而且其数字功能还可集成控制器数字功能和特性等,这种组合仅采用 CMOS 工艺。这里给出了一些添加到 Δ-Σ 模数转换器的模块。不过,任何一个 Δ-Σ 模数转换器不可能具备所有的这些功能。这将消耗大量的硅晶片,价格比较昂贵且不可能使用所有的功能。通常,转换器视特定的应用场合选择几种特性集成到一个目标转换器

束之前有效。因而,该转换器具有两周期的延迟。

延迟时间通常被视为理想的阶跃输入、具有误差容限、得出最终数字输出值所需的时间,你可以用预先定义的总输出电压阶跃的百分比来表示这个误差带。一次转换的延迟时间是从信号采集开始到转换器输出的数据有效之间的时间值,与周期延迟规格相比,延迟时间(或建立时间)是从不等于零的。

不同厂家 Δ-Σ 模数转换器的区别

Δ-Σ 模数转换器已经为转换器数字端种类繁多的功能集成开启了一扇大门。在本质上看,硅晶片上模拟域比率约占 25%,数字域比率约占 75%。数字域的灵活性就像打开的潘多拉盒子。Δ-Σ 模数转换器的功能特性设置,仅受限于硅晶片的成本而非技术。

绝大多数 Δ-Σ 模数转换器都具有睡眠状态、主/从模式的设置、内部/外部时钟选项、可变采样频率以及电压基准源等基本特征,某些转换器还有一些其他的特性。例如,一些转换器具有一个空闲检测位;其他的一些转换器用电流基准代替标准的电压基准,还有一些转换器具有自校准和系统校准功能……这样的例子不胜枚举。基本上可以认为,Δ-Σ 模数转换器是第一个将模拟和数字功能集成在一起的器件。

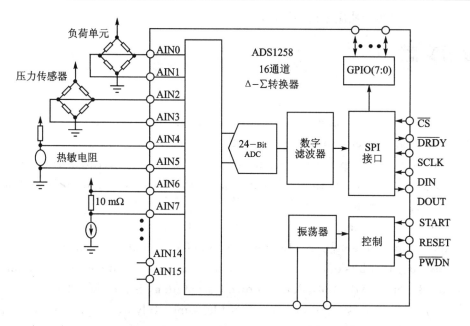

**图 13-22　一个 16 通道多路复用的应用要求一个 Δ-Σ
转换器,具有零延迟和快速时延(ADS1258,德州仪器)**

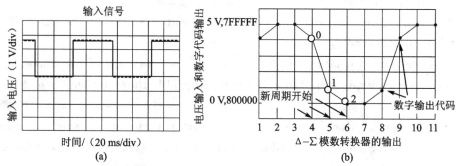

**图 13-23　如果转换器同步输入一个方波信号,你可以看到一个三阶 FIR 滤波器
的建立时间的效果。在输入信号的下降沿(a)采样开始第一个数据输出(b)。第一
个输出数据代码大约高 80%。这个结果来自于三个滤波器之一的所包含从实际
输入获得的数据和其他两个滤波器所包含的上一个 5 V 输入电平得到数据的组
合。现在,第二个输出数据代码大约高 20%,这个结果来自于三个滤波器其中的
二个所包含从实际输入获得的数据和其余一个滤波器所包含的在 5 V 输入电平时
得到的数据的组合。第三个输出数据代码才明确地代表输入信号。该数字滤波器
的三个级单元当输入信号为低电平时包含数据**

在本章中,我们首先讨论了 ADC 的关键规格,接着还讨论了转换器对转换结果
的影响,然后讨论了逐次逼近寄存器(SAR)模数转换器和 Δ-Σ 模数转换器。我们
详细探讨了这些转换器的基本拓扑以及它们对转换结果的影响。现在接下来的第

模拟电路

14章,我们将要实际地应用这些转换器。

参考文献

［1］Analog Devices. Using sigma – delta converters，part 1. AN388.

［2］Using sigma – delta converters，part 2. AN389.

［3］Baker B C. Anticipate the accuracy of your converter. EDN Magazine，March 18，2004，reprinted with permission from EDN Magazine，Reed Business Information，copyright 2004.

［4］Giving ,I：converters a little gain boost with a front – end analog gain stage. Application Bulletin，AB – 107，Burr – Brown Corporation，January 1997.

［5］How to get 23 bits of effective resolution from your 24 – bit converter. Application Bulletin，AB – 120，Burr – Brown Corporation，September 1997.

［6］Number of bits vs. LSB errors. EDN Magazine，July 8，2004，reprinted with permission from EDN Magazine，Reed Business Information，copyright 2004.

［7］Synchronization of external analog multiplexers with the ,I：A/D converter. Application Bulletin，AB – 116，Burr – Brown Corp. June 1997.

［8］Using operational ampliers for analog gain in embedded system design. AN682，Microchip Technology.

［9］Voltage reference scaling techniques increase the accuracy of the converter as well as resolution. Application Bulletin，AB – 110，Burr – Brown Corp. February 1997.

［10］Bowling S. Understanding A/D converter performance specifi cations. AN693，Microchip Technology. Burr – Brown，1994 Application Seminar，Chapter 1.

第 **14** 章

如何为应用选择恰当的 ADC

邦妮·贝克(Bonnie Baker)

这章,贝克女士解释了哪种传感器最适用于哪种类型的模数转换器,你需要加前置放大器、缓冲器或者是滤波器吗? 本章的作者还给出了一些很好的例子。

14.1　本章内容

现在我们已经了解了 ADC 的一些基本知识,是时候做些实际的工作看一看这些 ADC 真正可以为我们做些什么了。在这一章里,我们将花时间讨论一下信号来源以及哪种 ADC 最适合特定的应用。通过这些练习,我们可以更直观地了解怎样为微控制器处理这种信号。一旦建立了基础,我们将接下讨论 4 种特定应用。这一章涵盖了 4 个方面的实际应用案例:温度、压力、光电检测和电机控制。在这些应用中,你必须确定一个 SAR 或者 Δ－Σ 转换器是否适用。我们将讨论最常见的 ADC 问题,然后迅速给出解决方案。我们会发现 SAR 转换器可以适用于某些应用案例,Δ－Σ 模数转换器能够更好地应用于其余的案例,有些应用稍加权衡便能够同时采用两种转换器。

14.2　输入信号分类

在我们进入应用的细节讨论之前,我们需要明确一下现实中模拟信号的来源。我将从这里开始展示在电路中如何确定这些信号。图 14－1 展示了几种可能的信号的来源、相关的频率与位数。

在系统层面上,一个合适的 ADC 可以产生适当的无噪声位数,当然你也可以降低成本,采用一个模拟前置增益单元外加一个低分辨率 ADC 的方法。

这里是一个权衡成本、电路板空间、放置的元件数量的设计架构。当它用于检测外部模拟事件,最起码你会想到检测温度。温度也是除频率之外最易被大多数人接受的测试,这是因为温度不会急速地变化,且传感器能够如实反映出该特性。传感器的物理环境和传感器封装支配着温度检测事件所要求的速度。通常,温度在环境中

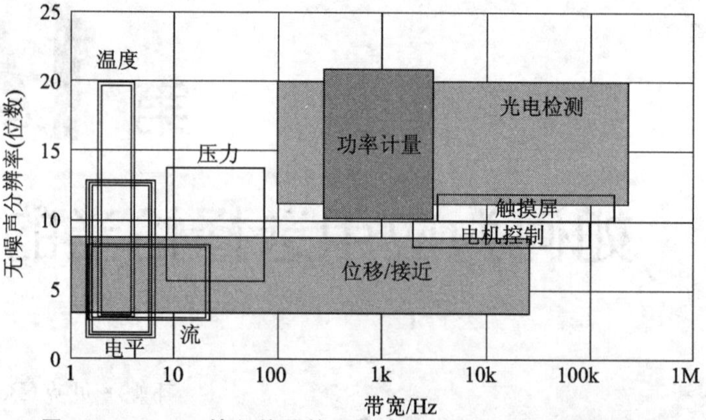

图 14 - 1　ADC 输入信号的不同来源,但大多数地信号都来自物质世界。这些现实世界的信号的动态范围决定采样带宽;所有的这些物质源都有对应的一类传感器,这些传感器决定无噪声位数的要求。

的变化很慢(速度大于 0.1 s/℃),传感器的封装和温度系数相一致。如果你想要测量精确,传感器需要一个加热和冷却的过程。

你可以应用于电路的很多常见类型的温度传感器,主要包括热电偶、电阻温度检测器(RTD,简称热电阻)、热敏电阻或者集成硅传感器。表 14 - 1 总结了这些器件的主要特征。

你们中的一些人可能想知道这些传感器是个什么样子,我觉得这里用一副图来展示胜过众多的文字说明(详见图 14 - 2)。你将注意到这些传感器的大小,这个测温头非常大。同样地,这仅仅是因为温度通常变化非常缓慢。

以位数/摄氏度(bits/℃)为单位的温度测量的粒度可以大,也可以非常小,如表 14 - 1 所列。此外,系统需要的位数也可以低或者相对的高。当然,这也取决于你的需求。因为应用条件的范围非常广,建议参考表 14 - 1 中内容。

SAR 转换器或者 Δ-Σ 转换器用于温度测量,一个温度传感器的信号调理电路有很多种方式实现。在本章的后面,我们将选择一个热电阻传感器来测试 SAR 和 Δ-Σ 模数转换器。

图 14 - 1 所展示的其他物理实体是电平、流体、位移或者接近开关等。我们通常不直接用一个流体专用测量传感器来进行流体测量;你可以用温度传感器或者采用测量一管装满液体的管子振动的方式来测量流体。位移量和接近量是其他类别的实体,它们没有专用的传感器来测量。你可以采用发光二极管和光电检测器来测量这两种光学现象;当然还可以采用加速度传感器。

表 14 - 1　温度检测应用,使用热电偶、热电阻、热敏电阻或集成电路检测元件。价格低廉的
热电偶不需要激励,但需要在控制器内查表线性化结果;热电阻传感器最为精确,可以在一个
比较大的温度范围操作,但是需要电流激励,对你的应用来说可能成本高昂;热敏电阻需要电
压激励,采用串联电阻具有一个 ±△25℃ 线性校正;硅集成电路温度传感器不需要外部电路,
但精确度有所限制,器件对快速温度变化响应慢

	热电偶	热电阻 RTD	热敏电阻	集成硅
温度范围	−270～1 800 ℃	−250～900 ℃	−100～600 ℃	−155～200 ℃
灵敏度	每 μV/℃ 为 10 s	0.00385Ω/Ω/℃(铂)	几个 Ω/Ω/℃	基于一种技术,灵敏度约为 −2 mV/℃
精　度	±0.5 ℃	±0.01 ℃	±0.1 ℃	±0.5 ℃
线性度	至少需要一个四阶多项式或者等效的查询表	至少一个二阶多项式或等效的查询表	至少需要一个三阶多项式或者等效的查询表。在一个 50 ℃ 的温度范围内线性化达到 10 位精度	最大在 ±1 ℃,不要求线性化
耐用性	热电偶的大规格导线让传感器更结实。使用的绝缘材料增强了热电偶的坚固性	由于振动,热电阻易损坏,事实上因为它们通常为 26～30 AWG 规格的导线,这些很容易破损	热敏电阻有好多种封装形式,但最稳定、密封的热敏电阻是密封在玻璃中。通常,热敏电阻很难加工,但不受摇动或振动影响	任意采用塑料封装集成电路均坚固耐用,如双列直插或表面贴装等
响应时间	＜1 s	1～10 s	1～5 s	1.5～30 s
激励方式	无要求	电流源	电压源	通常为供电电源
输出形式	电压	电阻	电阻	电压、电流或数字编码
典型尺寸	珠粒直径＝5×导线直径	0.25×0.25 inch	0.1×0.1 inch	从 TO - 18、Mini DIP 封装形式到 SOT - 23 等等诸多类型
价　格	$1～$50	$25～$1 000	$0.40～$10	$0.40～$10

　　用于电机控制、触摸屏、功率计量的传感器通常都是电阻型。例如,你可以将一个非常小的电阻(十分之几欧姆)安放在电机控制的驱动臂(即 MOSFET 驱动管的开关线路端)上。触摸屏的传感器通常是电阻型或者电容型,电阻触摸屏因个人掌上

模
拟
电
路

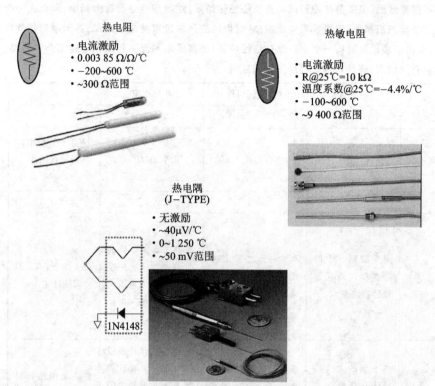

热电阻
- 电流激励
- 0.003 85 Ω/Ω/℃
- −200~600 ℃
- ~300 Ω范围

热敏电阻
- 电流激励
- R@25℃=10 kΩ
- 温度系数@25℃=−4.4%/℃
- −100~600 ℃
- ~9 400 Ω范围

热电隅
(J−TYPE)
- 无激励
- ~40μV/℃
- 0~1 250 ℃
- ~50 mV范围

1N4148

图 14 - 2　各种形态配置的温度传感器,每种温度传感器的封装都被设计用于传感器保护,同时保证具有良好的热响应

电脑((PDA)而备受关注,电容触摸屏则用于更恶劣的环境。总而言之,由一个 ADC 把来自传感器的信号最终数字化。你可以采用一个 SAR 或者 Δ−Σ 模数转换器来实现。

图 14 -1 将取样频率与位数等不同的测量表征归纳在一起。本次讨论中留下一个问题:"这些传感器的输出电压范围是多少",图 14 - 3 回答了这一个问题。这里我们对传感器的输出电压范围分成两类。x 轴列举了所有的传感器。第一类中,传感器输出电压的范围大约从 50 mV 到 600 mV,该范围的刻度展示在图 14 - 3 的 y 轴左侧。x 轴左半轴所列的传感器从左到右分别是热电偶、热电阻(RTD)、功率计量和压力传感器。

第二类传感器的输出范围大约从 0.25 V 到 5 V。它的输出范围对应于图 14 - 3 所示的 y 轴右侧图。通常适合这个输出范围的传感器包括压力传感器、电容式传感器、加速度传感器、流量计和触摸屏等。你也许注意到左半侧分类的压力传感器列入了两种电压输出范围的分类中。第一类的压力传感器是严格意义上的传感器,第二类的压力传感器实际上是压力变送器,或者说是一个带着集成信号调理片上系统的压力传感器。因此,即便文字表述相同,但实际意义却是有所区别的。

　　作为基础,你最好先了解一下 ADC 的规格,还须知道哪种规格对你的应用最为重要。这些知识在设计期间会为你节省大量的时间,因为它可以让你只需简单注意重点细节,而不用关注整个的性能特征和规格。

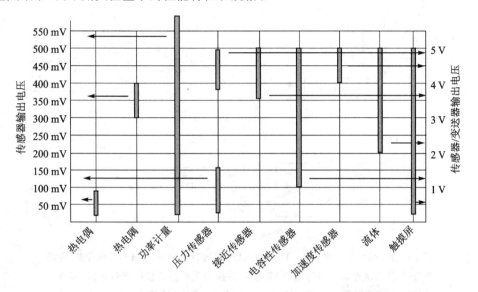

图 14-3　本图展示了各种传感器的满量程输出信号视情况而定,它可以采用 1 mA
或者 5 V 的激励。在图 14-1 中已概括的各种传感器的输出电压水平以及采样频率,
很大程度地决定了在应用电路中你将采用哪一种 ADC。本图的展示分为两类。
第一类传感器满量程范围产生毫伏级的输出,列于 y 轴的左侧,与该类传感器对应。
第二类传感器满量程范围产生电压输出,列于 y 轴右侧,与该类传感器的输出范围相对应。
第二类绝大多数器件是变送器

　　本章的下一节,将帮助你基本了解 SAR 转换器和 Δ−Σ 转换器在你的传感器电路中如何工作。有了这种知识,你将很快确定你的应用适合采用哪种 ADC。

　　比如说,如果你的 ADC 在错误的时间报告数据,或者它太快、太慢、太不精确,控制器或者处理器将不得不应付太多的数据、没有足够的数据信息、甚至是错误的数据。ADC 的影响很关键,夸张地说,它既可以成为系统背后的天才,也可以直接导致系统的毁灭。

14.3　温度传感器信号链路

　　SAR 转换器和 Δ−Σ 转换器的性能非常相似,有时它们可以应用到同一个温度电路。不论为传感器选择何种转换器,你的电路始终需要一定程度的模拟电路。然而,这两种转换器还是大相径庭,以至于可能一种传感器仅适用于某些应用,并不是所有的传感器均适用于某类应用。在这两种器件中,SAR 转换器最容易使用和理解,但是 Δ−Σ 转换器具有更多的特性和功能。Δ−Σ 转换器有足够的功能成就你,也有可能让你陷入困境(如 13 章所讨论)。图 14‐4 展示了 SAR 转换器和 Δ−Σ 转换器可采用的两种系统组态。

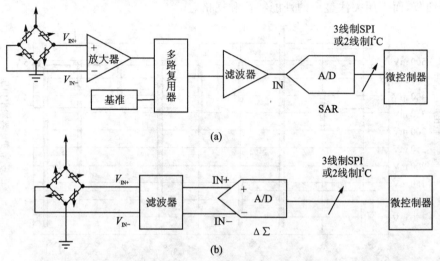

图 14‐4　很多应用中,你可以使用 SAR 模数转换器或者 Δ−Σ 模数转换器数字化模拟信号。很多时候,SAR 模数转换器要求前置模拟增益电路;而 Δ−Σ 模数转换器通常不需要这些额外的电路,但因它的速度慢,有时人们不把这种器件列入备选之中

在图 14‐4(a) 和 14‐4(b)中,输入传感器是一个电阻式惠斯登电桥。为了方便起见,在这个图中我采用惠斯登电桥来演示。当然,在这些电路中的惠斯登电桥也可以用其他的传感器取代。例如,一批温度传感器、光电传感器和电容式传感器(只列举几个)都能符合要求。图 14‐4 所示电阻电桥能构建各种传感器模型,最常见的是压力传感器和测重单元。

图中的上半部分信号链(即图 14‐4(a)),放大器模块对来自电桥的两个模拟输出信号相减并放大。这种放大器模块可以由运算放大器或者一个仪表放大器组成,取决于电路中的传感器类型。在图 14‐4 的这个系统中,仪表放大器将对来自电桥的信号同时采样,抑制大部分的共模噪声。很多时候,会有一个基准电压(V_{REF})连接到放大器或者仪表放大器。这些基准电压在单电源供电电路中会派上用场,它们可以提供一个以供电电源为中心的基准点,当你想在信号和模数转换之间取得一个比例关系,它们也可提供帮助。

接下来讲述图 14‐4(a) 的信号线路,这里有一个多路复用器模块,或者说是多路开关。在这类系统中,通过同一个 ADC 将数个信号数字化是合理的。你可能发现经常需要测量温度,这将占用多路复用器的一个通道。若检测其他的物理实体,如压力、力、光照度等,可以使用其他的任一通道。

在这条信号链路上,你可以选择使用或者不使用一个多路复用器,但很有必要采用一个模拟滤波器。你可以采用 3 种方式中的任意一种来实现滤波器模块(如图 14-5所示)。

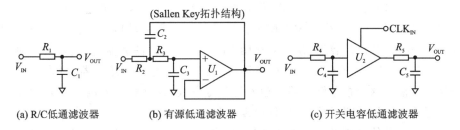

(a) R/C低通滤波器   (b) 有源低通滤波器   (c) 开关电容低通滤波器

图 14-5 采用电阻和电容设计一个简单的低通滤波器(a),这个滤波器建立的极点等于 $1/(2\pi RC)$。多极点滤波器可以采用一个有源滤波器拓扑结构(b),这个二阶滤波器可以采用更多滤波器单元级联,建立一个更高阶的过滤器。开关电容滤波器(c)是一种多极点、外围元件非常少的低通滤波器。这类低通滤波器可以是一个五阶(或者更高阶)滤波器

滤波器的详细介绍请参考第 6 章,但是我要在这里做一些笼统的介绍。设计一个模拟滤波器首要的最基本的方式是采用电阻和电容(见图 14-5(a))。正如第 6 章中的详细论述,这种滤波器会因阻抗匹配问题危害信号。第二种选择,你可以采用一个运算放大器、几个电阻和电容(见图 14-5(b))来设计一个有源低通滤波器。对于数字化电路设计人员来说,第三种方法也许更具吸引力,那就是采用一个开关电容滤波器。

尽管我们在第 6 章已经详细讲述过这些滤波器,我想强调一下开关电容滤波器并不是通常采用的模拟滤波器。它们是对模拟域信号的采样器件,但跟 ADC 一样具有混叠问题。使用开关电容滤波器时,如果不特别注意,引入噪声会和你正试图想消除的噪声一样多,甚至更多。这种模拟滤波器最主要的功能是消除易被 ADC 混淆的高频率信号;在信号通路上,这通常将需要四阶、五阶、甚至是六阶的低通滤波器。

图中这个模拟的"滤波器"安放在 A/D 转换器之前。模数转换器将那些已被滤波器过滤掉了高频的信号数字化。由于信号路径上有一个前置增益级(即放大器模块),这个模拟转换器将最有可能是一个 SAR 转换器。不过,由于输入信号的电压非常低,有时候你可能得采用一个 Δ-Σ 转换器。采用 SAR 转换器后,模数转换器在数字化之前,每一次转换均要先采样信号。

紧接着模数转换器的器件就是微控制器。这一块也可以看作是一个处理器或者是现场可编程门阵列(FPGA)。许多时候,这种控制器或者处理器会有一个内置 SAR 转换器。如果你采用的控制器集成了该功能,你只要了解它可能引入的误差,即可直接取代一个单独的转换器。一个集成在处理器或者控制器中的模数转换器,

其操作可能会因芯片的数字开关而更具噪声过多的风险。内置模数转换器的另一个问题是集成电路制造商在试图控制成本时,可能会有硅晶片数量的限制。如果发生这种情况,你可以对集成芯片的各种晶圆的精度折中考虑。

第二条信号链路(图 14 - 4(b))看上去会比图 14 - 4(a)简单些。在这条信号链路上,传感器信号经过一个滤波器模块直接进入一个模数转换器,然后进入控制器。一般来说,这里的"滤波器"模块不会比图 14 - 4(a)中的"滤波器"模块复杂。通常采用一个 R/C 网络对来构建一个单极点滤波器,一旦信号通过滤波器,将直接进入模数转换器。注意这个模数转换器的输入是差分方式,模数转换器的输入差动级具有和模拟运算放大器一样的作用,同样可以抑制共模噪声。

由于第二条信号链路看上去已经简化,你可能会认为它是你最好的选择。事实上,在这条信号链路上,这种模数转换器通常采用的是一个 Δ−Σ 转换器。如果你采用这种 Δ−Σ 器件,你的电路布局复杂性会增加。通常,采用 Δ−Σ 模数转换器需要多层板,而 SAR 转换器则可以很容易地布局到一个双层板上。图 14 - 4(a)的各种模块已被并入到 Δ−Σ 转换器中。例如,很多时候,Δ−Σ 转换器具有一个多通道、多路复用的输入级。

14.4　采用热电阻(RTD)检测温度:应选择 SAR 转换器还是 Δ−Σ 转换器方案?

为温度传感器挑选接口电路之前,你需要了解传感器的一些基本知识。铂电阻温度检测元件(铂式 RTD)是目前最精确的温度传感器。它随时间和温度条件的稳定性比其他类型的温度传感器更强。热电阻元件技术的不断提高,进一步增强了温度测量的质量。通常,一个数据采集系统适应来自热电阻传感器的模拟信号,使得温度的模拟转换也可以应用在数字领域,如图 14 - 6 所示。

这个 RTD 缩写的全称是电阻式温度检测器(resistance temperature detector)。最稳定、最线性、可重复的 RTD 由铂金属制成。RTD 元件呈正温度系数,这和 NTC 热敏电阻特性刚好相反,NTC 元件呈负温度系数。

铂电阻式温度检测器(简称 PRTD)随温度变化的电阻近似值可以采用常数 $0.003\,85\ \Omega/\Omega/℃$ 来计算。这个常数通过下式可以很容易地计算出这种 RTD 元件在某个温度下的绝对电阻:

$$RTD(T) = RTD_0 + T \times RTD_0 \times 0.003\,85\Omega/\Omega/℃ \qquad (14-1)$$

在这个公式里,$RTD(T)$ 表示 RTD 元件在某个温度(单位:℃)的电阻值;RTD_0 表示 RTD 元件在 0℃时的电阻,是一个规定的系数值;T 表示 RTD 元件所处的环境温度。

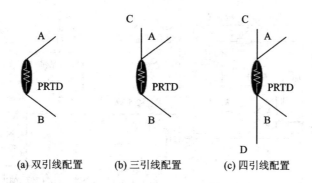

(a) 双引线配置　　(b) 三引线配置　　(c) 四引线配置

图 14-6　本图展示热电阻元件的 **3** 种引线配置。(a) 传感器的
每一个终端提供一条连接的引线配置。这种配置会由于引线电
阻易产生绝对温度误差。三线制配置 (b) 是最普遍采用的配置。
从热电阻元件一端引出的一条额外导线消除由电流通过引线造
成的误差。最健全的引线配置是四线制引线 (c)。线 **A** 和线 **B**
连接前置电路的高阻抗输入端，线 **C** 和线 **D** 传导激励电流

通常，规定 0℃ 的 RTD 元件的系数值为 10、50、100、200、500、1 000 或者2 000 Ω。
新的厚膜和薄膜 PRTD 比绕线式 PRTD 更便宜。不过，它们仅在一个限定的温度范
围内起作用。在这些选项中，100 Ω 的 PRTD 的时间稳定性和温度线性表现尤
其好。

　　由于这些电阻很难直接测量，RTD 元件需要激励驱动。一个恒定的电流源（而
不是用一个电压源）会提供一个线性电阻实现电压变换。当你用一个电流源激励
RTD 元件时，它在 $-200\,℃ \sim 800\,℃$ 温度范围内的精度可以达到 $\pm 4.3\,℃$。如果电
流源太大，元件自身会发热，这会导致温度测量误差。因此，需要特别注意，确保元件
的激励电流 $\leqslant 1$ mA。

14.5　SAR 电路中的 RTD 电流激励电路

　　为达到最佳线性状态，RTD 检测元件需要一个稳定的基准电流。图 14-7 的虚
线部分展示了一种稳定的基准电流源实现方式。在这个电路，需要一个基准电压、以
及两个运算放大器，产生一个 1 mA 浮动电流源。

　　这个电路的评估从 2.5 V 精密基准电压（A_5，位于图 14-7 的右上方）开始。
A_5 直接接入 R_{13}。由于 CMOS 放大器 A_1 的非反相输入的是高阻抗、在 R_{13} 和 R_{14} 上
的压降相等，且 A_1 的反相输入电压等于非反相输入电压。在放大器的输出端以及
顶部的基准电阻 R_{REF} 得到 $(1+R_{11}/R_{12})$ 倍的电压。A_1 输出的电压就等于：

$$V_{OUTA1} = (1+R_{11}/R_{12}) \times (V_{REF} - V_R) = 2 \times (V_{REF} - V_R) \qquad (14-2)$$

这里的 V_{OUTA1} 是 A_1 的输出电压，V_R 是 R_{13} 上的压降。如果 $R_{11} = R_{12}$，A_2 的输出

模拟电路

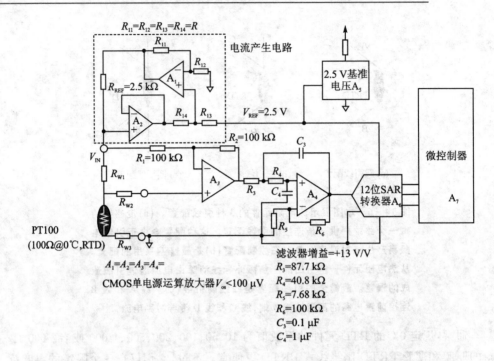

图 14-7　如果一个运算放大器从 RTD 元件获得小信号,一个 SAR 转换器对这个三端
RTD 温度传感器的小信号进行数字化。在这个电路中,运算放大器 A4 用于实现一个
增益以及作为一个二阶低通滤波器

电压等于 $V_{REF} - 2V_R$。这个相同的电压出现在 A_2 的反相输入端,并跨接到 A_2 的非
反相输入端。

联立这些公式,电压通过基准电阻 R_{REF} 上的压降等于:

$$V_{RREF} = V_{OUTA1} - V_{OUTA2}$$
$$= 2 \times (V_{REF} - V_R) - (V_{REF} - 2V_R)$$
$$= V_{REF}$$

这里,V_{RREF} 是电压通过基准电阻 R_{REF} 上的压降;V_R 是电压经过 R_{13} 和 R_{14} 上的压
降。

那么,经过基准电阻 R_{REF} 的电流等于:

$$I_{RTD} = V_{RREF} / R_{REF} \tag{14-3}$$

这个电路产生了一个直流浮动电流源,它与基准电压和 ADC 供电呈正比例的
关系。

运算放大器的初始失调电压、A_1 的输出摆幅、在 R_{11}、R_{12}、R_{13} 和 R_{14} 电阻、R_{REF} 的
绝对电阻值以及 RTD 元件间的不匹配会导致电路中绝对误差的产生。前述所列的
相同元件的温度漂移也会导致温度变化使电路产生误差。随温度变化而产生的主要
误差来源是基准电压 (A_5)、运算放大器 (A_1 和 A_2) 的失调电压漂移以及 RTD 元件。

14.6　RTD 信号调理通路采用 SAR 模数转换器

你可以采用一个 SAR 模数转换器对随温度变化而变化的 RTD 元件电阻值数字化。图 14-17 展示了一个 RTD 元件的电流激励电路。采用这种类型的激励，你可以调整 R_{REF} 的阻值来调节电流源大小到 1 mA 或更小值。采用的这个电路，选择的是一个三线制 RTD 元件（参考图 14-7）。这种配置可最小化因引线电阻和引线电阻温度漂移导致的误差，A_3 检测 RTD 元件的压降，然后 A_4 增益和过滤模拟信号准备输入模数转换器。

图 14-7 所示的电路采用一个 SAR 转换器，RTD 元件的电阻值 0 ℃时等于 100 Ω。如果 RTD 检测温度范围是从 -200~600 ℃，那么 RTD 的电阻范围名义上是从 23 Ω 到 331 Ω。由于 RTD 的电阻变化范围相对狭窄，引线电阻和引线电阻随温度变化等因素可能影响 RTD 元件的测量，这种三线制 RTD 元件可以降低这些误差。

运算放大器 A_3 将 R_{W1} 和 R_{W3} 的引线电阻误差相减，在这块电路的配置中，R_1 和 R_2 电阻大小是一样的，而且阻值相对较高。你应该合理选择 R_1 的电阻值，确保经过电阻的漏电流不会给 RTD 元件引入误差。这部分的电路的传递函数是：

$$V_{OUT:A3} = (V_{IN} - V_{W1})\left(1 + \frac{R_2}{R_1}\right) - V_{IN}\left(\frac{R_2}{R_1}\right) \tag{14-4}$$

这里，$V_{IN} = V_{W1} + V_{RTD} + V_{W3}$，$V_{Wx}$ 表示从 RTD 到引线或从引线到 RTD 的压降，$V_{OUT:A3}$ 是运算放大器 A_3 的输出电压。

假设 $R_1 = R_2$、$R_{W1} = R_{W3}$，上述公式就可简化为：

$$V_{OUT:A3} = V_{RTD} \tag{14-5}$$

一个二阶低通滤波器将滤除 A_3 输出电压信号的高频噪声。这个滤波器/增益级由 A_4、R_3、C_3、R_4、R_5 以及 C_4 构成。这个电路的低通滤波器具有一个低于工频（50 Hz 或 60 Hz）的截止频率（比如一个 10 Hz 的截止频率），这就尽可能多地降低放大器和传导噪声。你最好选择切比雪夫滤波器（0.5 dB 纹波），由于其在频域具有快速过渡区域（参见第 6 章）。这个电路中最接近预期的高频噪声是 60 Hz，这个滤波器在 60 Hz 的衰减是从直流降到 39 dB。这个 CMOS 放大器输入电压噪声密度规格可达 29 nV/$\sqrt{\text{Hz}}$(rms)@10 kHz。基于电路信号通路中的两个运算放大器产生 48 μV(rms) 或 0.318 mV(p-p) 的噪声输入到 12 位 A/D 转换器，采用一个 10 Hz 二阶切比雪夫滤波器过滤后，仅有约 2 μV(p-p) 残留在信号中。更关键的是，注入工频（50 Hz 或 60 Hz）的噪声以 -24.5 dB 或 -27.9 dB（完全包括在内的）减少。这等于一个包括 16.80 倍或 23 倍在内的衰减（详见第 8 章"噪声：三种类型——器件、传导和辐射"）。

一个 12 位转换器的 LSB 大小等于：

$$ADC_{LSB} = \frac{V_{REF}}{2^{12}} = \frac{2.5\text{ V}}{4\ 096} = 0.610\text{ mV} \tag{14-6}$$

SAR 模数转换器的采样速率视需要可以快也可以慢,采样速率的选择不会影响转换的精度。

SAR 模数转换器适合这个温度检测应用吗?

SAR 模数转换器非常适合这种类型的应用。你必须要注意 RTD 的电压增益,不过增益单元很容易实现。在这个电路中,最大的挑战是电流基准电路。SAR 转换器提供了一个低功耗、低成本的解决方案,很容易地在这个电路中实现。

14.7　RTD 信号调理通路采用 Δ－Σ 模数转换器

Δ－Σ 模数转换器天生具有一种将模拟输入信号分解成一个非常小的 LSB 分辨电压的能力。乍一看,高分辨率对于一个采用模拟增益级的 RTD 温度传感器来说,不像是一个重要指标。与此相反,你仔细检查这里的接口电路就会发现与众不同之处。这种检测元件的输出可能为几百毫伏;更糟的是,输出电压随温度呈现的一个变化范围可能极低(mV 或 μV 级量级)。如果这个独立的 A/D 转换器动态分辨率相对较高,可以通过移除前置增益级和缩减抗混叠滤波器的复杂性,降低所用器件的总数,如图 14 - 8 所示。

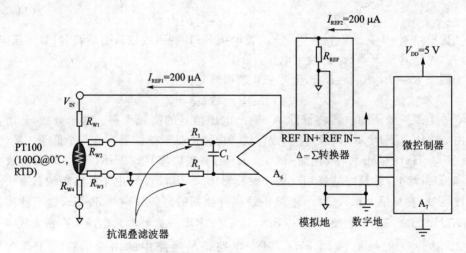

图 14 - 8　一个 Δ－Σ 模数转换器直接对一个四引线 RTD 温度传感器输出的小信号数字化,该电路中,取自 Δ－Σ 模数转换器的 200 μA 基准电流用于激励温度传感器,这个 200μA 基准电流与模数转换器的基准电压呈正比例,这个电阻/电容对(R_1/C_1)作为抗混叠低通滤波器

对于一个给定的采用 200 μA 激励电流的 100 Ω(在 0 ℃时)RTD,名义上在 200 ～600 ℃温度范围内所对应的满量程输出电压范围是 66.2 mV。RTD 后面的数字化系统应可靠地将温度值表征到 12 位精度(考虑 RTD 的误差分布)。设计者可以

选择采用模拟技术或把数字引擎嵌入 Δ－Σ 转换器来获取和主动地过滤 RTD 电压。最主要的数字解决方案是紧随着 Δ－Σ 器件采用一个无源抗混叠滤波器，由数字计算方法来获取和过滤信号。由于 Δ－Σ 转换器具有优良的数字处理和系统校准能力，让精密应用成为可能。

图 14－8 所示的这个电路由一个高精度、四引线 PRTD 元件以及一个 Δ－Σ 转换器组合而成。取自 Δ－Σ 转换器基准电流通过对四引线 RTD 其中的两个引脚进行激励，其余的两个引脚则用于热元件，通过 RTD 的电压信号由 Δ－Σ 模数转换器的差动输入引脚进行检测。这种技术让模数转换器基准电压和 RTD 温度传感器之间建立了一个比例关系。

这个应用，我采用 Analog Devices 公司的 Δ－Σ 模数转换器 AD7713。这个器件由于有两个基准电流，完全适用于 RTD 检测电路。此外，该器件能对低电平电压信号生成一个 24 位的代码；同时，它还具有自校准、系统校准和后台校准的功能选项。

Δ－Σ 转换器的内部降噪技术改善了这个电路的性能，为减少工频干扰以及混叠的高频噪声进入最终信号输出，该转换器的数据速率为 10 Hz（可编程的）。由于 RTD 元件对温度的缓慢响应，这种低频率的数据率是可行的。

如果电路布局合理，Δ－Σ 模数转换器将具有一个 20 位（rms）的有效分辨率（ER）或者 17.27 个无噪声位。如果是这种情况的话，你可以在位数规格内甄选一个范围。例如，一个 17 位的转换具有 32 个不同的位，就可以用 12 位来提取。这也是何以移除图 14－4 所示 Δ－Σ 转换器电路中增益级的原因。

Δ－Σ 模数转换器适合这种温度检测应用吗？

答案是肯定的。这类转换器的采样率和传感器及物理属性相匹配。因为这类转换器将具有一个很高的无噪声位数，可以忽略那些不属于你关注范围的位数，且仍然可以得到一个 12 位的转换。

这里用一个例子，说明一下 Δ－Σ 模数转换器如何才算最适合于某个 RTD 温度测量应用。尽管在这里我们说 Δ－Σ 模数转换器是合适的，但不同应用会采用不同的传感器，因而可能需要一个不同的 Δ－Σ 转换器或 SAR 转换器。

14.8　测量压力：采用 SAR 转换器或 Δ－Σ 转换器吗？

第二个最常见的物理实体是我们希望测量的压力。压力测量器件可以分成两类：一种纯粹来源于物理压力，是机械式的；另一种则需要电能激励，可以转换成电信号。这种机械式设备仅依靠物理压力触发，如波纹管、振膜、波登管、弹簧管或压力计等，通常适用于纯粹的机械系统。采用这些设备，压力的一个变化将会启动一个机械反应。例如，机械臂位置或一个管内液位的一个变化，可触发某个动作。

采用电能激励的压力传感器最适合微控制器或微处理器的应用。这类传感器可以是压阻式、线性可变差动变送器（LVDT）或者电容式传感器。通常情况下，当测量

模拟电路

272

压力时,可采用压阻式传感器。

14.9　压阻式压力传感器

　　压力变化通常是缓慢的,因此可接受速度较低的转换。压力测量的另一个特征是,实际传感器本身还是一个差分输出器件。差分输出非常有助于消除共模环境噪声,因此,差分模拟输入器件也非常有用的。

　　压阻式传感器是一种固态、单晶硅加工传感器。压电意味着压力;电阻意味着对一个直流电流的阻碍。每片晶圆可以集成 300 ~ 500 个压阻式压力传感器。正因为这些晶片能生产大量的传感器,所以它们比机械式传感器更便宜。

　　基准压力由两片晶圆密封在一起形成的腔体构成。传感器的顶部采用电阻材料,底部是振膜片(即应变片)。如图 14 - 9 所示的压阻式电桥可以用电压或电流激励。虽然激励(不管它是电压还是电流)的大小会影响传感器输出的动态范围,但 V_{OUT+} 和 V_{OUT-} 之间的最大差值的一般范围是从几十毫伏到几百毫伏。压力传感器后端的电子器件将差分输出信号改变成一个单端信号。然后通过信号链对信号进行增益和过滤,为数字化过程作准备。

　　这种传感器的模型由 4 个电阻元件构成,即惠斯登电桥形式(如图 14 - 9 所示)。四元化电桥比一元化或二元化的传感器具有更好的灵敏度。如果我们对四元化电桥施加一个正压差,其中两个元件以压缩的形式响应,其余两个变为张力状态。当施加一个负压差,传感器的振膜片向相反的方向移动。此外,被压缩的电阻也可以进入张力状态,而张力状态的电阻则会变成压缩状态。压阻式压力传感器可能会具有(也可能不会有)一个内部基准压力。

　　译者注:压力传感器一般可分为表压压力传感器和绝对压力传感器。表压压力传感器是将大气压的压力取为零,当作基准压力进行压力测量的传感器;绝对压力传感器,是指以真空为基准压力的压力传感器。除了上述两种压力传感器之外,还有一种用来测量两种压力之差的差压传感器[①]。

14.10　压力传感器信号调理链路采用一个 SAR 模数转换器

　　图 14 - 10 展示了这类传感器和 SAR 模数转换器连接接口的一个电路实例

　　有几种方法可以捕获传感器微小的差分输出信号,并将其转变成可用的数字码。一种方法是让电桥以微小的差分输出,再捕捉信号、放大,并通过一个仪表放大器将差分信号转换成至单端信号(如图 14 - 10 所示)。接着,信号通过一个二阶 10 Hz 低通滤波器。在 A/D 转换启动前,低通滤波器将消除通带外噪声及系统中不需要的频

---

　　① 摘自《传感器实用电路设计与制作》,松井邦彦著、梁瑞林译,科学出版社。

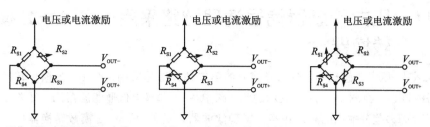

(a) 一元化（即1个电阻元件）电桥 (b) 二元化（即2个电阻元件）电桥 (c) 四元化（即4个电阻元件）或称全桥

图 14-9 惠斯通电桥的电阻配置可以具有 1 个可变元件(a)，2 个可变元件(b)，或者 4 个可变元件(c)

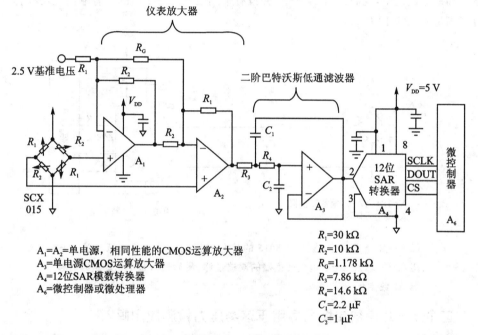

$A_1=A_2=$单电源，相同性能的CMOS运算放大器
$A_3=$单电源CMOS运算放大器
$A_4=$12位SAR模数转换器
$A_6=$微控制器或微处理器

$R_1=30\ \text{k}\Omega$
$R_2=10\ \text{k}\Omega$
$R_G=1.178\ \text{k}\Omega$
$R_3=7.86\ \text{k}\Omega$
$R_4=14.6\ \text{k}\Omega$
$C_1=2.2\ \mu\text{F}$
$C_2=1\ \mu\text{F}$

图 14-10 SCX015 压力传感器的输出电压通过仪表放大器 A_1 和 A_2（增益是 37.7V/V)，接着通过一个二阶 10Hz 低通滤波器(A_3)过滤信号，最后由一个 12 位的 A/D 转换器(A_4)对信号数字化

率。一个独立的 12 位 ADC 连接该低通滤波器之后。最终，ADC 将模拟信号转换成一个可用的数字代码。

微控制器接收转换代码，进一步校准它；若用于显示，还需程序对信号变换。在这条信号链路径中，一个模拟滤波器是必需的，这个模拟滤波器接在仪表放大器之后。

这个 SAR 模数转换器适用于这类压力检测应用吗？

这种电路组态在 ADC 之前，需要相当数量的模拟电路（见图 14-10）。不过，如果应用要求一个更高的采样率，这种转换器也许是最好的解决方案。

14.11　压力传感器信号调理链路采用一个 Δ－Σ 模数转换器

　　SCX015 压力传感器的差分信号捕获的第二种方法是采用一个 Δ－Σ 模数转换器作为电路的核心。在图 14－11 所展示的此电路中,一个单极点低通滤波器用于滤除压力传感器(SCX015)差分输出的高频噪声。紧随滤波器之后的是,Δ－Σ 模数转换器接受差分输入信号。该 Δ－Σ 模数转换器的分辨率(通常为 24 位)比图 14－10 电路中的 SAR 转换器的分辨率高得多。你可以采用与图 14－8 所示转换器一样的处理方式来运用该转换器。如果你还记得,我们在图 14－8 中并没有采用 Δ－Σ 转换器的所有输出位,我们只选择了满足要求的 12 位。

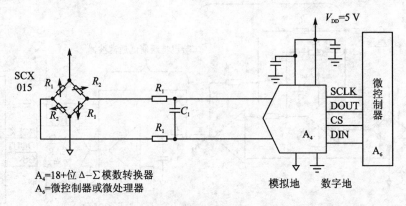

A₄=18+位 Δ－Σ 模数转换器
A₆=微控制器或微处理器

图 14－11　压力传感器 SCX015 的差分输出电压被单极点低通滤波器 R_1/C_1 在输入 Δ－Σ 模数转换器的双端过滤,最后信号被 Δ－Σ 模数转换器 A₄ 数字化

这个 Δ－Σ 模数转换器适用于这类压力检测应用吗?

　　传感器电桥与 Δ－Σ 模数转换器是一种完美结合(如图 14－11 所示)。该转换器能够接收差分输入,同时抑制共模噪声。仅以此就取代了图 14－10 所示的仪表放大器。此外,这类转换器的位数允许设计人员移除模拟增益级,让这类器件非常适用。

14.12　光电二极管的应用

　　位居检测电路人气榜第三位的是光电检测应用,光电二极管在光与电之间架起了一座桥梁。很多精密应用场合,如 CT 扫描仪、血液分析仪、烟雾探测器、位置传感器、红外测温仪和色谱仪等,都是利用基本的跨阻放大器电路,将光能转换为一个可用的电压。这些电路采用光电二极管接收光能,并把它转换为一个很小的电流,这个电流正比于接收到的光源的照度水平。一个前置放大器接着将光电二极管传感器的输出电流转换成一个电压。

14.13　光电检测信号调理链路采用一个 SAR 模数转换器

设计一个精密光电检测电路,一种实用的方式是将光电二极管配置成光伏[②]模式。一个光电二极管在其光伏模式时,通过的电压为 0 V。可以通过将器件跨接在一个放大器的输入端和反馈回路的一个电阻/电容对之间的方式实现。图 14 - 12 展示了一个单电源供电的光电检测电路。

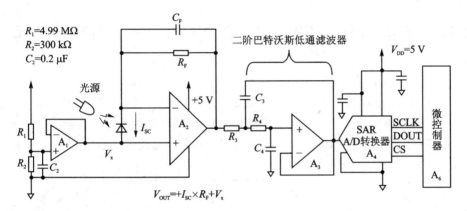

$A_1 = A_2 =$ 类似频率特性的单电源CMOS放大器
$A_3 =$ 单电源CMOS放大器
$A_4 =$ 12位SAR模数转换器
$A_6 =$ 微控制器或微处理器

图 14 - 12　光源照射到一个光电二极管上产生从二极管通过反馈电阻 R_F 的反向电流。二极管阳极以及放大器非反相输入端的电压比 **0 V** 地电平高约 **300 mV**,以避免放大器的输出电压箝位到 **0 V**。一个低通滤波器滤除嵌入在放大器输出信号中的高频噪声。**SAR** 模数转换器接着将接收这个信号

在图 14 - 12 所示的光电检测器与 SAR 组合电路,光源照射到光电二极管,引发二极管的电流从阴极流向阳极。由于 CMOS 放大器反相输入端的输入阻抗非常高,光电二极管产生的电流流经反馈电阻 R_F。该电路由电流转换到电压的传递函数是:

$$V_{OUT} = I_{SC} \times R_F + V_x \tag{14-7}$$

具有一个单极点,在 $1/(2\pi R_F C_F)$;这里,V_{OUT} 是运算放大器的输出电压,以 V(伏)为单位;I_{SC} 是由光电二极管产生的电流,以为 A(安培)单位;R_F 是反馈电阻,单位 Ω(欧姆);C_F 是反馈电容,单位 F(法拉)。

一旦信号转换成一个电压,很容易通过 A/D 转换器获得一个数字代码。由于

---

②　光伏是指当光线照射半导体表面时能够产生电能的现象,这种现象叫光生伏特效应。英文为 Photovoltaic,简称 PV——译者注。

SAR 转换器具有较高的采样速度,它非常适用于这种电路。市面上一些电流输入 A/D 转换器也支持这类应用。

　　在这个电路中,放大器 A_1 和 A_2 应具有类似的交流性能和噪声规格,最好采用相同的放大器芯片。建议 C_F 选择合适的电容值,从而使放大器电路(A_2)保持稳定。

这个 SAR 模数转换器适用于这类光电检测应用吗?

　　与 $\Delta-\Sigma$ 模数转换器相比,由于 SAR 模数转换器转换速度的特点,它非常适合于这类应用。SAR 转换器的转换速度传输光学信号更为可靠,而 $\Delta-\Sigma$ 模数转换器通常用来传输直流类型的信号。

14.14　光电检测信号调理链路采用一个 $\Delta-\Sigma$ 模数转换器

　　图 14-13 显示了一个与此相同的使用了 $\Delta-\Sigma$ 变流器应用例子。你可以看到,$\Delta-\Sigma$ 转换器对部件数量有显着的积极影响(如图 14-12 和 14-13 所示)。在图 14-13 中转换器管理光电二极管信号的采集和转换,使用开关电容输入。设备立即转换到一个数字,这个数字表示 $\Delta-\Sigma$ 调制器和数字滤波器的信号。

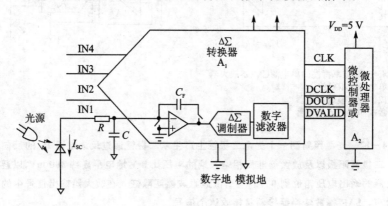

图 14-13　在这个应用电路中,$\Delta-\Sigma$ 模数转换器用一个无源 R/C 滤波器替换了图 14-12 所示的有源抗混叠滤波器,$\Delta-\Sigma$ 模数转换器还取代了跨阻放大器(A_2 和反馈电阻 R_F)部分。这种新配置仅需 2 个有源器件和 1 个光电传感器,而在图 14-12 中,元件数量为 4 个有源器件和 8 个无源元件

　　图 14-13 所示的 $\Delta-\Sigma$ 模数转换器设计专门针对跨阻放大器。从这个例子中,可以看出一些 $\Delta-\Sigma$ 转换器的特殊性。这类特殊器件(如德州仪器的 DDC114)仅面向光电检测应用。

这个 $\Delta-\Sigma$ 模数转换器适用于这类光电检测应用吗?

　　总而言之,$\Delta-\Sigma$ 模数转换器非常适合于这类应用。这种转换器给应用带来一个很大的优势,就是降低了所用芯片的数量。

14.15　电机控制解决方案

从机械、液压以及直流驱动到更高效率的交流电动机驱动的过渡,引发了工厂设备的更新换代设计。传统的交流电机控制系统设计采用笨重、昂贵的电流互感器,用于隔离及复杂地数字化系统以确保设备的良好操作。在这些交流感应电机系统中的 A/D 转换功能,能够数字化一个比实际应用需求更大的满量程范围,同时要求设计给予更多的电路板空间。电流互感器(也称为霍尔效应传感器)的电路板安装要求一个额外的组装步骤,增加了整体费用,新设计不轻易采纳这种方式。

新设计正面临电机控制应用系统带来的隔离和数字化的挑战,试图从不同的角度来降低成本、提高效率。这种离散的、低功耗、低成本、差分输入 A/D 转换器保证了在潜在的嘈杂噪声环境中的信号完整性。这些带插座的 8 引脚集成器件,包括共模抑制、差分输入、1 个增益级、1 个采样/保持放大器和 1 个 A/D 转换器的功能。所有这些功能可以塑封到一个 MSOP 封装内。数字光电耦合器取代了笨重的霍尔效应传感器。在交流感应电机检测接口的这些改变,容许采用这种更高效率、更低成本、较小变动的方案来解决老式交流电机的设计问题。

图 14-14 展示了一个交流感应电机控制系统的功能框图。在这个电机控制伺服环中,一个脉宽调制(PWM)驱动电路控制着 MOSFET 管的切换,即控制着交流电动机电流驱动臂。典型的高速 PWM 电机控制系统采用快速开关、高功率的双极性晶体管、IGBT 或 MOSFET 来驱动三相电流交替通过交流电动机。SAR 模数转换器数字化交流电机的速度、位置以及电机的三相驱动电流,数字信号处理器芯片接收数字化格式后的数据代码。数字信号处理器引擎评估接收到的数据代码,并据此启动下一个 PWM 驱动指令集。这种控制系统的主要目的是为了提高电机的工作效率,并避免包括温度和负载变化在内的任意条件造成灾难性故障,电机控制伺服环通过调节电机驱动电流维持稳定。

这种 PWM 电机控制系统驱动高功率的双极型晶体管、IGBT 或 MOSFET,交替对交流电机的 3 条驱动臂执行"推-拉"动作。由于有 3 条驱动臂(即对应于交流电机的三相驱动支路)及一个时钟周期为 $360°$,每相驱动臂的切换与其他两相的相位相差 $120°$。信号和电流幅度之间的时序作为控制环的关键信息,而电机效率则是一个优先考虑的因素。驱动电机的功率器件能够承受20 A电流和几百伏到 600 V 的压降。另一种设计方法是同时检测三相驱动臂之中的两相电流。只监测电机的两相电流其实现成本较低,但易受接地问题影响造成误差。一个看似平常的电路布局貌似简单,其实不然,因为常见的电机控制电路的电流要比平常电路的电流要高得多。尽管监测三相支路电流会由于检测通道数量的增加而令电路成本略显昂贵,但它们比两相电流监测更准确。

模
拟
电
路

278

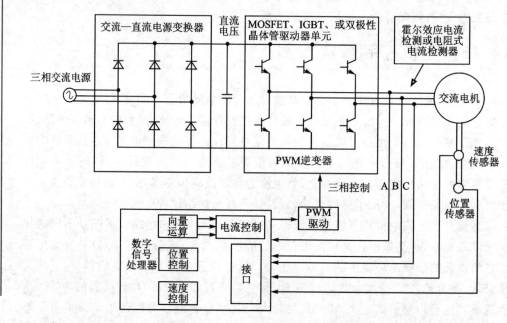

图 14 - 14　这是一个针对三相控制的交流电机控制系统配置。MOSFET、IGBT 或双极
性晶体管切换交流电机驱动电流,采用"电流传感器"检测该电流。A/D 转换器将电流传
感器的信号转换成数字代码。数字信号处理器引擎接收来自 A/D 转换器的数字代码,
运算后给出适当脉冲宽度调制(PWM)指令,循环驱动功率晶体管单元

　　推拉式输出功率晶体管的开关速度通常范围可从 2 kHz～200 kHz。电路负载
驱动能力,特别电机运行于高电压时,都有很高的要求。

　　电机监测系统是控制系统的一个重要环节。此控制系统中需要两种不同的设计
部分:电流检测部分和位置/速度传感器部分。电流检测电路同时对进出电机的三相
电流进行检测,它由检测器件、信号调理电路以及隔离器件构成。

　　A/D 转换器需求各有不同,取决于具体应用要求。在一个要求高灵敏度的应用
中,12 位转换器很匹配这类应用。在较低灵敏度要求的应用中,一个 8 位到 10 位的
转换器就足以满足需求。该控制器接收 A/D 转换器输出的数字代码信息;然后,由
该控制器分析电机状态。处理器运用复杂的数学运算,执行向量变换和 PWM 定时,
最终将电机调整到最佳效率状态,然后将校正数据信息反馈到 MOSFET 的 PWM
驱动器。

　　电机伺服环的电机控制器电流传感器部分面临 3 个令人关注的设计挑战。第一
个挑战是,电机伺服环要求 2 到 3 个信号能在电机驱动器限定的周期内被同步采样
和完成数字代码转换。高端系统要求这些转换系统的整体精度为 12 位,同步采样可
能是一个很难对付的问题。一些设计采用 1 个前置电路阵列(由 3 个采样/保持放大
器构成)和 1 个 12 位高速转换器,采样/保持放大器的建立时间和转换器吞吐率限制

了这类设计的吞吐率。要想在特定时刻瞬间数字化电机的完整特征,转换器必须得对 2 个或 3 个独立电压进行数字化处理。每次 A/D 转换加入数字化处理,均增加传感器单元吞吐的额外时间。

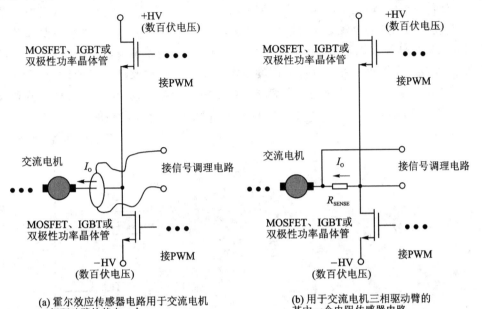

(a) 霍尔效应传感器电路用于交流电机三相驱动臂的其中一个

(b) 用于交流电机三相驱动臂的其中一个电阻传感器电路

图 14 - 15　霍尔效应传感器(a)磁检测 PWM 逆变器输入到其中一个电机驱动臂的电流变化。一个霍尔效应传感器的传递函数是电流到电流的变换。紧随的调理电路要求将霍尔效应传感器的输出电流转换成一个电压。一个很小值的高功率检测电阻(b)可代替霍尔效应传感器,这个电阻检测交流电机的电流变化,并立即将它转换成电压

　　传感器单元电路设计挑战面临的第二个问题是将检测电流转换成一个良好的系统级信号。图 14 - 15(b)展示了一个传感器级电路的 MOSFET 开关单元的例子。这些 MOSFET 管配置成一种推拉式电路布局,用于电机一相支路的负载驱动。当推拉式电路从高电平到低电平(或从低电平到高电平)切换时,(IO 端口)电流输出的大小和方向也在变化,电机传感器定位在推拉式电路输出切换到捕获 IO 端口变化。这些电路中的传感器对电机运行的影响几乎可以忽略。举个例子,图 14 - 15(b)所示的这个小值功率电阻(R_{SENSE}),能以极低的压降和功率损耗检测电流。与此相反,推拉式电路输出的电压变化可能相当大。因此,诀窍是在检测 R_{SENSE} 小压降的同时,抑制 MOSFET 推拉式电路输出的大电压偏移。一旦来自电机的共模干扰大信号被抑制,这个信号就成为 A/D 转换器的有效信号。

　　第三个挑战是,如果信号处于模拟域,电磁干扰(EMI)会成为一个问题。电流的大小和方向流经电机相线的变化表征为一个模拟信号。精心布局和设计将避免以后出现令人头疼的问题。如果该信号在模拟域,它应该是一个差分信号。如果该系统始终有差分信号,电机检测电路的模拟部分可以很容易地抑制存在的噪声,最好的方案是尽早将信号数字化。

前面提过从直流驱动向高效率交流电机的过渡,其主要原因是交流电机控制系统的低成本和较好的电源效率,这些一直是交流电机的特性。降低成本主要涉及检测电路、A/D 转换器以及微控制器。检测电路和 A/D 转换部分的成本降低,主要通过更高集成度和缩小芯片尺寸等方面的技术进步。这两种改良技术的结合,投入应用的芯片尺寸和芯片数量则进一步缩减。在这两种情况下,终端用户均充分节省成本。图 14-16 展示了一种可行的电流检测电路和 ADC 转换电路的设计方案。

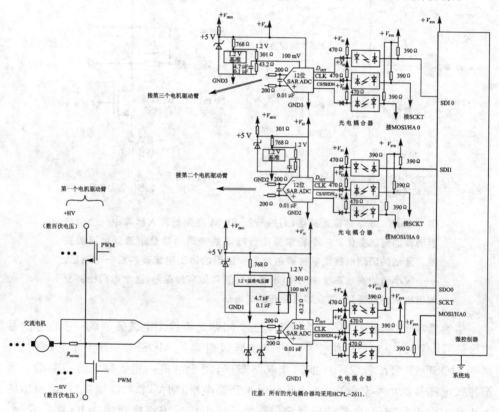

图 14-16　A/D 转换器在隔离屏蔽器电路的隔离一侧,是电机控制检测电路的一部分,光电耦合器传输一个数字信号到屏蔽侧的微控制器。由于这种 A/D 转换器在传感器端直接对信号数字化,这个电路具有不错的噪声抑制能力

如图 14-16 所示的检测电路,这些 A/D 转换器直接连接检测电阻 R_{SENSE},这些转换器的输入范围可通过输入器件的基准电压编程调整,确保 A/D 转换器在全动态范围可用。A/D 转换器采用这个电路,基准电压输入的是 200 mV,完全不需要一个模拟增益级。即便这里所用的 A/D 转换器是一个 12 位转换器,应用 100 mV 的基

准电压其有效精度也可达 11 位。现在，A/D 转换器直接对检测电阻差动检测。A/D 转换器的差分输入端协助数字化处理的完成，确保良好的信号完整性。

　　这种电路组态所选择的隔离方法是采用一个数字型光电耦合器，而非一个霍尔效应传感器。A/D 转换器的数字单元应用 3 个光耦合器与处理器隔离开，这 3 个转换器中，每一个的数字输出，均先通过这个由 3 光耦合器构成的阵列，再发送到微控制器。电路中所有的这 9 个数字型光电耦合器必须具有良好的瞬态抗扰度能力，对于时钟输入和 A/D 转换器的数据输出，要求光电耦合器的吞吐率也必须足够快。本例的应用中，所有的这 3 个转换器在同一时间被触发。这满足 3 个同步采样通道的设计要求，从而降低了传感器电路的吞吐率。

本章结束语

　　所以，在本章的结尾时，我们回顾一下已经讨论过的应用电路的 A/D 转换器以及它们如何适应于各种模拟信号。事实上，我们的重点都集中在 SAR 模数转换器和 Δ－Σ 模数转换器上。

　　通过本次讨论实践证明，我们必须关注整个信号链路。你会发现，这是运用 A/D 转换器设计电路时的一个基本要求。一方面我们既要寻找"恰当"的转换器；另一方面又得找出满足信号链要求，并与之相匹配的合适的转换器。

　　正如我在第 13 章所提及的，A/D 转换器几乎是一个事后才想起的补救方法。你真正的任务是弄清楚信号链路需要做什么事情，然后挑选合适的转换器，不能回避重点。这里的关键是：如果 A/D 转换器传输不正确的数据，控制器或处理器将永远不会知道，除非你编写的代码能识别模拟系统中的错误。

　　一般情况下，就挑选合适的产品满足应用的要求而言，SAR 转换器要求一个二阶到五阶次的抗混叠滤波器，Δ－Σ 模数转换器只需要一个 R/C 网络对来执行滤波。SAR 转换器具有较低的分辨率，但速度比 Δ－Σ 模数转换器快得多。如果信号足够慢，Δ－Σ 模数转换器可以很容易地满足应用要求，同时省掉了很多的模拟前置电路。

　　转换器要适应于应用需求。请记住，对 A/D 转换器的防护措施到位，就是一种有效、可靠的改善。

参考文献

［1］Baker Bonnie C. Anti－aliasing analog filters for data acquisition systems. AN699，Microchip Technology Inc.

［2］Number of bits vs. LSB errors. EDN Magazine，July 8，2004．

［3］Single supply temperature sensing with thermocouples. AN684，Microchip

模
拟
电
路

Technology, Inc.

[4] Burr – Brown Corp. 1994 Application Seminar, Chapter 1.

[5] Hyde,Darrell. Evaluating thin – film RTD stability. Sensors,Oct. 1997,p. 79.

[6] Li,Xum. Producing higher accuracy from SPRTs (standard platinum resistance thermometers). Measurement & Control, June 1996, p. 118.

[7] Madden J R. Refresher on resistance temperature devices. Sensors, Sept. 1997, p. 66.

[8] Omega Engineering Inc. OMEGA Temperature Measurement Handbook &Encyclopedia. Stamford, CT. 1996.

[9] Omega Engineering Inc. Practical Temperature Measurements. Omega Catalog, p. Z – 11.

[10] Oppenheim, Schafer. Discrete – Time Signal Processing. Prentice Hall, Inc. 1989.

[11] Steele, Jerry. Get maximum accuracy from temperature sensors. Electronic Design,Aug 19, 1996, p. 99.

[12] Sulciner,James. Understanding and using PRTD technology, part I: history, principles, and designs. Sensors, Aug 1996, p. 10.

[13] Sulciner, James. Understanding and using PRTD technology, part II: selection. Sensors, Sept. 1996, p. 43.

[14] Tandeske, Duane. Pressure Sensors. Marcel Dekker, Inc. 1991.

第 **15** 章
从数字领域分析模拟问题

邦妮・贝克(Bonnie Baker)

本章,邦妮向我们展示如何让一个比较器和一些电阻、电容令一个微控制器变成一个非常好的数模转换器(DAC)或一个速度缓慢但形式简单的模数转换器(ADC)。

15.1 本章内容

当你将解决模拟问题的领域从硬件移入固件[①]时,处理器或控制器的一些外设会帮你完成很多工作。这些外设包括脉宽调制器(PWM)、比较器、一到两个定时器和输入/输出接口等。虽然所有这些外设看似都是数字型,但我们将在电路中使用它们来展现模拟领域优势。

PWM 或许是你的控制器或处理器外设的一部分。如果 PWM 功能是数字芯片制造商的一种内置功能,你可以用它来产生比较精确的参考电压。如果你的电路板上没有配置一个 PWM,也可以用固件编程来生成这种信号。通过这个方式产生的电压源和你的板上定时器及电源电压一样精确,取得这种参考电压仅需要一个 PWM 发生器和一个模拟滤波器。

你会发现在你的控制器和处理器中或许有一个集成的比较器。如果没有,某些应用也可采用一个输入/接口来代替它的功能,而不必去寻找触发器或模拟信号电平指示器来完成这些。我趋向于采用比较器,因为它的阀值通常比一般性数字输入/输出引脚更容易预测。你也可以采用这种外设实现一些功能,例如一个窗口比较器或者一个标准比较器。

如果你打算实现在本章我们马上要讨论的这些功能,一个或两个内置定时器是必不可少的。处理器或控制器的定时器与芯片时钟有密切联系,器件时钟能够达到你所需要的精度。一些控制器或处理器时钟源采用的是一个内置 R/C 网络对。这类时钟只能精确到一定程度,控制器和处理器的其他时钟一般比 R/C 时钟源更精

[①] Firmware,称之为固件,指的是微控制器、处理器之类的底层操作程序,经固化到存储器(如 EPROM、FLASH 等)。因为软件种类繁多,一般来说,担任着一个系统最基础、最底层工作的软件才可以称之为固件。

密。这些时钟随温度变化的精度可达 $1\% \sim 2\%$。如果对巧妙处理时钟的精度感兴趣,你得采用一个谐振器或晶体振荡器。如果你要在控制器或处理器中实现数字滤波器的功能,或者滤除一个特定频率噪声,精确的时钟就能派上用场。一个数字滤波器的抑制频率普遍选择 50 Hz 或 60 Hz,不过若你设计一个 D/A 转换器,时钟精度就不再算是一个关键指标。在这类电路,时钟抖动会影响精度。

最后,为了紧贴从模拟域到数字域的主题,本章将采用无源元件,尤其是,我们要用到电阻和电容。我向你展示的这些技术和概念并不算全新的。事实上,你可能在大学的第一年就了解它们。当我能够用到从前学到的知识时,我总会很开心;而当我能够做到时,感觉似乎简单得易如反掌。

15.2　用脉宽调制器做一个数模转换器

PWM 在各种各样的功能及应用中都能用得上,但作为一名模拟工程师的我,认为最有效的应用就是用它来设计一个模拟参考电压。在本章的这一节,我向你们展示一种"最经济、最省钱的"数模转换器设计方案。这个 DAC 控制器使用很少的外部元件,令 DAC 构建成本很低。

15.3　时域讨论

可以使用 PWM 来建立一个模拟电压。要完成这个设计,你不仅需要 PWM 功能,还需要一个模拟滤波器。图 15-1 展示了一个 PWM 模块输出信号的时序图。

PWM 运行时,时钟设置一个基本频率输入控制器。然后,你可以通过改变 T_{ON}/T_{OFF} 比率调整占空比。图 15-1 演示了一个 PWM 呈现在某个 I/O 端口的输出。当这个信号处于导通状态,输出电压达到满刻度。这个满刻度电压对应的实际值取决于微控制器或微处理器以及供电电压。如果供电电压(V_{DD})等于 5 V,那么导通电压的幅值理想情况下是 5 V,但实际值要比 5 V 略低。当信号截止时,输出电压的理想值是 0 V,但实际值比 0 V 地电位稍高。这些电压的实际值主要取决于所选的控制器和处理器。这些电压的实际值会影响由模拟滤波器建立的输出模拟电压的精度。

在一个 PWM 周期中,你的时钟可以产生的分割数(K)将决定一部分的精确度和参考的粒度。例如,如果你的时钟仅能以 64 等分 PWM 周期(T),那么从你的可调参考电压得到的最高粒度为满刻度的 $1/K=1/64$。举个例子,如果你使用 5 V 电源,理想情况下,参考电压的最小变化是:

$$\left.\begin{aligned}\Delta V_{REF-MIN} &= V_{DD}/K\\\Delta V_{REF-MIN} &= 5\text{ V}/64\\\Delta V_{REF-MIN} &= 78\text{ mV}\end{aligned}\right\} \tag{15-1}$$

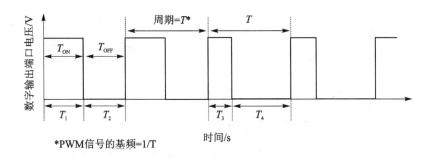

*PWM信号的基频=1/T

图 15 - 1 典型 PWM 波形的占空比可调,在 PWM 输出端添加模拟滤波器可以得到模拟电压,一旦对 PWM 信号过滤,导通时间 T_{ON} 越长输出电压越高

这里假设,PWM 周期的幅度介于 0 V～5 V 之间。在这个特例中,它是一个 6 位可调模拟参考电压(或 DAC),因而 $64 = 2^6$。

基于周期 T 中的时间分割数,这个数模转换器的理想位数(或称分辨率)是:

DAC 的分辨率=$\log(K)/\log(2)$ (位数)

DAC 的精度=$6.02N+1.76$ (dB 数,这里 N 是指位数)

$(15-2)$

这个参考电压在这里唯一的问题是它的信号仍然处于数字域。

15.4 从数字信号到模拟域的转变

在 PWM 脉冲后的一个模拟滤波器会产生一个直流电压,这个电压的值取决于 T_{ON}/T_{OFF} 比值和电源电压。如果信号的导通状态多于截止状态,过滤后的输出电压将高于中刻度值 $V_{DD}/2$;或者,如果信号的导通状态少于截止状态,输出的电压会低于中刻度值 $V_{DD}/2$。图 15 - 2 演示了这种关系的图形。

如果你在控制器的输出端口上正确地过滤 PWM 信号,它理论上在滤波器的输出端可能产生 0 V～V_{DD} 之间的任意模拟电压值。如果能坚持理想的理论,不是很完美吗?不过,这个系统还是有误差的,它们是来自控制器时钟的量化误差、输入/输出端口的输出摆幅、低通滤波器的纹波抑制以及由低通和过滤放大器产生的任意偏移误差。如果我们采用单电源,放大器的输出摆幅无法达到轨对轨[②],因此比 0V 到电源电压的输出摆幅还是要略差几百毫伏。但让我们看看下面是如何接近现实应用的。

图 15 - 3 展示了这个 PWM 参考电压的建议电路框图。这个设计最具挑战性的部分是决定采用哪种滤波器。在本次讨论中,我假设你已经阅读过第 6 章,所以我不会涉及一些滤波器术语方面的讨论。

这里仅列出两个滤波器相关的规格:转角频率和滤波器的阶数。你可以采用让

---

② 即这里的输出电压摆幅无法非常接近或等于电源电压值,一般单电源的理论输出摆幅为 0 V 至电源电压值。

模
拟
电
路

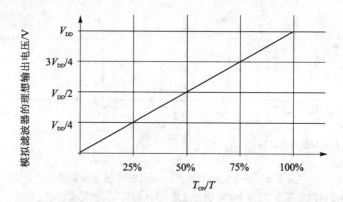

286

图 15-2　如果一个微控制器输出端口送出一个 PWM 信号,然后经过一个低通滤波器输出,滤波器的输出电压与电源电压 V_{DD} 的关系是比值匹配该 PWM 信号的导通率(即 T_{ON}/T 比值)

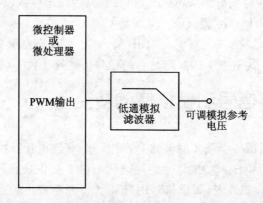

图 15-3　这是一个 PWM 参考电压的硬件实现,采用控制器和处理器产生一个 PWM 信号, PWM 信号经过模拟低通滤波器后变换成一个直流电压

转角频率低于 PWM 的基频的方式来减少高频纹波,减少的幅度量取决于你的应用需求。如果你能容忍一个 5% 左右的纹波系数(其本质上稍好于一个 3 位系统的纹波系数),对滤波器的要求也相对宽松。相反,如果你需要一个参照,这里补充说明一个 9 位系统,这是一个比 0.1% 小一点的纹波系数,其要求就相对严格。

15.5　为 PWM-DAC 定义模拟低通滤波器

图 15-1 展示了一个 PWM 发生器的输出信号。尽管 T_{ON}/T_{OFF} 的比值能改变,但基本频率固定的。图 15-1 所示信号的基本频率等于 $1/T$。如果你想从频域观察这个信号,FFT(注:快速傅里叶变换)图就是一个很好使用的工具。

针对图 15-1 所示的信号,图 15-4 展示了一个简化的 FFT 图。在图 15-4 中,你可以看到 FFT 图将 PWM 的响应已分解成等效频率,图中还存在着一个低通滤波器的频率响应,该滤波器的转角频率低于 PWM 的基频。不过,由你的系统需求决定模拟滤波器、转角频率以及阶数。让我们看一个数字举例,以更好地帮助我们理解。

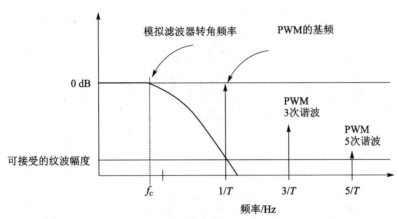

图 15-4　减少纹波的技巧是在 PWM 的输出端添加一个模拟滤波器,平均这种开关频率后得到一个直流电压,PWM 发生器输出 PWM 信号的基频等于 1/T,基频的幅值在所有的谐波中是最高的。因此在我们设计低通滤波器时,这个基频左右着计算及结果

采用如下参数:

- PWM 的基频,$f_{\text{PWM}} = 20 \text{ kHz}$;
- 要求最小纹波,$A_{\text{STOP}} = -56 \text{ dB}$(8 位精度为 ±1/4 LSB)。　　　(15-3)

一个单极点模拟滤波器的计算对于这个电路来说非常简单,下面的这个公式将给出转角频率:

$$\left.\begin{array}{l} f_{\text{C-1st. orderfilter}} = \dfrac{f_{\text{PWM}}}{\sqrt{(10^{\frac{-A_{\text{STOP}}}{20}})^2 - 1}} \\[3mm] f_{\text{C-1st. orderfilter}} = \dfrac{20 \text{ kHz}}{\sqrt{(10^{\frac{56}{20}})^2 - 1}} \\[3mm] f_{\text{C-1st. orderfilter}} = 31 \text{ Hz} \end{array}\right\} \quad (15-4)$$

由于这是一个单级滤波器,电路应有一个 R/C 网络对紧随着一个缓冲放大器。要得到一个 31 Hz 的转角频率,我任意选择一个 1 μF 的电容,与该电容相匹配的电阻值是:

$$\left.\begin{array}{l} R_{\text{31 Hz. filter}} = \dfrac{1}{2\pi f_{\text{C}} C_{\text{31 Hz. filter}}} \\[3mm] R_{\text{31 Hz. filter}} = \dfrac{1}{2\pi \times 31 \text{ Hz} \times 1 \text{ μF}} \\[3mm] R_{\text{31 Hz. filter}} = 5.184 \text{ kΩ(可用 1 个 5 kΩ 电阻)} \end{array}\right\} \quad (15-5)$$

如果你需要回头计算从滤波器输出的实际位数,你可以采用下式:

$$系统的分辨率(位数) = (A_{STOP} - 1.76)/6.02 \qquad (15-6)$$

图 15-5 展示了这个滤波器的电路原理图。这个电路由 1 个放大器以及 1 个单极点反馈环路(R_2 和 C_2)构成。选择这种电路组态有两个原因:

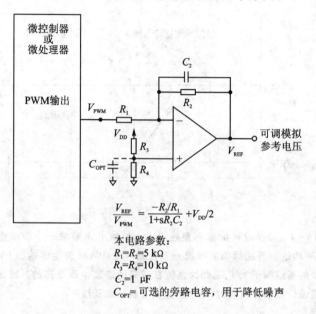

$$\frac{V_{REF}}{V_{PWM}} = \frac{-R_2/R_1}{1+sR_2C_2} + V_{DD}/2$$

本电路参数:
$R_1 = R_2 = 5\ k\Omega$
$R_3 = R_4 = 10\ k\Omega$
$C_2 = 1\ \mu F$
$C_{OPT} =$ 可选的旁路电容,用于降低噪声

图 15-5 这个一阶放大器采用一个反相放大器组态以及一个 R/C 网络反馈环路,这是一个采用单电源的反相放大器电路。在这种配置下,非反相输入端参考信号的电压介于 0 V~V_{DD} 之间,这个电压采用 R_3 和 R_4 分压器获得

● R/C 滤波器以地为参考具有很大的限幅能力,产生的错误信号在输出端;

● 大多数的参考电压提供一个低电阻输出,只须在电路中采用一个放大器,就能够实现这个功能。

这个放大器会将直流误差引入到你的 D/A 转换器,放大器的失调电压直接进入放大器输出。偏移误差会出现在每一个 D/A 转换器并直接影响输出;换句话说,如果你希望一个 D/A 转换器输出为 1.0 V,且放大器偏移电压是 5 mV,那么 D/A 转换器的实际输出将是 0.990 V(假设采用图 15-5 所示的反相组态)。

除了这个放大器的失调误差之外,放大器的输出摆动被限定于接近正负电源电压的范围,即输出摆幅接近于轨对轨(注意:在单电源环境中,负电源电压通常接地)。有两种方法来定义输出电压摆幅。首先,输出电流决定输出怎样接近轨对轨(V_{OL}~V_{OH} 之间)。这个是最常见的规格,这些输出摆幅值通常比电源电压略差几十毫伏。其次,定义的放大器开环增益(A_{OL})规格会稍微超过输出摆幅一点点,这个很小的范围实际是放大器输出电压范围的线性区域。它们的输出摆幅值通常比电源电压略差几百毫伏。D/A 转换器的输出电压在这些区域将呈现这些放大器误差。

如果你需要在瞬态条件下,维持参考电压稳定性。你可能希望通过增加滤波器转角频率或阶数的方式解决。如果是这种情况的话,高阶滤波器则是一个不错的选择,因为在电路中已经有现成的放大器了。如果你使用各个放大器制造商提供的免费低通滤波器软件,设计这些滤波器就相对容易些。你可以考虑下面列出的这些工具。

软件名称	制造商或直接下载地址
Active Filter Synthesis Program	www. circuitsim. com
FilterPro Program	www. ti. com
FilterLab Program	www. microchip. com
FilterCAD Program	www. linear-tech. com
FilterWizard Program	www. analog. com
Webench Filter Program	www. national. com/appinfo/amps/ webench_fi lters. html

关于模拟滤波器的定义和设计,请进一步参考第 6、7、10 和 11 章。

15.6　时域和频域相结合

如果你回想起时域的讨论,我们会发现整个周期 T 的时钟分割数会影响参考基准的准确性,我们能够用位数(bits)和分贝(dB)来定义准确性,本次讨论针对时间和电压。

相比之下,当我们在模拟域讨论这个参考基准的精度时,我们用分贝(dB)来量化系统的精确性。在频域中测试 PWM 和滤波器响应时,我们通常采用这样的做法。然后,我们能够把所需的分贝变换成位数。这里我们假设是一个理想的低通滤波器:

$$\Delta V_{\text{REF-MIN}} = V_{DD}/K(K \text{ 是周期 } T \text{ 的分割数})$$
$$DAC \text{ 的分辨率} = \log(K)/\log(2)(\text{位数}) \qquad (15-7)$$
$$DAC \text{ 的精度} = 6.02 N + 1.76(\text{dB 数,这里 } N \text{ 是指位数})$$

采用一个低通滤波器,假设 K 为无穷大,那么有:

$$\text{系统的分辨率} = (A_{\text{STOP}} - 1.76)/6.02 \qquad (\text{位数})$$

运用这些设计等式,你可以设计一个输出速率相对缓慢的 D/A 转换器。设计中的频率限制因素主要是控制器输出 PWM 信号的时钟速度以及模拟低通滤波器的截止频率。如果你对改善该系统的频率响应感兴趣,你可以在不影响分辨率的前提下采用一个更快的时钟,或者还可以采用更少的时钟分割数来等分 PWM 周期,不过这种方法将降低分辨率。在本次讨论的模拟电路侧,你可以使用一个高阶滤波器。如果在设计中你选择了这种方式,贝塞尔逼近型将具有最好的建立时间,其输入是一个伪方波信号。

15.7 将比较器用作模拟转换

比较器是最常见的 A/D 转换器,如果你的处理器或控制器已集成该外设,就能很轻易地找到。比较器可以产生一个模拟电压,通过分析输入值,并确定是否高于或低于一个作为参考的基准电压。这个功能是许多高级 A/D 转换器的其中一个模块。转换器可以用到的比较器,主要包括 SAR、$\Delta-\Sigma$、电压频率(V/F)以及双积分 A/D 转换器等(限于篇幅,这里仅列出部分)。在本章后面的"采用定时器和比较器来构建一个 A/D 转换器"节,我将用一个比较器置入一个调制器反馈环路,实现一阶 $\Delta-\Sigma$ 模数转换器的功能。

一些备受关注的比较器规格,主要是输入范围、输入失调电压和输入滞后等。在图 15-6 中,我列出了一些将要讨论的比较器规格。

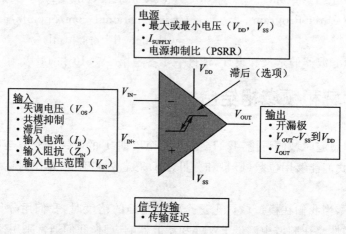

图 15-6 比较器和运算放大器一样具有基本输入和输出引脚,两者之间稍有差异,包括一个输入级滞后、传输延迟以及一个数字输出级

15.8 比较器的输入范围(V_{IN+} 和 V_{IN-})

在单电源电路中,比较器的输入范围可以从 0 V 到 V_{DD},此外整个范围上还可以有一个参考电压,但你也应该要意识这种规格并不能总是保持轨对轨。像运算放大器一样,一些比较器有一个内置差分对,而某些比较器还可能有两个并行的差分对,这种双差分对将能够轨对轨输入操作。如果你想知道这类输入级更多细节,请参阅第 4 章。

15.9 输入滞后

所有的比较器在输入级都存在一种滞后现象,但在嘈杂的环境中,也许有必要扩展滞后区域。当输入信号存在噪声的时候,较大的滞后将避免比较器输出的"抖振"效应。如果你的系统存在这类噪声,可参考图 15-7 所示的这种可扩展滞后量的电路。

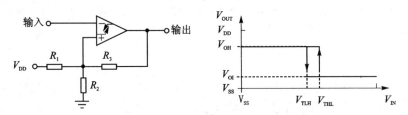

图 15-7　使用一个反馈电阻 R_3 连接比较器的非反相输入端和输出端能够扩展一个比较器的输入滞后特性,并采用 R_1、R_2 电阻来设置比较器的参考电压

你可以调整滞后的分界点,由于 V_{DD}、V_{OH} 和 V_{OL} 已知,可以通过下列公式计算出电阻值:

$$
\left.
\begin{aligned}
V_{AVG} &= V_{TLH} + \frac{(V_{THL} - V_{TLH})}{2} \\
V_{AVG} &= V_{DD} \times \frac{R_2}{(R_1 + R_2)} \\
R_{EQ} &= R_1 \times \frac{R_2}{(R_1 + R_2)} \\
DR &= \frac{(V_{THL} - V_{TLH})}{V_{DD}} \\
R_3 &= R_{EQ}[1/(DR - 1)]
\end{aligned}
\right\} \qquad (15-8)
$$

这些公式中的参数意义如下:

● V_{AVG} 是两个阈电压 V_{TLH} 和 V_{THL} 之间的平均值;

● V_{TLH} 是一个当输入信号从低电平向高电平跳变的阈值电压,这将导致比较器输出一个从高电平向低电平跳变的信号;

● V_{THL} 是一个当输入信号从高电平向低电平跳变的阈值电压,这将导致比较器输出一个从低电平向高电平跳变的信号;

● R_{EQ} 是电阻 R_1、R_2 的并联等效电阻。这关系到比较器电路的参考电压设置;

● DR 是比较器的反馈分压比。

15.10　窗口比较器

当你监控一个模拟电压以及想知道电压何时延伸到一个预定范围之外的时候,窗口比较器就可以派上用场。这类电路可以在信号高于或者低于安全极限时,为控制器提供一个中断功能。当忽略安全范围内的微小波动时,你可以设计这种电路来

模拟电路

识别输入信号违背限制的情况。

图 15-8 所示的窗口比较器需要 2 个比较器和 3 个电阻。这 3 个电阻构成一个电压分压器,透过电源电压为 2 个比较器提供不同的参考电压(即基准电压)。如果期望一个更精确的系统,应该要用一个精密基准电压,取代梯形电阻网络顶端的电源电压 V_{DD}。

292

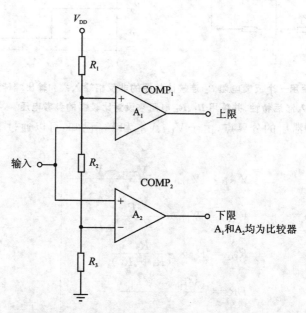

图 15-8　可以使用一个窗口比较器来识别超过上限或下限的模拟信号,可以用两个比较器实现,并通过电阻对电源电压的分压来设定阀值电压。在本电路中你也许不需要轨对轨性能的比较器

$COMP_1$ 和 $COMP_2$ 的输出将对该电路输入的模拟信号响应。如果模拟输入信号高于 $COMP_1$ 的非反相端的输入电压(注:电阻分压后得到的基准电压),$COMP_1$ 的输出将变成低电平。这是由于将模拟输入信号向比较器的反相端输入,比较器对输入信号与基准电压比较后输出一个低电平。就在 $COMP_1$ 响应这个高输入电压时,$COMP_2$ 仍然保持在一个逻辑高电平。相反,当模拟输入信号低于 $COMP_2$ 反相端的输入电压(注:也是由一个电阻分压后得到的基准电压),$COMP_2$ 的输出将变成低电平。若这种模拟"安全"区域,要求两个比较器输出均为高电平,可由电阻 R_2 设置。

R_1、R_2、R_3 构成一个多电压分压器,用于设置窗口比较器的高/低阀值电压,该电路设计的计算公式是:

$$\left.\begin{array}{l} V_{TH} = V_{DD} \times (R_2 + R_3)/(R_1 + R_2 + R_3) \\ V_{TL} = V_{DD} \times R_3/(R_1 + R_2 + R_3) \end{array}\right\} \qquad (15-9)$$

上述公式参数的意义是:

● V_{TH} 是窗口比较器的上限；
● V_{TL} 是窗口比较器的下限。

15.11　比较器和定时器相结合

单独的比较器就可以将一个模拟信号转化为一个数字输出。这似乎是一种原始的、有限的功能。但是，当你开始将比较器和控制器或处理器的其他外设相结合时，它的能力倍增。例如，你可以将一个比较器、一个定时器（当然这里还需要一些外部的电阻或电容元件）相结合。仅须一点点改良，这种组合突然变成了一个相当不错的 A/D 转换器。图 15-9 展示了一个采用比较器和定时器来实现 A/D 转换器功能的例子。

你可以采用下述方式执行一次转换：

（1）设置 GP1 和 GP2 引脚为高阻抗输入；

（2）设置 GP0 引脚为低阻抗输出，低电平输出至放电电容 C_{INT}；

（3）设置 GP0 为一个高输入阻抗引脚、GP1 为一个低输出阻抗引脚输出高电平，然后启动计数器[3]，于是 GP1 变成高电平，电容开始充电；

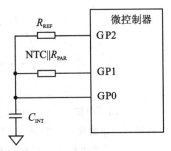

图 15-9　可以采用控制器内置定时器测量一个电阻值，仅须知道基准电阻 R_{REF} 的阻值

（4）当 GP0 变成高电平后，将计数值记录到 t_{NTC} 寄存器（详见图 15-10 中时序 t_1）；

（5）再次设定 GP1 和 GP2 为输入引脚；

（6）再次设置 GP0 引脚为低电平输出对电容 C_{INT} 放电；

（7）设置 GP0 为一个输入引脚、GP2 引脚输出一个高电平，然后启动计数器；

（8）当 GP0 变成高电平后，再次将计数值记录 t_{REF} 寄存器（详见图 15-10 中时序 t_2）。

通过这种配置，将测量到两个 R/C 组合网络的上升时间。第一个 R/C 组合网络由 R_{NTC} 和 C_{INT} 构成。R_{NTC} 可以是任意类型的电阻，但如果是负温度系数（NTC）热敏电阻，就能以低成本的方式测量温度。R_{PAR} 是一个与 R_{NTC} 并联的电阻，这个电阻线性化 NTC 热敏电阻的响应，更易于测量关注的温度范围。

你可以采用第二个 R/C 组合网络作为控制或基准电路。采用这个电阻的组合后，你就会知道 R_{REF} 的意义。应选择最稳定类型的电阻用于该元件，建立采用一个 1‰ 精度的标准线绕电阻。最后，建议 C_{INT} 采用一个聚丙烯膜电容或任意具有低介电吸收的电容。

图 15-10 演示了步骤 1~8 对应程序算法的时间响应曲线，这个系统的传递函

---

③　一般控制器或处理器内置的定时器具有多种功能，包括定时、计数、信号捕获等。

数是：

$$R_{NTC} = R_{REF} \times t_{NTC} / t_{REF} \qquad\qquad (15-10)$$

运用这个电路，如果 V_{TH} 电压与 V_{DD} 成比例关系，转换时间就不依赖于电源电压 V_{DD}。V_{TH} 通过一个 I/O 端口的输入，或由一个比较器设置，任一种类型的输入将可靠地响应。你可能会注意到，传递函数的计算与电容及控制器的时钟频率无关。在该系统中，分辨率取决于 R/C 时间常数和定时器的粒度，你可用 R_{REF} 项来决定精度。

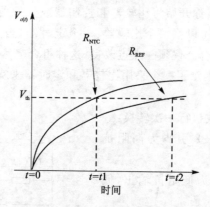

图 15-10   引脚进入高阻抗设置后，当它连接 R_{NTC} 或 R_{REF} 上拉至高电平，则电容器 C_{INT} 开始充电。控制器监控的上升时间，直到 C_{INT} 的顶部电压等于阈值电压 V_{TH}。你可以记录电容充电所需的时间量 t_1

15.12   采用定时器和比较器构建 Δ－Σ 模数转换器

本章的这节内容将介绍如何实现用一个微控制器来实现 Δ－Σ 模数转换器功能。虽然很多微控制器都没有内置 A/D 转换器；不过，你可以采用比较器功能、内部基准电压以及定时器来对一个模拟信号数字化。

一些标准的控制器有由两个比较器构成的一个比较器模块。你可以采用控制器的一个内置基准电压源和比较器来建立阈值。如果这个内置基准电压源太过嘈杂，温度漂移太大或者无法使用，你还可以使用一个外部基准。通过这些元件相结合，你可以设计一个一阶调制器单元和一个一阶滤波器。利用这种组合可以对一个 Δ－Σ 模数转换功能进行模拟。

你可以在固件中快速实现这种转换算法，仅须极少数额外的外部元件。因此，硬件实现的成本是最小的，特别是对于这样一种高分辨率转换器解决方案来说，成本确实够低。通过外部电阻可以非常灵活地调节输入范围。虽然这种方法的直流精度不是特别好，但它非常适合比例应用。

15.13　Δ-Σ 转换器工作原理

一个经典的 Δ-Σ 模数转换器其功能由两个电路部分构成：一个调制器单元和一个数字滤波器。调制器单元采集模拟输入信号，如图 15-11 所示，这个调制器的类型和我们在第 13 章（见图 13-18）所讨论的完全相同。

在第 13 章的探讨中，我提及过它的功能框图，当时只是给出了一个简单的概念，仅用于讨论。独立的 Δ-Σ 模数转换器具有 1 个以上的调制器单元，且它们也接受差分输入信号。图 15-11 所示的这个调制器模块是一个一阶调制器单元，仅接受单端输入信号。

在该框图中，电路中将输入信号与负反馈环路的一个 D/A 转换器的信号相减。接着这个差动信号通过一个积分器和最后通过该比较器的其中一个输入端输入。这个比较器就像一个 1 位量化器。该比较器将其信号以 1 位 D/A 转换的方式反馈回差分器，此外，比较器的输出还直接通过一个数字滤波器。当然，这个数字滤波器的复杂性由作为控制器程序员的你来决定。随着时间的推移，该数字滤波器输出一个多位转换结果。正如之前提到的，这个基本电路概念涵盖种类繁多的转换器，其高分辨率实现的成本相对低廉。

接下来的逻辑步骤是，将这种类型的 A/D 变换器功能移入控制器。一个基本控制器无法执行这类功能，但若有一些附加的外设则可行。图 15-12 展示了这类微控制器的电路实现框图，它将图 15-11 的理论概念转换为现实。

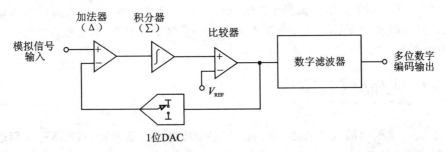

图 15-11　这是一个 Δ-Σ 模数转换器的调制器单元。在一个独立的 Δ-Σ 模数转换器中，低频噪声移出到较高的频段。这种一阶调制器无需附加的数字滤波，就可以实现约 10 位的精确转换

图 15-12 展示了一个电路，该电路具有图 15-1 所示 Δ-Σ 功能框图中的积分功能。通过外接电容 C_{INT}，可实现这个积分器功能。这个外接电容的绝对精度不是关键，仅要求它在从积分到积分之间这段相对短的周期内的稳定性要好。当微控制器的 RA3 引脚设置为高电平，RA0 引脚的电压升高，直到比较器的输出引脚 C1OUT 被触发为低电平。这时，RA3 的驱动输出从高电平切换到低电平。一旦产生这种电平切换，从 RA0 引脚输入比较器的电压降低，直到比较器输出跳变到高电

平；此时，再将 RA3 引脚设置为高电平，并重复前述步骤。这个电路的调制器单元循环的同时，将由两个计数器跟踪比较器输出端的时序、1 或 0 的编码数。

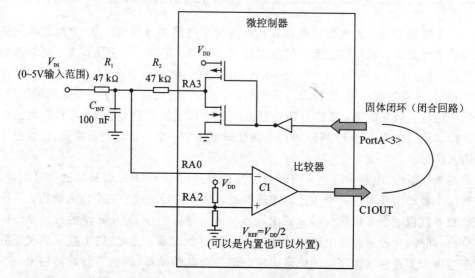

图 15-12　如果 1 个控制器有 1 个内置比较器和定时器，外接 2 个电阻、1 个电容就可以构建 1 个 Δ-Σ 转换器。在这种组态下，形成的一个低通滤波器是该外接 R/C 输入网络的副产物

　　一般来说，比较器以及其基准电压是控制器框架内的一部分，你可通过依据比较器（本例采用 Microchip Technology 公司的 PIC16C623，CMCON＜6＞）的输出状态来驱动引脚 RA3 的方式，以固件形式实现一个 1 位 D/A 转换器，运用固件驱动 D/A 转换器在引脚 RA3 输出。两个计数器则实现一阶数字滤波器（也被称为平均值滤波器）的功能。

15.14　控制器的实现

　　图 15-12 列出的这个电路，是一个可行的概念化 Δ-Σ 功能。图 15-13 用流程图概括了该电路的控制器实现。

　　通常比较器的输出连接到 RA3 引脚，保持在 RA0 引脚的电压等于比较器的基准电压，并准备下一次转换。在该流程开始时，计数器、结果两个变量首先要清零。

　　在每个循环的开始，你应当检查比较器。如果电容上的电压低于输入电压，RA3 设置为高电平，对电容器充电以提升电压。如果电容上的电压大于输入电压，RA3 设置为低电平，对电容放电以降低电压，并将保存结果变量的寄存器值递增。

　　上述过程持续循环直到获得所需的分辨率，比如说，对于 10 位的分辨率，就必须循环 2^{10}（即 1 024）次。

　　每个积分结果的采样都以一个固定的时间间隔内完成。如果你假定一次转换的

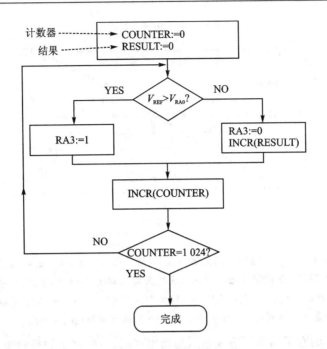

图 15 - 13 这是一个 Δ－Σ 转换器的转换流程图,对应于图 15 - 12 所示的电路,要确保该流程的循环时间是个固定的常数,数字编码会一直输出直到一次转换结束

时间间隔为 20 ms,就可以很容易地计算每次转换时间间隔及分辨率位数。图 15 - 14 演示了这种关系图形。

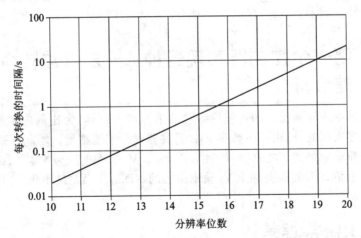

图 15 - 14 这个图形演示了转换时间和分辨率位数之间关系,假设采用图 15 - 12 所示电路时,1 次积分的时间为 20 ms

例如,一个 10 位的转换将需要 2^{10} 或 1 024 次采样。如果微控制器转换循环时间为 20 μs,一次完整转换所需时间就比 20 ms 稍长一点。图 15 - 15 列出了这个采用 Microchip 公司微控制器 PIC16C623 的电路在室温条件下的测试数据。

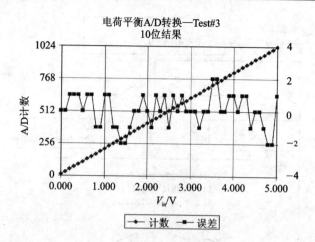

图 15 - 15　本图显示出了室温下的测试数据,对应于图 15 - 12 所示的电路及采用 **Micro-chip** 公司的 **PIC16C623** 微控制器。输入电压范围是 **0.003 V～4.99 V**,测试中发现的最大误差是±2 次计数。在这种 10 位系统,±2LSB 相当于±9.8 mV。从 A/D 计数(左侧 y 轴)的数据在图上是一个点对应于一个样本。$V_{DD}=5$ V 结果可能会略有不同

图 15 - 15 的左轴列出了输入电压与输出代码,右轴列出的是输出误差。这个数据代表图 15 - 13 所示流程图 1 024 次循环得到的结果,该配置预期分辨率为 10 位。本次测试最大的代码误差是±2 个计数或者说有 2 位是不确定的。因此,该 A/D 转换器的有效位数是 8 位。

A/D 误差的计算,假定 $V_{in}=0.5$ 及 $V_{in}=4.5$ 时代码是理想的。该测试在正常室温条件下使用一个微控制器,也许这些结果可能会视具体应用情况而有所变化。

15.15　用一个控制器实现这种 $\Delta-\Sigma$ 模数转换器的误差分析

这种低成本的转换器因为得到的绝对结果不需太精确,为比例应用提供了一种很好的解决方案。此外,由一阶数字 FIR 滤波器取代了模拟增益功能。这种 FIR 滤波器是一个简易累加器。在这个例子中,V_{DD} 为 5 V、基准电压为 $V_{DD}/2$,这些电阻为 47 kΩ,这种阻值让泄漏误差和 RA3 输出引脚的 RDS_{ON}[④] 误差最小化,这里所用的电容值为 100 nF。

15.16　RDS_{ON} 误差

这种误差来自输出引脚 RA3 上的 FET 管漏极到源极的输出电阻。在室温环境

---

④　MOSFET 管最重要的特性之一就是 RDS_{ON},即 MOSFET 管的漏极到源极的导通电阻。

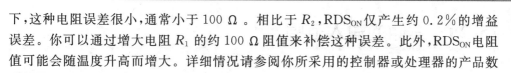

下,这种电阻误差很小,通常小于 $100\,\Omega$。相比于 R_2,RDS_{ON} 仅产生约 0.2% 的增益误差。你可以通过增大电阻 R_1 的约 $100\,\Omega$ 阻值来补偿这种误差。此外,RDS_{ON} 电阻值可能会随温度升高而增大。详细情况请参阅你所采用的控制器或处理器的产品数据手册中列出的规格。

15.17　RA0 端口漏电流

微控制器 PIC16C623 的漏电流是一个很典型的参数,室温环境下约为 $1\,nA$,随温度变化的最大值约为 $0.5\,\mu A$。RA0 端口的漏电流引起 $R_1 \parallel R_2$ 电阻端产生压降。当这两个电阻均为 $47\,k\Omega$ 时,这个漏电流造成的误差约 $11mV$,即接近于 0.2% 的误差。在室温环境下,该误差可以忽略不计。不过,漏电流会随温度增加而增加。这些参数,也请你参阅所采用的控制器或处理器的产品数据手册。

15.18　非对称输出端口 RA3

当输出端口为高电平时,FET 的电阻值大小主要取决于 P 沟道的导通电阻;当输出端口低电平时,FET 的电阻值大小主要取决于 N 沟道的导通电阻。FET 的 P 沟道导通电阻通常大于 N 沟道导通电阻。其结果是,在室温环境下会有一个额外的 $5.5\,mV$ 的偏移。具体细节,请详细参阅对应控制器或处理器的数据手册。

15.19　参考电压(基准电压)

这个用于比较器的内置基准电压是一个简单的内部电压分压器。在这种情况下,电压值完全取决于内部电阻的匹配和电源电压。假设电源是一个精确的 $5\,V$,这个基准从元件到元件之间,电压误差会变得明显。然而,一旦你通过校准消除了内部基准电压产生的初始误差,它就和电源成比例关系。这是电路中最大的误差源,但若采用一个外部基准电压就很容易将它减小。该电路的设计公式如下:

$$\left.\begin{array}{l} V_{\text{IN(CM)}} = V_{\text{RA0}} \\ V_{\text{IN(Part-Part)}} = V_{\text{RA3(Part-Part)}}(R_1/R_2) \end{array}\right\} \qquad (15-11)$$

公式中对应参数项的定义是:

- $V_{\text{IN(CM)}} = (V_{\text{IN(MAX)}} - V_{\text{IN(MIN)}})/2 + V_{\text{IN(MIN)}}$;
- V_{RA0} 是比较器反相端的输入电压;
- $V_{\text{IN(Part-Part)}} = (V_{\text{IN(MAX)}} - V_{\text{IN(MIN)}})$;$V_{\text{RA3(Part-Part)}} = (V_{\text{RA3(MAX)}} - V_{\text{RA3(MIN)}})$。

这些规格,请详细参阅控制器或处理器的数据手册。

15.20　其他的输入范围

　　图 15 - 12 所展示的这种配置采用的是 0 V～5 V 的输入范围。由该电阻器网络
（R_1 和 R_2）以及该比较器非反相端输入的基准电压决定这个电路的输入范围。当 R_1
和 R_2 的比率变化时，输入范围依据 R_1 和 R_2 之间的关系可以增大或减小。此外，通
过对输入结构添加一个额外的电阻对地或电源偏置，可以实现进一步的输入范围
调整。

15.21　2 V～3 V 的输入范围

　　您可以通过调整 R_1 和 R_2 之间比例来增大或减小转换器的输入范围。在图 15 - 16
中，这些电阻将输入范围降低 ±2.5 V，图 15 - 12 中的降低范围则是 ±500mV。在这
两种情况下，输入范围是以比较器的基准电压 2.5 V 为中心。这种输入范围最适合
用于很小输出电压范围的传感器，比如一个压力传感器或称重传感器的缓冲输出。
　　这些电阻通过比对 RA3 要求的输入电压范围确定。假设这个问题点上的基准
电压是 2.5 V，输入范围变化 ±500 mV，RA3 的电压以 ±2.5 V 为中心变化，这两种
电压变化范围的比率是 5:1。因此，在一个积分周期内，流经 R_2 和 R_1 之间的电流差
必须始终小于零。在这种方式下，RA3 端口将能够驱动电容 C_{INT}，经基准电压输入
到比较器的非反相输入端。图 15 - 16 展示了这个电路。

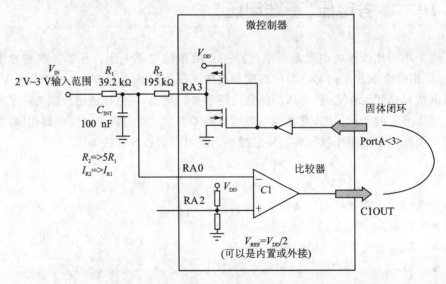

图 15 - 16　这是一个以 2.5 V 为中心 ±500 mV 变化范围的 Δ－Σ 转换的控制器配置电路

　　这个电路的设计公式是：

$$V_{\text{IN(CM)}} = V_{\text{RA0}}\left(1 + \frac{R_1}{R_3}\right)$$

$$V_{\text{IN(Part-Part)}} = V_{\text{RA3(Part-Part)}}(R_1/R_2)$$

$$(15-12)$$

设计公式中对应的参数是：

● $V_{\text{IN(CM)}} = (V_{\text{IN(MAX)}} - V_{\text{IN(MIN)}})/2 + V_{\text{IN(MIN)}}$；

● V_{RA0} 是比较器反相端的输入电压；

● $V_{\text{IN(Part-Part)}} = (V_{\text{IN(MAX)}} - V_{\text{IN(MIN)}})$；

● $V_{\text{RA3(Part-Part)}} = (V_{\text{RA3(MAX)}} - V_{\text{RA3(MIN)}})$。

15.22　10 V～15 V 的输入范围

你可以对 A/D 转换器的输入结构添加一个额外的电阻来施加一个调整偏移量。在图 15-17 中 R_1 和 R_2 相等，先像图 15-12 那样配置以容许±2.5 V 的输入范围。然后再添加 R_3 并接地，它提供了一个电平位移到 10 V 的输入范围。

采用这种电路配置，5 V（满量程）电压流经 R_1 的电流等于 V_{REF}/R_1，如果 R_3 将同样的电流下拉到地，这个积分电容将无法充电。以这种方式，让 $R_3 = R_1$ 实现 2.5 V 偏置；要达到 10 V 偏置，由图 15-17 可知，R_3 必须是 R_1 的 4 倍。

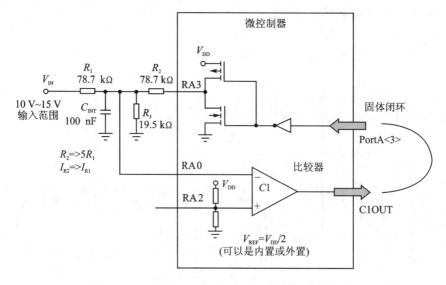

图 15-17　一个以 12.5 V 为中心 10 V～15 V 范围的 Δ-Σ 转换的控制器配置

这个电路的设计公式是：

$$V_{\text{IN(CM)}} = V_{\text{RA0}}\left(1 + \frac{R_1}{R_3}\right)$$

$$V_{\text{IN(Part-Part)}} = V_{\text{RA3(Part-Part)}}(R_1/R_2)$$

$$(15-13)$$

设计公式中对应的参数仍然是：

- $V_{\text{IN(CM)}} = (V_{\text{IN(MAX)}} - V_{\text{IN(MIN)}})/2 + V_{\text{IN(MIN)}}$；
- V_{RA0} 是比较器反相端的输入电压；
- $V_{\text{IN(Part-Part)}} = (V_{\text{IN(MAX)}} - V_{\text{IN(MIN)}})$；
- $V_{\text{RA3(Part-Part)}} = (V_{\text{RA3(MAX)}} - V_{\text{RA3(MIN)}})$。

15.23 ±500 mV 的输入范围

图 15-17 中的电路采用缩放技术以及偏移技术来延续图 15-16 所示电路的讨论。采用这个电路，输入电压范围为 500 mV。让 $R_2 = 5R_1$ 就可实现。这里需要 -2.5 V 的电平位移器加入到信号的输入范围，你可以用电阻 R_3 接正电源来实现，如图 15-18 所示。该电平移位的幅值通过 $R_3 = R_1$ 实现。

这个电路的设计公式是：

$$\left. \begin{array}{l} V_{\text{IN(CM)}} = V_{\text{RA0}}\left(1 + \dfrac{R_1}{R_3}\right) \\[2mm] V_{\text{IN(Part-Part)}} = V_{\text{RA3(Part-Part)}}(R_1/R_2) \end{array} \right\} \tag{15-14}$$

这些设计公式中对应参数是：

- $V_{\text{IN(CM)}} = (V_{\text{IN(MAX)}} - V_{\text{IN(MIN)}})/2 + V_{\text{IN(MIN)}}$；
- V_{RA0} 是比较器反相端的输入电压；
- $V_{\text{IN(Part-Part)}} = (V_{\text{IN(MAX)}} - V_{\text{IN(MIN)}})$；
- $V_{\text{RA3(Part-Part)}} = (V_{\text{RA3(MAX)}} - V_{\text{RA3(MIN)}})$。

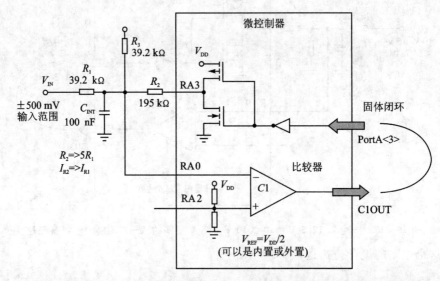

图 15-18 一个以地电位为中心 ±500 mV 范围的 Δ-Σ 转换的控制器配置

可以运用这个电路去测量分流电阻的电流，在室温环境下的主要误差项来自于比较器失调。在系统中有一个知名的"零电流"状态,失调可以被测量、通过计算消除或者通过加减结果计数值偏移量来消除。

最后的思考

所以,当选择微控制器或微处理器时你可能会认为正在使用数字器件,你可能还认为桥接到模拟域的应用永远不会出现在你的器件中。但事实上,像计数器、I/O端口和比较器等外设,让你比想象的更贴近模拟域。

在本章中,我们讨论的这些组合应用将不会取代高精度或高速模拟电路。但是,你需要在你的设计中考虑哪些方面不够好。如果认为控制器可以让你获得的模拟功能如你想象的一样好,那么就实际运用它们吧!

参考文献

[1] Cox D. Implementing ohmmeter/temperature sensor. AN512, Microchip Technology, Inc.

[2] Curtis K. Analog design in a digital world using mixed – signal controllers. AN823, Microchip Technology, Inc.

[3] Palacherla A. Using PWM to generate analog output. AN538, Microchip Technology, Inc.

[4] Richey R. Resistance and capacitance meter using a PIC16C622. AN611, Microchip Technology, Inc.

[5] Stein D. D/A conversion using PWM and R2R ladders to generate sine and DTMF waveforms. AN655, Microchip Technology, Inc.

第 **16** 章

误差预估

罗伯特·皮兹(Robert A. Pease)

这里，在本文的开头我首先要阐明误差的预估对于一个电路甚至于一个简单电路的重要性，然后我会向大家展示这些问题，如果你从未涉及过，你可以进来看看。这里，我无需多言，请大家参阅接下来的正文。

我只是在电话中跟一位年轻的工程师解释过在一些很简单的电路上怎样做误差预估分析。后来，在拜访一个朋友马丁(Martin)时，我提到过这个。对此他甚感意外，他发现欧洲的工程师竟然大部分都对误差预估分析这个概念很陌生。试问，如果不知道哪个元件会影响精确性的话，你又怎么能设计出完美的电路呢？

1962 年，那时我还是个刚出道的工程师。我老板乔治·菲尔布里克(George Philbrick)给了我一本戴维·米德尔布鲁克(R. David Middlebrook)博士编著的关于差分放大器方面的书，并要求我上交一份读后评论。我开始研读这本书，里面布满了数以百计的偏微分方程。如果你想用 14 个元件完成一个电路的输出，你就可以看到一个完整的分析，内容涵盖到每个元件如何影响输出偏移和增益等等，每一个方程式都画满了一整页，甚至这样的情况还会重复数次。

不过，那本书并没有指出哪些是重点，我的意思是想知道侧重点，比如说，我怎样才能知道 $\beta \times d(R1)$ 比 $R1 \times d(\beta)$ 更重要吗？现在回想起来，真的是乱七八糟啊！我还真庆幸当时没有向老板递交任何关于那本书的批评性言论，那样做只会有弊无利，直到现在，我仍觉得写书评是件难事，虽然真实但却无多大意义。

现在的情形则要简单得多，因为大多数人(但并非全部)开始运用运算放大器进行设计了。其中最方便的就是输出失调、直流增益误差、交流增益误差是大量地交叉，不需要分开处理。当你用电阻电容设置运算放大器时，它主要是基于你要求执行的任务来进行运算。如果偏移变化，增益要保持不变，反之亦然。我们都觉得可以在没有相互作用的情况下运算是非常有用的，不需要再来求偏导数。

现在，让我们来看一看几个应用、实际电路以及它们能够承受的一个误差范围。现有一个放大器，通过一个 $0.1 \ \Omega$ 电阻放大其过电流 $I \times R$，并回流到地。图 16-1 展示了一个常规差分放大器，采用的是共模 +12 V。一个 -20 的增益，相当于将 $1.0 \ A \times 0.1 \ \Omega$ 的信号降到一个接地的水平；如果电流是 $0.1 \ A$，输出将会是 $0.2 \ V$，这是个很小的量程范围。一个 1 A 的满量程电流将把输出提升到 2 V,这适用于传送到一个检测器或 A/D 转换器。

让我们来选择一个失调电压小于 1.0 mV 的运算放大器,如 LMC6482A(该放大器还有一个失调电压小于 0.35 mV 的版本,但是我们选择这个中等级的)。这个 1 mV 会引起 21 mV 的输出误差,该运算放大器在全温度环境下电流 I_B 小于 20 pA,所以可认为至少能够忽略不计(双极型运算转换器可能具有更小的 I_b 误差,但你必须经检测证实)。

现在我们来考虑要添加什么电阻,假设这里所有采用的电阻都是 1% 的公差,2.0 V/A 的增益具有一个 ±3% 的误差范围,这在满量程 1 A 时将造成 ±60 mV 的误差,但在 0.1A 微量程仅有 ±6mV 的误差,这种情况也许还是可以接受的。

接下来,我们来考虑一下共模误差。如果 R4 有 1% 的公差,通过 11.4 V 电压时,这个 1% 的公差会引起一个 114 mV 的电压误差。由于对称性,R_1、R_2、R_3 的每一个 1% 误差,都会引起又一个 114 mV 的误差。4 个电阻造成的误差加在一起,这种共模将造成一个 456 mV 的输出误差。这已经接近满量程的四分之一了,甚至是对于小信号来说也是如此,这样看起来情形就不太妙了。

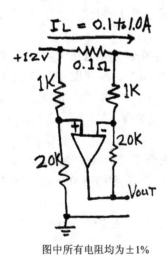

图中所有电阻均为±1%

图 16 - 1 常规差分放大器

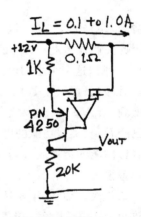

图中所有电阻均为±1%

图 16 - 2 替代电路

如果相邻的 1 kΩ 电阻一起插入,它们确实很可能匹配到 ±0.5%,因而在这对电阻间可能会导致 ±60 mV 的误差,那么同样在另一对 20 kΩ 电阻间的 ±0.5% 匹配也会导致又一个 ±60 mV 的误差。将这些和 21 mV 失调电压一起相加,将会达到 141 mV。

有些教材可能会教你用算术的方法将这些误差加起来达到 141 mV,还有一些其他的观点指出,应该采用有效值(rms)的方法汇总,所以 60+60+21 mV=87 mV(注:该计算省略了平方根求和过程,请不要误认为是 60 mV + 60 mV +21mV=

87 mV)。通常这些也具有代表性,可能是正确的;但是以 141 mV 或 456 mV 的最差情况来评估有可能更接近实际。我来打个比方,如果你要制作 1 000 个电路,并且它们中的大多数都要比 141 mV 好,你将如何处理这 400 个(假定)比 141 mV 要差的电路呢?并且,那些仍占 7% 的比例……

　　你可能会想,可以去采购 0.1% 的电阻,但那些并不便宜;或者针对小信号放一个微调电位器来调节误差。但你可能没注意到,一个微调电位器必须要正确调整;并且还有可能在某一天失调,而不得不大费周折地去校准,大多数人其实都想方设法避免这样微调,因为可以避免麻烦。在我们判定 141 mV 为不可接受范围之前,让我们看另外一个电路。

　　图 16 - 2 展示了另一个电路,它具有同样的 2.0 V/A 增益,采用一个高 β 值 PNP 晶体管 PN4250 或 2N4250。那这里的误差预估到底会怎么样呢?这个同型号运算放大器一样会产生 20 mV 的输出误差,0.1% 误差电阻的增益误差,在满量程时也是 60 mV,在微量程时仍是 6 mV。新增的晶体管在满量程下,由于 σ 系统的误差最大可增加约 1/3% 或小于 7 mV。

　　由共模抑制比(CMRR)或电阻的不匹配造成的失调误差是什么情况呢?准确地说,这里不存在失调误差,即为零。晶体管不在意它两端的通过电压,12 V 经过时不产生电阻。

　　现在看来,误差的主要原因在于运算放大器存在着失调电压 V_{os}(还可以采取措施降低),因此失调误差是 ±20 mV,而不是 ±400 mV。即便图 16 - 1 用了一连串 0.1% 精度的电阻,这个小小的电路相对于图 16 - 1 的电路而言,已大大地降低了误差,像这里的误差是可以接受的。甚至还可以通过选择 LMV841 或 LMC7701 将失调误差降低到 7 mV。

　　我们已经看到,类似功能的电路,可能会有完全不同的误差预估。我很乐于推荐高共模抑制比性能的运算放大器,但过分依赖于 1% 精度的廉价电阻会比你预期的误差预估相差很远。

　　这篇文章首次于 2006 年 6 月 8 日发表于电子设计杂志(Electronic Design Magazine),并许可 Penton 出版社转载。

第 **17** 章

V_{BE} 状态分析

罗伯特·皮兹(Robert A. Pease)

第一部分

自从 20 世纪 50 年代引入结型晶体管,这个 V_{BE} 论题已被讨论了太多太多次。通常学者喜欢使用大量的指数方程,并假定 I_S 是个常量,然后做出陈旧的曲线,在一个线性到线性的刻度上依照 $V_{BE}=0.6\ V$ 绘制的 I_C 曲线弯曲像一根曲棍球棒。他们假设 $V_{BE}=0.4\ V$ 以下晶体管无集电极电流。其实,这并不能帮助用户或工程师了解随 I_C 或温度的变化规律。他们忽视了一点,晶体管的电流呈指数减少,V_{BE} 自始至终仅仅下降几毫伏,并不会奇迹般停在一个固定的"阈值"下。这样分析对我帮助很大,你有何收获呢? 鲍勃·维德拉(Bob Widlar)采用绘图技术来设计晶体管电路,方法是对一些晶体管以极小的 nA 级电流或 mV 级电压来绘制图形。

不久前,我路过应用工程部,听到一帮小伙子在角落里一起不快的争论。当他们看到我走过,他们喊:"鲍勃,请过来一下,也许你可以为我们解决这个问题"。我过去看了一下他们的问题。

"鲍勃,我们试着用标准二极管方程来计算一个晶体管的 V_{BE} 温度系数,但是似乎不行。"我看着他们列出的标准方程:

$$I_C = i_S \times e^{(qV_{BE}/kt)} \tag{17-1}$$

那里确实有一个温度术语 t,但它并不是一项非常突出的参数。显然他们想试试看这个方程对温度如何响应。他们所困惑的是它不能准确地响应温度,它给不出任何像 $-2\ mV/℃$ 这样形式的参数值。我开始向他们解释:"在学校,当老师教给你们这个方程时,他们疏于告诉你 i_S 不是个常量而是一个非常混乱的温度函数。因为这个函数没有什么太大的用处,他们也就不会告诉你实情,以至于让你无法成功地区分它与温度之间的关系。因此,建议你们最好放弃采用这样一个无法使用的方程。"

他们回答说:"好吧,那我们应该使用什么呢?"我回答:"让我们采用一种绘图方法,先画几个草图。"首先我潦草地绘制出图 17-1,展示集电极电流的对数 $\log(I_c)$ 与 V_{BE} 的关系。

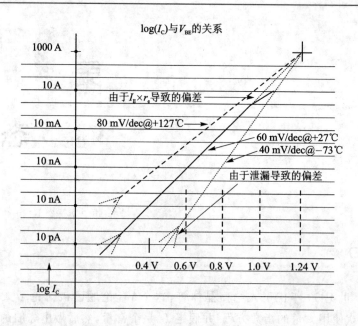

图 17 - 1　$\log(I_c)$ 与 V_{BE} 关系（注：参照原稿图片重新绘图）

我继续解释："学校教材的 V_{BE} 与 I_c 的线性图不是很实用的，因为它只是展示了一个严格的节点，我从不采用那种。让我们来看看本图的中间线，这表示室温下，$\log(I_c)$ 与 V_{BE} 的斜率在 7、8 或 9 个十倍频程（即 70、80、90 等倍率）的电流上非常线性。由于射极电阻的缘故，仅高电流时曲线弯曲；而且仅在非常小的电流时存在因泄漏引起的误差。因此，在整个中段，你得到基本一致的斜率 60 mV/dec。"有两个人同意我的说法。

然后我指着上部的这条线："在类似于 +127 ℃ 的高温时，该曲线仍然非常相似。但是这条线的斜率较浅，可能稍差几个 mV/dec，但已经非常接近 80 mV/dec。事实上，得出的这个 mV/dec 数是由二极管方程预测。"他们进一步认同我的解释像是正确的，加上我再给他们展示了下部的这条更低斜率的 -73 ℃ 曲线，但要处于一个 40 mV/dec 的斜率，则要一个很高的跨导（g_m）及一个很高的增益。

同时，可以看到所有的曲线都趋向于相交于一点或外推到一个非常高的相交点，这个交点对应于一个很高的基—射极电压，也许是 +1.24 V；当然该点也对应一个非常高的电流，也许是 10 000 A。基于这个高得太离谱的理论，电流对应一个荒谬的电压，从理论上计算 V_{BE} 实际状态的方法，不是很准确或者有用的。

但我指出，这条曲线仅仅是粗略地概括了一下大致的方向。从概念上看，这个是可以在各种电流和温度情况下被用于计算晶体管的实际 V_{BE}；但是它太粗糙或太泛以至于没有用处。我们要使用更接近的曲线，见图 17 - 2。

我画出了这张草图，展示 V_{BE} 与温度的关系图。该图演示了各种恒定电流与温度下的晶体管偏置。这里我强调一下，"这个是很有用的，让我来告诉大家用在哪里

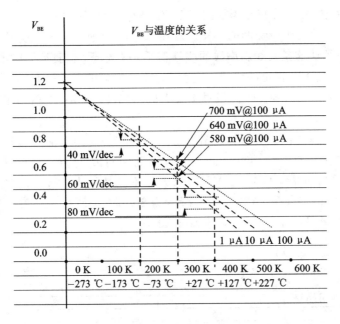

图 17 - 2 V_{BE}与温度关系(注:参照原稿图片重新绘图)

以及为什么。"我继续解释,这是基于一个实际的标准晶体管的真实数据,我曾用它来计算真正的精密线性电路的偏置,如带隙基准或温度传感器等。这个可以连同计算尺(或小手持的科学型计算器)一起让我计算出所需的工作点。

我指着中间这条实线斜率线,"这条线是基于一些实测数据。"这种晶体管,当用于一个带隙基准时,具有一个大约 1.240 V 的电压,这是带隙工作的最平坦之处。所以绘制这条线是为了在绝对温度 0 ℃过 1.240 V 直流的点。如果晶体管冷却下来,那这里就是 V_{BE}的外推点,当然这不是实际的数据。

"其他一个校准点是大约 27 ℃室温、10 μA 过 V_{BE} = 0.640 V 的点,那是一个简单的、确凿的、测量数据点。"接着一个人问道,"但是为什么是 27 ℃?而不是 25 ℃呢"我回答说,这个 27 ℃具有一个优于 0.2 ℃的精度,恰好 300°K(开氏度)。因此,数学上很容易匹配 200°K、300°K 和 400°K 等,他们赞同。

与此同时,我指出,这条线仅名义上表征在恒定射极电流的晶体管 V_{BE}电压与温度。这里有一条名义上的斜率其非常接近于 −2.00 mV/℃。晶体管偏置工作在 −2.00 mV/℃,这是一件需要弄明白、且非常有用的事情;因为我们很快就会看到,在许多其他的工作电流时,温度系数并非 −2.00 mV/℃。

接下来,我告诉他们,如果研究这条斜实线和 1.24 V 水平线之间的电压,你可以看到它是一个与绝对温度成比例的电压(VPTAT)。因此,当我们想要构建 1.24 V 的带隙基准时,我们所要做的就是添加一个 VPTAT 电压给 V_{BE},然后我们可以做一个带隙基准。

你所要做的是:如果你有一个室温下为 60 mV 的 VPTAT 电压,你可以用一个

10 倍增益放大它,然后你将它添加到一个 V_{BE} 来做一个带隙基准——正如大约 30 年前维德拉(Widlar)先生所证明的一样。现在,这几个小伙子一致认为很有道理。

我不得不承认这条实线斜率线的线性似乎是有名无实,我绘图时或多或少保持着线性,但它的确不是真正的线性。这种 V_{BE} 曲线实际上在冷热两种温度向下弯曲,也许差不多达到 2mV~4 mV。但对于许多应用来说,那算一个微不足道的误差,很容易被校正。

我进一步解释说:"让我们看看图 17-2 和图 17-3 中上部的那条虚线,这对应于晶体管工作在 100 μA。同样,也能外推回到绝对 0 ℃点。这条线的斜率不是 −2.000 mV/℃,而是 −1.800 mV/℃,这条线不和其他线平行。在室温时,它将被设置在 60 mV/dec 上,在+127 ℃时它设置为 80 mV/dec;在−73 ℃时则为 40 mV/dec。这种差异就是一个非常精确地 VPTAT 电压。"

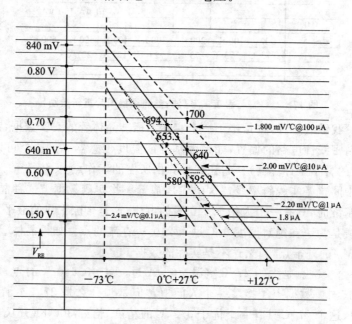

图 17-3　比例放大(注:参照原稿图片重新绘图)

较下方的这条虚线为 1 μA 偏置的斜率线,它的斜率为−2.200 mV/℃。在室温下偏移 60 mV/dec,温度高时则偏移得更多,温度低时则更少。最下面的这一小段线为 0.1 μA 偏置,其斜率为−2.40 mV/℃(详见图 17-3)。

因此,所有的 V_{BE} 特性线在一个恒定电流时都成扇形展开,从绝对 0 ℃点开始辐射。从这种曲线上很容易计算出温度系数和工作点。现在,看一看图 17-3 所示的扩充图,仅绘制了图 17-2 的中间部分。

比方说,我们想估算其他一些偏置的 V_{BE}。我将用一些示例展示给大家。不过,要点是让大家能够很容易地计算任何正常情况下的偏置。

好,我们先认可在这些特定条件下,我们所知的 V_{BE}:在 10 μA、+27 ℃时为 640 mV。比方说,我现在想以一样的 10 μA 电流但不同温度(这里先假定 0 ℃)来计算晶体管的 V_{BE}。如实例展示,V_{BE} 的温度系数是 −2.000 mV/℃,一个 −27 ℃的位移将导致 V_{BE} 升高(−27)×(−2.0)=54 mV,其值高达 694.0 mV。对于任意温度变化,以恒定电流偏置的情况下,这种计算不是很困难,简单地用温度变量乘以 V_{BE} 的温度系数即可。不过,−2.0 mV/℃ 的温度系数仅适用于本例。对于任意其他的电流偏置,其温度系数是不同的,稍后我会向大家展示更多的例子。

如果想从我们的初始条件开始,移动到一个不同的电流,比如 1.8 μA、+27 ℃,那又会是什么情况呢? 对于这种情况,如果温度恒定,你可以采用二极管方程。

$$IC1 = I_S \times e^{qV_{BE}/kt}2 \qquad (17-2)$$

或,它的逆方程:

$$V_{BE}1 - V_{BE}2 = \frac{kt}{q} \times ln\frac{IC1}{IC2} \qquad (17-3)$$

电流比是 0.18,0.18 的自然对数[①](即 ln0.18)是 −1.714 8。在 +27 ℃时,以 e 为底的因式 kt/q=26.06 mV,其意义与 60.0 mV/dec 一样。

因此,ΔV_{BE} 将是 −1.7148×26.06 mV,即 −44.7 mV。V_{BE} 从 640 mV 降低到 (640−44.7)=595.3 mV。这点不足为奇,任何时候晶体管的集电极电流在一个恒定温度都存在微小变化,V_{BE} 以对数形式变化。不过,这个 26.06 mV 的值仅对应于 +27 ℃的温度;其他温度时,对应值是不同的,可作为绝对温度的一个线性函数。

另一种有效观察方法是,任何时候在室温(大约 27 ℃)下以 10 倍变化电流,V_{BE} 将会视情况向上或向下位移 60 mV。

许多情况下,电流的倍数是一个关键因素,以 60 mV 的倍数可让计算简单,不需要电脑或计算器就可算出。

现在,让我们考虑这种情况:你想计算电流和温度均变化时的 V_{BE}。可以采用两种方法来计算,当然要求这两种计算最好能给出相同的答案。

比方说,我们想计算 1.8 μA、0 ℃的 V_{BE},你可以首先将这个 10 μA 晶体管温度基于一个恒定电流改变到 0 ℃,接着再基于一个恒定温度改变电流。

让我们来这样做:认定在 10 μA、0 ℃时 V_{BE}=694 mV,如果接下来我们把电流变化到 1.8 μA,那 V_{BE} 将变化多大? 由于温度减少了这个 kt/q 因式值,0 ℃对应的 kt/q 因式值不是 26.06 mV,而是 273/300×26.06 mV,即 23.712 mV。因此,当我们以一个 0.18 的系数将电流减少,V_{BE} 变化 −1.714 8×23.712 mV,即 40.7 mV;所以 V_{BE} 减少到了 653.3 mV。

如果我们要采用先减少电流再降低温度的策略来达到预期,又会怎么样呢? 我们刚计算过 27 ℃、1.8 μA 时,V_{BE} 为 595.3 mV。那在这个电流下 V_{BE} 的温度系数又

---

① 自然对数 (Natural logarithm)是以 e 为底数的对数函数(ln),其逆函数是以 e 为基数的指数函数。

是多少呢？它肯定不是 -2.000 mV/℃，因为它对应的是 10 μA 电流；更不会是 -2.200 mV/℃，那是在 1 μA 时，它只可能是处于这两者中间的某个值。这些斜率均与绝对温度成比例关系，因为截得绝对 0 ℃的截距是 $1\,240$ mV，所以（$1\,240$ mV $-$ 595.3 mV）$/300$ ℃的这个斜率经换算后是 644.7 mV/300 ℃或者 -2.149 mV/℃。如果你用一个 -27 ℃的变量乘以这个温度系数，它的偏移是 58.02 mV。将它和 595.3 mV 一起相加，得到的结果是 653.32 mV。很幸运，采用任何一种方法，我们均得出了正确的结果。

如果你需要知道 V_{BE} 的温度系数，它通常每次变化 200 mV/℃，电流则以一个 10 倍的系数降低。于是，这个例子的晶体管的 V_{BE} 温度系数在 10 μA 时为 -2.000 mV/℃，在 1 μA 时为 -2.200 mV/℃，在 0.1 μA 时为 -2.400 mV/℃，在 10 nA 时 -2.6 mV/℃，在 100 pA 时则为 -3.0 mV/℃。尽管大多数人不会把晶体管的偏置定义到如此低，但这并不意味着温度系数不会出乎意料地定义到这么低的程度，它可能还要比 -2.0 mV/℃好得多！

当我们想计算 V_{BE} 时，还应该顾及哪些因素呢？采用单极性 NPN 晶体管，假定它是相当安全可靠的，晶体管的 V_{BE} 具有很好的匹配和可预见性。如果晶体管的设计具有相似的几何结构，我们仅需要考虑一个 5 mV 或 10 mV 的偏差。即使是不经特殊处理它们也会完全匹配；同一批次互不相联的晶体管，匹配性可能相类似；或者换一个角度说，如果晶体管来自不同的批次，其匹配性有可能参差不齐。这可能存在着一个很大的偏差，不过你无法预计。

正如前面提到的，和线性预测相比，V_{BE} 与温度的曲率将导致 V_{BE} 要偏小 1 mV 或 2 mV，在 0 ℃及 70 ℃时均是如此。在 -55 ℃或 $+150$ ℃时，它能很容易地偏低 3 mV 或 4 mV，实际上它非常接近一个抛物线误差。

此外，如果 V_{CE} 高达 20 V 而不是 0.6 V，厄尔利效应[②]通常会导致一个低 β 值（$\beta = 50$ 或 100）晶体管的 V_{BE} 偏低 1 mV 或 2 mV；在高 β 值（$\beta = 200$ 或 400）晶体管上，V_{BE} 的减少量几乎到 3 mV 或 4 mV。（改天，我们可以讨论一下厄尔利效应的完整后果。在这里我只想说，高 β 值的晶体管可能有很小的电流误差，不过它们往往带来较大的电压误差。）

当然，如果你的晶体管工作在高电流下，而 $V = IE \times RE$ 很明显，这种效应可能会被添加（近似地认为），并且通常是相当线性和可预测的。如果 IC 或 IE 很小，漏电流可能会导致显著偏差。同样，如果 IE 变得相当小，一些晶体管 β 值可能快速下降，所以你不能再肯定基极电流是微不足道的！如果你曾经让晶体管达到饱和状态，V_{BE} 可能显著上升或下降，这取决于晶体管制造材质及工艺。尽管如此，这些绘图技

[②]　厄利效应（Early effect），又译厄尔利效应，也称基区宽度调制效应，是指当双极性晶体管（BJT）的集电极－发射极电压 V_{CE} 改变，基极－集电极耗尽宽度 W_{B-C}（耗尽区大小）也会跟着改变。此变化称为厄利效应，由詹姆斯·M·厄利（James M. Early）发现。

术可以很好地帮助你完成的一个双极性 NPN 晶体管以及一个离散 PNP 晶体管的 V_{BE} 评估工作。

现在你可以写一个花式方程来计算所有的这一切，但我更喜欢采用绘图方法。这样，我能明白我在干什么，我也不会被计算错误所愚弄。

第二部分

对于一个给定的 V_{BE}，一个晶体管的集电极电流很好的呈现 V_{CE} 的实际意义，以 $V_{BE}=0.7$ V 的上下，很好地放大正负几百毫伏。但"技术书籍"均谈论"正向放大区域"，只有 V_{CE} 大于 V_{BE} 这一点内容，肯定不只是那样！这篇文章只是指出一个明显的事实：从 $V_{CE}=V_{BE}$，到 V_{CE} 压降远低于 0.7 V，再到接近于 $V_{CE}=0.25$ V 的这个区域扩大，是一种很好的方式。它也修正了其他一些理论。

我曾经和一个家伙争论，他认为一个晶体管先不应被看作一个晶体管，直到它的 V_{CE} 大于 V_{BE}（详见图 17-4）时才真正具备晶体管功能，他一直查阅书籍关注这个部分。同时，他指出，从名义上看如果基极和集电极连接在一起，就可以作为一个二极管，你可能会认为这是对的。但实际上，他说的是，集电极通路的 $I \times R$ 令 V_{CE} 低于 V_{BE}，所以它不会工作。嗯，我也曾在其中的一些书籍上面看到过，他们有时也有这样的说法。不过，他们实际去做时，就会发现这是错误的。

当一个晶体管的 V_{CE} 略低于 V_{BE} 时，它能保持一个晶体管的工作状态，我能验证吗？当然，请大家参阅 NSC（即美国国家半导体公司，现已被德州仪器收购）线性数据手册在 LM10 所列出的电路。如果晶体管无法令 V_{CE} 像 350 mV 或者 250 mV 甚至是 150 mV 一样低，即达到远远小于 V_{BE} 的工作状况，LM10 在一个 1.1 V 电源电压时将无法正常工作。当然，你必须是一名优秀的工程师，才能让这些电路正常工作。

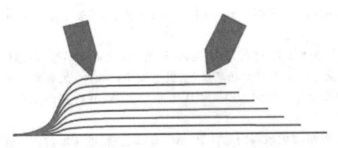

图 17-4　上面的曲线表示一个 2N3904 三极管偏置在 $I_B=7$ μA、$V_{BE}=700$ mV 及 $I_C=1.05$ mA。由于 V_{CE} 从 0.7 V（右手边的箭头）下降到 $V_{CE}=0.25$ V（左手边的箭头），当然，这明显地就是一个晶体管工作在放大区，即使 V_{CE} 远低于 V_{BE}

NSC 的伙计们（如鲍勃·维德拉）已经从事这项工作 40 多年了，观察所有晶体

管的 V_{CE} 曲线,当 V_{CE} 下降到低于 V_{BE} 时,这种情况并不算是一场灾难。针对一个晶体管用于描述一条追踪曲线,对它的基极每一步均施加一个偏置电流(如 $1\ \mu A$ 的电流),当 V_{CE} 从 $+1.0$ V 向 0.6 V、0.5 V、0.4 V 变化时,I_C 电流没有太大变化,不是吗?

好吧,或许当你让 V_{CE} 降到 0.35 V 时,增益开始有些降低。不过在这之上的电压,若处在室温条件下,也没什么大不了的。在 $V_{CE}>V_{BE}$ 和 $V_{CE}<V_{BE}$ 之间没有明确的界限,也没有多大变化。β 值的变化也许不会大于 $0.02/V$,所以它才会如此平滑。

现在,如果工作温度高达 125 ℃,你可以设计一个能在那里工作的电路吗?这肯定是不容易的,但如果你不需要很大的摆幅,一些专门的电路就能工作得很好。建议看看 LM4041—1.2 或者 LM185,它们的 V_{CE} 有很多接近于 0.3V,然而它们那可是工作在冷热环境下。

那 160℃ 会怎么样?260℃ 又会是怎么样的?我不能断定,但维德拉可以,并能在 LM12 中做到。毕竟,在很久以前,五极真空管能以非常低的 V_{PLATE}(注:屏极电压)运行,它的电压远低于 V_{SCREEN}(注:其中一个栅极电压)。这个很难充分理解,但过一阵子后你如果尝试一下,一定会理解和相信。它就是这么一个类似的情况:输出电压太低,你不相信它能工作,但它又确实能够工作。

下一个主题

当 V_{BE} 接近于 0 V,V_{BE} 变化一定对 I_C 没有影响,对吗?错!在维德拉的 LM12 中,一些晶体管是这样来偏置,当 $V_{BE}=0$ 时,V_{BE} 仍然可以影响集电极电流(反之亦然),无论 V_{BE} 是正负几毫伏的电压。

不可否认,你不容易在一个室温条件下的硅晶体管中看到这种情况。但你可以看到这个硅晶体管在 220℃ 或者一个锗晶体管在室温下的状况,这种方法也是一样可行的。来吧,让我们实际测量一下!当我证实后,鲍勃·维德拉的才华给我留下深刻的印象。

同样,一个晶体管的 β 值仍为关键,甚至当 V_{BE} 接近于零时,还是如此。原因是:虽然 V_{BE} 以零为中心上下移动几毫伏,基极电流也许很小,虽有限但不可忽略不计。基极电流及其变化是必要的。如果你从 $I_B=0$ 开始,并将基极拉到负压,集电极电流可能减少。

我必须提醒你,β 值较高的晶体管(300 或以上)就电压增益或 μ(即晶体管 μ 参数)而言仍有不足之处。当 β 值过高时,因为 μ 与 β 成反比,电压增益受损。我记得一个测试,它要求一个特定的放大器设计具有多少电压增益。答案应该是 20 000,但真正获得的增益是 9 000。因为 β 值过高及厄尔利效应太强。在我解说了解决方案后,我通过了测试。

根据经验,我采用 $\mu\times\beta=2\ 000\ 000$。在一些器件上,产品的这项参数接近于

1 000 000，甚至在 LM194 上能达到 4 000 000。如果 β 值更好，则 $\mu=1/h_{RB}$ 更坏及电压增益受损害。要注意：不允许电路中晶体管 β 值太高，μ 参数差可能导致性能不佳。β 值往往事关重大，太小时会产生危害，所以可以稍大些。

文章出处说明

第一部分：这篇文章于 2000 年 6 月 26 日刊登在《电子设计的模拟应用增刊，Electronic Design's Analog Applications Supplement》，许可 Penton 出版社转载。

第二部分：这篇文章于 2007 年 6 月 21 日刊登在《电子设计杂志，Electronic Design Magazine》，许可 Penton 出版社转载。

第 **18** 章

一个从"动物园"获得灵感的电路设计方案

吉姆·威廉姆斯(Jim Williams)

这里是一个如何令一个旧电路适应于新要求的经典例子,吉姆拿我的一个老电路(功耗大)并将其进行重新改造,使其以非常低的功率运行。这是很完美的一个工程,不会降低电路的精度。

本章谨以此纪念杰罗尔德·扎卡赖亚斯(Jerrold R. Zacharias)教授!

一个源于经历、错误及一些"猴子"的电路设计

几年前我受邀为一个客户设计电路,其要求并不过分挑剔,这个顾客有难题。我花费了不少时间努力解决这个问题,并且我被邀请在客户举办的正式设计评审会议上介绍我的解决方案。

当我说"正式的",我是很认真的!我开始期待与一些人在饭桌上谈论电路知识。抵达后,我被带到一间很宽敞的房间,令我联想起电影院,大约有 150 名工程师出席这次会议。那里已经准备好了我们熟知的视听设备,我非常尴尬地讲解,因为我没有做幻灯片、经费开支、流程图或者其他展示的东西(尽管我抓着一支不错的粉笔)。一个位于毗邻讲台的小隔间的"资深技术管理面板"展示了一系列准备好的问题清单,一台摄影机适时地记录着整个会议的过程,整个会议由一个自称某某博士的资深工程设计副总裁主持。在座的每一个人低声耳语并不时地点点头,此刻我真的是百感交集。

我相当拘谨地介绍着,并一直抓着我那小小的粉笔头。整个报告似乎还算顺利但感觉不是很棒,接下来是按先前准备好的问题清单提问。第一个问题好像是问,"您能准确地解释一下,这个想法和电路的来源吗?您能否详细介绍哪些设计过程、程序及方法,对我们是有帮助的吗?"

我斟酌了很多可接受的回答,但最终决定简单地阐述:"大多数设计思维来源于经历和犯过的错误,而最好的帮助源于圣弗朗西斯科动物园(旧金山动物园)内的一些猴子。"

此刻会场里面鸦雀无声,你能听到一根大头针掉落的声音,随后一些家伙站起来

并请求我讲得再详细一点。在场的每个人都大笑起来,我们最后才开始真正谈论这个电路。

这个客户最初来到我这里,要求设计一个"CMOS 电压频率转换器。"性能要求如下:

输出频率	0~10 kHz
输入电压	0~5 V
线性度	0.04%
温漂	100 ppm/℃
电源抑制比	100 ppm/V
温度范围	0~55 ℃
阶跃响应	小于 5 个输出频率的周期
输出波形	兼容 5 V CMOS 电平
供电电压	单 9 V 电池 (6.5 ~ 10 V)
功耗	最大 200 μA
价格	小于 \$ 6.00/100 000 个

这些人已经针对这个设计工作了好几个月,虽然它能运行,但结果却很难令人满意。我问他们为什么需要 CMOS,并且要保证"低功耗的要求不打折扣。"因为没有进一步的解释,所以我请他们把面包板(即电路试验板)递送给我。第二天早上送来后,我看到了他们的电路试验板,看起来如图 18-1 所示。

这也许是设计一个电压/频率(V/F)转换器最惯用的方法。由 IC1 将 9V 电池稳压到 5 V,−5 V 电源来自 IC2,输入电压将电流进入 A1 的求和点。A1 以反向积分响应,如图 18-2 中的迹线 A。当 A1 的输出降得足够低,A2 就升高(如图 18-2 轨迹线 B 所示),将 CD4066 开关打开并复位积分器。在 A2 的局部正反馈(A2 的正反馈输入对应于图中的波形 C)"挂断"复位,确保一次完整的积分器放电。当正反馈衰减时,A1 开始再次积分。倾斜斜率以及此后的重复频率,由输入到 A1 求和点的电流(电流取决于输入电压大小)决定。

我一看到这个原理图,就知道无法挽救这个设计的任何部分。这种方法的一个严重缺陷就是 A1 的积分器复位时间。这个时间,"丢失"在积分过程中,当工作频率接近它时会导致显著的线性误差。这个电路的 6 μs 复位间隔(对照图 18-2 波形 A 和 B)导致在 1 kHz 时存在 0.6% 的误差,在 10 kHz 时误差升高到了 6%。同时,复位时间的微小变化还会带来额外误差。我随意地添加一个 3 MΩ 电阻(图 18-1 中的标虚线处)试图改善这些数据。这个电阻引起 A2 随输入的跳变点略有不同,部分补偿了积分器"丢失"的复位时间。这个权宜之计确实将线性度提高一个数量级,大约 0.4%,但还不是最好的办法。

这里还存在其他的问题。这个 CMOS 电路的静态电流消耗是 190 μA,在 10 kHz 静态电流升高到一个可怕程度 700 μA。此外,聚苯乙烯电容单独的温漂是

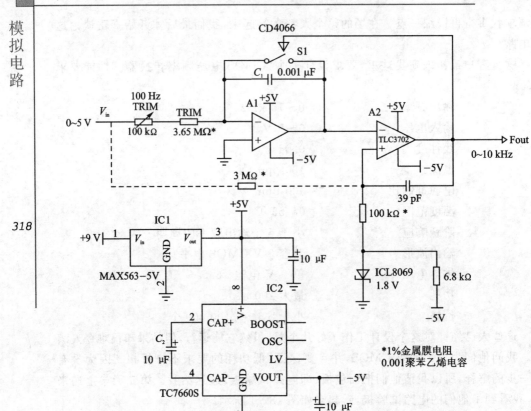

（注意：电路原理图已参照原稿重新绘制）

图 18-1 客户视为不满意的电路，据说所有 CMOS 结构、性能不佳，且功耗过高

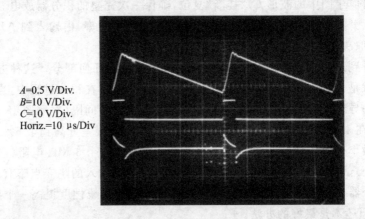

A=0.5 V/Div.
B=10 V/Div.
C=10 V/Div.
Horiz.=10 μs/Div.

图 18-2 对应于图 18-1 电路的波形，有限的复位时间限制了线性性能

—120 ppm/℃,仅该参数就耗掉了全部预算,这个 1.2 V 基准电压和输入微调电阻

能很容易地将这个数据翻倍。这里还存在着许多别的问题,但是真正需要的是一种能从根本上提高线性度和降低功耗的方法。

一个电压转换成一个频率可以采用很多种方法。应用中最佳的考虑方法是随所要求的精度、速度、响应时间、动态范围以及其他因素变化。

图 18 - 3 所示的这种概念,通过将图 18 - 1 所示积分器闭合到一个充电调剂回路中,可能达到高线性度。

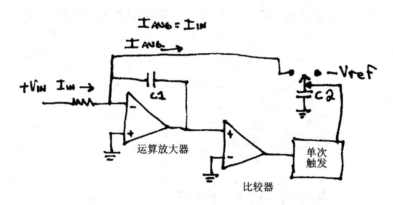

图 18 - 3 充电调剂型电压/频率转换器的概念

这种方法是,C2 在积分器的倾斜时间内充电到 $-V_{ref}$,当比较器跳变时,C2 在 A1 求和点放电,促使它的输出变高。C2 放电完成之后,A1 开始倾斜及循环重复。由于环路促使平均求和电流为零。积分器时间常数和复位时间不影响频率。增益漂移根据 V_{ref}、C2 及输入电阻的状况。这种方法产生 MHz 级的高线性度(通常是 0.01%)。

图 18 - 4 是类似的概念,除了它采用电流反馈代替充电维持运算放大器的求和点之外,其他都很相似。运算放大器的输出每次触发比较器跳变,从求和点拉灌电

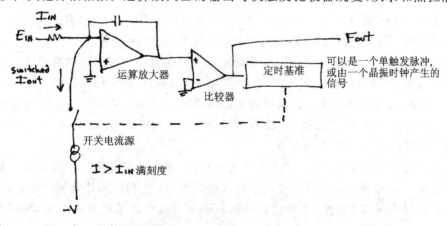

图 18 - 4 电流平衡型电压/频率转换器

流。在定时基准周期从求和点拉电流,促使积分变成正值。在灌电流周期结束时,积分器的输出再次变负值。这种动作的频率与输入电路有关。

　　图 18-5 采用一个直流环路校正。这种配置除了响应时间较慢以外,集中了充电和电流平衡所有的优点。此外,它可以达到极高的线性度(0.001%)、输出速度超过 100 MHz、非常宽的动态范围(160 dB)。由直流放大器控制着一个相对简单的电压/频率转换器,这种电压/频率转换器针对高速和宽动态范围的应用设计,但牺牲了线性度和热稳定性。这个电路的输出开关一个充电泵,其输出对直流积分,并与输入电压作比较。

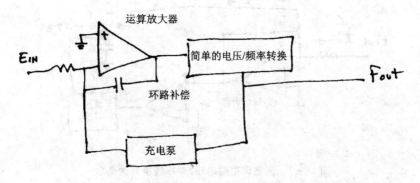

图 18-5　泵电源环型电压/频率转换器

　　这个直流放大器促使电压/频率转换器工作频率是输入电压的直接函数。该直流放大器的频率补偿电容,要求基于环路延迟,限制响应时间。

　　图 18-6 所展示的电路除充电泵被数字计数器、一个石英时基和一个数模转换器取代之外,其余都很相似。虽然不是很明显,但这个电路的分辨率确实不受数模转换器量化极限的限制。补偿环路促使数模转换器的 LSB 大小围绕理想值摆动/振荡。这些振荡在环路补偿电路中被积分到直流。因此,电路将跟踪远小于数模转换器的 LSB 大小的输入变化。通常,一个 12 位数模转换器(4 096 步)将产生在 50 000 分辨率上的一部分。不过,电路的线性由数模转换器的规格配置。

　　如果你检验这些选项,图 18-3 看起来像是获得客户应用认可的胜出者。这些规格要求每步响应在输出频率的 5 个周期内。这就排除了图 18-4、图 18-5 和图 18-6 的电路,它们的直流放大器的响应时间滞后。图 18-4 需要一个定时基准和一个精密开关电流源,这意味着一定程度的复杂性。从理论上看,图 18-3 的方法可以满足所有规格,且不是非常复杂。

　　这种应用并不算新技术。我最初是在 1964 年从一本锗晶体管手册的复印本上看到它的。T. P. Sylvan 用了一个离散运算放大器和一个单结晶体管构成这个环路。惠普公司(HP)在 20 世纪 60 年代初也依靠这个方法设计了机架式电压/频率转换器。在 1972 年,罗伯特·皮兹(Robert A. Pease)开发了一种商业化生产的模块化版本(Teledyne-Philbrick 模型 4701)采用一个单运算放大器,按常规可达到 0.01%

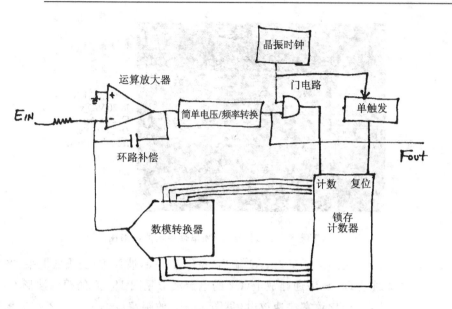

图 18-6　D/A 转换器环型电压/频率转换器

线性及相称的温漂性能。皮兹的相关电路及其中一个版本如图 18-7 所示。

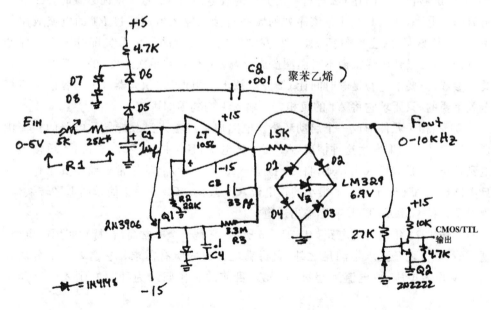

图 18-7　皮兹的简练型电压/频率转换器电路的一个版本

　　假设 $C1$ 处于一个很小的负电位。A1 的反相(—)输入电压低于零偏置的正相(+)输入电压时,输出是高电平。这个齐纳桥对高电平箝位在 $(V_Z + V_{D4} + V_{D2})$,C_2 通过 D6、D7、D8 充电。输入电压促使电流通过 R_1 和 C_1 开始正向充电(见图 18-8,

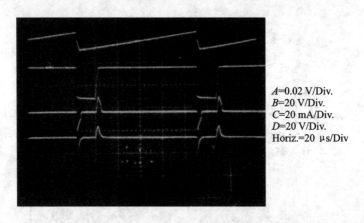

A=0.02 V/Div.
B=20 V/Div.
C=20 mA/Div.
D=20 V/Div.
Horiz.=20 μs/Div

图 18 - 8　皮兹型电压/频率转换器的波形图

波形 A)。当 C1 电压到达 0 V 时,A1 输出(见图 18 - 8,波形 B)变成低电平,齐纳桥箱位负压,C2 通过 D5→C1 通路放电(C2 的电流波形见图 18 - 8 的跟踪波形 C)。合成的电荷从 C1 泄放,导致它快速放电(见图 18 - 8 的跟踪波形 A)。R2→C3 提供到 A1 的正相(＋)输入(见图 18 - 8 的跟踪波形 D)的正反馈,增强反馈强度以及挂断 A1 输出足够长的时间让 C2 进行一次完整的放电。当 R2→C3 反馈衰减时,A1 的输出返回高电平,并以此循环。该序列的频率直接与输入电压通过 R1 的电流成比例关系,就温漂而言,主要包括 R1、C2、齐纳管以及其余的二极管失配等因素。理论上,所有的二极管压降抵销不对温漂造成影响。R2→C3"单次触发"的时间常数不是关键参数,只要求它有足够时间让 C2 完全放电。类似的"积分器"C1 的容值也不算至关重要的,只要求它将 A1 的负相(－)输入平均到零即可。

　　Q1 和相关元件形成一个启动环路。电路启动或输入过载能导致电路的交流耦合反馈锁住。如果发生这种情况,A1 变为负电平,且维持不变。R3 和 C4 缓慢地充电到负压,偏置 Q1。Q1 导通,将 C1 拉至－15 V 电压,启动正常电路使其工作。一旦电路启动,C4 假定为一个很小的正电位,Q1 截止。Q2 是一个简单的电平转换器,提供了一条 CMOS/TTL 兼容输出通道。

　　皮兹 1972 年设计的电路如图 18 - 3 所示,它是一个非常简洁、特别实用的电路。请注意,除了两条要求不满足之外,它将满足客户的所有需求。它需要一个分离式 ±15 V 电源电压,拉电流远超过 10 mA,目前的工作归结为处理好刚才的这几个问题。

　　图 18 - 9 展示了我第一次尝试在皮兹的电路上做修改以满足客户的需求。修改后的电路工作原理和皮兹的电路相类似,当输入的衍生电流(见图 18 - 10 波形 A)在 C1A 的负相(－)输入倾斜到零电位时,C1A 的输出(见图 18 - 10 波形 B)变低,从 C1 拉出电流,促使负相(－)输入低于零电平。C2 提供正反馈(注:图 18 - 10 波形 D 是正相输入),容许对 C1 完整放电(C1 电流图 18 - 10 波形 C)。当 C2 电压减少,C1A

的输出变成高电平,电压箝位在由 D1、D2 和 V_{ref} 设置的电平。当 C1A 的负相(—)输入电压再次达到零电位时,C1 继续充电,并重复循环,这个动作的频率与输入电压密切相关。二极管 D3 和 D4 提供换向功能,D1 和 D2 提供温度补偿。C1A 灌电流饱和电压未经补偿,所以很小。(这些温度系数的等级假设是一流的,后面将要求更精准。)虽然 LT1017 和 LT1034 具有低工作电流,不过这个电路功耗电流仍接近 400 μA。交流电流通路包括 C1 的充放电循环和 C2 的支路,经过 D2 和 V_{ref} 的直流通路则造价昂贵。C1 充电必须以足够快的速度工作在 10 kHz 频率,这意味着在这个频段的 C1A 输出箝位必须具备低阻抗。C3 也有帮助作用,但主要的电流仍然必须用于维持低阻抗。C1A 的内部拉电流极限输出(约 30 μA 拉电流)不具备这种独立驱动的能力,因此电源上拉电阻是必需的;即使 C1A 能够提供所需的电流,V_{ref} 的稳定时间(建立时间)也会是一个大问题。C1 的压降将减少阻抗所需比例和看似可以解决这个问题。不幸的是,这种放大和减少影响 D3 到 D4 之间结点的杂散电容。它还要求提高输入阻抗值 R_{in} 以保持比例因子常数。C1A 负相(—)输入端工作在很低的电流模式,使偏置电流和偏移电流成为很明显的误差源。

C1B、Q1 及相关元件构成一个启动环路,它和图 18-7 所示皮兹电路的对应部分的工作原理相似。

图 18-11 展示了初次尝试处理这些问题的一个电路,这个方案除多出 Q1、Q2 之外其他都类似于图 18-9。V_{ref}(D1 的顶部)通过 Q1 接收切换偏置电流,Q2 为 C1 提供灌电流通路,这些晶体管对 C1A 的输出反相,因此它的输入引脚分配就等于被交换。R1 提供了一个小电流,用于提高基准源的稳定时间。这种方式将消耗电流减少到 300 μA,得到了明显的改善。不过,有几个问题还确实存在。Q1 的切换操作仅在高频段才真正有效;在低频段时,C1A 输出绝大部分时间为低电压,偏置 Q1 导通造成电源白白损耗。此外,当 C1A 输出切换时,Q1、Q2 在切换过程中同时导通,有效分流 R2。最终,这两个晶体管的基极电流都流向接地端,都被损耗。图 18-12 演示了这个电路的波形图。基本温度补偿措施,除了采用 Q2 取代比较器之外,其他的几乎与之前一样。这种温度补偿方案看起来不错,但我们仍然摇头,对方案不太满意。

图 18-13 则更好。去掉 Q1,Q2 仍然保留,但已添加 Q3、Q4 和 Q5 晶体管。V_{ref} 以及与之相关二极管由 R1 提供偏置,Q3 是一个射极跟随器用于为 C_1 提供拉电流,Q4 用于温度补偿 Q3 的 V_{BE} 结,Q5 用于切换 Q3。

这种方法具有一些明显的优势。由于 Q3 的电流增益,V_{ref} 单元的工作电流可以大大减少。同样,由于 Q5 和 Q2 在 C1A 输出的同一阈值电压下切换,图 18-11 的同时导通问题得到很大缓解。Q3 的基极电流和射极电流传送到 C_1,Q5 的电流被浪费掉,它被接入到地,虽然这些电流远比 Q3 的小,Q2 上很小的基极电流也一样被接入到地。C_2 和 R_3 的值与之前相比已做改变,其时间常数是相等的,不过由于 R_3 电阻值的增大使电流有所减小。

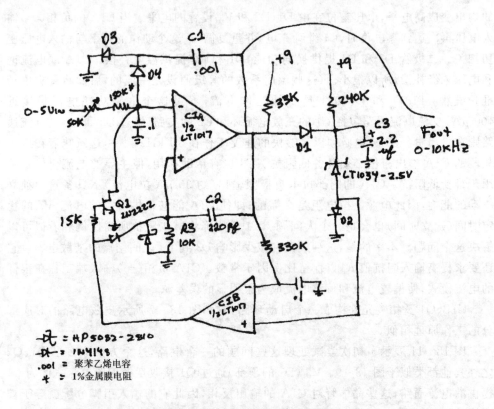

图 18－9 我第一次尝试修改皮兹的电路

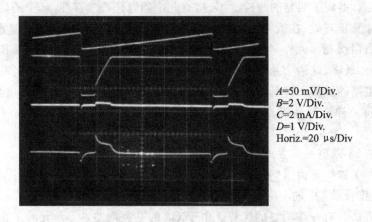

A=50 mV/Div.
B=2 V/Div.
C=2 mA/Div.
D=1 V/Div.
Horiz.=20 μs/Div

图 18－10 对应于图 18－9 电路的波形图

这个电路的工作波形如图 18－14 所示,主要包括 C_1 的输出(跟踪波形 A)、Q5 的集电极(跟踪波形 B)、Q2 的集电极(跟踪波形 C)、Q2 的集电极电流(跟踪波形 D)、C_1 的电流(跟踪波形 E)以及 Q3 的射极电流(跟踪波形 F)。注意现在的切换电流是干净的,没有同步导通问题。

这个电路具有 200 μA 的低功耗,很值得花费精力去推敲一下其他的一些规格。当我在 C1 上添加了一个 1 MΩ 跨接电阻(虚线标注处),线性度从 0.05% 降到0.02%。Q2 - D4 通路由于结压降限制,不能完全切换 C1。电阻从 C1 挤出最后一点电荷,完成放电和提高线性度。

电源抑制比(PSRR)欠佳。电源变化显示流经 R1 的电流随之变化。不过 LT1034 对这种变化相对不敏感,但 Q4、D1、D2 值会有所偏移。因此,我测得 0.1%/V 的电源抑制比,R1 处实际上得采用一个电流源,或者必须采用一些补偿机制。

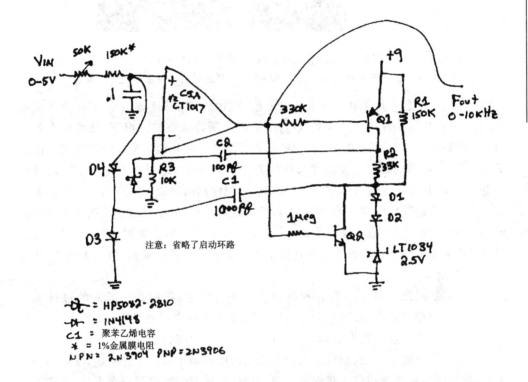

图 18 - 11 第二次尝试,Q1 和 Q2 开关基准电压,节省功耗

接下来是温度补偿。现在是时候停止摇头并认真审视了。按照推测 Q4 补偿 Q3,采用 D1、D2 来与 D3、D4 相对称。遗憾的是,这些器件工作在不同动态范围和直流条件下,要想精确补偿很困难。实际上,R_1 的值应该由通过 Q4→D1→D2 的拉电流确定,它提供了最佳电路温度系数。假定这里是完美补偿、且没有 LT1034 或输入电阻温漂,我们仍然必须处理 Q2 的 V_{ce} 饱和压降。100 mV 饱和压降时,Q2 的温漂是 0.003/ ℃(参阅摩托罗拉 2N2222 的数据手册),在 C_1 电压放电时引起约 -300 μV/℃ 的漂移。这里的温度系数合计约为 -100 ppm/℃(C_1 充电到 3 V),输出频率将产生一个类似正向的漂移。C_1 是一个聚苯乙烯电容,温漂约

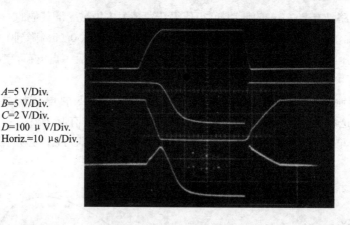

A=5 V/Div.
B=5 V/Div.
C=2 V/Div.
D=100 μ V/Div.
Horiz.=10 μs/Div.

图 18 - 12　对应于图 8 - 11 电路的输出波形,波形图 *A*、*B*、*C* 和 *D* 分别对于 C1A 输出、Q1 集电极、Q2 集电极和 *R₂* 的电流,Q1 和 Q2 同时导通问题在波形 *D* 上非常明显

-120 ppm/℃,进一步追加了总体正温度系数(由于考虑 C1 或许它充入的电压很小,电路必须更快振荡以保持求和点电压为零)。所以最好的情况下,估算温度系数约为 220 ppm/℃,现实决定所有其他的结点无法如此精确地匹配。经温度测试证实了这些估计,最初电路测试板温度系数约为 275 ppm/℃,通过改变电阻 *R*1,最低点降至约 200 ppm/℃。这当然不适合量产设计,但它却给解决方案指出了一个方向。

我怎样才能降低温度系数、固定电源抑制比呢?此外,虽然电路的线性度接近需求,但功耗仍处于临界点。用一个电流源取代 *R*1 希望能够获得理想的电源抑制比,但可靠的温度补偿和低功耗需要采用别的方法。我渴望获得灵感,但一无所获,我被卡在了这里。

启发我的是几个月来一直在和我约会的一位医生,我们在一起真的过得很开心——像一对顽皮的小孩。这个女人很活泼,我真的很喜欢和她在一起时让我放松的感觉。这一切都进行得很顺利,我有时候在奢望我们将会变成怎样……

一个工作日的下午,我们怠工来到圣弗朗西斯科动物园。阳光明媚,没有拥挤的人群,阿尔法快乐的奔跑着。我们看见熊、大象、老虎、鸟儿,吃了很多零食,那些被喂养的狮子饿得大声吼叫……边漫步边吃芝士汉堡,只做放松心情的事情,我们走到了猴子园区。

这些家伙都是演员,它们喜欢观众。常常咧着嘴大笑,猿猴嘘嘘声,吱吱地叫声响成一片……丛林酒吧有很多的表演,如令人惊奇的平衡杂技以及其他的表演。一个动作尤其吸引了我的眼球,它在平衡木之间做着一个很小的动作。首先,它如图 18 - 15 一样悬挂着双手。接着,很快地翻转过来,同时旋转,所以它最终倒立过来了(见图 18 - 16)。并以极快的速度反复地做着这种动作,这就是它的表演。站在那里,看着小家伙在平衡木之间做着它的倒立动作,我马上意识到如何简单地解决我的电路问题。那一刻我感到很幸运,我有一个很好的女人,还有一个好的电路!

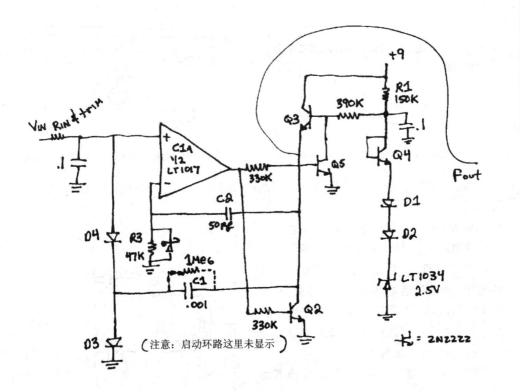

图 18 – 13 一种更好的切换基准源方案

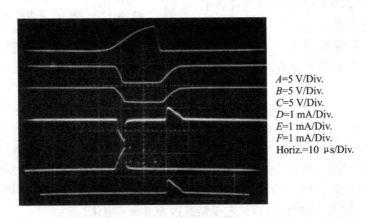

A=5 V/Div.
B=5 V/Div.
C=5 V/Div.
D=1 mA/Div.
E=1 mA/Div.
F=1 mA/Div.
Horiz.=10 μs/Div.

图 18 – 14 对应于图 18 – 13 电路工作的跟踪波形,波形 D、E 和 F 显示没有同步导通问题

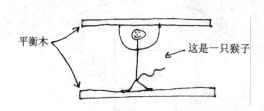

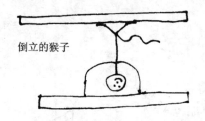

平衡木

这是一只猴子

倒立的猴子

图 18 - 15　动物园的猴子在平衡木上　　图 18 - 16　动物园的猴子倒立在平衡木上

如果你看过一个 CMOS 逻辑反相器的内部结构,它的输出级看上去如图 18 - 17 所示。

MOS 输出晶体管将输出终端连接到电源或地端。这个输入电路一次只设置一个晶体管导通,不会发生同时导通。通常情况下,通道导通电阻是 100～200 Ω,没有 PN 结效应,这种晶体管通道纯粹是欧姆电阻;这种器件的输入引脚几乎呈纯容性,仅需 pA 级的偏置电流。

图 18 - 18 展示了将 CMOS 反相器加入图 18 - 13 的电路中的布局。C_1 通过 CMOS 反相器的欧姆电阻输出晶体管充放电,Q3 现在驱动 CMOS 反相器的电源

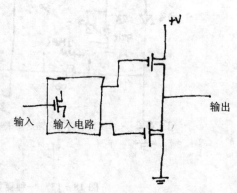

输入

输入电路

输出

+V

图 18 - 17　CMOS 反相器的概念

引脚,用于反相器供电。Q2 则移除,随着 Q2 的移除而被一并消除的还有 100 ppm/℃ 温度系数误差、Q2 的基极消耗电流以及 Q5 的基极电流、集电极电流损耗。

这个方案保证了更低的温漂和功耗。假定结点补偿为理想状态,余下的未补偿温漂项是电容 C_1 的 -120 ppm/℃ 温度系数和输入电阻。遗憾的是,这种电路配置无法解决电源抑制比问题。唯一有效的方法是采用一个电流源取代 R_1。这个电流源不要求非常稳定,但必须仅具有 2 V 的动态余量,因为电路必须工作在 6.5 V 以下。最简单的替代方案是采用单极性 LM134,它是一个三端、电阻可编程器件,虽然它具有 0.33%/℃ 的温度系数,但它仅能通过 800 mV 电压。

这个温度系数似乎足够小可以避免引起任何麻烦。LT1034 无须关注,但是 D1、D2 和 Q4 会怎么样呢?

当我计算电流源的温漂对这些元件的影响时,我意识到我刚刚的这些改良大有用处。它出现 +180 ppm/℃ 的温度系数!这趋向于能将电容的 -120 ppm/℃ 项抵消。此外,将 LT1034 的基准电压升高 50% 会把补偿下拉到 +120 ppm/℃,进一步地减少温漂。通过让其余结点失配比仅占总基准电压温度系数的一个很小百分比,

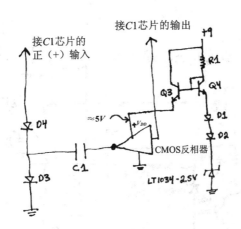

图 18 - 18 将 CMOS 反相器加入图 18 - 13 的电路中(注意:请甄别这里的 C_1 与序号为 C1 电容的区别,为了避免互相混淆,下文将 C_1 电容加 * 号)

这也能帮助改善总体温度系数。电流源的低动态余量能力能满足这种要求,同时还能维持在 $V_{supply} = 6.2$ V 的电压下正常工作。唯一的未经补偿项是输入电阻,它可以被指定为低温漂系数的元件。图 18 - 19 是最终电路,它满足或者甚至超过客户的每一个规格。

一个 0~5 V 的输入产生一个线性度为 0.02% 的 0~10kHz 的输出,增益漂移是 40 ppm/℃,电源抑制比在 40 ppm/V 以内,最大电流消耗为 145 μA,在 $V_{in} = 0$ 时降到 80μA(静态电流),其他的规格列于表 18 - 1 中。现在这个电路的大部分都已经熟悉了,虽然有一些变化,但变化不是太大。为了得到更低的泄漏电流和一致性匹配,这些二极管已经被替换成晶体管。此外,并联数个 CMOS 反相门以提供更低的切换电阻,启动环路也已经被修改。

从维护的角度来看,再回顾一下电路的工作流程是很有用处的。假设 C_1(指的是微功率双比较器 LT1017)的正相(+)输入端稍低于负相(-)输入(注:LT1017 比较器——C2 的输出是低电平)。输入电压在 C_1 的正相(+)输入端产生一个正向斜坡(图 18 - 20 跟踪波形 A),C_1 的输出为低电平,偏置 CMOS 反相器输出为高电平,即低电平经反相器反相后变为高电平输出。电流从 Q1 的发射极经反相器电源引脚流入一个 0.001 μF 电容,这个 10 μF 电容提供高频旁路,保持在 Q1 的发射极为一个低阻抗,二极管连接组态的 Q6 提供了一个对地通路。0.001 μF 电容的单元充电电压是 Q1 的射极电位和 Q6 压降的一个函数。当 C_1 的正相(+)输入电压的斜度足够高,C_1 的输出拉高(图 18 - 20 的跟踪波形 B),经反相器切换到低电平(图 18 - 20 跟踪波形 C)。肖特基(位于反相器的顶部)限幅以防止 CMOS 反相器的输入过高,从 C_1 的正相(+)输入电容经 Q5→0.001μF 电容通路拉电流(图 18 - 20 跟踪波形 D),这个电流移除/复位 C_1 的正相(+)输入倾斜到一个稍低于地的电位,促使 C_1 的输出拉低。50pF 电容接入电路的输出端用于提供交流正反馈,确保 C_1 的输出正电

330

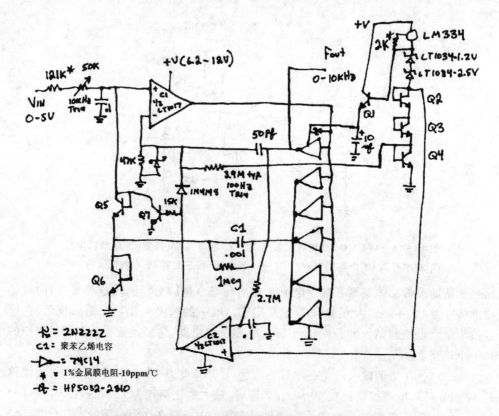

图 18 - 19　这是从"动物园"获得的最终电路解决方案

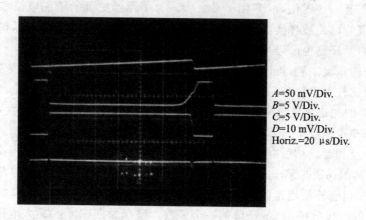

A=50 mV/Div.
B=5 V/Div.
C=5 V/Div.
D=10 mV/Div.
Horiz.=20 μs/Div.

图 18 - 20　对应于图 18 - 19 电路的跟踪波形

压维持足够长时间,让 0.001 μF 电容完整放电。如图 18 - 13 所示,这个 1 MΩ 电阻完成了对 C_1 电容的放电。

　　这个肖特基二极管防止 C1 的输入在负共模极限之外被驱动。当 50 pF 单元的反馈衰减时,C_1 再次切换到低电平,并以此重复循环。振荡频率直接取决于输入电压衍生的电流。

　　Q1 的射极电压必须严格控制以获得低温漂。Q3 和 Q4 温度补偿 Q5 和 Q6，同时 Q2 补偿 Q1 的 V_{be} 结。这两个 LT1034 芯片实际上是电压基准源，LM334 电流源提供了良好的电源抑制能力（优于 40 ppm/V 的电源抑制比）及有助于改善电路的温度系数。这通过利用 LM334 的 0.3％/℃ 的温度系数以温度稍微地调节 Q2～Q4 这 3 个晶体管压降。这个校正的符号和大小直接能与 $0.001\mu F$ 聚苯乙烯电容的温度系数 -120 ppm/℃ 相抵消，帮助改善整个电路的稳定性。

　　射极跟随器 Q1 为 $0.001\ \mu F$ 电容提供有效地充电，基极电流和集电极电流均注入电容。并联的 CMOS 反相器提供低损耗单刀双掷的基准切换而没有明显的驱动损耗。此外，这个反相器指定为施密特输入类型，最大限度地减少因 C_1 相对缓慢的上升沿而造成的功率损耗。这个 $0.001\mu F$ 的电容，在允许的最小精度情况下，其充电和放电周期仅消耗很小的瞬态电流。50 pF→47 kΩ 这条正反馈通道仅消耗非常小的切换电流。

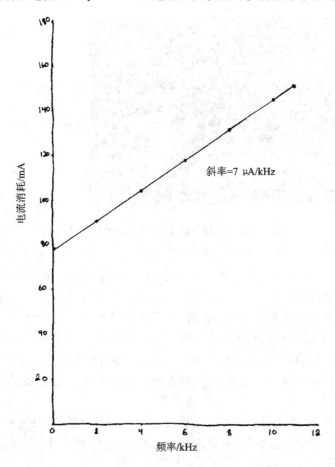

图 18-21　对应于图 18-19 电路的电流功耗/频率曲线

　　图 18-21 所示的是电源的电流与工作频率的一条曲线,如实反映出低功耗设计。在零频率时,LT1017 的静态电流和 35 μA 的基准偏置占了全部的漏电流,这里没有其他途径的损耗。随着频率刻度的上升,这个 0.001 μF 电容的充电—放电循环产生 7 μA/ kHz 的上升斜率。一个较小值的电容可能会减少功耗,但基于杂散电容、74C14 的电荷不平衡以及 LT1017 偏置电流的影响,将引起精度误差。例如,如果 C_1 减小到 100 pF(注意:需要其他一些适当的变化匹配),电路的功耗在 10 kHz 时仅有 90 μA,但线性度下降到 0.05%。

　　电路启动或过载可能会导致电路的交流耦合反馈被锁住。如果发生这种情况,C_1 的输出拉高,C_2 通过反相器检测及这条 2.7MΩ→0.1μF 通路滞后,也跟着拉高。抬高 C_1 的负相(-)输入和正相(+)输入及 Q7 的地,启动正常电路动作。

　　由于充电泵直接耦合到 C_1 的输出,响应速度快。图 18-22 展示了一个输入阶跃(跟踪波形 A)在一个周期内输出建立(跟踪波形 B)的波形图。

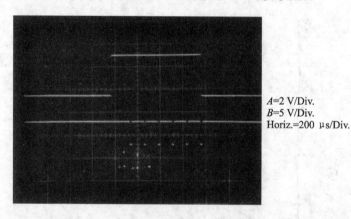

A=2 V/Div.
B=5 V/Div.
Horiz.=200 μs/Div.

图 18-22　对应于图 18-18 电路的阶跃响应

　　为校准这个电路,输入 50mV 及在 C_1 输入端上调整一个值产生 100 Hz 的输出。然后,输入 5 V 和调整输入电位器产生 10 kHz 的输出。具体的电路细节请查看图 18-19 的标注部分。

　　表 18-1 所列的是客户项目结束时,测得的完整数据。这个源于"动物"的电路让我的客户特别高兴,即使它几乎完全是双极性器件。反相器是唯一的一块 CMOS 型芯片。我十分确信:只要符合顾客的规格需求,即使我采用 12AX7[①],他都不会介意。现在这些产品在量产中表现良好,他们批量制造了很多,这让我的老板和股东们都深感满意。

　　在技术社区上,该电路已受到一定程度的关注。我注意到它的一些令人吃惊的复杂数学描述,伴随着它的一些神秘解释。类似的,它已被证明电路不是只能借助于

---

① 12AX7 是一种电子管。

计算机的帮助才能完成的。鉴于这种过度的依赖,至少我还具备能力从电路的来龙去脉去着手整理。

我希望在读这篇关于电路设计过程的文章时,给大家带来更多的乐趣。

这个电路的 8 μA 功耗的更新版本,可以在吉姆·威廉姆斯的"信号调理和功率转换电路"(LTC 公司应用笔记 75,1999 年 3 月,第 1 - 4 页)中找到。

表 18 - 1 简单的电压/频率转换

输出频率	0~10 kHz
输入电压	0~5 V
线性度	0.02%
温漂	40 ppm/℃
电源抑制比	40 ppm/V
温度范围	0~70 ℃
每步响应	输出频率的 1 个周期
输出波形	兼容 5 V CMOS
电源电压	单 9 V 电池(6.2~12 V)
功耗	145 μA 最大,80 μA 静态
成本	$ 6.00/100 000 PCS (注:10 万个批量时对应的单个量产成本)

参考文献

[1] General Electric Co. Voltage - to - frequency converter. General Electric Transistor Manual. GEC, Syracuse, New York, 1964, p. 346.

[2] Pease R A. A new ultra - linear voltage - to - frequency converter. NEREM Record, vol. I, 1973, p. 167.

[3] Pease R A. assignee to Teledyne. Amplitude to frequency converter. U. S. patent 3 746 968, filed September 1972.

[4] Williams J. Circuitry for signal conditioning and power conversion. LTC Application Note 75, March 1999, pp. 1 - 4.

[5] Designs for high - performance voltage - to - frequency converters. Linear Technology Corp. Application Note 14, 1986.

[6] Micropower circuits for signal conditioning. 10 kHz Voltage - to - Frequency Converter. Linear Technology Corp. Application Note 23, 1987:10 - 13.

附录 A

A/D 转换器规格参数定义和计算公式

邦妮・贝克(Bonnie Baker)

采集时间

SAR 转换器的采集时间是采样机制从捕获一个输入电压到输出一个数字编码所需的时间(如图 A-1 所示)。Δ-Σ 转换器的采集时间是从多个样本采集到输出一个数字编码的维持时间。

平均噪声层

用快速傅里叶变换(FFT)表征转换器的数据,平均噪声层针对一种 FFT 图中所有组合项的平方和的平方根(RSS)的计算,但不包括输入信号和谐波信号。

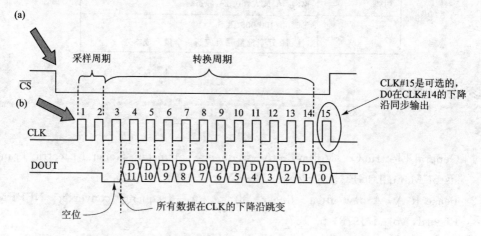

图 A-1　(a)片选信号 CS 拉低,转换器上电和启动采样;(b)时钟信号 CLK 的下降沿关闭采样开关,转换器启动信号转换

双极输入模式(单端或差分输入)

一个输入范围采用两个输入引脚,允许正相(+)和反相(-)模拟输入。反相输入为两个输入引脚端信号之差。这种模式下,任何一个信号都不可能大于或者小于电源电压的摆幅。

代码宽度

两个跳变点之间的电压差,理想的代码宽度等于 1 LSB,如图 A-2 所示。

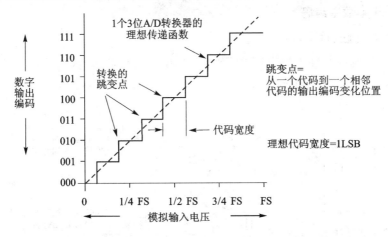

图 A-2　理想传输函数具有零偏移误差、零增益误差、零微分非线性(DNL)误差
以及零积分非线性(INL)误差

共模抑制(CMR)

共模信号(可为交流或直流)输入差动输入级时,对这种信号的抑制程度。

转换时间

采样信号后,SAR 模数转换器完成一个单次转换所需的时间就是转换时间,转换时间不包括采集时间和多路复用器的建立时间,对于一个给定器件其转换时间总是小于吞吐时间。

周期延迟(涉及 Δ-Σ 的模数转换器)

对于 Δ-Σ 模数转换器其周期延迟等于启动输入信号转换到启动下一个信号转换之间完成数据的周期数。这个延迟的度量单位定义为 n 个周期的延迟,其中 n 是一个整数。

数据率或者数据输出速率

转换器结果速率可从转换器的输出获得。对于一个 SAR 转换器,数据速率等于采样频率 f_S;对于一个 Δ-Σ 模数转换器,其数据速率等于调制频率(f_{MOD})除以抽取比率。

Δ-Σ 转换器

Δ-Σ 转换器是 1 位采样系统。在这个系统中,多个数据位被发送到数字滤波器,存在一定程度的数字运算。行业应用的大多数转换器,这种数字滤波器通常是有限脉冲响应滤波器(FIR)。

差分输入

A/D 转换器每个通道具有两个输入端,这两个输入端将输入信号相减取差信号,输出一个单数字编码。

微分非线性(DNL)

实际代码宽度与理想的 1 LSB(FS/2^n)代码宽度之间的最大偏差,要计算传递函数中所有跳变对之差。图 A-3 以实线演示了理想传递函数,虚线所示的是微分非线性误差。

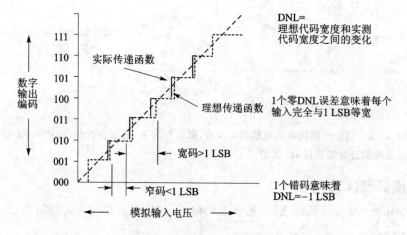

图 A-3 微分非线性是理想编码宽度和实际编码宽度之差

数字编码输出

数字转换器的数字编码等于 $2^n \times V_{IN}/V_{FS}$,其中 n 是位数。V_{IN} 是模拟输入信号,V_{FS} 是满量程输入电压范围(即满刻度)。

数字接口

SPI™ 是三线或者四线制接口。运用这个接口,芯片是一个从设备角色。I²C 是由飞利浦开发的两线制标准接口。

有效位数(ENOB)

对于 SAR 转换器,信噪失真比(或称信纳比)SINAD 的测量单位是 dB,有效位数的测量单位是位数。你可以通过下列公式把信噪失真比转换成有效位数:

$$ENOB = (SINAD - 1.76)/6.02$$

对于 Δ-Σ 转换器,则转换公式:

$$ENOB = M - \log^2(\sigma)$$

其中 M 等于转换器的分辨率,σ 等于多直流输入转换的标准偏差(或称 rms)。

满量程输入(FS)

由于 A/D 转换器输入的是模拟信号,满量程输入电压由输入转换器基准引脚上的基准电压(参考电压)决定的。在许多情况下,如果以地为参考点,满量程输入电压等于参考电压。在其他一些情况下,如果以地为参考点,满量程输入电压等于参考电压的 2 倍。具体可以参考 ADC 数据手册获取详细信息。

增益误差(满刻度误差)

零刻度到满刻度之间的理想斜率与零刻度到满刻度之间的实际斜率的差值,采用这种误差计算则偏移误差归零,如图 A-4 所示。

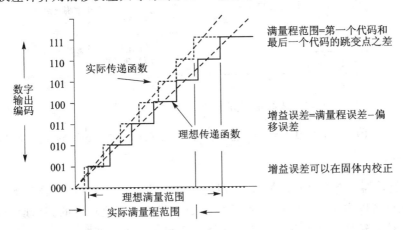

图 A-4　增益误差是理想增益曲线和已移掉偏移误差的实际增益曲线之间的差值

A/D 转换器的理想传递函数

一个模拟电压映射为一个 n 位数码值,具有零偏差、零增益、零线性误差等特性,如图 A-2 所示。

闲音

这种闲音是由于 Δ-Σ 的 A/D 转换器的调制器和数字滤波器相互作用产生。闲音有两个来源:一种是被测电压所固有的,比如调制器输出重复一种形态的信号,不能被数字滤波器滤掉。这种形态的信号一般发生在 0 V、1/2 满量程范围(FSR)、3/4 满量程范围等。第二种来源是正在采样的斩波频率被测量,这种采样频率产生一个数字形态编码,其在通带以一个缓慢的频率振荡。顾名思义,闲音可能显示为输出转换数据以及多直流输入转换在一个恒定数据速率时的一个频率。专利技术可以减少闲音顾虑。

积分非线性(INL)

一个跳变点与理想传递曲线上所对应的跳变点之间的最大偏差,前提条件是偏移误差和增益误差为零,如图 A-5 所示。

内部缓冲器

如果 A/D 转换器的输入端有一个输入缓冲器,它的作用是提供一个高输入阻抗

模拟电路

将输入信号从转换器隔离。

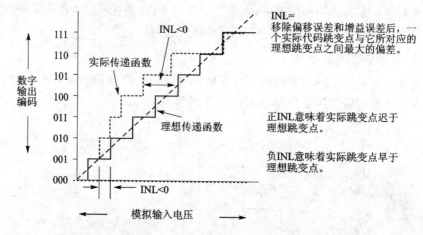

图 A-5　INL 是 DNL 误差的总和,也等于一个 A/D 转换器理想传递函数的最大偏差

延　迟

AD 转换器具有两种延迟类型:周期延迟和延迟时间。在这两种情况下,输入信号在满刻度范围内是一个阶跃响应,而输出数字代码是完全稳定的。周期延迟等于启动输入信号转换到启动下一个信号转换之间完成数据周期数量。一个 SAR 转换器的周期延迟等于零。延迟时间等于信号采集到下一次开始转换之间的时间。

最低有效位(LSB)

最低有效位表征着可转换的最小模拟输入信号的单位,也被称为是二进制数字中最右边的位。

单调性

单调性意味着,模拟输入电压的增加或减少将不会引起数据编码的任何变化或一直增加(或一直减少),单调性并不意味着没有错码,参见图 A-6。

最高有效位(MSB)

最高有效位通常表征一个二进制数字中最靠左边的数据位,即最高位。

无错码

无错码意味着模拟输入电压的增大或减少总是会增加或减少数字输出转换编码,一个转换器的无错码特性也具有单调性。

常模抑制(NMR)

常模抑制描述的是共模信号(交流或直流)通过差分输入级的抑制程度。该参数等于输入共模信号变化与导致数字输出结果变化的比率。在 ADC 中常模抑制和共模抑制(CMR)是一样的。

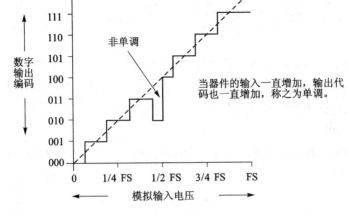

数字输出编码

111
110
101
100
011
010
001
000

非单调

当器件的输入一直增加，输出代码也一直增加，称之为单调。

0　1/4 FS　1/2 FS　3/4 FS　FS

模拟输入电压

图 A-6　这是一个非单调性的曲线，因为模拟输入电压的一个增加产生了一个更小的数字输出代码,所以不符合单调性定义

转换器的位数(n)

一个 A/D 转换器输出代码数量有 2^n 种可能性,其中 n 是转换器的位数。转换器的位数也称为转换器的分辨率。

偏移误差

偏移误差是第一个实际测量的跳变点和第一个理想跳变点之间的差异,如图 A-7 所示。

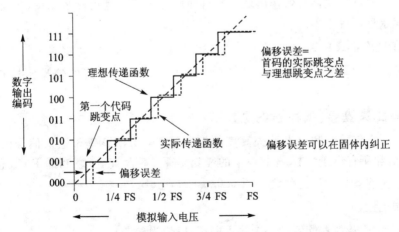

数字输出编码

111
110
101
100
011
010
001
000

理想传递函数

第一个代码跳变点

实际传递函数

偏移误差

偏移误差=
首码的实际跳变点
与理想跳变点之差

偏移误差可以在固体内纠正

0　1/4 FS　1/2 FS　3/4 FS　FS

模拟输入电压

图 A-7　偏移误差是理想的首码跳变点与实测首码跳变点之差

量化噪声

AD 转换器的噪声是因为将输入信号变换成离散的"桶状"信号所造成的,这些"桶子"的宽度等于转换器 LSB 的大小。一个转换器的量化噪声由最大信噪比决定,

其最大信噪比 $SNR_{IDEAL}=6.02n+1.76$ dB,如果假设误差的响应信号是三角形的模拟输入信号,这个三角信号的有效值等于信号的幅值除于$\sqrt{3}$。

分辨率

当描述一个转换器的总体性能时,分辨率是转换器在一次转换时 A/D 转换器可能产生的输出位数。分辨率也是对应于 1 LSB 转换器变化的最小模拟增量,该参数决定可以分辨的最小模拟输入信号。

采样/保持

模拟切换输入具有一个采样/保持功能,对样本关闭一个短时间以捕捉(保持)模拟输入电压的电路。

采样时间

精确采样一个模拟输入信号所需的时间。

采样率

转换器连续进行数次转换的速度。通常定义为每秒采样次数(sps)或者用 Hz 表示。

稳定时间(涉及 Δ-Σ 的模数转换器)

一个 Δ-Σ 模数转换器的稳定时间通常被看做和一个理想的阶跃输入趋于一致,具有一个误差容限,最终得到一个数字输出所需的时间。这个误差带用一个预定义的总输出电压阶跃的百分比来表示,一次转换的延迟时间等于开始采集信号的时间到数据开始从转换器有效输出之间的时间段。与周期延迟参数相反,稳定时间和延迟时间永远不等于零。

信噪比(SNR)

表征信号功率和噪声功率的比值,一个 A/D 转换器理想的信噪比是 $6.02n+1.76$ dB。

信噪比失真度(或称信纳比)

这是一个信噪比和总谐波失真度的综合计算,SINAD 等于输入信号的基频的 RMS 幅值和所有小于采样频率一半的频谱分量(不含直流)之和的 RMS 值之比。理论上最大的 SINAD 等于 SNR 或 $6.02n+1.76$ dB。

单端输入

一个 A/D 转换器配置为一个输入电压,以地为参考。

无杂散动态范围(SFDR)

在 FFT 图中,从基本的输入信号到第一激励的距离,以 dB 为单位。

标准二进制编码

以最低的输入电压开始,在满量程输入从全 0 开始计数到全 1 的数字编码。连续的二进制编码是一种仅支持单极性电压的数字编码方案,如表 A-1 所列。

表 A-1   连续的二进制编码(也称为标准单极性二进制编码),模拟电压的 0 V 用数字代码 0000 表示,满量程信号减去 1LSB 用 1111 表示。对于这种编码码没有模拟满刻度的表征

中值模拟电压/V	数字编码	中值模拟电压/V	数字编码
0.937 5 FS (15/16 FS)	1111	0.437 5 FS (7/16 FS)	0111
0.875 FS (14/16 FS)	1110	0.375 FS (6/16 FS)	0110
0.812 5 FS (13/16 FS)	1101	0.312 5 FS (5/16 FS)	0101
0.75 FS (12/16 FS)	1100	0.25 FS (4/16 FS)	0100
0.687 5 FS (11/16 FS)	1011	0.187 5 FS (3/16 FS)	0011
0.625 FS (10/16 FS)	1010	0.125 FS (2/16 FS)	0010
0.562 5 FS (9/16 FS)	1001	0.062 5 FS (1/16 FS)	0001
0.5 FS (8/16 FS)	1000	0	0000

逐次逼近(SAR)转换器

现代的 SAR 转换器模拟输入端采用的是电容矩阵,可以采用廉价的 CMOS 工艺来制造这种电容阵列,它很容易与其他微处理器或者微控制器集成。

吞吐时间

转换器进行取样、采集、数字化,并且准备下一次转换所需的时间。

总谐波失真(THD)

谐波分量功率的有效值之和比上输入信号的功率。

总不可调误差

偏移、增益和积分非线性误差的平方和的平方根(RSS)。

跳变点

模拟输入电压对应的数字输出从一个编码切换到下一个编码。

2 的补码

详见表 A-2 所列。

模
拟
电
路

342

表 A-2   2 的补码(也就是二进制补码),0V 用数字 0000 表示,模拟信号正向满刻度减去 1LSB 用 0111 表示,模拟信号负向满量程用 1000 表示

中值模拟电压/V	数字编码	中值模拟电压/V	数字编码
0.875 FS (7/8 FS)	0111	0.125 FS (1/8 FS)	1111
0.75 FS (6/8 FS)	0110	0.25 FS (2/8 FS)	1110
0.625 FS (5/8 FS)	0101	0.375 FS (3/8 FS)	1101
0.5 FS (4/8 FS)	0100	0.5 FS (4/8 FS)	1100
0.375 FS (3/8 FS)	0011	0.625 FS (5/8 FS)	1011
0.25 FS (2/8 FS)	0010	0.75 FS (6/8 FS)	1010
0.125 FS (1/8 FS)	0001	0.875 FS (7/8 FS)	1001
0	0000	1 FS	1000

单极输入模式(单端输入)

输入范围仅允许正极性模拟信号输入。

参考电压(也称为模拟参考电压、基准电压)

输入范围 V_{IN} 和 LSB 的步长由输入转换器的参考电压 V_{REF} 决定。视转换器的具体组态情况,$V_{IN} = V_{REF}$ 或 $V_{IN} = 2V_{REF}$。LSB $= V_{REF}/2^n$ 或 LSB $= 2V_{REF}/2^n$(n 是位数)。

参考文献

[1] Albanus J. Coding Schemes Used With Data Converters, SBAA042, Texas Instruments.

[2] IEEE Standard for Terminology and Test Methods for Analog - to - Digital Converters, IEEE - STD - 1241 - 2000.

[3] Oljaca M, Hendrick T. Data Converters for Industrial Power Measurements, SBAA117B, Texas Instruments.

[4] Texas Instruments. Understanding Data Converters, SLAA013.

附录 B

Sallen – Key 低通滤波器的电容系数

罗伯特·皮兹(Robert A. Pease)

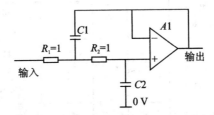

图 B-1 二阶 Sallen – Key 滤波器的电路示意图,请注意 C2 跨接在放大器的非反相输入端与地之间

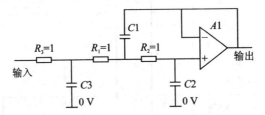

图 B-2 三阶 Sallen – Key 滤波器的电路示意图。请注意,C2 仍跨接在放大器的非反相输入端与地之间;C3 从 R_3 和 R_1 的节点跨接到地。当要求奇次阶时可以采用这个电路

表 B-1   0.01 dB 的切比雪夫 Sallen – Key 低通滤波器的电容值

阶数 (n)	C_1	C_2
2	1.482 6	0.704 2
4	1.487 4	1.122 8
	3.592 0	0.298 5
6	1.890 0	1.524 9
	2.582 0	0.595 3
	7.052 2	0.148 6
8	2.365 2	1.949 3
	2.789 4	0.819 6
	4.175 4	0.319 7
	11.892 0	0.086 72

（参考图 6-5 以及图 B-1 所示的电路图，归一化 1 Ω 到 $f_{3\,dB}=0.159$ Hz；电容单位是 F。转载自 Electronics，McGraw - Hill, Inc. ,1969 年 8 月 18 日）

表 B-2　0.1 dB 的切比雪夫 Sallen - Key 低通滤波器的电容值

阶数 n	C_1	C_2	C_3
2	1.638	0.695 5	
3	6.653	0.134 5	1.825
4	1.900	1.241	
	4.592	0.241 0	
5	4.446	0.380 4	
	6.810	0.158 0	2.520
6	2.553	1.776	
	3.487	0.491 7	
	9.531	0.111 0	
7	5.175	0.569 3	
	4.546	0.333 1	3.322
	12.73	0.081 94	
8	3.270	2.323	
	3.857	0.689 0	
	5.773	0.239 8	
	16.44	0.062 92	
9	6.194	0.748 3	
	4.678	0.465 5	
	7.170	0.181 2	4.161
	20.64	0.049 80	
10	4.011	2.877	
	4.447	0.875 6	
	5.603	0.335 3	
	8.727	0.141 9	
	25.32	0.040 37	

表 B-3　-1 dB 的切比雪夫 Sallen - Key 低通滤波器的电容值

阶数 n	C_1	C_2	C_3
2	2.218	0.606 1	
3	16.18	0.064 28	2.567
4	3.125	1.269	
	7.546	0.148 9	
5	8.884	0.254 0	
	11.55	0.093 55	3.935
6	4.410	1.904	
	6.024	0.311 7	
	16.46	0.064 25	
7	10.29	0.401 2	
	7.941	0.199 3	5.382
	22.25	0.046 84	
8	5.756	2.538	
	6.792	0.443 5	
	10.15	0.139 5	
	28.94	0.035 68	
9	12.33	0.538 2	
	8.281	0.281 3	
	12.68	0.103 8	6.853
	36.51	0.028 08	
10	7.125	3.170	
	7.897	0.563 0	
	9.952	0.196 2	
	15.50	0.080 54	
	44.98	0.022 69	

344

（参考图 6-5、图 6-6 以及图 B-1、图 B-2 所示的电路，归一化 1 Ω 到 $f_{3\,dB}=$ 0.159 Hz；电容单位是 F。转载自 Electronics，McGraw - Hill, Inc. ,1969 年 8 月 18 日）

表 B - 4　贝塞尔 Sallen – Key 低通滤波器的电容值

阶数 n	C_1	C_2	C_3
2	0.906 6	0.680 0	
3	1.423	0.253 8	0.988 0
4	0.735 1 1.012	0.674 6 0.390 0	
5	1.010 1.041	0.309 5 0.310 0	0.871 2
6	0.635 2 0.722 5 1.073	0.610 0 0.483 5 0.256 1	
7	0.853 2 0.725 0 1.100	0.302 7 0.415 1 0.216 4	0.779 2
8	0.567 3 0.609 0 0.725 7 1.116	0.554 0 0.486 1 0.359 0 0.185 7	
9	0.756 4 0.604 8 0.730 7 1.137	0.285 1 0.435 2 0.315 7 0.162 8	0.707 0
10	0.517 2 0.541 2 0.600 0 0.732 6 1.151	0.509 2 0.468 2 0.389 6 0.279 2 0.143 7	

（参考图 6-5、图 6-6 以及图 B-1、图 B-2 所示的电路，归一化 1 Ω 到 f_{3dB} ＝ 0.159 Hz；电容单位是 F。转载自 Electronics，McGraw – Hill, Inc.，1969 年 8 月 18 日）

模
拟
电
路

345